高职高专“十三五”规划教材

普通高等教育“十一五”国家级规划教材

环境保护与清洁生产

第三版

杨永杰　主编　　许 宁　主审

化学工业出版社

·北 京·

本书从环境的概念入手，分析了当前全球性环境问题，介绍了我国的环境状况，提出了可持续发展的观点，介绍了可持续发展观点下的资源和能源的利用。以较大篇幅介绍了清洁生产的概念、审核步骤以及ISO 14000体系内容，重点介绍了典型行业的清洁生产技术，同时还介绍了绿色技术理论，展示了今后努力发展的绿色产品种类。针对环境污染问题，提出了环境保护措施，介绍了污染治理技术。

本书第一版为普通高等教育“十一五”国家级规划教材，具有知识性、可读性、前瞻性的特征，不仅可作为高职、高专院校环境类专业的入门教材，还可作为化工类、石油类、医药类、轻工类、冶金类、材料类等相关专业的环境保护教育教材，同时也可供有关读者阅读参考。

图书在版编目（CIP）数据

环境保护与清洁生产/杨永杰主编．—3版．—北京：化学工业出版社，2017.5（2019.5重印）

高职高专“十三五”规划教材　普通高等教育“十一五”国家级规划教材

ISBN 978-7-122-29184-4

Ⅰ.①环…　Ⅱ.①杨…　Ⅲ.①环境保护-高等职业教育-教材②无污染工艺-高等职业教育-教材　Ⅳ.①X

中国版本图书馆CIP数据核字（2017）第040884号

责任编辑：王文峡　　装帧设计：史利平

责任校对：王素芹

出版发行：化学工业出版社（北京市东城区青年湖南街13号　邮政编码100011）

印　　装：高教社（天津）印务有限公司

787mm×1092mm　1/16　印张16¼　字数411千字　2019年5月北京第3版第2次印刷

购书咨询：010-64518888　　售后服务：010-64518899

网　　址：http://www.cip.com.cn

凡购买本书，如有缺损质量问题，本社销售中心负责调换。

定　　价：39.00元

前　言

近年来，“雾霾”、“酸雨”“爆炸”、“危化品”等一些词汇随时刺激着人们的神经，恶性事故的发生会对人们的生活、健康产生极大的影响，充分说明经济发展与环境保护越来越受到人们的重视。随着资源、能源的日益枯竭，生态环境的恶化，对于能源和资源的合理有效地利用，并使其发挥极大的价值，将是今后亟待解决的问题。

我国环境保护“十三五”规划以“人民群众是否满意、生态环境是否健康安全”作为出发点和落脚点。因此雾霾、城市黑臭水体等与人民群众最贴近的环境质量问题将优先得到重视、处理和解决。面对“十三五”的形势，环境保护“十三五”规划基本思路是要集中力量同时打好气、水、土污染防治三大战役：包括“空气质量目标分区管理”等（东中部 12 个省、珠三角、成渝区域等）；“分流域确保水环境质量”等（三湖一库、海河流域、长三角等）；京津冀、长三角、珠三角等区域的工业场地遗留场地土壤修复试点。

而作为石油化工、煤化工、海洋化工等大型项目的建设与环境保护息息相关，说明了资源的可持续利用与环境保护和社会经济的协调发展的重要性。建立可持续发展的理念，实施循环经济和清洁生产，将是化工行业立足社会和经济发展的重要措施。因此，作为培养技术技能人才的职业院校在培养学生的职业技能的同时，更要培养学生的环境保护意识，这是国家经济可持续发展的必然需要。

本书第一版为普通高等教育“十一五”国家级规划教材。本书第三版继续贯彻以研究环境问题、树立可持续发展理念、节约资源与能源、开展清洁生产、倡导绿色生活为主线的编写思路。针对第二版教材中存在的不足，对资料、数据和内容进行了更新和完善，补充了新的典型案例及阅读材料，以适应目前高职院校教学改革的需要。

天津渤海职业技术学院杨永杰修订第一章至第三章，邢竹修订第四章和第五章，天津化工学校柳阳修订第六章至第八章。全书由杨永杰统稿整理，南京科技职业学院许宁教授主审。西门子（中国）水处理技术部项目经理杨铭远对本书进行技术审定，并提供部分资料，在此表示谢意。

本书的编写得到了编者所在单位的领导和同事的支持与帮助。编写过程中参考了有关专著与文献，在此向作者致以崇高的敬意和深深的感谢。

由于水平所限，不妥之处敬请读者给予批评指正。

编　者

2017 年 4 月

第一版前言

保护人类生存环境，实施可持续发展战略，是21世纪国际社会“环境与发展”与“和平与发展”两个同等重要主题的内容之一。人类只有了解和掌握环境保护与可持续发展的基本思想和整体概念时，才会主动、自觉地在生产、管理、设计及研究等工作中把环境保护放在重要地位。因此中国实施科教兴国战略和可持续发展战略，环境意识教育则是高职院校素质教育的重要内容，也是全民保护环境及社会发展的基本任务。北京申办2008年奥运会提出的“科技奥运”、“绿色奥运”、“人文奥运”，也把环境保护提到了及其重要的位置。

本书作为高等职业技术院校普及环境教育的教材，力求做到章节层次分明、内容重点突出、概念准确清晰、应用实例丰富。全书贯穿环境基本概念—存在的环境问题—可持续发展观点的建立—资源与能源的可持续利用—开展清洁生产—倡导绿色生活方式的主线，建立无废少废的清洁生产新思想和新观念。本书以较大的篇幅论述了可持续发展观念下的清洁生产思想和绿色技术以及绿色产品。

为提高学生思考、动手能力，每章除附有复习思考题外，书末还安排了研究性学习训练题目，真正体现了高等职业学校培养技术应用型人才的教育特点。值得说明的是研究性学习是与中国传统教育文化、教育价值观完全不同的教育理念，编者在选择和设计研究性学习训练题目时，对于研究性学习这一教育理念尚处于探索、实践阶段，有待于进一步深入和发展。相信研究性学习对于新世纪中国教育改革发展、加快培养高素质的复合型职业技术人才，进行这方面的探索，必将会起到一定的积极作用。因此建议教师在开展教学时，不要局限在本教材提供的题目上。

本书既可作为高职院校环境类专业的入门教材，也可作为化工类、石化类、医药类、轻工类、冶金类、材料类及其他相关专业的环境保护教育教材。为扩大学生知识面，本书附录不仅列举我国有关环境保护法规的目录，还列出部分环境保护类网站名称以及环境保护类期刊名录，以便供学生进一步学习时参考。教学时可按不同专业和不同课时选择教学内容，一般以30～40学时为宜。

本书由天津渤海职业技术学院杨永杰编写第一章、第二章、第六章、第七章、第八章，泰山医学院工程学院庄伟强、刘爱军编写第三章、第四章，中州大学李靖靖编写第五章。全书由杨永杰统稿整理并负责附录的选编，泰山医学院工程学院许宁主审。

2001年9月，在南京化工职业技术学院召开了教材审稿会，丁志平、魏振枢、胡虹、朱智清、彭德厚、张小军、庄伟强、王焕梅、许宁等提出了宝贵意见。在本书的编写过程中，参考了有关教材、专著及论文资料，在此向有关作者深表谢意，同时也感谢编者所在单位领导和同事的支持与帮助。因编写人员学术水平和经验所限，书中缺点和疏漏在所难免，不当之处敬请专家、读者批评指正。

编　者

2002年1月

第二版前言

经济发展与环境保护越来越受到当前人们的重视。随着资源、能源的日益枯竭，生态环境的恶化，对于能源和资源合理有效的利用，并使其发挥极大的价值，是今后经济建设亟待解决的问题。近年来，石油化工、煤化工、海洋化工等大型项目的建设，进一步说明了资源的可持续利用与环境保护和社会经济的协调发展的重要性。既要加快经济发展，为当代人类造福，还要为子孙后代留下发展的资源。而可持续发展的重要措施就是实施循环经济和清洁生产，因此在经济建设中要树立经济、社会、环境共同协调发展的理念。

《国务院关于印发国家环境保护“十一五”规划的通知》中指出，当前，我国经济社会发展与资源环境约束的矛盾日益突出，环境保护面临严峻的挑战。各地区、各部门必须深入贯彻科学发展观，转变经济发展方式，下大力气解决危害人民群众健康和影响经济社会可持续发展的突出环境问题，努力建设环境友好型社会。地方各级人民政府要把环境保护目标、任务、措施和重点工程项目纳入本地区经济和社会发展规划，做到责任到位、措施到位、投资到位、监管到位。国务院有关部门要根据各自的职能分工，切实加强对规划实施的指导和支持。要严格执法监督，督促企业履行保护环境的责任，动员全社会共同保护环境。要高度重视投资质量和效益，保证规划执行的严肃性和合理性。要建立评估考核机制，每半年公布一次各地区主要污染物排放情况、重点工程项目进展情况、重点流域与重点城市的环境质量变化情况。因此，职业院校在培养学生的职业技能的同时，更要培养学生的环境保护意识，这是国家经济可持续发展的需要。

本书第一版于 2002 年 4 月出版。经过几年来各职业院校专业教师的教学实践，针对本书第一版中存在的不足提出了很好的建议。结合当前化工类企业对高等技能型人才规格的需求，结合国家劳动部门化工工种职业资格标准中提出的环境保护知识的要求，对本书第一版进行了修订。

这次修订再版继续贯彻以研究环境问题、树立可持续发展理念、节约资源与能源、开展清洁生产、倡导绿色生活为主线的编写思路，对陈旧的资料、数据和内容进行了删减或更新，以便适应当前高职院校教学的需要。

本书由天津渤海职业技术学院杨永杰编写第一章、第二章、第六章、第七章、第八章，泰山医学院工程学院庄伟强、刘爱军编写第三章、第四章，中州大学李靖靖编写第五章。全书由天津渤海职业技术学院杨永杰统稿整理，南京化工职业技术学院许宁主审。北京得利满水处理系统有限公司现场工程部杨铭远对本书进行技术审定，并提供部分资料，在此表示感谢。

本书编写过程中参考了有关专著与其他文献，在此向有关作者致以崇高的敬意和深深的感谢。同时感谢编者所在单位领导和同事的支持与帮助。

由于编者水平有限，书中不妥之处，敬请读者批评指正。

编　者

2008 年 3 月

目　　录

第一章

环境与环境保护

【学习目的要求】

通过本章学习，要求掌握环境的概念和环境的作用，以动态发展的眼光关注环境问题，了解环境污染与人体健康的关系，掌握生态平衡与人类的关系，提高环境意识水平。

第一节　环境与环境科学

一、环境及其分类

环境是指以人类社会为主体的外部世界的总体，主要指人类已经认识到的直接或间接影响人类生存和社会发展的周围世界。环境的中心事物是人类的生存及活动，它具有整体性与区域性、变动性与稳定性、资源性与价值性等基本特征。

《中华人民共和国环境保护法》对环境的内涵有如下规定：“本法所称环境，是指影响人类生存和发展的各种天然的和经过人工改造的自然因素的总体，包括大气、水、海洋、土地、矿藏、森林、草原、湿地、野生生物、自然遗迹、人文遗迹、自然保护区、风景名胜区、城市和乡村等”。环境可分为自然环境和人工环境。

① 自然环境　直接或间接影响到人类的一切自然形成的物质、能量和自然现象的总体。它是人类出现之前就存在的，是人类目前赖以生存、生活和生产所必需的自然条件和资源的总称，即阳光、温度、气候、地磁、空气、水、岩石、土壤、动植物、微生物以及地壳的稳定性等自然因素的总和。

② 人工环境　由于人类的活动而形成的各种事物，它包括人工形成的物质、能量和精神产品以及人类活动中所形成的人与人之间的关系（或称上层建筑）。人工环境由综合生产力（包括人）、技术进步、人工建筑物、人工产品和能量、政治体制、社会行为、宗教信仰、文化与地方因素等组成。

人类生存的环境可由小到大、由近及远分为聚落环境、地理环境、地质环境和宇宙环境，它们规模不同、性质不同，相互交叉、相互转化，从而形成了一个庞大的系统。

1. 聚落环境

聚落环境是人类有计划、有目的地利用和改造自然环境而创造出来的生存环境，它是与人类工作和生活关系最密切、最直接的环境。人生大部分时间是在聚落环境中度过的，特别为人们所关心和重视。聚落环境的发展，为人类提供了越来越方便而舒适的工作和生活环境；但与此同时也往往因为聚落环境中人口密集、活动频繁造成环境的污染。

2. 地理环境

地理环境是自然地理环境和人文地理环境两个部分的统一体。自然地理环境是由岩石、土壤、水、大气、生物等自然要素有机结合而成的综合体；人文地理环境是人类社会、文化和生产活动的地域组合，包括人口、民族、政治、社团、经济、交通、军事、社会行为等许多成分，它们在地球表面构成的圈层称为人文圈。

3. 地质环境

地质环境为人类提供了大量的生产资料—丰富的矿产资源—难以再生的资源。随着生产的发展，大量矿产资源引入地理环境，在环境保护中是一个不容忽视的方面。地质环境与地理环境是有区别的，地质环境是指地表以下的地壳层，可延伸到地核内部，而地理环境主要指对人类影响较大的地表环境。

4. 宇宙环境

宇宙环境是由广漠的空间和存在于其中的各种天体以及弥漫物质组成的，几近真空。目前环境科学对它的认识还很不足，是有待于进一步开发和利用的极其广阔的领域。

二、环境科学

自然环境对人的影响是根本性的。人类要改善环境，必须以自然环境为其大前提，谁要超越它，必然遭到大自然的报复。人类环境的好坏对人的工作与生活、对社会的进步影响极大。人类在与环境做斗争的过程中，对环境问题的认识逐步深入，积累了丰富的经验和知识，促进了各学科对环境问题的研究。经过20世纪60年代的酝酿，到70年代初，才从零星、不系统的环境保护和科研工作汇集成一门独立的、应用广泛的新兴学科——环境科学。

1. 环境科学的基本任务

环境科学是以“人类—环境”为对象，研究其对立统一关系的发生与发展、调节与控制以及利用与改造的科学。由人类与环境组成的对立统一体，称之为“人类—环境”系统，就是以人类为主体的生态系统。

环境科学在宏观上研究人类与环境之间相互作用、相互促进、相互制约的对立统一关系，遵循社会经济发展和环境保护协调发展的基本规律，调控人类与环境间的物质流、能量流的运行、转换过程，维护生态平衡。在微观上研究环境中的物质，尤其是污染物在有机体内迁移、转化、积蓄的过程及其运动规律，探索它对生命的影响及作用的机理等。环境科学研究最终达到的目的：一是可更新资源得以永久利用，不可更新的自然资源将以最佳的方式节约利用；二是使环境质量保持在人类生存、发展所必需的水平，并趋向逐渐改善。

环境科学的基本任务是：探索全球范围内自然环境演化的规律；探索全球范围内人与环境相互依存的关系；协调人类的生产、消费活动同生态要求的关系；探索区域环境综合防治的技术与管理措施。

2. 环境科学的内容及分支

环境科学是综合性的新兴学科，已逐步形成多种学科相互交叉渗透的庞大的学科体系。按其性质和作用分为基础环境学、环境学、应用环境学三部分。

① 基础环境学：包括环境数学、环境物理学、环境化学、环境地学、环境生物学、污染物毒理学等；

② 环境学：包括大气环境学、水体环境学、土壤环境学、城市环境学、区域环境学等；

③ 应用环境学：包括环境工程学、环境管理学、环境规划、环境监测、环境经济学、环境法学、环境行为学、环境质量评价等。

归纳起来，环境科学主要研究：人类与环境的关系；污染物在环境中的迁移、转化、循环和积累的过程与规律；环境污染的危害；环境状况的调查、评价和环境预测；环境污染的控制与防治；自然资源的保护与合理利用；环境监测、分析技术与环境预报；环境区域与环境规划。

环境科学研究的核心问题是环境质量的变化和发展。通过研究在人类活动影响下环境质量的变化规律及其对人类的反作用，提出调控环境质量的变化和改善环境质量的有效措施。

第二节　环境问题与环境污染

一、环境问题

（一）环境问题的定义和发展

环境问题主要是指由于人类活动作用于周围环境所产生的环境质量变化以及这种变化反过来对人类的生产、生活和健康产生影响的问题。环境问题可分为两类：一是不合理开发利用自然资源，超出环境承载力，使生态环境质量恶化和自然资源枯竭的现象；二是人口激增、城市化和工农业高速发展引起的环境污染和破坏。总之是人类社会发展与环境的关系不协调所引起的问题。

按环境问题的影响和作用范围来划分，有全球、区域和局部等不同等级。其中全球环境问题具有综合性、广泛性、复杂性和跨国界的特点。保护全球环境，是全人类的共同利益和共同责任。

从人类诞生开始就存在着人与环境的对立统一关系。人类在改造自然环境的过程中，由于认识能力和科学水平的限制，往往会产生意料不到的后果，造成对环境的污染与破坏。

1. 工业革命以前阶段

在远古时期，由于人类的生活活动如制取火种、乱采乱捕、滥用资源等造成生活资料缺乏。随着刀耕火种、砍伐森林、盲目开荒、破坏草原以及农业和牧业的发展，引起一系列水土流失、水旱灾害和沙漠化等环境问题。

2. 环境的恶化阶段

自工业革命至20世纪50年代前，是环境问题发展恶化阶段。在这一阶段，生产力的迅速发展，机器的广泛使用，劳动生产率的大幅度提高，增强了人类利用和改造环境的能力，大规模地改变了环境的组成和结构，也改变了生态中的物质循环系统，扩大了人类活动领域。同时也带来了新的环境问题，大量废弃物污染环境。如1873～1892年间，伦敦多次发生有毒烟雾导致死亡近千人。另外，大量矿物资源的开采利用，加大了“三废”的排放，造成环境的逐步恶化。这一阶段的环境污染属局部的、暂时的，其造成的危害也是有限的。

3. 环境问题的第一次爆发

进入20世纪，特别是第二次世界大战以后，科学技术、工业生产、交通运输都得到了迅猛发展，尤其是石油工业的崛起，导致工业分布过分集中，城市人口过分密集，环境污染由局部逐步扩大到区域，由单一的大气污染扩大到气体、水体、土壤和食品等各方面的污染，有的已酿成震惊世界的公害事件。见表 1-1。

表 1-1　世界八大公害事件

序号	公害名称	国家	时　间	事　件　及　其　危　害　概　况
1	马斯河谷烟雾事件	比利时	1930 年 12 月	马斯河谷地带分布着 3 个钢铁厂、4 个玻璃厂、3 个炼锌厂和炼焦、硫酸、化肥等许多工厂。1930 年 12 月初，在两岸耸立 90m 高山的峡谷地区，出现了大气逆温层，浓雾覆盖河谷，工厂排到大气中的污染物被封闭在逆温层下，不易扩散，浓度急剧增加，造成大气污染事件。一周内几千人受害发病，60 人死亡，为平时同期死亡人数的 10.5 倍，也有大量家畜死亡。发病症状为流泪、喉痛、胸痛、咳嗽、呼吸困难等。推断当时大气二氧化硫浓度为 25～100mg/m^3
2	多诺拉烟雾事件	美国	1948 年 10 月	多诺拉镇是一个两岸耸立着 100m 高山的马蹄形河谷，盆地中有大型炼钢厂、硫酸厂和炼锌厂。1948 年 10 月，该镇发生轰动一时的空气污染事件，这个小镇当时只有 14000 人，4 天内就有 5900 人因空气污染而患病，20 人死亡
3	伦敦烟雾事件	英国	1952 年 12 月	伦敦位于泰晤士河开阔河谷中，1952 年 12 月 5～9 日，几乎在英国全境有大雾和逆温层。伦敦上空因受冷高压影响，出现无风状态和60～150m 低空逆温层，使从家庭和工厂排出的燃煤烟尘被封盖滞留在低空逆温层下，导致 4000 人死亡
4	洛杉矶光化学烟雾事件	美国	1955 年	洛杉矶市有 350 多万辆汽车，每天有超过 1000t 烃类、30t 氮氧化物和 4200t 一氧化碳排入大气中，经太阳光能作用，发生光化学反应，生成一种浅蓝色光化学烟雾，在 1955 年一次事件中，仅 65 岁以上老人就死亡 400 人
5	水俣事件	日本	1953～1979 年	熊本县俣湾地区自 1953 年以来，病人开始面部呆痴、全身麻木、口齿不清、步态不稳，进而耳聋失聪，最后精神失常、全身弯曲、高叫而死。还出现“自杀猫”、“自杀狗”等怪现象。截至 1979 年 1 月受害人数达 1004 人，死亡 206 人。到 1959 年才揭开谜底，是某工厂排出的含汞废水污染了水俣海域，鱼贝类富集了水中的甲基汞，人或动物吃鱼贝后，引起中毒或死亡
6	富山事件	日本	1955～1965 年	1955 年后，在日本富山通川两岸发现一种怪病，发病者开始手、脚、腰等全身关节疼痛。几年后，骨骼变形易折，周身骨骼疼痛，最后病人饮食不进，在疼痛中死去或自杀。到 1965 年年底，近 100 人因“骨痛病”死亡。到 1961 年才查明是由于当地铝厂排放含镉废水，人吃了受镉污染的大米或饮用含镉的水而造成
7	四日市事件	日本	1955～1972 年	四日市是一个以“石油联合企业”为主的城市。1955 年以来，工厂每年排到大气中的粉尘和 SO_2 总量达 13 万吨，使这个城市终年烟雾弥漫。居民多患支气管炎、支气管哮喘、肺气肿及肺癌等呼吸道疾病，称为“四日气喘病”。截至 1972 年，日本全国患这种病者高达 6376 人
8	米糠油事件	日本	1968 年	九州发现一种怪病，病人开始眼皮肿、手掌出汗、全身起红疙瘩，严重时恶心呕吐、肝功能降低，慢慢地全身肌肉疼痛、咳嗽不止，有的引起急性肝炎或医治无效而死。该年 7～8 月患者达 5000 人，死亡 16 人。这是由于一家工厂在生产米糠油的工艺过程中使多氯联苯混入油中，造成食油者中毒或死亡

由于这些环境污染直接威胁着人们的生命和安全，成为重大的社会问题，激起广大人民的强烈不满，也影响了经济的顺利发展。例如美国 1970 年 4 月 22 日爆发了 2000 万人大游行，提出不能再走“先污染、后治理”的路子，必须实行预防为主的综合防治办法。这次游行也是 1972 年斯德哥尔摩人类环境会议召开的背景，会议通过的《人类环境宣言》唤起了全世界对环境问题的注意。工业发达国家把环境问题摆上了国家议事日程，通过制定相关法律，建立相关机构，加强管理，采用新技术，使环境污染得到了有效控制。

4. 环境问题的第二次高潮

表 1-2 部分突发性严重污染事件

事件名称	发生地点	时 间	影 响 情 况
三里岛核电站泄漏事件	美国三里岛	1979 年 3 月 28 日	三里岛核电站严重失火事故使周围 80 公里以内约 200 万人处于不安中，停工、停课，纷纷撤离，直接损失 10 多亿美元
博帕尔农药泄漏事件	印度博帕尔市	1984 年 12 月 3 日	博帕尔市美国的一家农药厂发生异氰酸甲酯罐爆裂外泄，进入大气约 45 万吨，受害面积达 40 平方公里，受害人 10 万～20 万，死亡 6000 多人
切尔诺贝利核电站泄漏事件	乌克兰基辅	1986 年 4 月 26 日	切尔诺贝利核电站 4 号反应堆爆炸，引起大火，放射性物质大量扩散。周围 13 万居民被疏散，300 多人受严重辐射，死亡 31 人，经济损失 35 亿美元
洛东江水源污染事件	韩国洛东江畔	1991 年 3 月	洛东江畔的大丘、釜山等城镇斗山电子公司擅自将 325t 含酚废料倾倒于江中。自 1980 年起已倾倒含酚废料 4000 多吨，洛东江已有 13 条支流变成了“死川”，1000 多万居民受到危害
海湾石油污染事件	海湾地区	1991 年 1 月 17 日～2 月 28 日	历时 6 周的海湾战争使科威特境内 900 多口油井被焚或损坏；伊拉克、科威特沿海两处输油设施被破坏，约 15 亿升原油漂流；伊拉克境内大批炼油和储油设备、军火弹药库、制造化学武器和核武器的工厂起火爆炸，有毒有害气体排入大气中，随风漂移，危害其他国家，如伊朗已连降几次“黑雨”。海湾战争是有史以来使环境污染和生态破坏最严重的一次战争
开封市饮用水污染	中国河南开封市	1993 年 4 月	一次大暴雨后发现饮用水异味、苦涩、辛辣感。一连数日开封市几十万人受害，发生恶心、拉肚子现象。多家有机化工厂、阻燃剂厂、胶黏剂厂、农药厂等废水排入饮用水明渠内，水样中检出氰化物、六价铬等
化学品仓库爆炸	中国深圳清水河	1993 年 8 月	该仓库未经环保部门审批储存了 49 种总量达 2800 多吨的化学品，大多属易燃易爆或有毒有害物质。因氧化剂和还原剂直接接触引起爆炸，黑色蘑菇云冲天而起，夹带污染物飘向四周。这次爆炸造成 15 人死亡，大火持续 16h，摧毁库房 7 座，爆炸中心有两个深达 9m、直径 20m 的大坑
倾倒核废料	日本海	1995 年 10 月	俄罗斯海军舰只向日本海倾倒约 $900m^3$ 的低度放射性废料，受到日本、朝鲜、韩国等周边国家的谴责和国际社会的严重关注
石油泄漏	俄罗斯科来共和国	1994 年 10 月	在科来共和国发生一起历史上最严重的石油泄漏事件，流失石油覆盖面积大 $68km^2$
化学品仓库爆炸	中国天津港	2015 年 8 月	2015 年 8 月 12 日晚，天津港集装箱码头发生两次爆炸，发生爆炸的是集装箱内的危险化学品。事故中造成多人伤亡。周边万余辆汽车被烧，几千间房屋被损。仓库储存氰化钠、硝酸钾、硝酸铵、电石、甲基磺酸、油漆、火柴等 4 大类几十种易燃易爆化学品

20 世纪 80 年代以后环境污染日趋严重和大范围生态破坏，是社会环境问题的第二次高潮。人们共同关心的影响范围大和危害严重的环境问题有三类：一是全球性的大气污染，如温室效应、臭氧层破坏和酸雨；二是大面积生态破坏，如大面积森林毁坏、草场退化、土壤侵蚀和沙漠化；三是突发性的严重污染事件频繁。见表 1-2。从以上典型污染事件可以看出，目前环境问题的影响范围逐步扩大，不仅对某个地区、某个国家，而且对人类赖以生存的整个地球环境造成危害。环境污染不但明显损害人类健康，而且全球性的环境污染和生态破坏，也阻碍着经济的持续发展。就污染源而言，以前较易通过污染源调查弄清产生环境问

题的来龙去脉，但现在污染源和破坏源众多，不但分布广，且来源复杂，既有来自人类经济生产活动的，也有来自日常生活活动的；既有来自发达国家的，也有来自发展中国家的。突发性事件的污染范围大、危害严重，经济损失巨大。

（二）当前世界面临的主要环境问题

20 世纪 80 年代初，全球气候变暖、臭氧层耗竭及酸雨等环境问题初露端倪，进入 20 世纪 90 年代以后，土地荒漠化、海洋污染、物种灭绝等问题更是突破了国界，成为影响全人类生存的重大问题。

1. 人口问题

20 世纪下半叶，世界迎来了前所未有的人口急剧增长。不仅人口增长速度达到了历史巅峰水平，而且人口增量超过了人类在二百多万年历史中积累的人口总量。人类经历了数百万年，至 1804 年时人口达到 10 亿，此后每增 10 亿人口的时间越来越短：1927 年 20 亿（经历 123 年），1960 年 30 亿（33 年），1974 年 40 亿（14 年），1987 年 50 亿（13 年），1998 年 60 亿（11 年）。

人类为了供养如此大量的人口，需要大量的自然资源来支持。如对耕地、能源、矿产等资源的需求不断加大，同时在生产过程中废物排放量也加大，加重了环境污染。另外，人口的急剧增加，也加大了水资源、土地资源的污染，超过了地球环境的合理承载能力，必然造成生态破坏和环境污染。

就我国而言，截止到 2010 年 11 月 1 日零时，第六次全国人口普查全国总人口为 1339724852 人。与 2000 年第五次人口普查相比，10 年增加 7390 万人，增长 5.84%，年平均增长 0.57%，比 1990 年到 2000 年年均 1.07%的长率下降了 0.5 个百分点。目前我国人口形成老龄化加快的特点，可以把中国“未富先老”的人口转变特征对经济增长的潜在不利影响理解为：第一，过早地失去赶超发达国家的后发优势；第二，失去了对仍具有人口红利的发展中国家的竞争优势；第三，尚未获得发达国家所应具有的技术创新优势。

2. 全球气候变暖

据德国马普学会气象研究所和气候研究中心 1995 年发表的一项研究报告称：自 1980 年以来全球气温平均升高了 0.7℃；工业革命以来，大气中的 CO_2 的浓度提高了 25%；通过计算机模拟计算，全球气候变暖的成因由人类行为等外界因素产生的可能性大于 95%，其中 CO_2 排放增加是其主要成因之一。气候变暖的后果是南北极的气温上升，使部分冰山融化，海水受热膨胀，导致海平面上升。1880 年以来的 100 年，海平面上升了 8cm。气温的升高还将对农业和生态系统带来严重的影响。见图 1-1。

3. 大气平流层中臭氧耗竭

臭氧相对集中的臭氧层距地面大约 25km，它能把太阳光中的大部分有害的紫外线吸收掉，是地球上所有生命的“保护伞”。20 世纪 70 年代英国科学家首先发现，在地球南极上空的大气层中，臭氧的含量逐渐减少，每年 9～10 月减少更为明显，科学家称之为臭氧洞。1989 年科学家考察研究发现，北极上空的臭氧层也已遭到严重破坏。1991～1992 年，来自世界各地的 100 多位科学家在瑞典埃斯兰基使用了 39 个载重 500kg 的气球、800 个臭氧探测器和 100 架飞机监测北极平流层的臭氧变化。试验结果显示，欧洲臭氧层减少了 15%～20%，局部出现了臭氧空洞。据新华社报道，美国宇航局利用地球观测卫星上的“全臭氧测图分光计”测定，2000 年 9 月 3 日在南极上空臭氧层空洞面积已达 2830 万平方公里，相当于美国领土面积的三倍，而 1998 年 9 月 19 日测得臭氧空洞面积为 2720 万平方公里。因此，

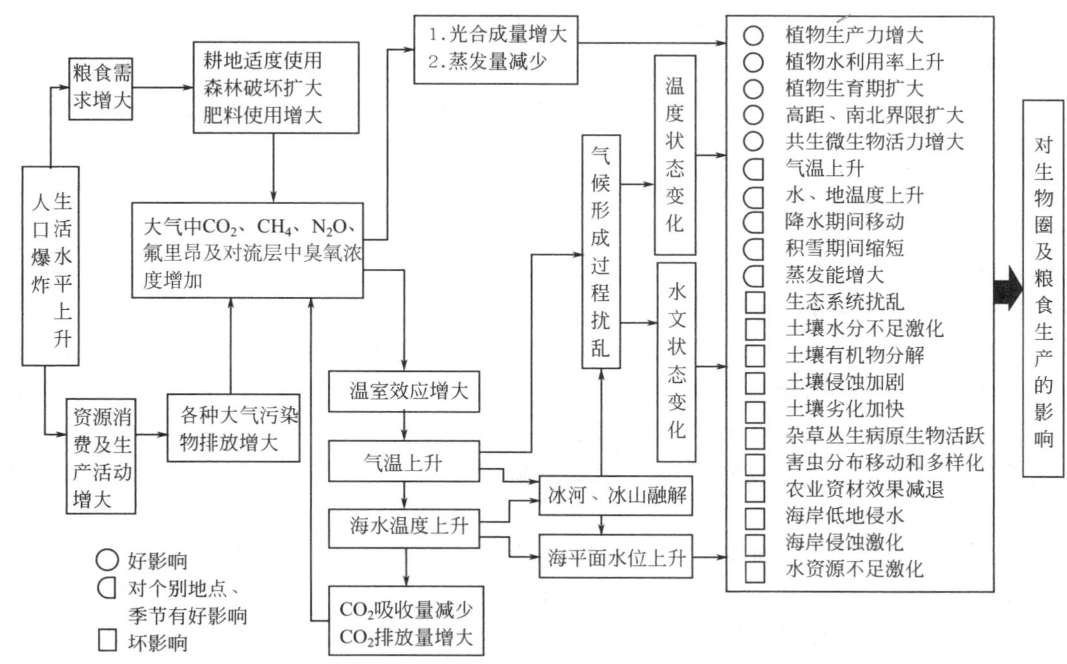

图 1-1　大气组成和人为的气候变化对生物圈和人类生产的影响

用“天破了”来形容臭氧层的破坏并不过分，这意味着有更多的紫外线射到地面。造成臭氧层破坏的罪魁祸首是氟利昂，此外甲烷、四氯化碳、三氯甲烷等也会破坏臭氧层。

4. 酸雨和空气污染

酸雨是目前世界上最严重的环境问题之一，SO_2 和 NO_x 是形成酸雨的主要物质。酸雨的危害主要是破坏森林生态系统、改变土壤性质和结构、破坏水体生态系统、腐蚀建筑物和损害人体的呼吸系统和皮肤。欧洲 15 个国家中有 700 万公顷森林受到酸雨的影响。我国受酸雨危害的土地面积已达国土面积的 29%，广东、广西、四川、贵州等地已是十雨九酸，成为世界第三大酸雨区，每年直接经济损失在 140 亿元以上。此外，华东地区的青岛、南京，北方的天津、沈阳也是受到酸雨危害严重的地区，由南至北，我国酸雨区呈扩大之势。

现在全世界每年排入大气中的硫化物和氮氧化物高达 3000 万吨，有些烟雾经过高烟囱排放，在大气环流的作用下漂洋过海，大约几千千米之外，因此酸雨被称为“跨国界的恶魔”。

5. 土壤遭到破坏，荒漠化程度加剧

据联合国环境规划署的资料表明，1975～2000 年，全球有 3 亿公顷耕地被侵蚀，另有 3 亿公顷被压在新城镇的公路之下。全世界三分之二的土地即 20 亿公顷土地不同程度地受到沙漠化的影响，约有 8.5 亿人口生活在不毛之地和贫瘠的土地上，导致许多国家粮食供应紧张、不能自给。南亚 20%的人口严重发育不良，北非有 2000 万人、非洲南部撒哈拉地区 15000 万人营养不良。世界各国通过开垦荒地扩大耕地面积提高粮食产量会带来水土流失、生态破坏的危险，同时化肥、农药的使用又会加大对水体、土壤的污染。

我国是世界上受沙漠化危害和影响最严重的国家之一，现有沙化土地 168.9 万平方公里，占国土面积的 17.6%。每年因沙漠化造成的直接经济损失高达 540 亿人民币。目前沙漠化土地面积有扩大之势，而且由于人为破坏，原来的滩地、沼泽、湖盆、固定沙丘等成为流沙地，造成沙尘量加大，严重影响了我国生态环境建设和社会经济发展。1993 年、1994 年、1995 年连续三年沙尘暴袭击宁夏地区，造成人畜死伤、房屋倒塌、庄稼被毁，直接经济损失上亿元。1996 年 5 月 30 日敦煌地区发生沙尘暴时间达 7h 40min，最大风力 10 级。2000 年 12 月 31 日至 3 月 21 日我国部分地区受到沙尘暴严重影响达 5 次，范围广及山西、内蒙古、河北、山西、京津、河南、山东等地。所有这些现象与森林资源的减少、生态的破坏是分不开的。

6. 海洋污染和海洋的过度开发

全世界 60%的人口挤在离大海不到 100km 的地方，沿海地区受到了巨大的人口压力，使非常脆弱的海洋生态失去平衡。由于人类不断向大海排放污染物，大量建设海上旅游设施……近年来发生在近海海域的污染事件不断增多，全世界 1/3 的沿海地区遭到了破坏。另外，过度捕捞造成海洋渔业资源正以令人可怕的速度减少，造成海洋生态系统严重破坏。

渤海是一个内海，面积达 7.8 万平方公里，它只有旅顺口到长岛之间一个水口，其水体交换能力较弱。近年来，渤海每年接纳各种污水约 32 亿吨，其中石油类 2.12×10^4t，氨氮类 1.19×10^4t。在环渤海部分海域多次发生“赤潮”，造成大面积海洋生物死亡。1999 年 7 月 13～21 日，辽东湾发生夜光藻“赤潮”，达 6300km^2，持续 9 天。在不足 100km^2 的锦州湾，众多的冶金、石油、化工、造船等大中型企业每年排放污水 3000 多万吨，十几万吨的矿物废渣以每年 10m 的速度向海洋“进军”，大量有毒物质进入海洋。渤海作为内海，约需 40～60 年才能完成一次完整的水体交换，因此，若不采取强有力的大区域综合治理措施，渤海将会变成一个可怕的死海。

7. 生物多样性锐减

物种灭绝是自然现象，在过去的两亿年中，每 27 年才有一种植物从地球上消失，每个世纪有 90 多种脊椎动物灭绝。由于城市化、农业发展、森林减少和环境污染，自然生态区域变得越来越小，导致数以千计的物种绝迹，生物多样性正以前所未有的速度减少。

8. 森林面积减少

最近几十年来，热带地区国家森林面积减少的情况十分严重。森林资源的减少和其他环境因素恶化，使生物多样性产生了危机。目前全球濒临灭绝的动物有 1000 多种，植物 25000 种。据估计，一片森林面积减少 10%，即可使继续存在于其中的生物品种下降 50%。因此物种的消亡，破坏了生态平衡，对人类发展是难以挽回、无法估计的损失，因为生物多样性包括数以万计的动物、植物、微生物和其拥有的基因，是人类赖以生存和发展的各种生命资源的总汇，是宝贵的自然财富。森林减少的后果是二氧化碳的增加，洪水肆虐、沙尘暴也都与森林面积减少有直接关系。

9. 有害废物的越境转移

工业给人类的文明曾令多少人陶醉，但同时带来的数百万化合物存在于空气、土壤、水、植物、动物和人体中，即使作为地球上最后的大型天然生态系统的冰盖也受到了污染。那些有机化合物、重金属、有毒产品都集中存在于整个食物链中，并最终将威胁到人类的健康，引起癌症，导致土壤肥力减弱。有毒有害废弃物使自然环境不断退化，土壤和水域不断被污染，垃圾处置填埋场越来越少，居民抗议声越来越大。发达国家开始以公开或伪装的方式向发展中国家转移危险废弃物，有害物的转移，造成全球环境的更广泛污染。

10. 淡水受到威胁

获取淡水和使用清洁的淡水是当今最需要引起重视的环境问题之一。1950 年仅有 20 个国家的 2 千万人面临缺水问题，而 1990 年则有 26 个国家的 3 亿人受到淡水短缺的困扰。目前，世界上有 43 个国家和地区严重缺水，占全球陆地面积的 60%，80 多个国家处于水危机状态，约有 20 亿人生活用水紧张，10 亿人得不到良好的饮用水。全世界每年约有超过 4200 亿立方米的污水排入江河湖海，污染 5500 亿立方米的淡水，约占全球径流量 14% 以上，因此水体污染是造成水资源危机的重要原因之一。人口急增、工农业生产将导致用水量持续增长而水资源严重短缺，这将成为许多国家经济发展的障碍。据预测，至 2050 年，将有 24 亿人口面临缺乏饮用水的头号生存问题。有资料表明，作为人类生命之源的水将成为人类未来争夺的焦点，谁拥有控制、储存并开发水资源的技术，就如掌握世界石油资源一样，将在人类未来发展过程中发挥举足轻重的作用。

11. 城市扩大化

随着城市数量的迅速增加，城市发展规模也越来越大，人口密集、工厂林立、交通频繁等造成城市严重的环境污染和生态破坏。随着超级城市数目的增加，随之产生的城市垃圾、大气污染、地下水减少、气候变化、噪声污染等等一系列环境问题会更加严重。

我国第六次人口普查，全国城镇人口达到了 6.66 亿人，占全国总人口的比重是 49.68%，比 2000 年上升了 13.46 个百分点；2000 年比 1990 年前一个十年，城镇人口比重上升了 9.86 个百分点。全国城市被划分为五类七档，城区常住人口 1000 万以上的城市为超大城市，分别是北京、上海、天津、重庆、广州、深圳、武汉等 7 座城市；城区人口达到 500 万～1000 万的有 11 个特大城市，分别是成都、南京、佛山、东莞、西安、沈阳、杭州、苏州、汕头、哈尔滨和香港。

二、环境污染与人体健康

（一）人类与环境的关系

自然环境和生活环境是人类生存的必要条件，其组成和质量好坏与人体健康的关系极为密切。

人类和环境都是由物质组成的。物质的基本单元是化学元素，它是把人体和环境联系起来的基础。地球化学家们分析发现，人类血液和地壳岩石中化学元素的含量具有相关性，有 60 多种化学元素在血液中和地壳中的平均含量非常近似。这种人体化学元素与环境化学元素高度统一的现象表明了人与环境的统一关系。

人与环境之间的辩证统一关系，表现在机体的新陈代谢上，即机体与环境不断进行物质交换和能量传递，使机体与周围环境之间保持着动态平衡。机体从空气、水、食物等环境中摄取生命必需的物质，如蛋白质、脂肪、糖、无机盐、维生素、氧气等，通过一系列复杂的同化过程合成细胞和组织的各种成分，并释放出热量，保障生命活动的需要。机体通过异化过程进行分解代谢，经各种途径如汗、尿、粪便等排泄到外部环境（如空气、水和土壤等）中，被生态系统的其他生物作为营养成分吸收利用，并通过食物链作用逐级传递给更高级的生物，形成了生态系统中的物质循环、能量流动和信息传递。一旦机体内的某些微量元素含量偏高或偏低，就打破了人类机体与自然环境的动态平衡，人体就会生病。例如，脾虚患者血液中铜含量显著升高；肾虚患者血液中铁含量显著降低；氟含量过少会发生龋齿病，过多又会发生氟斑牙。

环境如果遭受污染，导致某些化学元素和物质增多，就会危害人们的健康。例如汞、镉等重金属和难降解的有机污染物污染了空气和水体，继而污染土壤和生物，再通过食物链和食物网进入人体，在肌体内积累到一定剂量时，就会对人体造成危害。为此，保护环境，防止有害、有毒等化学元素进入人体，是预防疾病、保障人体健康的关键。

在漫长的历史长河中，通过人类对自然环境的改造以及自然环境对人的反作用，人与环境形成了一种相互制约、相互作用的统一关系，成为不可分割的对立统一体。

（二）环境污染的特征及危害

1. 环境污染的特征

从影响人体健康的角度看，环境污染的特征如下。

（1）影响范围大　环境污染涉及的地区广、人口多。接触污染的对象，除从事工矿企业的青壮年外，还包括老、弱、病、幼，甚至胎儿。

（2）作用时间长　接触者长时间不断地暴露在被污染的环境中，每天可达 24h。

（3）污染物浓度低、联合作用大　污染物进入环境后，受到大气、水体等的稀释，一般浓度很低。由于环境中存在的污染物种类繁多，它们不仅通过生物或理化作用发生转化、代谢、降解和富集，从而改变其原有的性状和浓度，产生不同的危害作用，而且多种污染物可同时作用于人体，产生复杂的联合作用。如污染物的相加作用、协同作用等。

（4）污染容易、治理难　环境一旦被污染，要恢复原状，不但费力大、代价高，而且难以奏效，甚至还有重新污染的可能。如重金属和难以降解的有机氯农药，污染土壤后，长期残留，去除相当困难。

2. 环境污染对人体的危害

人类活动排放各种污染，使环境质量下降或恶化。污染物可以通过空气、水、食物等媒介侵入人体，使人体的各种器官组织功能失调，引发各种疾病，严重时导致死亡，这种状况成为“环境污染疾病”。

环境污染对人体健康的危害是极其复杂的过程，其影响具有广泛性、长期性和潜伏性等特点，具有致癌、致畸、致突变等作用，有的污染物潜伏期达十几年，甚至影响到子孙后代。

环境污染对人体的危害，按时间分为急性危害、慢性危害和亚急性危害。在短时间内（或者一次性的）有害物大量侵入人体内引起的中毒为急性中毒，如 20 世纪 30～70 年代世界几次大烟雾污染事件，都属于环境污染的急性危害，其中 1952 年伦敦烟雾事件死者多属于急性闭塞性换气不良，造成急性缺氧或引起心脏病恶化而死亡。少量的有害物质经过长期侵入人体所引起的中毒，称为慢性中毒。这种慢性毒害作用既是环境污染物本身在体内逐渐积累的结果，又是污染引起机体损害逐渐积累的结果。如镉污染引起的骨痛病、氟污染导致氟斑牙、氟骨病等。介于急性中毒和慢性中毒之间的称为亚急性中毒。

污染物作用于人体的过程包括毒物的侵入和吸收、分布和积蓄、生物转化及排泄。其对人体的危害性质和危害程度主要取决于污染物的剂量、作用时间、多种因素的联合作用、个体的敏感性等因素。主要应从以下几方面探讨污染物与疾病症状之间的相互关系：污染物对人体有无致癌作用；对人体有无致畸变作用；有无缩短寿命的作用；有无降低人体各种生理功能的作用等。现以二噁英类化合物的毒理效应为例，见表 1-3。

表 1-3 二噁英类化合物的毒理效应

影响	毒理学效应
对免疫系统的影响	细胞和体液免疫抑制；增加对传染源的敏感性；自身反应
对生长发育的影响	先天缺陷；胎儿死亡；影响神经系统发育；智力障碍（低下）；性别发育异常
雄性生殖系毒性	降低血清雄性激素浓度；睾丸萎缩；睾丸结构异常；生殖器大小异常；雌性化激素反应，雌性化行为反应
雌性生殖系毒性	生育能力下降；流产、死胎；卵巢功能下降、消失，子宫内膜异位
其他影响	器官毒性（肝、脾、胸腺、皮肤、牙齿）；糖尿病；体重减轻；消瘦综合征；糖和脂肪代谢改变

有毒污染物一般可以通过呼吸系统、消化系统、皮肤等途径侵入人体，因此加强预防，是保证人体不受污染危害的重要措施。

（三）居住环境与健康

人的一生大约有三分之二的时间是在居室内度过的。人们的居住水平和居住环境质量是衡量一个国家或地区人民生活水平的指标之一，它直接影响着居民的健康。

居室是家庭最小的活动单位，室高、室深、面积、容积是居室规模的直观指标。室高是指居室天花板至地板的垂直高度，合理的室高、清洁的空气和良好的采光，可使人有舒适感。过高显空虚，过低则显压抑，一般室内净高不应低于 2.4m。室深指外墙表面至对面墙内表面的距离，它对居室的形状、美学、采光均有影响，若过小则房间显得狭窄，若过大则光线不理想。面积是居住规模的重要指标，从卫生学和建筑学等各种因素看，人均居住 $9m^2$ 较合适。居室容积是居室规模的一项综合指标，影响到居室内空气质量和居民健康，一般人均在20～$25m^3$，容积过小使空气中污染物浓度增高，直接影响人体健康。

表 1-4 室内主要污染物及危害

污染物	来源	危害
石棉	防火材料、绝缘材料、乙烯基地板、水泥制品	致癌
生物悬浮颗粒	藏有病菌的暖气设备、通风和空调设备	流行性感冒、产生过敏
一氧化碳	煤气灶、煤气取暖器、壁炉、抽烟	引起大脑和心脏缺氧，重者死亡
甲醛	家具黏合剂、海绵绝缘材料、墙面木镶板	引致皮肤敏感、刺激眼睛
挥发性有机物	室内装修料、油漆、清漆、有机溶剂、炒菜油烟、空气清新剂、地毯、家具	多种刺激性或毒性 引起头疼、过敏、肝脏受损，甚至致癌
可吸入颗粒	抽烟、烤火、灰尘、烧柴	损伤呼吸道和肺
无机物颗粒、硝酸颗粒、硫酸颗粒、重金属颗粒	户外空气	损伤呼吸道和肺
砷	抽烟、杀虫剂、鼠药、化妆品	伤害皮肤、肠道和上呼吸道
镉	抽烟、杀真菌剂	伤害上呼吸道、骨骼、肺、肝、肾
铅	户外汽车尾气	毒害神经、骨骼和肠道
汞	杀真菌剂、化妆品	毒害大脑和肾脏
二氧化氮	户外汽车尾气、煤气灶	刺激眼和呼吸道，诱发气管炎，致癌
二氧化硫	家庭燃煤、户外空气	损伤呼吸系统
臭氧	复印机、静电空气清洁器、紫外灯	尤其对眼睛和呼吸道有伤害
氡气	建筑材料、户外的土壤气体	诱发肺癌
杀虫剂	杀虫喷雾剂	致癌、损伤肝脏
铝	铝制品、食品、饮料等	损害消化系统、神经系统
电磁波	家电、通信、医学设备等	影响中枢神经、心血管系统

注：表中的信息大部分来自美国 1995 年出版的《环境科学》(Environmental Science by Daniel Botkin & Edward keller)。

目前国际上通用的居住标准分三级。最低标准是每人一个床位；合理标准是每户一套住宅；舒适标准是每人一个房间。在人们的生活中，燃料的燃烧、吸烟、各种食品、化妆品等都形成了室内环境污染，对人类的健康产生了危害。表 1-4 列出室内的污染物及危害，提醒人们要避免它们对人体健康的影响。

第三节　生态系统与生态平衡

一、生态系统

某一生物物种在一定范围内所有个体的总和称为种群（population）；生活在一定区域内的所有种群组成了群落（community）；任何生物群落与其环境组成的自然综合体就是生态系统（ecosystem）。按照现代生态学的观点，生态系统就是生命和环境系统在特定空间的组合。在生态系统中，各种生物彼此间以及生物与非生物的环境因素之间互相作用，关系密切，而且不断地进行着物质和能量的流动。目前人类所生活的生物圈内有无数大小不同的生态系统。在一个复杂的大生态系统中又包含无数个小的生态系统。如池塘、河流、草原和森林等，都是典型的例子。图 1-2 是一个简化了的陆地生态系统，只有当草、兔子、狼、虎保持一定的比例，这一系统才能保持物质、能量的动态平衡。而城市、矿山、工厂等从广义上讲是一种人为的生态系统。这无数个各种各样的生态系统组成了统一的整体，就是人类生活的自然环境。

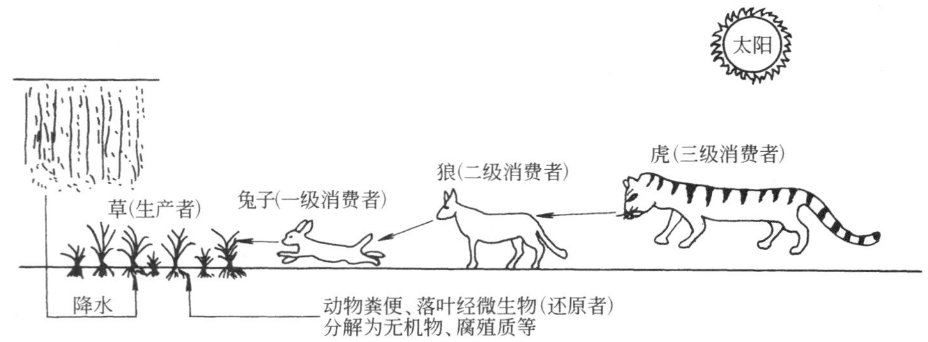

图 1-2　一个简化了的陆地生态系统

（一）生态系统的组成

（1）生产者　自然界的绿色植物以及所有能进行光合作用、制造有机物的生物（单细胞藻类和少数自然微生物等）均属生产者，或称为自养生物。生产者利用太阳能或化学能把无机物转化为有机物，这种转化不仅是生产者自身生长发育所必需的，同时也是满足其他生物种群及人类食物和能源所必需的，如绿色植物的光合作用过程。

$$6CO_2 + 6H_2O \longrightarrow C_6H_{12}O_6 + 6O_2$$

（2）消费者　食用植物的生物或相互食用的生物称为消费者，或称为异养生物。消费者又可分为一级消费者、二级消费者。食草动物如牛、羊、兔等直接以植物为食是一级消费者；以草食动物为食的肉食动物是二级消费者。消费者虽不是有机物的最初生产者，但在生态系统中也是一个重要的环节。

(3) 分解者　各种具有分解能力的细菌和真菌，也包括一些原生生物，称为分解者或还原者。分解者在生态系统中的作用是把动物、植物遗体分解成简单化合物，作为养分重新供应给生产者利用。

(4) 无生命物质　各种无生命的无机物、有机物和各种自然因素，如水、阳光、空气等均属无生命物质。

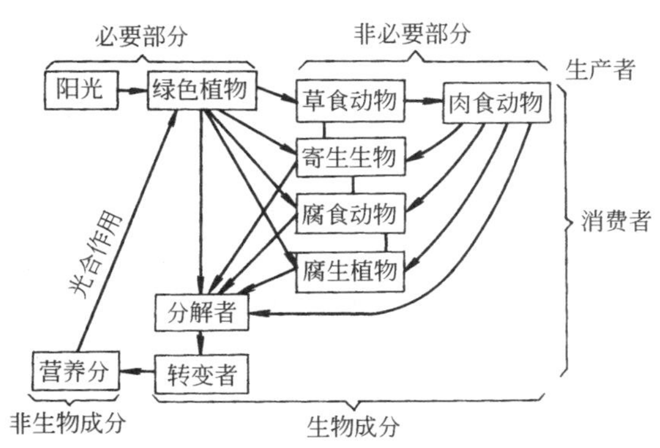

图 1-3　生态系统的组成和主要作用

注：腐食动物——以动、植物的腐败尸体为食的动物，例如秃鹰、蛆；

腐生植物——从动、植物残体的有机物中吸取养分的非绿色植物，例如蘑菇

以上四部分构成一个有机的统一整体，相互间沿着一定的途径，不断地进行物质和能量的交换，并在一定的条件下，保持暂时的相对平衡，如图 1-3 所示。

生态系统根据其环境性质和形态特征，可以分为陆地生态系统和水域生态系统。

陆地生态系统又可分为自然生态系统（如森林、草原、荒漠等）和人工生态系统（如农田、城市、工矿区等）。

水域生态系统又可分为淡水生态系统（如湖泊、河流、水库等）和海洋生态系统（如海岸、河口、浅海、大洋、海底等）。.

(二) 生态系统的基本功能

生态系统的基本功能是生物生产、能量流动、物质循环和信息传递，它们是通过生态系统的核心——有生命部分，即生物群落来实现的。

1. 生物生产

生物生产包括植物性生产和动物性生产。绿色植物以太阳能为动力，以水、二氧化碳、矿物质等为原料，通过光合作用来合成有机物。同时把太阳能转变为化学能贮存于有机物之中，这样生产出植物产品。动物采食植物后，经动物的同化作用，将采食来的物质和能量转化成自身的物质和潜能，使动物不断繁殖和生长。

2. 生态系统中的能量流动

绿色植物通过光合作用把太阳能（光能）转变成化学能贮存在这些有机物质中并提供给消费者。

能量在生态系统中的流动是从绿色植物开始的，食物链是能量流动的渠道。能量流动有两个显著的特点。一是沿着生产者和各级消费者的顺序逐渐减少。能量在流动过程中大部分用于新陈代谢，在呼吸过程中，以热的形式散发到环境中去。只有一小部分用于合成新的组织或作为潜能贮存起来。能量沿着绿色植物→草食动物→一级肉食动物→二级肉食动物等逐级流动，后者所获得能量大于前者所含能量的十分之一，从这个意义上讲，人类以植物为食要比以动物为食经济得多。二是能量的流动是单一的、不可逆的。因为能量以光能的形式进入生态系统后，不再以光能的形式回到环境中，而是以热能的形式逸散于环境中。绿色植物不能用热能进行光合作用，草食动物从绿色植物所获得的能量也不能返回到绿色植物。因此能量只能按前进的方向一次流过生态系统，是一个不可逆的过程。

3. 生态系统中的物质循环

生态系统中的物质是在生产者、消费者、分解者、营养库之间循环的。如图 1-4 所示，称之为生物地球化学循环。

生态系统中的物质循环过程是这样的：绿色植物不断地从环境中吸收各种化学营养元素，将简单的无机分子转化成复杂的有机分子，用以建造自身；当草食动物采食绿色植物时，植物体内的营养物质即转入草食动物体内；当植物、动物死亡后，它们的残体和尸体又被微生物（还原者）所分解，并将复杂的有机分子转化为无机分子复归于环境，以供绿色植物吸收，进行再循环。周而复始，促使人类居住的地球清新活跃，生机盎然。

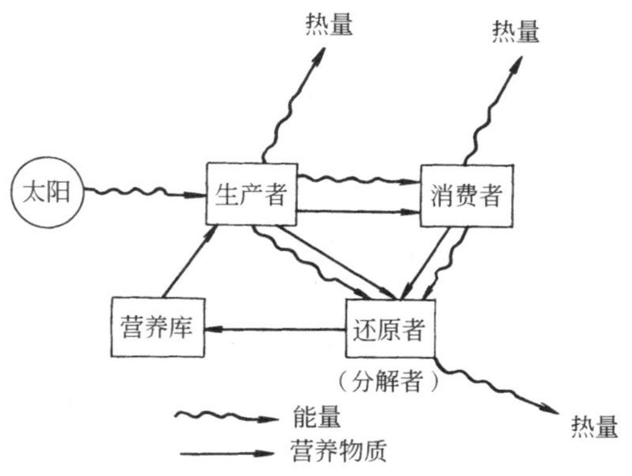

图 1-4　营养物质在生态系统中的循环运动示意图（能量必须由太阳予以补充）

生态系统中的生物在生命过程中大约需要 30～40 种化学元素，如碳、氢、氧、氮、磷、钾、硫、钙、镁是构成生命有机体的主要元素。它们都是自然界中的主要元素，这些元素的循环是生态系统基本的物质循环。例如，大气中的二氧化碳被陆地和海洋中的植物吸收，然后通过生物或地质过程以及人类活动又以二氧化碳的形式返回大气中，这就是碳循环的基本过程。如图 1-5 所示。

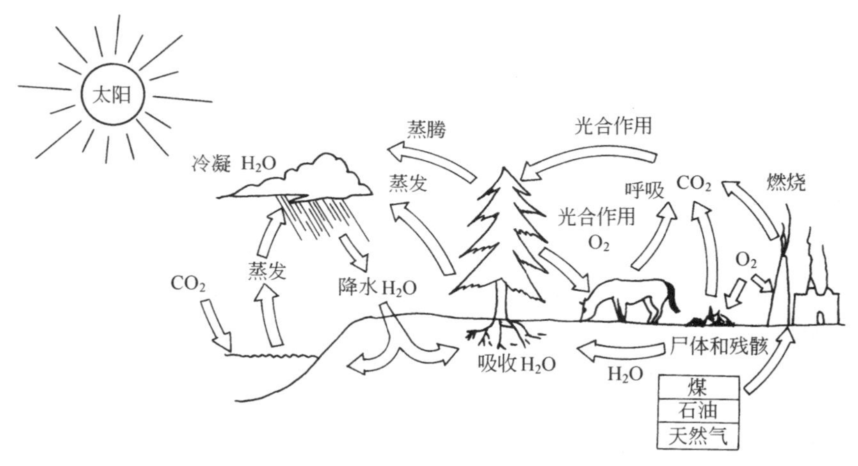

图 1-5　生物圈中水、氧气和二氧化碳的循环

4. 生态系统中的信息传递

生态中的信息传递发生在生物有机体之间，起着把系统各组成部分联成一个统一整体的作用。从生物的角度分析，信息的类型主要有四种。

① 营养信息。在生物界的营养交换中，信息由一个种群传到另一个种群。如昆虫多的地区，啄木鸟就能迅速生长和繁殖，昆虫就成为啄木鸟的营养信息。这种通过营养关系来传递的信息叫营养信息。

② 化学信息。蚂蚁在爬行时留下“痕迹”，使别的蚂蚁能尾随跟踪。这种生物体分泌出某种特殊的化学物质来传递的信息叫化学信息。

③ 物理信息。通过物理因素来传递的信息叫物理信息。如季节、光照的变化引起动物换毛、求偶、冬眠、贮粮、迁徙；大雁发现敌情时发出鸣叫声等。

④ 行为信息。通过行为和动作，在种群内或种群间传递识别、求偶和挑战等信息叫行为信息。

（三）生态系统的平衡

在任何正常的生态系统中，能量流动和物质循环总是不断地进行着。一定时期内，生产者、消费者和还原者之间都保持着一种动态平衡。生态系统发展到成熟的阶段，它的结构和功能，包括生物种类的组成、各个种群的数量比例以及能量和物质的输入、输出等都处于相对稳定的状态，这种相对的稳定状态称为生态平衡。

平衡的生态系统通常具有四个特征：生物种类组成和数量相对稳定；能量和物质的输入和输出保持平衡；食物链结构复杂而形成食物网；生产者、消费者和还原者之间有完好的营养关系。

破坏生态平衡有自然因素，也有人为因素。

1. 自然因素

主要指自然界发生的异常变化或自然界本来就存在的对人类和生物的有害因素。如火山喷发、山崩、海啸、水旱灾害、地震、台风、流行病等自然灾害，都会破坏生态平衡。

2. 人为因素

主要指人类对自然资源的不合理利用、工农业发展带来的环境污染等问题。主要有三种情况。

（1）物种改变引起平衡的破坏　人类有意或无意地使生态系统中某一种生物消失或往系统中引进某一种生物，都可能对整个生态系统造成影响。如澳大利亚原来没有兔子，1859年一位财主从英国带回24只兔子，放养在自己的庄园里供打猎用。由于没有兔子的天敌，致使兔子大量繁殖，数量惊人，遍布田野，该地区大量的青草和灌木被全部吃光，牛羊失去牧场。被毁坏的草原每年以113km的速度向外蔓延，田野一片光秃，土壤无植被保护，水土流失严重，农作物每年损失多达1亿美元，生态系统遭到严重破坏。

（2）环境因素改变引起平衡破坏　由于工农业的迅速发展，使大量污染物进入环境，从而改变生态系统的环境因素，影响整个生态系统。如空气污染、热污染、锄草剂和杀虫剂的使用，施肥的流失、土壤侵蚀及污水进入环境引起富营养化等，改变生产者、消费者和分解者的种类和数量并破坏生态平衡，从而引起一系列环境问题。

（3）信息系统的破坏　当人们向环境中排放的某些污染物质与某一种动物排放的性信息素接触，使其丧失驱赶天敌、排斥异种、繁衍后代的作用，从而改变了生物种群的组成结构，使生态平衡受到影响。

二、生态规律在环境保护中的应用

人口的迅速增长、工农业高度的发展、人类对自然改造能力的增强，使环境遭受了严重污染并引起生态平衡的破坏。生态学不仅是一门解释自然规律的科学，也是一门为国民经济服务的科学。因此，要解决世界上面临的五大环境问题——人口、粮食、资源、能源和环境保护，必须以生态学的理论为指导，按生态学的规律来办事。

（一）生态学的一般规律

生态学所揭示或遵循的规律，对做好环境保护、自然保护工作，发展农、林、牧、副、渔各业均有指导意义。

1. 相互依存与相互制约规律

相互依存与相互制约反映了生物间的协调关系，是构成生物群落的基础。

普遍的依存与制约，亦称“物物相关”规律。生物间的相互依存与制约关系，无论在动物、植物和微生物中或在它们之间都是普遍存在的。在生产建设中，特别是在需要排放废物、施用农药化肥、采伐森林、开垦荒地、修建水利工程等时，务必注意调查研究，即查清自然界诸事物之间的相互关系，统筹兼顾。

通过“食物”而相互联系与制约的协调关系，亦称“相生相克”规律。生态体系中各种生物个体都建立在一定数量的基础上，即它们的大小和数量都存在一定的比例关系。生物体间的这种相生相克作用，使生物保持数量上的相对稳定，这是生态平衡的一个重要方面。

2. 物质循环转化与再生规律

生态系统中植物、动物、微生物和非生物成分，借助能量的不停流动，一方面不断地从自然界摄取物质并合成新的物质，另一方面又随时分解为原来的简单物质，即“再生”，重新被植物所吸收，进行着不停的物质循环。因此要严格防止有毒物质进入生态系统，以免有毒物质经过多次循环后富集到危及人类的程度。

3. 物质输入输出的动态平衡规律

当一个自然生态系统不受人类活动干扰时，生物与环境之间的输入与输出是相互对立的关系，生物体进行输入时，环境必然进行输出，反之亦然。对环境系统而言，如果营养物质输入过多，环境自身吸收不了，就会出现富营养化现象，打破了原来输入输出平衡，破坏原来的生态系统。

4. 相互适应与补偿的协同进化规律

生物给环境以影响，反过来环境也会影响生物，这就是生物与环境之间存在的作用与反作用过程。如植物从环境吸收水分和营养元素，生物体则以其排泄物和尸体把相当数量的水和营养素归还给环境。最后获得协同进化的结果。经过反复地相互适应和补偿，生物从光秃秃的岩石向具有相当厚度的、适于高等植物和各种动物生存的环境演变。

5. 环境资源的有效极限规律

任何生态系统中作为生物赖以生存的各种环境资源，在质量、数量、空间和时间等方面都有其一定的限度，不能无限制地供给，而其生物生产力也有一定的上限。因此每一个生态系统对任何外来干扰都有一定的忍耐极限，超过这个极限，生态系统就会被损伤、破坏，以致瓦解。

以上五条生态学规律也是生态平衡的基础。生态平衡以及生态系统的结构与功能又与人类当前面临的人口、粮食、能源、自然资源和环境保护五大社会问题紧密相关。如图1-6所示。

（二）生态规律在环境保护中的应用

由于人口的飞速增长，各个国家都在大力发展本国经济，刺激工农业生产的发展和科学技术的进步。随着人们对自然改造能力的增强，在开发利用自然资源的过程中，生态系统也遭到了严重破坏，引起生态平衡的失调。大自然反过来也毫不留情地惩罚人类：森林面积减少，沙漠面积扩大；洪、涝、旱、风、虫等灾害发生频繁；各种大气污染物浓度上升……地

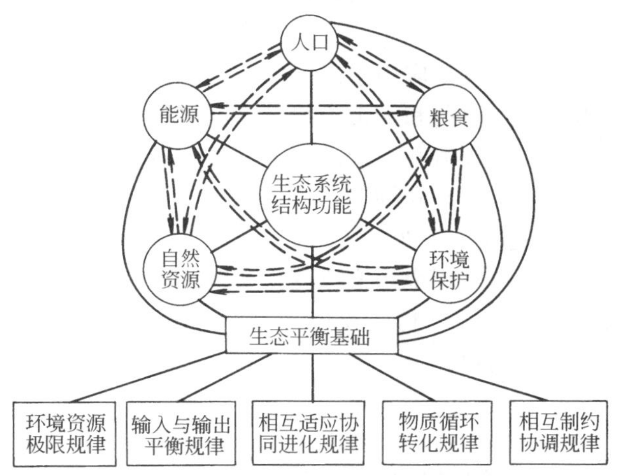

图 1-6 生态平衡与五大环境问题的关系示意图

球变得越来越不适合人类生存了。人类终于认识到要按照生态学的规律来指导人类的生产实践和一切经济活动，要把生态学原理应用到环境保护中去。

1. 全面考察人类活动对环境的影响

在一定时空范围内的生态系统都有其特定的能流和物流规律。只有顺从并利用这些自然规律来改造自然，人们才能既不断发展生产，又能保持一个洁净、优美和宁静的环境。

举世瞩目的三峡工程曾引起很大争议，其焦点是如何全面考察三峡工程对生态环境的影响。

长江流域的水资源、内河航运、工农业总产值等都在全国占有相当的比重。兴修三峡工程可有效地控制长江中下游洪水，减轻洪水对人民生命财产安全的威胁和对生态环境的破坏；三峡工程的年发电量相当于4000万吨标准煤的发电量，减轻对环境的污染。但是兴修三峡工程，大坝蓄水175m的水位将淹没川、鄂两省19个市、县，移民72万人，淹没耕地35万亩（15亩=1公顷）、工厂657家……三峡地区以奇、险为特色的自然景观有所改观，沿岸地少人多，如开发不当可能加剧水土流失，使水库淤积；一些鱼类等生物的生长繁殖将受到影响。

2. 充分利用生态系统的调节能力

生态系统的生产者、消费者和分解者在不断进行能量流动和物质循环过程中，受到自然因素或人类活动的影响时，系统具有保持其自身稳定的能力。在环境污染的防治中，这种调节能力又称为生态系统的自净能力。例如水体自净、植树造林、土地处理系统等，都收到明显的经济效益和环境效益。

3. 解决近代城市中的环境问题

城市人口集中，工业发达，是文化和交通的中心。但是，每个城市都存在住房、交通、能源、资源、污染、人口等尖锐的矛盾。因此编制城市生态规划，进行城市生态系统的研究，是加强城市建设和环境保护的重要课题。

4. 以生态学规律指导经济建设，综合利用资源和能源

以往的工农业生产是单一的过程，既没有考虑与自然界物质循环系统的相互关系，又往

往在资源和能源的耗用方面片面强调产品的最优化问题。以致在生产过程中大量有毒的废物排出，严重破坏和污染环境。

解决这个问题较理想的办法就是应用生态系统的物质循环原理，建立闭路循环工艺，实现资源和能源的综合利用，杜绝浪费和无谓的损耗。闭路循环工艺就是把两个以上流程组合成一个闭路体系，使一个过程的废料和副产品成为另一个过程的原料。这种工艺在工业和农业上的具体应用就是生态工艺和生态农场。

5. 对环境质量进行生物监测和评价

利用生物个体、种群和群落对环境污染或变化所产生的反应阐明污染物在环境中的迁移和转化规律；利用生物对环境中污染物的反应来判断环境污染状况，如利用植物对大气污染、水生生物对水体污染的监测和评价；利用污染物对人体健康和生态系统的影响制定环境标准。

第四节　环境意识

一、基本概念

针对日益严重的环境问题和生态环境的破坏，人们对环境保护与经济发展的关系有了深刻的认识，环境意识不断增强。环境意识是人与自然环境关系所反映的社会思想、理论、情感、意志、知觉等观念形态的总和。

20 世纪 80 年代以前，人们认为环境意识仅是人类对赖以生存的生态环境这一特定的客观存在的反映。其核心是指人类对生态环境及相关问题的认识、判断、态度以及行为取向。同时这种认识、判断、态度和行为取向又能动地作用于客观存在的生态环境。自 20 世纪 80 年代中期国际上提出“可持续发展”概念以后，专家指出要追求“3E”，即 environmental integrity（环境完整），economic efficiency（经济效率），equity（公平性）。它的实质是人的问题，是人类的可持续发展，包括三个相互联系的可持续性：生态可持续性、经济可持续性和社会可持续性。

二、环境意识与可持续发展战略

环境保护目标的确立是生态意识产生的重要标志。这种新意识的产生来源于人们对以往人类活动违背生态规律带来的严重不良后果的反思，来源于对现存严重生态危机的觉醒；来源于对人类可持续发展的关注以及对后代生存和保护地球的责任感；来源于对地球生态系统整体性认识。20 多年来，人类的环境意识正在经历从浅层向深层发展的过程，其特点是环境意识从它的限制性功能向创造性功能发展，从限制污染行为向无污染的方向发展。主要表现在环境保护所关注的问题、环境问题造成的影响领域、污染控制对策、环境保护思想、环境价值观、人类环境行为的特点、对待环境资源的态度、人口政策、环境科技意识、环境伦理意识等方面由浅层向深层发展。

环境意识是人类思想的先进观念。它是一种新的独立的意识形态，在人类思想深层对人类与自然关系的科学认识。它的产生是人类意识进化的新表现。与传统意识形态比较，其特点如下。

(1) 传统意识强调分析思维，把统一的世界分化为人类社会和自然界分别进行研究，并进一步分化为许多学科，对世界的各种因素分别进行认识。环境意识强调综合思想，不仅把地球生态系统看成一个有机整体，而且把人类、社会和自然界的相互联系和相互作用构成了统一的有机整体。它强调自然生态整体性、人类利益和人类实践的整体性以及人类与自然的整体性。它也十分重视自然生态系统、人类利益和人类实践以及不同地域的人类与自然关系的多样性和差异性，强调从这种多样性和差异性中把握整体性。

（2）传统意识强调人类活动是为了主宰和统治自然，主张无限制地改造自然和利用自然。而环境意识是依据生态系统整体性的观点，认为人类改造和利用自然应有一个限度，超过这一限度就会导致生命维持系统的破坏，因而需要把人类活动限制在某一历史时期生态系统能承受的限度内。

（3）环境意识在根本价值观上有重大突破。它主张在突破人类中心主义价值观的基础上，确立人类与自然和谐发展的价值方向，并依据新的价值观放弃传统的社会发展模式，选择新的谋生模式，实现社会物质生产方式和社会生活方式的变革。

按照我国发展战略目标，21 世纪中期要达到发达国家水平，而人口将从现在近 13.23 亿增长到 15 亿。为了达到这一目标，资源消耗规模至少要比现在增加 5～10 倍。按照目前的经济增长方式，不增加环境污染和生态破坏是不可能的。但环境破坏不仅会损害生活质量，而且会从根本上制约经济的增长。显然，经济与环境两者之间的矛盾，必须努力去协调解决，这是保护环境实现长期发展战略目标的主要条件之一。

调整经济增长模式，选择适合保护生态环境的经济发展模式，是中国 21 世纪发展的自身需要和必然选择。这就是可持续发展的战略。

可持续发展是指人类生存和发展的可持续性，其基本要求包括生态可持续性、经济可持续性、社会可持续性。生态可持续性是最基本的，没有良好的全球环境，可持续发展是不可能的。因此，加强环境意识是实施可持续发展战略的基本条件之一。1972 年 6 月 5 日，联合国人类环境会议通过了划时代的历史性文献《人类环境宣言》。1972 年 10 月联合国大会决定成立环境规划署，同时确定每年 6 月 5 日为“世界环境日”，要求各国在每年这一天开展各种活动，提醒全世界人民注意全球环境状况以及人类活动可能对环境造成的危害，并宣传保护和改善人类环境的重要性。联合国环境规划署确定每年“世界环境日”活动的主题，并在这一天发表《世界环境现状年度报告》，同时表彰保护环境“全球 500 佳”。

环境意识教育的基础工作是在环境宣传和教育领域，宣传环保方针、政策和环境管理制度，环境科学知识、基础理论，推广防止和治理环境污染和保护生态环境的技术手段。

在经济高速发展的今天，应普遍提高公众的环境意识水平，即树立环境保护与可持续发展协调统一的观念。

在这种思想指导下，加快科学技术发展，开辟可持续发展的经济领域和模式，如开发绿色技术（或生态技术），转变经济发展模式和经济增长方式。这是人类具备环境意识的最高境界。

复习思考题

1. 什么是环境？
2. 环境科学的基本任务是什么？
3. 什么是环境问题？当今世界存在哪些环境问题？
4. 环境污染的特征是什么？

5. 什么是生态系统？其功能是什么？
6. 什么是生态平衡？其破坏因素有哪些？
7. 生态规律在环境保护中的作用是什么？
8. 什么是环境意识？其特点是什么？

【阅读材料】

黄河三角洲湿地生态保护与石油生产的协调发展

黄河三角洲是国家级自然保护区，是我国暖湿带最广阔、最完整的河口湿地生态系统，是物种保护、候鸟迁徙和河口生态交替研究的重要地点。黄河三角洲湿地的总面积为4500km^2，其中泥质滩涂面积达1150km^2，地势平坦，易受到海水潮涨潮落的滋润，另有沼泽地、河床—漫滩地、河间洼地—泛滥地及河流、沟渠、水库、坑塘等。自然植被有天然柳林等落叶阔叶林，怪柳等盐生灌丛，白茅草甸、茵陈蒿草甸等典型草甸，翅碱蓬草甸等盐生草甸，芦苇、香蒲等草本沼泽及金鱼藻、眼子菜等水生植被。野生动物鸟类有269种，国家一级重点保护动物有丹顶鹤、白头鹤、白鹤、大鸨、金雕、白尾海雕和中华秋沙鸭7种；国家二级保护动物有大天鹅、灰鹤等34种；列入《濒危野生动植物种国际贸易公约》的40种，152种是《中日保护候鸟及其栖息环境协定》中的鸟类，51种是《中澳保护候鸟及其栖息环境协定》的鸟类。另外，黄河三角洲是东亚—澳大利亚候鸟迁徙路线上的“鸟类乐园”。

1992年10月经国务院批准成立国家级黄河三角洲自然保护区，其核心区面积7.9万平方公里，缓冲区1.1万平方公里，实验区6.3万平方公里。此保护区面积只占黄河三角洲湿地面积的34%，就是考虑了当地经济发展和胜利油田建设需要的，一些探明的或开采的油田包括在了保护区内，显然生态保护与油田生产有着交叉。

胜利油田地跨山东省东营、滨州等8个地市28个县区，1997年全国500强企业中综合经济指标名列第六。1998年该油田新增探明石油地质储量1.04亿吨，控制储量8058万吨；生产原油2731万吨，天然气9.18亿立方米，实现各种税费37.67亿元，利润3.57亿元。

胜利油田的开发不仅带动了东营等市的经济发展，还加强了环境保护工作，坚持环保与开发并重，年均投入资金2000多万元。通过开展“采油污水不外排”、“生产全过程控制，建设清洁文明矿区”等活动，保护了当地生态环境，增加了鸟类栖息地。

油田毕竟是资源型企业，占地广，勘探、打井等作业对生态环境影响较大。由于历史原因，黄河三角洲自然保护区内现有油气井700多口，设计油田11个。如果按照《中华人民共和国自然保护区条例》规定，停止对区内油气资源的开发利用，胜利油田测算将失去17%的油气储量、16%的油气产量和7.3亿吨远景资源量，每年将因此减产440多万吨原油，减少40多亿元收入，2万多名职工失去饭碗。相反，如单纯顾全石油生产，撤销一大部分保护区，会使原保护区功能严重受损，难以全面保护好黄河口湿地生态系统和鸟类栖息环境，对正在走向世界的黄河三角洲保护区乃至整个三角洲地区经济、社会发展也会产生消极影响。

为了化解矛盾，减少冲突，原国家环保总局组织油田、保护区、当地政府和专家进行现场协调，形成的主要思路是保护与发展兼顾，将现有的飞雁滩等油田所在区域由保护区的核心区、缓冲区调整为实验区。照此，既能使油田生产符合现行法规而得以继续进行，又从总体上强化了油田生产环保要求。

人体中的微量元素

人体中含有多种元素，习惯上分为常量元素和微量元素两大类，人体中常量元素的含量见表 1-5。

表 1-5 人体中常量元素的含量

常量元素	含 量/%	常量元素	含 量/%	常量元素	含 量/%
O	65.00	Ca	2.00	Na	0.15
C	18.00	P	1.00	Cl	0.15
H	10.00	S	0.25	Mg	0.05
N	3.00	K	0.35		

其他 40 多种元素总量不足人体量的 0.05%，称之为人体的微量元素。它们的作用不可低估，如缺铁会引起贫血，缺碘会引起甲状腺肿大，缺氟牙齿会烂掉，缺铁、钙不仅会使骨骼松脆，还会使血液难于凝结。一般来说 Na^+、K^+、OH^- 浓度升高会使神经和肌肉兴奋。Ca^{2+}、Mg^{2+}、H^+ 浓度升高，神经和肌肉不易兴奋。各种元素在人体组织和体液中的富集情况大致如下：头发中铝、砷、钒；大脑中钠、镁、钾；脑垂体中铟、溴、锰、铬；眼液中钠；视网膜中钡；齿质及珐琅质中钙、镁、氟；牙组织中钙、磷；甲状腺中碘、铟、溴；心脏中钙、钾；肺中锂、钠；胰腺中镁；肾脏中锂、硒、钙、镁、钾、钼、镉、汞；消化系统中钠；肌肉中锂、镁、钾；骨组织中钠、钙、钾、磷；血液中铁、钠、锂、钙、钾；肝脏中锂、硒、钼、锌、钙、镁、钾、铜。

世界环境日

1972 年 10 月，第 27 届联合国大会通过了联合国人类环境会议的建议，规定每年的 6 月 5 日为“世界环境日”，1974 年第一个世界环境日提出对主题是“只有一个地球（Only one Earth）”。联合国系统和各国政府要在每年的这一天开展各种活动，提醒全世界注意全球环境状况和人类活动对环境的危害，强调保护和改善人类环境的重要性。

许多国家、团体和人民群众在“世界环境日”这一天开展各种活动来宣传强调保护和改善人类环境的重要性，同时联合国环境规划署发表世界环境状况年度报告书，并采取实际步骤协调人类和环境的关系。世界环境日，象征着全世界人类环境向更美好的阶段发展，标志着世界各国政府积极为保护人类生存环境做出的贡献。它正确地反映了世界各国人民对环境问题的认识和态度。1973 年 1 月，联合国大会根据人类环境会议的决议，成立了联合国环境规划署（UNEP），设立环境规划理事会（GCEP）和环境基金。环境规划署是常设机构，负责处理联合国在环境方面的日常事务，并作为国际环境活动中心，促进和协调联合国内外的环境保护工作。历年世界环境日的主题如下。

2000 年　环境千年，行动起来（2000 The Environment Millennium-Time to Act）

2001 年　世间万物，生命之网（Connect with the World Wide Web of life）

2002 年　让地球充满生机（Give Earth a Chance）

2003 年　二十亿人生命之所系！（Water-Two Billion People are Dying for It!）

2004 年　海洋存亡，匹夫有责（Wanted! Seas and Oceans——Dead or Alive）

2005 年　营造绿色城市，呵护地球家园！（Green Cities——Plan for the Planet）

中国主题：人人参与　创建绿色家园

2006 年　莫使旱地变为沙漠（Deserts and Desertification——Don' t Desert Drylands!）

中国主题：生态安全与环境友好型社会

2007 年　冰川消融，后果堪忧（Melting Ice——a Hot Topic）

中国主题：污染减排与环境友好型社会

2008年　促进低碳经济（Towards a Low Carbon Economy）

中国主题　绿色奥运与环境友好型社会

2009年：地球需要你：团结起来应对气候变化（Your Planet Needs You——UNite to Combat Climate Change）

中国主题：减少污染——行动起来

2010年　多样的物种，唯一的地球，共同的未来（Many Species，One Planet，One Future）

中国主题：低碳减排·绿色生活

2011年　森林：大自然为您效劳（Forests：Nature at Your Service）

中国主题：共建生态文明，共享绿色未来

2012年　绿色经济：你参与了吗？（Green Economy：Does it include you?）

中国主题：绿色消费，你行动了吗？

2013年　思前，食后，厉行节约（think eat save ）

中国主题：同呼吸，共奋斗

2014年　提高你的呼声，而不是海平面（Raise your voice not the sea level）

中国主题：向污染宣战

2015年　可持续消费和生产（Sustainable consumption and production）

中国主题：践行绿色生活

2016年　为生命呐喊（Go Wild for Life）

中国主题：改善环境质量 推动绿色发展

第二章

可 持 续 发 展

【学习目的要求】

通过本章的学习，要从环境承载程度的基础上，建立可持续发展的观点，了解国际、国内可持续发展的战略措施，掌握可持续发展的实施内容，了解城市及农业可持续发展措施。

第一节　环境承载力

一、环境承载力的特点和本质

1. 基本概念

承载力（carrying capacity，即 CC）是用以限制发展的一个最常用概念，现被用于说明环境或生态系统所能承受发展的特定活动能力的限度。它被定义为“一个生态系统在维持生命机体的再生能力、适应能力和更新能力的前提下，承受有机体数量的限度”。意味着应该在对环境造成总的冲击与人们所估计的地球环境承受能力之间留有足够的安全余地。

确定区域环境的承载力时，必须同时考虑资源、基础设施和生产活动，还要考虑社会对生活质量的偏好。承载力一般应包括 4 个方面的内容：①生产过程赖以进行的资源；②人们对生活水平的期望，包括物质需求和服务需求；③生产原料和生活用品分配方式及提供服务的基础设施；④环境对生产和消费过程中产生的废物的同化能力。

显然，定义承载力必须依赖于建立某些限制因素与增长因素之间的定量关系，这些关系是很难确定的。在大多数情况下，承载力并不是某一地域的内在的某种数值，环境能承受的冲击在很大程度上取决于环境管理者对环境维护的目标。

环境是人类社会存在和发展的物质载体，它不仅为人类的各种活动提供空间场所，同时也供给这些活动所需的物质资源和能量。“环境承载力”最初就是用来概述人类活动所具有的支持能力的。

从环境科学的角度分析，环境问题的产生是由于人类社会经济活动超越了环境的“限度”而引起的。尽管环境问题出现的原因是多样的，如人口过多对环境的压力加大；生产过程资源利用率低，造成资源浪费及污染物的大量产生；毁林开荒，引起生态失调等，都可以归结为人类社会经济活动。

北京大学等单位曾在湄洲湾环境规划的研究中，科学定义了环境承载力的含义。所谓环境承载力是指在某一时期、某种状态或条件下，某地区的环境所能承受人类活动作用的阈值。其大小可以以人类活动作用的方向、强度和规模来加以反映。不同的地区，不同的人类开发活动水平将对该地区的环境产生不同强度的影响。开发强度不够，社会生产力低下，会直接影响人民群众的生活水平；开发强度过大，又会影响、干扰以致破坏人类赖以生存的环境，反过来会制约社会生产力。因此人类要掌握环境系统的运动变化规律，了解发展中经济与环境相互制约的辩证关系，在开发活动中做到发展生产与保护环境相协调，就要做到既高速发展生产又不破坏环境，或是经过人工改造，使环境朝着人类进步的方向发展，促进人类文明的不断提高和自然资源的永续利用。

2. 环境承载力的特点和本质

区域环境是一个开放系统，它与外界不断进行着物质、能源、信息的交换，同时在其内部也始终存在着物质、能量的流动。随着科学技术的发展，人类社会经济活动的规模与强度明显加大，环境系统与外界及环境系统内部的物质、能量、信息的流动会更加强烈。因此应掌握环境承载力的特点。

① 客观性　在一定时期内，区域环境系统在结构、功能方面不会发生质的变化。由于环境承载力是环境系统结构特征的反映，因而，在环境系统结构不发生本质变化的前提下，环境承载力在质和量这两种规定性方面是客观的，即是可以把握的。

② 变动性　环境系统结构变化，一方面与其自身的运动有关，另一方面主要与人类对环境所施加的作用有关。这种变化反映到环境承载力上，就是在质和量这两种规定上的变动。在质的规定性上的变动表现为环境承载力指标体系的改变；在量的规定性上的变动表现为环境承载力指标值大小的改变。

③ 可控性　环境承载力具有变动性，这种变动性在很大程度上是由人类活动加以控制的。人类在掌握环境系统运动变化规律和经济—环境辩证关系的基础上，根据生产和生活实际的需要，可以对环境进行有目的的改造，使环境承载力在质和量两方面朝着人类预定的目标变化。

人类改造环境的目的，在很大程度上是为了提高环境承载力，例如兴修水利工程是为了减少灾害，实际上就是提高环境承载力。由此，环境承载力的本质首先表现在它并不是固定不变的，而是可以因人类对环境的改造而变化的。

环境承载力是一个客观的量，是环境系统的客观属性。在分析把握环境承载力时不能只从“量”上来入手，还应从“质”的方面来掌握。正是在“质”的规定性方面，环境承载力与人类社会经济活动直接相联系。

特定范围的环境，对于特定的人类活动所具有的支持能力有一定的阈值，即环境承载力是一定的。因此可以用环境承载力来衡量环境与人类活动是否协调。有环境科学专家提出，当$\frac{\text{人类活动强度}}{\text{环境承载力}} \leqslant 1$时，可以认为人类活动与环境是协调的。由此说明，环境承载力概念从本质上反映了环境与人类社会经济之间的辩证关系。

二、环境承载力的研究范围及量化分析

环境承载力的研究包括环境承载力的内容、环境自净能力以及环境本底值三个方面。如在城市的环境承载力的研究中就要考虑毗邻地区的土地资源合理开发利用，水资源的合理开发利用，水资源和水环境自净能力的利用，大气环境稀释自净能力的合理利用，土壤的自净

能力，同时还要考虑水体、大气、土壤等污染物的本底值。

由于环境承载力是用以衡量人类社会经济活动与该地区环境条件协调适配程度的，因此应从统计的观点出发，根据一些经验数据和预测数据，利用数理统计知识，找出影响环境承载力的因素（发展变量与限制变量）之间的关系，来对某一时段内的区域环境承载力进行定量分析。

计算区域环境承载力的关键是寻找发展变量与限制变量的关系。发展变量是反映人类活动强度的量；限制变量是反映人类活动起支持或限制作用的变量，是反映环境资源条件的变量。

环境承载力可量化指标包括以下三种。

① 自然资源类指标　淡水、土地、矿产、生物等均属此类，可以用种类、数量及开发条件来表征。

② 社会条件类指标　人口、交通、能源、经济状况、信息等属于此类，它们分别可以从不同的角度来加以表征。

③ 污染承载能力类指标　可以用有关污染物在大气、水体、土壤中的迁移、扩散、转化能力（自净能力）以及它们现有的含量（本底值）和敏感限值（即相应的环境标准）来表征。

研究区域环境承载力，可以指导工业的布局，探讨经济发展的潜力及资源的分配，帮助人们建立社会经济持续发展的观念，指导人类从事经济活动。

三、循环经济的特点及实施方法

如何来推动中国经济的快速增长呢？是继续沿用传统的经济发展模式，用高消耗、高污染来带动经济增长，还是通过发展新经济，以高新技术为主导，以创新为核心，来推动经济的可持续发展？这是摆在人们面前的一个重要抉择。

当前，发展新经济，即发展知识经济和循环经济。知识经济就是在经济运行过程中智力资源对物质资源的替代，实现经济活动的知识化转向；循环经济则是按照生态规律利用自然资源和环境容量，实现经济活动的生态化转向。自从20世纪90年代确立可持续发展战略以来，发达国家正在把发展循环经济、建立循环型社会看做是实施可持续发展战略的重要途径和实现方式。

所谓循环经济，就是把清洁生产和废弃物的综合利用融为一体的经济，本质上是一种生态经济，它要求运用生态学规律来指导人类社会的经济活动。20世纪五六十年代以来生态学的兴起，使人们产生了模仿自然生态系统的愿望，按照自然生态系统物质循环和能量流动规律重构经济系统，使得经济系统和谐地纳入到自然生态系统的物质循环过程中，建立起一种新形态的经济。

与传统经济相比，循环经济的不同之处在于：传统经济是一种由“资源—产品—污染排放”所构成的物质单向流动的经济。在这种经济中，人们以越来越高的强度把地球上的物质和能源开采出来，在生产加工和消费过程中又把污染和废物大量地排放到环境中去，对资源的利用常常是粗放的和一次性的，通过把资源持续不断地变成废物来实现经济的数量型增长，导致了许多自然资源的短缺与枯竭，并酿成了灾难性环境污染后果。与此不同，循环经济倡导的是一种建立在物质不断循环利用基础上的经济发展模式，它要求把经济活动按照自然生态系统的模式，组成一个“资源—产品—再生资源”的物质反复循环流动的过程，使得整个经济系统以及生产和消费过程基本上不产生或者只产生很少的废弃物。只有放错了地方的资源，而没有真正的废弃物。循环经济的特征是自然资源的低投入、高利用和废弃物的低排放，从而根本上消解长期以来环境与发展之间的尖锐冲突。

从提倡废弃物资源回收和综合利用到循环经济的提出，是经济发展理论的重要突破，它打破了传统经济发展理论把经济和环境系统人为割裂的弊端，要求把经济发展建立在自然生态规律的基础上，促使大量生产、大量消费和大量废弃的传统工业经济体系转轨到物质合理使用和不断循环利用的经济体系，为传统经济转向可持续发展经济提供了新的理论范式。

循环经济已经成为一股潮流和趋势，有些国家甚至以立法的方式加以推进。循环经济是实施可持续发展战略必然的选择和重要保证，而在世界上呼声很高的清洁生产，则是实现循环经济的基本方式，主要做法可归纳为以下四个方面。

① 要有符合循环经济的设计，要求把经济效益、社会效益和环境效益统一起来，并且要充分注意到使物质循环利用，做到物尽其用，即使在产品使用生命周期结束之后，也易于拆卸和综合利用，在产品设计中，尽量采用标准设计，使一些装备可以便捷地升级换代，而不必整机报废；同时，在产品设计中，要尽量不产生或少产生对人体健康和环境不利的因素；不使用或尽可能少使用有毒有害的原料。科学合理的设计，是推行循环经济的前提条件，预则立，不预则废，设计是循环经济的首要环节。

② 依靠科技进步，积极采用无害或低害新工艺、新技术，大力降低原材料和能源的消耗，实现少投入、高产出、低污染，尽可能把污染环境的排放消除在生产过程之中。以德国为例，在GDP（国内生产总值）增长两倍多的情况下，主要污染物减少了近75%，收到了经济效益和环境效益“双赢”的结果。

③ 资源的综合利用，使废弃物资源化、减量化和无害化，把危害环境的废弃物减少到最低限度，这是循环经济的一条重要原则和重要标志。废弃物的综合利用，有两种方式：一是原级资源化，即把废物转化成与原生材料相同的产品。如用废纸生产再生纸，可以减少原生材料量的20%～90%；二是次级资源化，即把废物变成与原生材料不同的新产品，这种利用方式，可减少原生材料量的25%。工业生态园是推行循环经济的一种好方式，世界上有许多成功的典型，这种方式模仿自然生态系统，使资源和能源在本工业系统中循环使用，上家的废料成为下家的原料和动力，尽可能把各种资源都充分利用起来，做到资源共享，各得其利，共同发展。在建工业开发区时，也应建立这种模式。

④ 科学和严格的管理。循环经济是一种新型的、先进的经济形态。但是，不能设想仅靠先进的技术就能推行这种经济形态，它是一门集经济、技术和社会于一体的系统工程，科学的和严格的管理是做好这种经济的重要条件。因此，需要建立一套完备的办事规则和操作规程，并且有督促其实施的管理机制和能力。从清洁生产角度看，工业污染物排放的30%～40%是管理不善造成的。只要强化管理，不需要花费很多的钱，便可获得削减物料和污染物的明显效果。

要使循环经济得到发展，只靠企业的努力是不够的，还需要政府的支持和推动。首先，国家要改变国民生产总值按GDP统计的方法，因为这种统计方法没有扣除资源消耗和环境污染的损失，是一种不全面、不真实的统计。虽然目前世界上通行的仍是这种统计，但一些国家已在用新的统计方法，就是包括生态统计在内的统计，即在计算国民生产总值时，可扣除资源的消耗和环境污染破坏的损失。中国也应朝这个方向转变。可以实行两本账：一本按传统的方法计算，供与国际比较用。一本包括生态环境的统计，供国内用，特别是供各级政府领导人用，如果实行这种统计，会使人民特别是各级领导人大吃一惊，会看到很高的国民生产总值因扣除自然资源和环境污染破坏损失而大大减少。这就会促使人们抛弃传统的经济发展模式，走经济、社会和环境相结合的可持续发展之路。

同时，还要制定必要的法规，对循环经济加以规范，做到有法可依，有章可循。特别要使用经济激励和惩罚手段，以推动循环经济的健康发展。

第二节　可持续发展的产生

一、基本概念

从 20 世纪 80 年代开始，针对人类面临的挑战，全球对“发展”展开了激烈的讨论，联合国成立的“环境与发展问题”高级委员会提出了“世界各国必须组织新的持续发展的道路”，并且一再强调持续发展是 21 世纪发达国家和发展中国家的共同发展战略，是人类求得生存与发展唯一可供选择的途径。1992 年在巴西里约热内卢举行的联合国环境与发展大会上通过了《21 世纪议程》，制定了可持续发展的重大行动计划，各国对可持续发展取得了共识。

1987 年世界环境与发展委员会主席 Brundtland 女士（挪威首相）向联合国提交了著名报告《我们共同的未来》（Our Common Future），指出“可持续发展是指在不牺牲未来几代人需要的情况下，满足我们当代人需要的发展”。这个定义明确地表达了两个基本观点：一是人类要发展，尤其是穷人要发展；二是发展要有限度，不能危及后代人的发展。报告还指出当今存在的发展危机、能源危机、环境危机都不是孤立发生的，而是传统的发展战略造成的。要解决人类面临的各种危机，只有改变传统的发展方式，实施可持续发展战略，才是积极的出路。具体地讲，在经济和社会发展的同时，采取保护环境和合理开发与利用自然资源的方针，实现经济、社会与环境的协调发展，为人类提供包括适宜的环境质量在内的物质文明和精神文明。同时，还要考虑把局部利益和整体利益、眼前利益和长远利益结合起来。特别值得注意的是在发展指标上与传统发展模式有了很大的不同，不再把国民生产总值作为衡量发展的唯一指标，而是用社会、经济、文化、环境等各个方面的指标来衡量发展。表 2-1 列举全球发展与环境的综合对策。

二、21 世纪议程

1992 年联合国在巴西里约热内卢召开的环境与发展大会上通过了《21 世纪议程》，阐明了人类在环境保护与可持续发展之间应作出的决策和行动方案，对加强全球环境问题的国际合作和建立新的伙伴关系具有积极指导意义。

《21 世纪议程》全文分 4 部分，共 40 章，要求各国制订和组织实施相应的可持续发展战略、计划和政策，迎接人类社会面临的新挑战。

第一部分叙述了社会经济要素的内容、贸易与环境、国际经济、贫困问题、人口问题以及人类居住问题，明确规定了环境和发展的统一等。

第二部分为发展的资源保护和管理，详细叙述了所谓全球环境问题及不同领域的环境保护政策。

表 2-1　全球发展与环境的综合对策

1891 年	自然保护团体塞拉俱乐部在美国成立
1969 年	环境保护 NGO"地球之友"在美国成立
1970 年	OECD 环境委员会成立
1972 年	罗马俱乐部《增长的极限》出版，提出地球资源的有限性； 联合国人类环境会议在斯德哥尔摩举行，通过了"人类环境宣言"及"行动计划"； 第十七届 UNESCO 大会，通过了"保护世界文化和自然遗产公约"（1975 年生效）； 联合国环境规划署 UNEP 成立
1974 年	在第六届联合国特别会议上，发表建立"国际经济新秩序"的宣言； 世界人口会议召开，通过"世界人口行动计划"； 世界粮食会议召开，通过"消除饥饿及营养不良的世界宣言"
1979 年	第二届 OECD 环境部长级会议召开，通过了"关于预见性环境政策的宣言"； 联合国欧洲经济委员会（UNECE）环境部长级会议召开
1980 年	UNEP 及世界银行等 10 家多边援助机构，通过了"关于经济开发中的环境政策及实施程序的宣言"； IUCN/WWF 发表"世界自然资源保护大纲"； 美国政府出版"公元 2000 年的地球"，预言 21 世纪将面临更严重的环境问题
1981 年	在渥太华首脑会议上，首次在"共同宣言"中添加了有关环境问题的事项； 联合国"新生及可再生能源会议"召开，通过了"增加新生及可再生能源利用的行动计划"
1982 年	联合国人类环境会议 10 周年纪念会议在内罗毕召开，通过"内罗毕宣言"
1983 年	OECD 设置"环境影响评价与开发援助特别团体"
1984 年	联合国成立"世界环境与发展委员会（WCED）"； 世界银行制定"环境政策与实施程序"； OECD"环境与经济会议"召开
1985 年	首脑会议基础上的环境部长级会议在伦敦召开； ESCAP 环境部长级会议召开； 第三届环境部长级会议召开，通过了"环境，未来的资源"宣言及"在环境援助计划和项目中有关环境影响评价的理事会建议"等
1987 年	联合国 WCED（世界环境与发展委员会）通过了"东京宣言"，并公布《我们共同的未来》报告书，提出了许多以"可持续发展"为中心思想的建议
1989 年	以全球环境为焦点的最高首脑经济宣言； 24 国有关自然环境的"海牙宣言"
1990 年	EC 首脑会议通过环境宣言
1991 年	世界银行、UNEP、UNDP 设立"全球环境基金（GEF）"； 在发展中国家环境与发展会议上，通过"北京宣言"
1992 年	UNCED（联合国环境与发展大会）在巴西里约热内卢召开，通过"里约宣言"和"可持续的环境与发展行动计划"（21 世纪议程）及"森林原则声明"
1993 年	《巴塞尔公约》第一次缔约方会议； 中国环境与发展国际委员会成立； 《中国环境与发展十大对策》发表； 联合国可持续发展委员会（UNCSD）第一次年会
1994 年	《中国 21 世纪议程》发表； 《生物多样性公约》第一次缔约方会议； 《蒙特利尔议定书》第六次缔约方会议，确定中国为正式会员
1995 年	《气候变化框架公约》第一次缔约方会议； 《荒漠化公约》谈判结束，开放签字
1996 年	联合国第二次人类住区会议在伊斯坦布尔召开； 《巴塞尔公约》《生物多样性公约》《气候变化框架公约》《蒙特利尔议定书》，UNCSD 等继续召开会议
1997 年	UNCSD 第五次年会； 联大特别会议将对《21 世纪议程》5 年来的进展作综合评议

第三部分是关于加强社会成员的作用，依次叙述了妇女、儿童、青年、土著居民、地方政府、工人、产业界、科学技术团体及农民所应起的作用。

第四部分论述了实施的方法，包括资金问题、技术转让、科学和教育培训、提高发展中国家的应对能力、国际决策机构、国际法制及情报等。

1994年3月25日我国国务院第16次常务会议讨论并通过了《中国21世纪议程—中国21世纪人口、环境与发展白皮书》，制订了中国国民经济目标、环境目标和主要对策。其主要章节和内容如下。

第一章　绪言
第二章　中国可持续发展的战略与对策
第三章　与可持续发展有关的立法与实施
第四章　可持续发展的经济政策
第五章　费用与资金机制
第六章　教育与可持续发展能力建设
第七章　人口、居民消费和社会服务
第八章　消除贫困
第九章　卫生与健康
第十章　人类住区可持续发展
第十一章　农业与农村的可持续发展
第十二章　工业与交通通信业的发展
第十三章　可持续的能源生产和消费
第十四章　自然资源保护与可持续利用
第十五章　生物多样性保护
第十六章　荒漠化防治
第十七章　防灾减灾
第十八章　保护大气层
第十九章　固体废物的无害化管理
第二十章　团体及公众参与可持续发展

三、可持续发展的内涵

可持续发展思想认为发展与环境是一个有机整体。它不仅把环境保护作为追求的最基本目标之一，也将其作为衡量发展质量、发展水平和发展程度的宏观标准之一。

（一）可持续发展的理论内容

1. 发展是可持续发展的前提

可持续发展并不否定经济增长，尤其是发展中国家，发展是可持续发展的核心，是可持续发展的前提。但是，发展需要重新审视如何实现经济增长的模式，由粗放型转向集约型。可持续发展是能动地调控自然—社会—经济系统，使人类在不超越环境承载力的条件下发展经济。也就是以自然资源为基础，同环境承载力相协调。经济发展、社会发展与环境的协调，不能以环境污染（退化）为代价来取得经济增长。应通过强大的物质基础和技术能力，由传统经济增长模式（高消耗、高污染、高消费）转变为可持续发展模式（低消耗、低污染、适度消费），促使环境保护与经济持续协调地发展。

2. 全人类的共同努力是实现可持续发展的关键

当前世界上的许多资源与环境问题已超越国界和地区界限，具有全球的规模。人类共同居住在一个地球上，全人类是一个相互联系、相互依存的整体。要实现全球的可持续发展，必须建立巩固的国际秩序和合作关系，必须采取全球共同的联合行动。经济全球化趋势正在给全球经济、政治和社会生活等诸多方面带来深刻影响，既有机遇也有挑战。在经济全球化的进程中，各国的地位和处境很不相同。需要世界各国“共赢”的经济全球化，需要世界各国平等的经济全球化，需要世界各国公平的经济全球化，需要世界各国共存的经济全球化。

3. 公平性是实现可持续发展的尺度

可持续发展的公平性原则主要包括三个方面：一是当代人公平，即要求满足当代全球各国人民的基本要求，予以机会满足其要求较好生活的愿望；二是代际间的公平，即每一代人都不应该为着当代人的发展与需求而损害人类世世代代满足其需求的自然资源与环境条件，而应给予世世代代利用自然资源的权力；三是公平分配有限的资源，即应结束少数发达国家过量消费全球共有资源，给予广大发展中国家合理利用更多的资源以达到经济增长和发展的机会。

4. 社会的广泛参与是可持续发展实现的保证

可持续发展作为一种思想、观念，一个行动纲领，指导产生了全球发展的指令性文件——《21世纪议程》。因此要充分了解群众意见和要求，动员广大群众参加到持续发展工作的全过程中来。

5. 生态文明是实现可持续发展的目标

农业文明为人类产生了粮食，工业文明为人类创造了财富，那么生态文明将为人类建设一个美好的环境。生态文明主张人与自然和谐共生，即人类不能超越生态系统的承载能力，不能损害支持地球生命的自然系统。可持续发展理论的持续性原则要求人类对于自然资源的消耗速率应该考虑资源与环境的临界性，不应该损害支持生命的大气、水、土壤、生物等自然系统。持续性原则的核心是人类经济和社会发展不能超越资源和环境的承载能力。“发展”一旦破坏了人类生存的物质基础，“发展”本身也就衰退了。

6. 可持续发展的实施以适宜的政策和法律体系为条件

实施可持续发展强调“综合决策”和“公众参与”。需要改变过去各个部门封闭地、分隔地、“单打一”地分别制定和实施经济、社会、环境政策的做法，提倡根据周密的社会、经济、环境考虑和科学原则、全面的信息和综合的要求来制定政策并予以实施。在经济发展、人口、环境、资源、社会保障等各项立法和重大决策中都要贯彻可持续发展的原则。

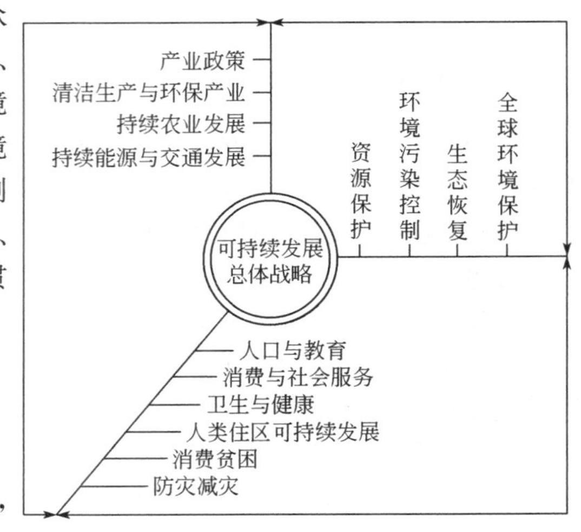

图 2-1　可持续发展概念图解

（二）可持续发展战略要求

可持续发展战略总的要求如下。

① 人类以人与自然相和谐的方式去生产。

② 从把环境与发展作为一个相容整体出发，制定出社会、经济可持续发展的政策。

③ 发展科学技术、改革生产方式和能

源结构。

④ 以不损害环境为前提，控制适度的消费和工业发展的生产规模。

⑤ 从环境与发展最佳相容性出发确定其管理目标的优先次序。

⑥ 加强和发展资源保护的管理。

⑦ 发展绿色文明和生态文化。

可持续发展总体战略涉及的内容见图 2-1 。

第三节 我国可持续发展的战略措施

我国作为一个发展中国家，深受人口、资源、环境、贫困等全球性问题的困扰。“控制人口，节约资源，保护环境，实现可持续发展”，这是中国环境与生态学者及中国政府对全球性发展资源、生态环境的锐减、污染和破坏以及中国国情为解决全球性问题而提出的一个极为科学而鲜明的行动纲领。同时还对可持续发展做出了完整的定义：“不断提高人群生活质量和环境承载力的，满足当代人需求又不损害子孙后代满足其需求能力的，满足一个地区或一个国家人群需求，又不损害别的地区或别的国家的人群，满足其需求能力的发展”。联合国环境与发展会议（UNCED）之后，我国政府重视自己承担的国际义务，积极参与全球可持续发展理论的建设和健全工作。我国制定的第一份环境与发展方面的纲领性文件就是1992 年 8 月党中央、国务院批准转发的《环境与发展十大对策》。

一、实行可持续发展战略

1. 加速我国经济发展、解决环境问题的正确选择是走可持续发展道路

20 世纪 80 年代末，我国由于环境污染造成的经济损失已达 950 亿元，占国民生产总值的 6%以上。这是传统的以大量消耗资源的粗放经营为特征的发展模式，投入多、产出少、排污量大。另一方面，传统发展模式严重污染环境，且资源浪费巨大，加大资源供需矛盾，经济效益下降。因此，必须由“粗放型”转变为“集约型”，走持续发展的道路，是解决环境与发展问题的唯一正确选择。

2. 贯彻“三同步”方针

“经济建设、城乡建设、环境建设同步规划，同步实施，同步发展”，是保证经济、社会持续、快速、健康发展的战略方针。

二、可持续发展的重点战略任务

1. 采取有效措施，防治工业污染

坚持“预防为主，防治结合，综合治理”和“污染者付费”等指导原则，严格控制新污染，积极治理老污染，推行清洁生产实现生态可持续发展。主要措施如下。

① 预防为主、防治结合　严格按照法律规定，对初建、扩建、改建的工业项目，要求先评价、后建设，严格执行“三同时”制度，技术起点要高。对现有工业结合产业和产品结构调整，加强技术改造，提高资源利用率，最大限度地实现“三废”资源化。积极引导和依法管理，坚决防治乡镇企业污染，严禁对资源滥挖乱采。

② 集中控制和综合管理　这是提高污染防治的规模效益，实行社会化控制的必由之路。综合治理要做到：合理利用环境自净能力与人为措施相结合；集中控制与分散治理相结合；

生态工程与环境工程相结合；技术措施与管理措施相结合。

③ 转变经济增长方式，推行清洁生产　走资源节约型、科技先导型、质量效益型工业道路，防治工业污染。大力推行清洁生产开发绿色产品，全过程控制工业污染。

2. 加强城市环境综合整治，认真治理城市污染

城市环境综合整治包括加强城市基础设施建设，合理开发利用城市的水资源、土地资源及生活资源，防治工业污染、生活污染和交通污染，建立城市绿化系统，改善城市生态结构和功能，促进经济与环境协调发展，全面改善城市环境质量。当前主要任务是通过工程设施和管理措施，有重点地减轻和逐步消除废气、废水、废渣和噪声的污染。

3. 提高能源利用率，改善能源结构

通过电厂节煤、严格控制热效率低、浪费能源的小工业锅炉的发展、推广民用型煤、发展城市煤气化和几种供热方式、逐步改变能源价格体系等措施，提高能源利用率，大力节约能源。调整能源结构，增加清洁能源比重，降低煤炭在我国能源结构中的比重。尽快发展水电、核电，因地制宜地开发和推广太阳能、风能、地热能、潮汐能、生物能等清洁能源。

4. 推广生态农业，坚持植树造林，加强生物多样性保护

中国人口众多，人均耕地少，土壤污染、肥力减退、土地沙漠化等因素制约了农业生产发展，出路在于推广生态农业，从而提高粮食产量，改善生态环境。植树造林，确保森林资源的稳定增长，可控制水土流失，保护生态环境。通过扩大自然保护区面积，有计划地建设野生珍稀物种及优良家禽、家畜、作物、药物良种的保护和繁育中心，加强对生物多样性的保护。

我国可持续发展战略的总体目标是：用50年的时间，全面达到世界中等发达国家的可持续发展水平，进入世界可持续发展能力前20名行列；在整个国民经济中科技进步的贡献率达到70%以上；单位能量消耗和资源消耗所创造的价值在2000年基础上提高10～12倍；人均预期寿命达到85岁；人文发展指数进入世界前50名；全国平均受教育年限在12年以上；能有效地克服人口、粮食、能源、资源、生态环境等制约可持续发展的瓶颈；确保中国的食物安全、经济安全、健康安全、环境安全和社会安全；2030年实现人口数量的“零增长”；2040年实现能源资源消耗的“零增长”；2050年实现生态环境退化的“零增长”，全面实现进入可持续发展的良性循环。

三、可持续发展的战略措施

1. 大力推进科技进步，加强环境科学研究积极发展环保产业

解决环境与发展的问题根本出路在于依靠科技进步。加强可持续发展的理论和方法的研究，总量控制及过程控制理论和方法的研究，生态设计和生态建设的研究，开发和推广清洁生产技术的研究，提高环境保护技术水平。正确引导和大力复制环保产业的发展，尽快把科技成果转化促成现实的污染防治控制的能力，提高环保产品质量。

2. 运用经济手段保护环境

应用经济手段保护环境，促进经济环境的协调发展。做到排污收费；资源有偿使用；资源核算和资源计价；环境成本核算。

3. 加强环境教育，提高全民环境意识

加强环境教育，提高全民的环保意识，特别是提高决策层的环保意识和环境开发综合决策能力，是实施可持续发展的重要战略措施。

4. 健全环保法制，强化环境管理

中国的实践表明，在经济发展水平较低，环境保护投入有限的情况下，健全管理机构，依法强化管理是控制环境污染和生态破坏的有效手段。“经济靠市场，环保靠政府”。建立健全使经济、社会与环境协调发展的法规政策体系，是强化环境管理，实现可持续发展战略的基础。

第四节 可持续发展的实施

一、环境保护

可持续发展的提出是源于环境保护，环境既是发展的资源，又是发展的制约条件，因为环境容量是有限的。

（一）环境的作用

1. 环境为人类活动提供了各种资源

环境整体及其各组成要素是人类生存和发展的基础，也是各种生物生存的基本条件。地球上人类的各种经济活动都是以这些初始产品为原料或动力而开始的，人口总量增加和经济发展导致自然资源消耗量也逐年增加，使地球负担加重。

2. 环境的自净

环境能在一定程度上对人类经济活动产生的废物和废能量进行消纳和同化，即在不同的环境容量下环境具有不同程度的自净功能。环境通过各种各样的物理、化学、生化、生物反应来消纳、稀释、转化废气物的过程，称为环境的自净作用。假如没有这种功能，千万年来，整个世界会充斥了废弃物，人类将无法生存。

3. 满足人们舒适性的要求

环境提供了人类生存、活动、发展的空间，还提供舒适性环境的精神享受。现代人对生存空间的舒适性需求在不断提高，它包括清洁的空气、清净的水、自然的景色、丰富的物质以及和谐的社会关系等。全世界有许多优美的自然和人文景观，如中国的张家界、埃及的金字塔、美国的黄石公园等，每年都吸引着成千上万的游客。舒适优美的环境使人们心情愉快、精神轻松，有利于提高人体素质，更有效地工作。

（二）保护环境是可持续发展的关键

环境问题的实质在于人类活动索取资源的速度超过了资源本身及其替代品的再生速度和向环境排放废弃物的数量超过了环境的自净能力。而只有走可持续发展道路，才能使人类经济活动索取自然资源的速度小于资源本身及其替代品的再生速度、并使向环境排放的废弃物能被环境自净，从而根本解决环境问题，避免走“先污染、后治理”的老路，实现人口、资源、环境与经济的协调发展。

1. 环境容量有限

全球每年向环境排放大量废水、废气和固体废物。这些废物排入环境后，有的能够稳定存在上百年，使全球环境状况发生显著的变化。如大气中二氧化碳、甲烷等温室气体的增多导致“温室效应”；臭氧层空洞加大，酸雨面积增加；工业废水、生活污水对水体的污染等。

2. 自然资源的补给、再生和增殖需要时间

自然资源的补给、再生和增殖需要时间，一旦超过了极限，要想恢复是困难的，有时甚

至是不可逆转的。例如过度砍伐森林会使森林和生物多样性面临毁灭的威胁；土地荒漠化、耕地减少速度加快；淡水资源短缺，人类生存已受到威胁；海洋生物资源枯竭，不少海域的鱼类已灭绝。

3. 保护环境是为了保证发展

以粮食生产为例：中国现有耕地仅占国土面积的13.8%，人均占有耕地面积仅为世界人均值的1/3，已达到人均占有耕地的警戒线。在这些耕地中，受污染的达7.6%，受酸雨危害的达4.0%，仅农田污染每年就减产粮食120亿千克。全国每年流失土壤50亿吨，相当于全国耕地每年被剥去1cm厚的肥土层。

以上数据充分说明：如果土地资源得不到有效的保护，粮食紧张不仅会阻碍经济的发展，而且会威胁民族的生存。搞好环境保护正是为避免出现这样的问题，它是实现可持续发展的关键。

4. 环境投资出效益

一些发达国家在公害显现和加紧防治阶段的环保投入占国民生产总值的比例远远高于中国。如美国和日本在20世纪80年代分别为2.1%和4.0%，德国、法国、英国、意大利、加拿大在20世纪70年代曾经达到1.3%～2.8%，而中国在整个“八五”期间环保投入只占国民生产总值的0.7%。“九五”期间中国用于环境保护投资约为3460亿元，占国民生产总值的0.9%。国际上的实践经验表明，该比例如果达到1%～1.5%，可以基本控制污染；达到2%～3%，才能逐步改善环境。

2013年6月青岛国际脱盐大会指出，今后10年我国应把环保投入占GDP比例提高到2%～3%，工业污染控制投资占其固定资产投资比例提高到5%～7%，就会使环境质量明显改善，同时使环保产业快速发展。

二、清洁生产

随着工业化的发展，进入自然生态环境的废物和污染物将越来越多，已经超出了自然界自身的消化吸收能力，这既造成了通常意义的环境污染，又对人类自身造成了威胁，同时，工业化的不断深入也将使自然资源的消耗超出其恢复能力，破坏全球生态环境的平衡。

针对日益恶化的全球环境，世界各国通过不断增加投入，治理生产过程中排放出来的废气、废水和固体废弃物，以减少对环境的污染，这种污染控制战略被称为“末端治理”。这种末端治理虽然在某种程度上减轻部分环境污染，但并没有从根本上改变全球环境恶化的趋势。因为一边治理、一边排放，许多国家和企业投入大量资金，背上沉重经济负担，同时污染物进入环境再进行治理，难度增加，难以达到要求。显然必须改变被动的以末端治理为主的污染控制战略，否则环境问题难以从根本上得到解决，社会、经济发展将陷入困境，危及人类生存。

1989年5月联合国规划署做出关于环境无害化技术的决定。1990年10月在英国坎特伯雷清洁生产研讨会上环境署工业与环境中心推出了清洁生产计划。促使各国摆脱末端污染控制技术，超越废物最小化，走清洁生产的道路。清洁生产代表着世界工业发展的方向，其核心是改变以往“末端治理”的思想。以污染预防为主，推行清洁生产是实现可持续发展战略的重要举措。

清洁生产是一种新的创造性的思想，该思想是从生态经济系统的整体优化出发，将整体预防的环境战略持续应用于生产过程、产品和服务中，以提高物料和能源的利用，减少废物的产生和排放，降低对资源的过度使用，以减少环境和人类自身的风险。这与可持续发展的基本要求即资源的永续利用和环境容量的持续承载能力是相符合的。

清洁生产主要体现在以下三个方面：对生产过程，要求节约原材料和能源，淘汰有毒原材料，减降所有废弃物的数量和毒性；对产品，要求减少从原材料提炼到产品最终处置的全生命周期的不利影响；对服务，要求将环境因素纳入设计和所提供的服务中。清洁生产在不同的发展阶段或者不同的国家有不同的叫法，如“源削减”、“低废、无废工艺”、“污染预防”、“废物减量化”及“清洁工艺”等，其基本内涵是一致的。所谓的“清洁”，不是绝对的，而是一个相对的概念，是相对现有的能源、工艺、产品而言。清洁生产本身是一个不断完善的过程，随着社会经济的发展和科学技术的进步，会有新的目标提出以达到更高的水平。

三、持续消费

《21 世纪议程》指出：全球环境不断恶化的主要原因是不可持续的消费和生产模式。要达到较好的环境质量和可持续发展目标，就必须改变传统的生产和消费模式，最充分地利用资源和尽量减少浪费。

（一）传统的消费模式

消费主要是指人类活动对生物圈的享用过程。工业生产过程使环境退化，其根本原因是人们对于该生产过程的产品的需求，消费刺激需求，需求推动工业。

传统消费模式是一种“线性过程”。经济系统致力于把自然资源转化成产品和货物以满足人们提高生活质量的需求，用过的物品则被当作废物而抛弃。随着生活水平提高，消费量日益增多，废物也在增多，造成了资源的消耗和环境的退化。这种线性消费本质上是一种耗竭型消费，只是按照消费的数量，而不是通过适宜的手段去满足人类需求来衡量经济财富和生活水平。

“循环消费”是对使用后的材料进行回收再利用，目的是减少对自然资源的使用。这样，传统产品的生态经济效率可以得到提高，同时每单位产品排放的污染物和废弃物也减少了。

全世界大范围的水污染、酸雨、臭氧层破坏、全球变暖、物种灭绝、荒漠化、生物多样性锐减、土壤侵蚀、城市污秽、水源短缺等，都与消费模式不当有关。资源耗竭危机是全人类的危机，需要建立一种可持续消费的全新观念，需要在一个连接人、国家、工业等多维系统中来考虑新的消费模式问题。

（二）可持续消费

可持续发展除了要求改变经济增长的内容、降低原料和能源的密集程度以及更公平地分配发展所带来的收益外，还包括减少工业化国家目前的高消费，满足发展中国家最低标准所需的消费量的增加等。

联合国环境署在 1994 年于内罗毕发表的报告《可持续消费的政策因素》中指出：可持续消费就是提供服务以及相关的产品以满足人类的基本需求，提高生活质量，同时使自然资源和有毒材料的使用量趋于最少，使服务或产品的生命周期中所产生的废物和污染物趋于最少，从而不危及后代的需求。该报告指出，可持续的消费并不是介于因贫困引起的消费不足和因富裕而引起的过度消费之间的折中，而是一种新的消费模式，它适用于全球各国各种收入水平的人们。

1994 年，联合国在挪威召开的“可持续消费专题研讨会”指出，不能孤立地理解和对待可持续消费，它关联着从原料提取、预处理、制造、产品生命周期、产品购买、使用、最终处置等整个连续环节中所有组成部分，而其中每一个环节的环境影响又是多方面的。

（三）影响消费模式的因素

影响消费模式的因素主要有技术因素、社会与心理因素及法律、经济和学术因素等，它们之间具有非常密切的联系。

1. 技术因素

技术在提高生活水平，减少生产对环境影响，支持生产模式、消费模式向可持续发展方向转变起着重要作用。清洁生产给科学技术的发展提出了更高的要求，高科技的发展将带给人们一个与现在完全不同的生产和消费模式，它将更有利于资源的保护和社会的发展。

2. 社会与心理因素

目前社会上有的人错误地把物质消费理解为个人经济成就和个人地位的象征，把成功等同于物质财富和消费方式。

可持续消费要求人们像改变技术和产品一样改变自身的价值观和消费态度。依靠社会的力量，提高人们的文化素质，调整人们对产品的心理需求，树立起新的物质观念。

只有解决了那些形成产品心理需求的因素，技术上的改变才能够减少不断增长的全球消费带来的环境影响。

3. 法律、经济和学术因素

环境立法和管理系统可以影响和引导消费。如价格是引导消费以及引导消费者行为的有利因素。但现有的价格体系并不能反映出自然资源、原材料和产品对人类健康和环境的影响，目前的价格体系和现行的经济结构（财政补贴、财政计划）实际上是鼓励了对自然资源的过度开采和生产、消费的不可持续模式。因此，世界各国必须通过立法和调整经济结构，使其促进消费模式向可持续方面发展。

另外许多国家的学术组织和有关工业开发的决策、规划过程以及教育系统也从各方面影响着消费模式。

四、科学技术进步

（一）科学技术进步在实现可持续发展中的作用

控制环境退化加剧的趋势可以从以下三方面着手，即降低污染强度、减少人均收入或减慢人均收入水平上升的速度和控制人口的增长。但无论是对全球还是对中国而言，即使采取更加严格有效的人口控制措施，在相当长时期内其绝对数量的增长也已成为定局；对于占地球上80%以上人口的发展中国家的人民来说都希望加快发展，通过提高人均收入水平而改善贫困的生活状况，这是一个不可阻挡的历史潮流，也是当今广大发展中国家最基本、最迫切的目标。由此可见，只有通过大幅度降低污染强度而实现在人口总量绝对增长、人均收入水平日益提高的情况下控制环境退化的目标。

降低污染强度在相当大程度上要依赖科技进步。人类发展的历史表明：科学技术进步在改变人类命运过程中具有极为重要的作用。在可持续发展的过程中，希望再一次被极大地寄托在科学技术的发展上。各国在制定21世纪发展对策和政策中，都把科学技术的发展放在极其重要的地位上。而且科学技术、环境保护、经济竞争力和国家安全这几个重大战略课题越来越密切地被联系在一起，给予一体化的考虑。例如中国政府制定的2010年远景规划，提出以“科教兴国”促进经济增长，从粗放型增长方式向集约型增长方式转变的战略，这与可持续发展观是一致的。

（二）可持续科技成果

科学技术像一把双刃剑，它可以对人类的发展带来巨大的推动力，也可以给人类造成危害甚至灾害。如高科技战争给人类和环境带来灾害；燃煤锅炉给人们带来温暖，同时排放SO_2和烟尘危害大气质量；造纸为人们的生活、交往和通信带来方便，但其废水严重污染地表水。

事实上在生产实践活动中，有些科学技术的发展和应用既可促进经济的发展，又可起到减轻污染负荷、改善环境质量的作用。例如在硫酸的生产中，以先进的酸洗工艺技术更新落后的水洗工艺技术，就可以提高生产效率，进而降低成本、提高产品竞争力，同时消除含酸废水所形成的污染。人们将这种“既可使环境保护收益，又具有直接促进经济发展可能性的科学技术成果”称之为可持续科技成果。主动地研究、开发并积极推广可持续科技成果是当代人类的任务。

第一，可持续科技成果的应用可以带来环境风险的显著下降，并达到费用—效果的优化。环境风险是指污染及环境退化给人群健康、经济资源基础和社会福利带来危害的可能性。那些能够降低环境风险的技术和可以显著减少为降低环境风险所发生的费用的技术，都应该是可持续科技成果。

第二，可持续科技成果应当具有显著的科技进步的含义，即使已经普遍应用但仍不理想的技术具有更强的功能和更经济的应用前景；或者是填补某项科技成果在生产和应用上的空白。科技进步一是指前所未有的新科学发现和技术创新，二是指已有的先进科技成果在应用推广方面所取得的新进展。就具体生产而言，可以是现有工艺上改革，使之在保持和提高产品质量的基础上减少排污，也可以是彻底改革工艺。例如织物染色技术的改进，开发可降解的生态染料，工艺用水循环使用等，减轻污染物对环境的危害。而用纸转移印花技术、电脑喷墨印花技术等则是无污染工艺。

第三，可持续科技成果应在技术寿命周期的研究开发阶段（预竞争阶段），就应显示出具有一般通用性。一般通用性技术是指可能对多种问题和多种产业背景产生广泛而重要影响的技术，其应用的实现可以为一系列技术问题的解决提供基础或可能性。如高温超导技术会加快电力与运输系统的变革，促进能源的生产和使用效率，减少对环境的负荷。

第四，采纳可持续科技成果要有足够大的社会效益，即当采纳这些科技成果可以同时带来社会效益和厂商效益时，社会效益和厂商效益的比值要足够高。这类技术开发投资的形成一是政府通过严格的环境法规和有效的技术开发投资；二是由政府直接发起和投资以支持此类技术的开发研究。

对可持续发展具有重要意义的技术领域见表2-2。

表2-2　主要技术领域对可持续发展重要性的评价

主要技术领域	评价有关技术重要性的标准			
	降低环境风险	技术进步	预竞争阶段一般可用性	社会与个别厂商所获效益比
能源获取技术	++	+		+
能源储存技术	+	+	+	+

续表

主要技术领域	评价有关技术重要性的标准			
	降低环境风险	技术进步	预竞争阶段一般可用性	社会与个别厂商所获效益比
能源最终使用技术	++			++
农业生物技术	+	++		
替代与精细农业技术			++	+
制造模拟、监测和控制技术	+	+	++	
催化剂技术		+	++	
分离技术	+	+	++	
精密制作技术			++	
材料技术	+		++	
信息技术			++	+
避孕技术	++	+		++

注："++"表示某类技术对某项判断标准具有特别重要的意义；"+"表示某类技术对某项判断标准具有比较重要的意义；空白则表示在某项标准衡量下对应技术的重要性并不显著。

我国"十三五"环保产业投资政策及重点领域如下。

我国环保产业是典型的政策驱动型行业，其发展受政策影响显著。作为国民经济新的支柱性产业，国家对环保产业发展重视程度不断提升，近两年政策出台速度加快，集中在环境污染防治、环境监测体系构建、环保基础设施建设及环保产业化等方面。进入"十三五"时期，政策支撑力度将持续增强，如预计出台的土壤污染防治行动计划，将显著推动土壤修复产业快速发展。表 2-3 为环保产业相关政策。

表 2-3　环保产业相关政策

发布日期	发布机构	相关文件
2015 年 10 月	国务院	国务院下发推进海绵城市建设指导意见
2015 年 10 月	国务院	中共中央国务院关于推进价格机制改革的若干意见
2015 年 9 月	住建部	城市黑臭水体整治工作指南
2015 年 8 月	国务院	生态环境监测网络建设方案
2015 年 4 月	国务院	水污染防治行动计划
2014 年 9 月	环保部	水质较好湖泊生态环境保护总体规划（2013～2020 年）
2014 年 9 月	发改委	重大环保装备与产品产业化工程实施方案
2014 年 7 月	环保部	京津冀及周边地区重点行业大气污染限期治理方案
2014 年 7 月	环保部	大气污染防治行动计划实施情况考核办法实施细则
2013 年 9 月	国务院	大气污染防治行动计划
2013 年 8 月	国务院	关于加快发展节能环保产业的意见
2012 年 5 月	环保部	重点流域水污染防治规划
2011 年 10 月	国务院	关于加强环境保护重点工作的意见

（1）环保投资剧增，激发多个环境热点　环保产业投资剧增，产业持续高速增长。“十一五”期间，我国环保产业投资为2.16万亿，“十二五”时期，投资额预计超过5万亿，相对“十一五”时期增长超过130%。2015年年底，环保产业投资额在GDP中的比重超过2%，投资力度不断增强。

“十三五”时期，我国环保产业投资额将实现突破，预计超过15万亿。到“十三五”中期，环保产业投资在GDP中的比重预计接近3%；到“十三五”后期，环保产业投资将突破3%，产业发展重点由环境污染控制转向环境质量改善。此外，多个环境热点如PPP模式、土壤修复、黑臭河整治、海绵城市建设等将带动数万亿投资，引爆环保产业爆发式增长。

（2）环保产业产值规模持续保持高增速　在政策支撑持续增强，投资力度不断加大的背景下，我国环保产业产值规模将继续高速增长，2014年环保产业产值规模超过9000亿。在“十三五”时期，环保产业将保持近20%的高速增长。

（3）污水处理、大气污染治理与固体废物处理企业整合成为重点　在环保产业中，污水处理、大气污染治理与固体废物处理三大领域占到总体产值的98%，产业发展相对成熟，企业数量众多，但集中度低。在“十三五”时期，各领域龙头企业不断延伸产业链和拓展业务领域，成长为环境综合服务商，企业间的并购事件将不断增加。

此外，其他行业也逐步进军环保产业。企业在利益驱动下进行业务拓展或收购环保企业，快速建立起相关业务。如安徽盛运机械在2012年收购中科环保，实现主营业务的完美切换，公司更名为安徽盛运环保；汉威电子业务整合进入环境污染治理板块，提供从气体检测到废气治理解决方案。通过企业整合，在“十三五”末期环保产业集中度会显著提升，并将孕育出多家具备国际竞争力的环保企业。

（4）土壤修复发展迎来突破　我国土壤污染严重，受污染面积近4亿亩（15亩=1公顷），待修复空间大，但目前土壤修复产值规模不足环保产业的1%，发展速度缓慢，面临着成熟技术推广难、市场政策法规欠缺、资金来源依赖政府、市场活跃度低等困境。在“十三五”时期，土壤污染将逐步受到国家重视，出台政策法规将有效规范土壤修复市场，推动成熟技术应用，逐步打开土壤修复巨大的市场空间。此外，土壤修复产业加速市场化，具有技术优势和项目经验的企业，其土壤修复业务将迎来快速发展。

（5）环保与物联网、大数据融合加速　环保与物联网、大数据技术的融合将形成新的细分领域，产生一批新兴企业。2014年环保物联网产值规模达到50亿，已出现多家环保物联网企业如罗克佳华、中康韦尔等；此外，其他行业企业，如微软、IBM也开发了相应的环保物联网产品。进入“十三五”时期后，环保物联网系统建设与排污权交易平台搭建将进一步激发环保物联网产业发展，年增长速率预计超过30%。

五、公众参与

“可持续发展”关系到人类的生存和发展，只有所有的人的环境意识提高，人人关心和参与有关可持续发展问题的讨论，并投身于实践，才能实现可持续发展的战略目标。《21世纪议程》明确指出，要实现可持续发展，基本的先决条件之一是公众的广泛参与。在《21世纪议程》的40章中，用11章的篇幅专门论述公众参与，其他29章几乎每一章都有关于公众参与的内容。《中国21世纪议程》也指出：“公众、团体和组织的参与方式和参与程度，将决定可持续发展目标实现的进程”。

(一) 公众参与是实施可持续发展取得成功的关键

从公众参与的角度看，可持续发展的实质是在发展过程中精心维护人类生存与发展的可持续性，其核心是以地球为基地的人类如何与地球这个大自然和谐共处。人类依靠和利用自然不断改善自己的生存条件和生活水准，并且维系和增长着子孙后代的福祉，自然不仅不因为人们的无限利用而资源枯竭，而且能在人类自觉活动下得到维护和再造，成为循环不息永葆青春的自然体系。这就是所谓走可持续发展道路，它体现了人类与客观物质世界的相互依存关系。

可持续发展的公众参与不同于对一般活动、对环境保护的参与，它更深刻、更广泛。不仅包括公众积极参加实施可持续发展战略的有关行动或有关项目，更重要的是人们要改变自己的思想意识，建立可持续发展的世界观，进而用符合可持续发展的方法去改变和控制自己的行为方式。可持续发展的公众参与不但要求珍惜环境资源，还要在产品的生产与消费和废物的循环利用与处理等过程中合理操作，追求效率与公平。这涉及人们的意识和观念的转变，要争取实现人类在代内和代际间的公平福利。这种公平关系意味着所有的人都应参与可持续发展进程，并且具有同等的参与权、分配权和发展权；意味着上代人和下代人都具有责任和权力，是多代人共同参与。实施可持续发展是人类世界观、价值观、道德观的变革，是行为方式的变革，是人类对于环境、经济、社会三者关系处理方法的变革。公众是否认识、愿意接受并积极参与，是实施这些变革的条件。因此，公众参与是可持续发展从概念到行动的关键。

(二) 提高全民可持续发展意识

可持续发展意识是反映人、社会、自然环境、经济的相互关系的社会思想、理论、情感、意志、知觉等观念形态的总和。它是在经济的高速增长造成了环境的巨大破坏之后，人类在反思环境和经济发展的关系中逐步成熟起来的。《我们共同的未来》报告中提出：“人类的生存和富裕依赖于能否成功地将可持续发展提到全球道德的高度。”可持续发展意识主要体现在以下几个方面。

(1) 综合思想　把人类、社会、自然环境和经济作为一个有机整体，统一考虑，注重协调约束各自的行为限度，达到一个动态的发展平衡。

(2) 价值观　可持续发展的价值评定不仅是以人类为尺度，而且以更深层的人类—自然系统为尺度；不仅以人类的利益为目标，而且是以人类与自然的和谐发展为目标。在价值观念上，既承认自然界自身存在的价值，即它对地球生命支持系统具有的存在价值，也承认对于生命和自然界可持续生存的价值。在利用自然资源的过程中追求效率与公平，避免浪费和破坏。因为自然资源是有限的和有价的，就必须珍惜保护，有偿使用。

(3) 经济观　经济发展不能以损害和牺牲环境的方式去追求经济增长；应寻求集约型的发展模式，生产过程中应采用清洁生产技术；经济发展的目的是在人类、社会、环境系统相互协调的前提下，提高人类的生活质量。

(4) 道德观　可持续发展要求人们具有高度的文化水平和道德水平，明白自身的活动对于自然、对于人类社会生存发展的长远影响和后果，认识自己对社会和子孙后代的崇高责任，并能自觉地为社会的长远利益而牺牲一些眼前利益和局部利益。人们应当改变超前消费、炫耀富裕、过分追求物质利益、以牺牲环境来换取高额利润的各种不道德行为。

人类不但要对自己讲道德，而且要对自然环境讲道德，不应为自身的利益而损害自然环境。道德调节的范围从人与人的社会关系，扩展到人类、社会和自然界的关系。这种道德观的目标是人类、社会和环境的协调。

实施可持续发展战略，涉及经济、社会发展和环境保护的各个领域，如意识形态、法律、工业、农业、商业、科技、资源、环境、贸易、国际合作等，这些领域的每一个人构成了公众参与的群组。其中妇女、青少年、少数民族及非政府组织往往是公众参与中的薄弱环节，值得引起足够的重视。

六、法制建设和国际合作

（一）宣传教育、行政措施和法律手段

实施可持续发展战略关系到全人类的生存和发展。由于国家、地区、民族、政治、宗教、道德、思想、教育的差异，对具体问题和行动有不同的看法和做法，但必须有统一的、具体的目标规范来约束人们的行为。

宣传教育可以提高人们环境和可持续发展的意识；行政措施对人们的行为规范也有一定的约束性，但这两者主要劝导人们“应该怎么做”。另一方面从管理上必须依照法律，规定人们“必须怎样做”。对违反法律的人采取强制措施，只有这样才能保障可持续发展战略目标的实施，保证全体人民的最大利益。例如中国各地乡镇小化工厂、小土焦厂、小冶炼厂、小印染厂、小造纸厂等不仅效率低，大量消耗资源、能源，而且单位产值的排污量远远超过正规企业。一些企业为了私利“阳奉阴违”，上级检查时，治理设施运行；没有监督时，则偷偷排污。对这类事情单靠教育和行政措施难以奏效，只有严格执法，才能解决问题。

各国的环境法规体系都有一个完善的过程。中国也不例外，目前中国环境法规体系主要包括：宪法；环境保护基本法；环境保护单行法律法规；环境保护标准；环境管理机构处理环境纠纷的程序和方法法规；其他法律法规中有关保护的法律法规；地方环境保护法规；中国批准加入的国际环境法律文书。附录列举了我国环境保护部分法律法规目录。

（二）国际合作

环境问题没有国界。臭氧层空洞、温室效应等都必须靠全人类合作才能解决。因此，国际合作并以法律形式规范、约束各国行动，规定应尽职责是十分必要的。在联合国的组织下，从1972年斯德哥尔摩联合国人类环境会议的“人类环境宣言”，1992年里约热内卢世界环境和发展会议的“环境与发展宣言”“21世纪议程”等一系列文件和“世界自然资源保护大纲”、关于臭氧层的“蒙特利尔议定书”、关于大气污染和气候变化的“诺德威克宣言”、控制危险废物越境转移及其处置的“巴塞尔公约”“气候变化框架公约”“生物多样公约”“森林问题原则声明”“沙漠化公约”、发展中国家环境与发展部长级会议所通过的“北京宣言”等都是国际合作应该遵守的法律文书。

第五节　城市与农业的可持续发展

一、城市的可持续发展

（一）城市发展对生态环境的影响

城市是人类开发利用自然资源创造出来的人工生态环境，具有人口、建筑的高度密集及资源、能源的高消耗的特征。随着经济发展，导致城市的超规模发展，使城市缺乏自我调节能力，自然净化能力较差、生态系统脆弱，出现一系列的环境问题。

目前发展中国家的城市普遍面临着大气、水体、固体废物和噪声污染问题以及人口、交通、住房等问题。发达国家城市在基本解决了大气颗粒物和水体有机污染等问题之后，面临着汽车废气引起的大气污染、交通噪声、塑料等废物和有害化学品的城市污染等问题。中国在城市化进程中遇到人口迅速膨胀、烟尘、污水和城市垃圾等环境问题，特别是在原有燃煤污染问题尚未解决的情况下，以机动车尾气污染为主的交通污染源迅速扩展。

城市环境质量的恶化，给城市经济发展和居民健康带来了很大危害。一些城市的地方病、多发病、常见病的发病率明显增加，癌症的发病率及死亡率也明显高于农村。

1. 城市化对大气环境的影响

(1) 城市化对气候的影响　城市中生产、生活活动释放出大量废热以及 SO_2、CO_x、NO_x 等有害气体和各种气溶胶颗粒物，造成大气质量下降，甚至大气污染，同时会改变局部地区气候。

① 城市上空空气中有害气体和粉尘含量高，空气的浑浊度大，因而日照时数和太阳直接辐射强度均小于四郊。由于都市释放的大量废热和下垫面性质的特殊性，市内的气温都明显高于四郊。其水平温度场的等温线构成了一条条以都市为中心的闭合圈。这种城市高温区是普遍存在的，犹如海面上与一条条闭合等高线对应的岛屿，故称之为“城市热岛”。

② 城市建筑群与街谷的高度差悬殊，恰如遍布的峭壁峡谷，它们使下垫面的粗糙度远高于旷野郊区。因此都市上空气温稳定性差，空气湍流强度大（城市风），有利于空气污染物的垂直稀释扩散。但四周的热岛辐合环流又使扩散出去的污浊空气回流入市区。

③ 城市路面坚硬质密，渗水性差，排污管道发达，同时绿地面积远小于农村，加之气温较高，致使市内空气的绝对湿度和相对湿度均小于四郊，大气相对干燥。

④ 城市上空相对湿度虽低，但由于吸湿性凝结核丰富，形成雾障笼罩在城区上空。另外热岛的上升气流使城市的云量、雨量和雾量也多于郊区。

(2) 城市“五岛”效应　根据上述城市环境对气候的影响，归纳出五种不同的“效应”。

① 热岛效应　是人类活动对城市区域气候影响中最典型的特征之一。各国学者研究过不同规模城市中，无论其处在何种地理纬度和地质条件，市内气温都高于郊区，见表 2-4。夏季，当热浪袭来时，热岛效应使人们因酷热难忍而打开空调。可空调制冷向室外排出的热量，更加增强了热岛效应的副作用。密闭的建筑物内通风不畅将引起密闭建筑综合征等损害人体健康的多种疾病。

热岛效应还会导致热岛环流的产生。在市中心气流上升并在上空向四周辐散，而在近地面层，空气则由郊区向市区辐合，形成乡村风，补偿低压区上升运动的质量损失。这种环流可降解在城市上空扩散出去的大气污染物又从近地面带回市区，造成重复污染。

表 2-4　市内与市郊的年平均温差

城　市	温差/℃	城　市	温差/℃	城　市	温差/℃	城　市	温差/℃
东京	0.5	柏林	1.0	华盛顿	0.60	费城	0.8
巴黎	0.7	斯德哥尔摩	0.72	洛杉矶	0.70	纽约	1.1
莫斯科	0.7	芝加哥	0.60	伦敦	1.3		

② 干岛、湿岛、雨岛、浑浊岛效应　由于城市下垫面的差异与排水系统发达，地面比较干燥，因而城市水汽蒸发量小于乡村；而城市中工业生产排出水汽又使空气湿度增加，但人为水汽量尚不足自然蒸发量的 1/6。因而在绝对湿度的空间分布上，市区小于四郊，形成了所谓“干岛”，尤以夏季晴天白天时为甚。

夜间，地面迅速冷却，气温直减率减小，水汽向上的湍流输送量也随之减少；由于水汽凝结很小。所以在近地层空气中的水汽含量反而高于四郊，形成了所谓“湿岛”。这种效应是次要的。

城市的工业、交通、民用炉灶等排出的烟尘以及大气中光化学过程生成的二次污染物使空气变得浑浊，能见度下降，日照和太阳辐射强度降低，形成以城市为中心的浑浊岛。

中国科学家利用历史气象资料、环境监测数据和气象卫星的晴天红外辐射资料，全面地研究了上海市气候中的五岛效应。在五岛之中，以热岛、干岛和浑浊岛出现的频率最大；湿岛仅出现在夏季晴夜无风的短暂时期内；雨岛集中出现在汛期大气径向环流较弱之时的下风向处。五岛之间紧密地相互制约、相互依存。

2. 城市化对水环境的影响

水是支持城市中各种活动的基本要素之一。城市化的不断发展，不透水面积的日益扩大及生产、生活污水排放量的日益增多，扰乱了城市区域正常的水循环，导致了水质污染等一系列环境问题。

(1) 对水循环的影响　城市化的最大特征之一就是原有的透水区域（农田、森林、草地）不断被混凝土建筑物及沥青路面所取代。

城市不透水面积和排水工程的扩大，减少了雨水向下的渗漏，增加了地表径流流速，致使地表总径流量的峰值流量增加，滞后时间（径流量落后于降雨量的时间）缩短。地表径流冲刷堆积于街道、马路及建筑物上的大量堆积物，可能引起水体的非点源污染。

(2) 对水分蒸发的影响　城市化不断加速，导致绿地迅速减少，不透水面积增加，降水对地下水的补给量减少，使得地表及树木的水分蒸发和蒸腾作用相应减弱。

对地下水收支的影响。城市化的发展加快了人们对地下空间的利用，如上、下水道及地铁等工程均对地下水的收支产生很大的影响。城市化使地下水支出量远大于其收入量，导致了大面积的地下水漏斗，即过分地下水开采，引起区域性地面沉降。如东京、上海、天津等城市的某些区域均已出现严重的地面沉降。总之，城市化的发展彻底改变了区域的本来面貌，破坏了区域正常的水循环，从而引起了水害或其他环境问题。

(3) 对水质的影响　城市化对水质的影响主要是指生产、生活、交通运输以及其他服务行业排放的污染物对水环境的污染。

发达国家目前均已采取了十分严格的排污控制手段，加之兴建大量的一级、二级污水处理厂，使城市生产、生活污水排放得到控制。尽管如此，城市水质污染问题远未彻底解决，城市河流 BOD（生物化学耗氧量）水平仍高于非城市河流。

发展中国家城市水质污染十分严重，并有进一步恶化的趋势。原因在于发展中国家经济承受力有限，城市基础设施的下水道系统不完备，其污染处理能力有限。

3. 城市化对生态环境的影响

城市化改变了生态环境的组成和结构，使生产者有机体与消费者有机体的比例不协调。城市内房屋密集、街道交错，高楼大厦代替了森林，水泥路面代替了草地、绿野，形成了“城市荒漠”，野生动物群也在城市中消失。显然城市化过程是一个破坏原有的自然生态环境，重建新的人工生态环境的过程。

城市化发展还造成振动、噪声、微波污染，交通堵塞、紊乱，住房拥挤，物质、能源供应紧张等一系列威胁人民健康和生命安全的环境问题。

4. 城市化与固体废物

随着经济的发展和人们生活水平的提高，固体废物日益增多，给城市环境带来极大危害。工业生产的固体废物可以通过清洁工艺减少废物来解决。生活垃圾则是目前困扰各城市的大难题。国际有害固体废物的越境转移现象已成为世界公害问题。

城市垃圾处理是“从摇篮到坟墓的系统工程”，要转变观念，对固体废物主动管理控制。首先要在技术和经济允许的最大限度内削减废物的产量。“源削减”，即从根源上减缓固体废物的问题。固体废物的处理目标是无害化、减量化、资源化。通过综合考虑各种因素、分析、论证，确定采用符合环境、经济和具有社会效益的处理方法，避免填埋、焚烧、堆肥等传统处理方法产生新的环境问题。

（二）城市的可持续发展措施

针对上述城市化对环境的影响，采取合理的有效措施，引导并促进城市的可持续发展成为非常重要而现实的问题。表 2-5 列出了城市中各子系统的特点、环境问题和解决措施。

表 2-5 城市中各子系统的特点、环境问题和解决措施

项目＼子系统	生物系统	人工物质系统	环境资源系统	能源系统
环境特点	大量增加人口密度；植物生长量比例失调；野生动物稀缺；微生物活动受限制	改变原有地形地貌；大量使用资源，消耗能源，排出废物；管网输送污染物，改造环境	承纳污染物，改变理化状态；大量消耗资源，造成枯竭	生物能转化后排出大量废物；自然能源属清洁能源；化石能源利用后排出废物
环境问题	使环境自净能力降低；生态系统遭受破坏	改变自然界的物质平衡；人工物质动量在城市中积累；环境质量下降	破坏自然界的物质循环；降低了环境的调节机能；资源枯竭，影响系统的发展	产生大量污染物质，环境质量下降
措施	控制城市人口；绿化城市	编制城市环境规划；合理安排生产布局；合理利用资源；进行区域环境综合治理；改革工艺	建立城市系统与其他系统的联系；调动区域净化能力；合理利用资源	改革工艺设备；发展净化设备；寻找新能源

除了要加强对城市管理的立法和制度建设、进一步提高城市环境管理水平、重视城市绿化、积极开展城市环境综合整治外，应着重抓好以下几项工作。

1. 科学地编制区域规划

从城镇群的总体结构拟定各城市的适当规模、主导产业以及地区内基础设施的衔接和协同，避免空泛地讨论城市规模问题，避免产业结构重复雷同，避免水电、交通等基础设施相互脱节。

为提高城市各项功能品位，提高城市生活质量水平，创造良好的城市环境和城市文明，使城市化的质量有较大的提高，防治城市化的有数量没有质量，要根据自身在政治、文化、经济生活中的功能以及国家或区域的发展要求、历史条件和资源状况等客观条件来确定城市发展的性质和规模。

2. 合理调整经济结构和城市布局，防止过度开发，建筑过密

在经济总体目标不变条件下，不同的经济结构排出的污染物和资源消耗有很大差别。调整产业结构，逐步减少资源与能量消耗大、污染严重的第一、第二产业，鼓励发展能容纳较多劳动力、消耗少、污染轻的第三产业。同时调整能源结构，尽量选择电能、太阳能、地热能、天然气等清洁能源。

城市建设要留下余地，以备预测不到的后来项目。中国城市人均用地只有 $70m^2$ 左右，

远远低于发达国家一二百平方米的平均水平，特别是市中心地区，容积率过高，已经危害当前的环境质量，又堵塞了后人的“用武之地”，过密以后，疏解很难，这是非可持续发展之路。

3. 加强城市环境基础设施建设

城市现代化的基础是供热、交通、通信、水电、污水处理、垃圾处理等社会公益事业，目前虽初具规模，但缺口还很大，不应放松。旨在提高城市生态阈值，减少城市生产和生活废弃物的产生量，加大还原能力。

4. 高度重视历史文化的保护

要迅速扭转目前对历史文化破坏过多、保存过少的局面。旧城一般不宜再大拆大迁，应加以改善利用，保护好重要的文化资源。

5. 开发利用城市的地下空间

随着现代技术条件的发展和城市土地越来越紧缺，地下工程的工程经济情况已经变化，特别是大城市建设中开发利用地下空间的时机已经成熟。

6. 城市应具有艺术性

应当搞好具有自己特色的城市形象，不照搬照抄，不矫揉造作。

二、农业的可持续发展

农业是一个国家国民经济的基础，发达的农业是一个国家现代化的标志。发达的农业促进人口快速增长和人类文明的提高，然而，人口的急剧膨胀和现代文明的提高反过来对农业造成巨大压力，并对农业环境造成极大的破坏。全球范围内越来越严重的环境问题使农业面临着巨大挑战，一方面，人们对农产品的质量和数量不断提出要求；另一方面，生产这些产品的农业环境又面临着被破坏和资源减少的压力。因此，要从观念上摆正农业环境与农业发展的关系，既考虑当前利益又考虑长远发展；既考虑对农业生态系统产出的索取，又要考虑对农业生态环境的保护；既考虑经济、社会效益，又考虑到整个环境效益，还要考虑子孙后代对资源的要求。只有在天然资源综合利用、农业环境保护、经济效益、社会需求等方面的协调发展才是今后农业发展的追求目标，即农业的可持续发展。

（一）农业可持续发展的含义

经济发达国家自20世纪以来实现了农业现代化，这个过程的一个重要特征就是在农业生产中应用了大量的石油、机械、化肥、农药、电力等工业品，这一阶段称之为“石油农业”。尽管“石油农业”创造了惊人的农业产量，但也造成了过量能源消耗、农业生态系统退化和食物安全性降低等不良影响，使现代农业陷入困境。1992年联合国环境与发展会议提出全球可持续发展战略后，农业的可持续发展成了一个热点问题。持续发展农业具有能源消耗低、对环境的压力小、有利于农业生态系统的持续发展等特点，是未来农业发展的方向。

农业可持续发展的目标首先是保证农业生产率稳定增长，提高食物生产的产量，保证食物安全；其次要保护和改善生态环境，合理、永续地利用自然资源，以满足人们生活和国民经济发展的需要。这个目标包含了经济持续性、生态持续性和社会持续性三个方面的内容。实现农业可持续发展的目标主要从如何提高农业产品的产量和质量以及如何保护和改善农业生态环境两方面采取措施。要提高农业产品的数量，应制定有利于农业生产的政策和法规，增加农业投入和提高农业综合生产力，依靠科技进步提高农业投入效率和资源利用率。农业生态和自然资源是农业生产的物质基础，土地资源又是农业自然资源的核心，保护土地资源就是防治水土流失和盐碱化等土地退化过程，推广病虫害综合防治技术，减少农业和化肥的使用，降低农业污染；同时防治工业尤其是乡镇企业对农业生态环境的污染。以减少农业环境的污染，达到提高农产品的安全性和质量的目的。

（二）可持续农业技术体系

1. 面向农业系统的三个可持续性的协调统一

农业可持续发展的目标包括了经济持续性、生态持续性和社会持续性。它们相互关联、相互因果，构成了农业系统多目标运行机制。

经济持续性着重关注农场及农户经营的长久利益，着眼于技术的生产率和产量，而不是资源的本身，其目的是实现粮食产量和农业生产者利益的稳定提高。产品相对过剩的发达国家注重产品品质、结构、营养，而产品缺乏的发展中国家则强调产品数量、增收、治穷。

生态持续性主要强调农业生产中生物—自然过程及生态系统生产力与功能维持能力，技术配置上则努力保护农业资源，尤其是稀缺资源的数量与质量，把现代农业技术对资源环境系统的胁迫或损害降低到最低程度。

社会持续性主要考虑农村（社区）发展的基本物质需求与较高层次文化需求，尤其是食物安全及粮食问题更加突出，同时要考虑同代人、代际人之间的资源公平、利益公平以及当前与未来、国家或地区之间发展的公正与平等。

2. 农业持续性离不开现代科学技术进步与创新

世界农业由原始农业、传统农业到现代农业的发展历史已雄辩地证明，技术革命是农业可持续发展的根本动力。尤其进入 20 世纪，杂交玉米、化学肥料、秸秆小麦、杂交水稻与地膜覆盖等一系列技术革新，从根本上扭转了传统落后农业技术体系，加快了农业良种化、化学化、机械化，使农产品基本养活了全球 60 亿人口。未来保障农业的持续发展的主导技术体系主要体现在以挖掘生活潜力为核心目标的资源高效利用技术体系、以信息化与人工化为突出特色的环境信息工程技术体系。逐步减少因现代技术使用不当或技术本身不过硬给生态环境带来的能源消耗、农药、残毒、化肥污染等不利影响。

3. 可持续发展要以科学投入为基础

农业系统是一种开放系统，既有系统内的生态循环，也要参与系统外社会经济大循环，其物质、能量运动不是自然生态系统的封闭式单通道，而是开放式的双通道（自然与人工），因此，农业系统发展既遵循热力学第一定律，又要符合热力学第二定律。一个可持续发展的农业系统，适度、均衡地投入追加技术有利于增强系统生产力与稳定性。

4. 农业技术的持续性是体现生态合理、经济可行、社会适宜原则

要达到农业技术的可持续性，一是考虑其生态合理程度，重点是技术采纳之后对资源，尤其是稀缺资源的耗竭以及对生态环境的损失代价，从而采取相应对策，使之产生的生态效果处于资源环境阈值之内；二是考虑其经济可行性，通过估测技术的资源成本、风险代价、投产比等分析某项技术能否确保农户（场）生产足够产品，满足最优化生产的需求目标，并可获得足够劳动报酬；三是考虑其社会适宜性，分析农户（场）或当地政府及农民对技术的认同和参与意识以及接受能力和推广能力。

围绕“可持续发展”理论，依据上述原则，世界各国在积极探索可持续发展技术模式和体系。见表 2-6。

表 2-6　可持续发展技术模式和体系

序号	内　　容	特　　点
1	低投入的可持续农业（LISA）	核心是不用或少用化肥，以控制农产品过剩，从而达到改善环境、降低成本、增加收入的目的
2	高效率可持续农业（HESA）	强调农业高效率，在保证必要的农用资本—营养物质品投入的前提下，强调资源合理利用与现代化经营，建立主要依靠科技进步的农业生产体系
3	环保型降低购买性资源投入的可持续农业（LPISA）	降低农场外物资如化肥、机械、农药等的投入，重视农业系统内部资源的循环与利用效率
4	生物学可持续农业	在高生物潜力的品种上，采取生物性的轮作，以生物防治与有机肥料等降低农场外部资源消耗，谋求可持续发展
5	综合型可持续农业	内容包括合理优化与利用一切可利用的农业资源，改良土壤，培肥地力，用养结合，保护环境等
6	环境保全型可持续农业	一是强调以提高效率来保护环境；二是以削减人工合成品的应用来保全环境；三是以人类生态活动区域为中心，进行因地制宜的生态保护
7	劳动集约型可持续农业技术模式	强调投入大量廉价劳动力提高土地生产力，提高农产品的自给率，适应于劳动投入不足、经营粗放、单产低下、生活贫困的不发达国家
8	土地集约型可持续农业技术模式	在人多地少的国家和地区，充分地、全年式地利用一切可利用的土地，实行土地利用率与产出率为核心目标的技术改造

（三）生态农业——可持续农业的基础

1. 生态农业的概念和内涵

生态农业是依照生态学原理和生态经济规律在系统科学的思想和方法指导下，融现代科学技术与传统农业技术精华于一体并进行（劳力、物质尤其信息投入）集约经营和科学管理的农业生态系统。

生态农业是实现农业可持续发展的战略思想，强调农业生产力持久稳定提高，必须建立在合理利用资源和保护生态环境的基础上，为协调人口、资源、环境的关系及解决发展与保护的矛盾提供了途径，是发展农业和农村经济的指导性原则。

生态农业是协调农业和农村全面发展的系统工程，按生态经济学原则和系统科学原理对区域农业进行整体优化和整理，使农业实现高效、低耗、和谐、稳定发展。

生态农业是按生态工程原理组装起来的促进生态与经济良性循环的农业适用技术体系，是一个有序的并能实现社会、经济、生态三大效益高度统一的生态经济系统，它能不断提高系统生产力、实现农业可持续发展。

2. 生态农业的技术措施

建设生态农业的重要技术措施是开展农业清洁生产。根据农业生产完全依赖于农业生态环境特点，针对农业生态系统既是系统外环境污染的受体又是污染物产生源头的特点，将整体预防农业生态系统内外污染的环境策略应用于农业生产过程和农产品生产过程中，将可持续发展战略变成可实际操作的措施，以期减少农业生产直接或间接对人类和环境的风险，保护资源和维护农业生态，实现农业持续稳定发展、农民增收和农村整个社会、经济与环境协调、持续发展的目的。目标是：①因地制宜、合理利用和保护自然资源，最大限度地利用自然温光资源，减少对石化物能的投入和依赖，提高物能利用效率，节省稀缺资源和不可替代资源；②在农业生产过程中，既要减少甚至消除废物和污染物的产生与排放，又要防止有毒物质进入农产品和食物中危害人类健康。

农业清洁生产的总体技术思路如下。

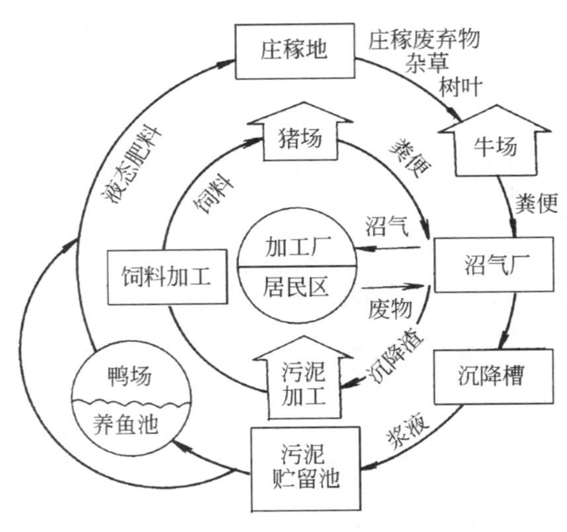

图 2-2　典型的生态农场的废物循环途径

在防止和控制农业生态环境外源污染的同时，通过清洁的物能投入、持续高效地利用农业资源和优化农业生产结构，使用清洁的农业生产工艺与设施，采用无污染或少污染的种植、养殖和加工模式。充分发挥区域性农业资源优势，采取科学管理措施，促进生态农业建设，加速农业产业化进程。最终生产出既满足人类需要，又有利于人类健康和环境保护的清洁农业产品，实现农业生产持续发展和环境保护的“双赢”目标。

图 2-2 是一个典型的生态农场示意图。它使生物能获得最充分的利用；肥料等植物营养物可以还田；控制了庄稼废物、人畜粪便等对大气和水体的污染。完全实现了能源和资源的综合利用以及物质和能量的闭路循环。

表 2-7 归纳了当前中国生态农业的主要措施或环节。每一项措施中都包含着若干项生态技术，有的措施如“沼气及其他能源建设”，本身就是由一项或几项农业生态工程所组成。

表 2-7　中国生态农业的主要措施或环节

措施或环节	经济效益	社会效益	生态效益
优化种植业布局	增产增收	搞活经济	系统协调，用养结合
绿化（种树种草）	长远增收	改善生活环境，提供燃料	改善农田小气候，防风防蚀，提供饲草
农林、农果复合生态结构（农田防护林）	增产增收	提供林、果产品	改善农田环境，利用生物共生优势
发展经济作物	增产增收	提供商品	系统投入产出平衡
畜禽饲养（优化畜群结构）	转化增值	提供优质产品	充分利用饲料资源，农牧相互促进
水产养殖（桑养鱼、稻萍鱼）	增产增收 转化增值	提供优质产品	水面利用，废物利用，促进循环，发挥共生优势
使用菌及其他养殖业	转化增值	提供优质食品	废物利用，促进循环
农畜产品加工	转化增值	提供加工产品及饲养	促进能源转化利用和物质循环，开辟饲料来源
沼气及其他能源建设	节省燃料开支	提供补充能源	开发新能源，促进有机物质再循环，控制污染
有机肥和秸秆还田	节省生产开支	节约化石能源，提供优质产品	有机物再循环提高土壤肥力
综合防治，少用农药	节省生产开支	提供无公害产品	控制污染，保护环境和生物资源
科学施用化肥	节省生产开支	提供优质产品	保护水土资源，养分收支平衡
发展工副业	增收	转移劳力，城乡交流	系统开放，以工补农
庭院经济	增产增收	提供花、菜、药等土特产品，利用闲散劳力	发挥复合生态系统活力

复习思考题

1. 什么是环境承载力？其特点及本质是什么？
2. 何谓循环经济？其特征是什么？
3. 可持续发展的定义、内涵分别是什么？
4. 什么是21世纪议程？
5. 为什么说环境保护是可持续发展的关键？
6. 为什么说清洁生产是可持续发展的重要途径？
7. 什么是可持续消费？
8. 可持续发展的技术领域有哪些？
9. 为什么说公众参与是实施可持续发展取得成功的关键？
10. 城市发展对生态环境的影响有哪些？
11. 城市可持续发展的措施有哪些？
12. 农业可持续发展的目标是什么？
13. 农业可持续发展的技术模式及特点是什么？
14. 生态农业的技术措施有哪些？

【阅读材料】

第二届联合国环境大会：聚焦环境与健康

2016年，数以百计的政策决策者、企业、政府组织和公民代表在5月齐聚内罗毕联合国环境署总部，参加第二届联合国环境大会。这是自《2030年可持续发展议程》和《巴黎协定》之后的第一个重要环境会议。UNEA-2通过的决议将为《2030议程》的落实奠定基础，并推动世界走向一个更美好、公正的未来。

内罗毕，2016年5月23日——第二届联合国环境大会新发布的一份报告表明，每年因环境恶化而过早死亡的人数比冲突致死的人数还要高234倍，充分论证了维持健康环境的重要性。让所有人平等和有尊严地在一个健康的环境中生活，是《2030年可持续发展议程》的目标。

报告指出，超过四分之一的5岁以下儿童，因环境原因死亡。

《健康星球，健康人类》——由联合国环境规划署（UNEP）、世界卫生组织（WHO）、《生物多样性公约》《关于消耗臭氧层物质的蒙特利尔议定书》《巴塞尔、鹿特丹和斯德哥尔摩公约》联合发布——探究空气污染、化学品暴露、气候变化和其他环境问题对人类健康和福祉带来的影响。

联合国环境规划署执行主任阿奇姆·施泰纳说，“地球生态资源的消耗以及人类污染足迹的增加，使我们在健康和福祉方面承担日益增长的成本。空气污染、化学品暴露以及自然资源开采，都是以消耗自然生态系统——人类生命的支持体系为代价的。”

“健康的地球能让人类健康的小船扬帆远航，也会促进经济和社会蓬勃发展。在环境健康方面不断地发展和进步，我们才得以维护我们自己的幸福。本周的联合国环境大会（UNEA-2），就是想办法让环境始终是人类福祉的庇护所，而不会成为伤害人类的刀口。”报告指出，在2012年，大约1260万人由于环境原因死亡，占总死亡人数的23%。因环境原因致死的人口中，最高比例发生在东南亚和西太平洋地区（分别为28%和27%）。另外23%

在撒哈拉以南非洲、地中海东部地区占22%、美洲地区经合组织国家（OECD）占11%、非经合组织国家占15%、欧洲占15%。

非传染性疾病导致的死亡人数在所有地区都有所上升：2012年，3/4低收入和中等收入国家的人死于非传染性疾病。

报告还指出，影响环境健康的因素包括：生态系统破坏；气候变化；不平等；无规划的城市化；不健康和浪费的生活方式以及不可持续的消费和生产模式。然而报告指出，行动起来，寻求改变，将带来巨大的健康和经济利益。

气候变化加剧了环境健康风险的规模和强度。世界卫生组织保守预计，2030～2050年，每年会有额外的250000人死亡，主要死于由气候变化导致的营养不良、疟疾、腹泻和热应力。

报告中提出了以下几大关键环境问题。

① 空气污染　导致世界各地每年700万人死亡。其中，430万人死于室内空气污染，尤其是发展中国家的妇女和儿童。

② 缺乏洁净水和卫生设施　导致每年有842000人死于腹泻病，其中97%在发展中国家。腹泻病是导致5岁以下儿童死亡的第三大杀手，占所有五岁以下儿童死亡人数的20%。

③ 化学品暴露　每年有107000人死于石棉中毒，2010年654，000人死于铅中毒。

④ 自然灾害　自1995年《联合国气候变化框架公约》第1次缔约方会议（COP1）以来，606000人因气象相关的灾害失踪，41亿人受伤、无家可归或需要紧急援助。

报告在指出问题的同时，还列举了投资一个健康的环境可以带来的好处。

① 逐步淘汰近100种消耗臭氧层的物质（ODS），意味着截至2030年，每年高达200万例皮肤癌和数百万例白内障会因臭氧层愈合而被避免。

② 在全球范围内消除汽油所含铅，预计每年可节省下来2.45万亿美元，占GDP的4%，并避免100万人过早死亡。

事实证明，减少黑炭和甲烷等短期气候污染物的措施具有成本效益。预计到21世纪中叶，能防止全球变暖0.5℃，而且到2030年，每年避免240万人因空气污染死亡。

工作场所的预防性卫生监督投资，若对每个工人投资18～60美元，即可减少27%的病假缺勤。水和卫生服务的投资回报是投资1美元，收益5～28美元。

为实现以上目标，报告给出四个综合解决方法。

① 解毒：在人们的生活和工作中，去除和（或）减轻有害物质对环境的影响。

② 脱碳：倡导可再生能源，减少碳燃料的使用，从而减少二氧化碳（CO_2）排放量。在生命周期中，太阳能、风力和水力发电比化石燃料发电厂对人类健康和环境造成的伤害低3～10倍。

③ 资源高效利用和改变生活方式：以较低的资源利用、较少的浪费、更少的污染和更少的环境破坏进行必要的经济活动，创造价值来维持世界人口。

④ 增强生态系统的恢复力和保护地球的自然生态系统：增强环境、经济和社会的能力，从而通过保护遗传多样性以及陆地、沿海和海洋生物多样性实现对于干扰和冲击的预期、响应和恢复；加强生态系统恢复力；减少畜牧业和伐木业对自然生态系统产生的压力。

UNEA-2期间同时发布了其他报告，关注并讨论人类健康，探究塑料垃圾、含铅涂料和人畜共患疾病等问题。

《海洋塑料垃圾和塑料微粒：激发行动和政策指导的全球经验和研究》报告发现，在

2014 年，全球塑料产量超过 3.11 亿吨，比 2013 年增加了 4%，由于固体废物管理不当，最终遗留在海洋中的垃圾在 480 万～1270 万吨。塑料微粒应特别引起人们的重视。

一项研究估计，平均每平方公里的海洋世界中，有 63320 塑料微粒漂浮在水面。海洋生物（包括浮游动物、无脊椎动物、鱼类、海鸟和鲸鱼）可以通过水直接摄入塑料微粒，或通过食物网间接摄入塑料微粒。塑料微粒可能造成海洋生物的免疫中毒反应、生殖中断、胚胎发育异常、内分泌紊乱、基因改变等。

《性别和塑料管理》探究男性和女性在塑料使用和消费时的区别，确定生活在富裕地区的女性是减少基本塑料消费品使用的潜在人群。

《2016 全球法律限制铅涂料报告》发现，人们仍在消除铅涂料的道路上努力前进。2016 年初，全球 196 个国家中 70 个国家（36%）发布了具有法律约束力的限制铅涂料条例。大部分国家出台了强制规定对铅涂料的使用进行控制，以确保执行效果。然而，只有 17 个国家要求对油漆含铅量进行测试和认证。

《UNEP 前沿：2016 新兴环境问题报告》指出，全球增加不少新兴人畜共患疾病病例，全球现在面临着流行性人畜共患疾病暴发、食源性人畜共患疾病增长以及常见人畜共患疾病在贫穷国家长期被人们忽视的危险。

“人们从未养过这么多动物，从前也没有那么多机会，让病原体通过生物环境和野生动物，传染到家畜和人，从而导致人畜共患疾病的爆发，而如今，一切都不同了。”报告指出，人类所有传染病中，大约 60%是人畜共患病，占新发传染疾病的 75%。

近些年来，一些新兴的人畜共患疾病屡屡登上报纸头条，因其会引发，或极有可能引发大范围流行疾病。除了禽流感，还包括裂谷热（RVF）、急性呼吸系统综合征（SARS）、中东呼吸综合征（MERS）、西尼罗河病毒、埃博拉和寨卡病毒。

报告指出，在过去的二十年里，这些新兴疾病产生的直接成本超过 1000 亿美元。如果这些疾病最终成为流行疫情，损失将达数万亿美元。

关于联合国环境大会

联合国环境大会（UNEA）是世界上最重要的环境决策机构，负责解决一些当今最重要的环境问题。大会拥有权力极大地改变地球的命运；改善每个人的生活。其影响范围极广，从人类健康到国家安全，从海洋塑料垃圾到野生动植物贸易。得益于联合国环境大会的努力，环境现在与其他重大全球问题，如和平、安全、财务和健康等，被视为世界最紧迫的问题之一。

关于联合国环境规划署

联合国环境规划署成立于 1972 年，是联合国系统内的环境机构。联合国环境规划署充当催化剂的角色，提倡、教育并促进全球环境的合理开发利用与可持续发展。联合国环境规划署的工作包括：评估全球、区域和国家环境状况和趋势、发展国际和国家环保设施、加强机构对环境的管理。

中国已经缔约或签署的国际环境公约（目录）

一、危险废物的控制

1. 控制危险废物越境转移及其处置巴塞尔公约（1989 年 3 月 22 日）

2.《控制危险废物越境转移及其处置巴塞尔公约》修正案（1995 年 9 月 22 日）

二、危险化学品国际贸易的事先知情同意程序

1. 关于化学品国际贸易资料交换的伦敦准则（1987 年 6 月 17 日）

2. 关于在国际贸易中对某些危险化学品和农药采用事先知情同意程序的鹿特丹公约 26 (1998 年 9 月 11 日)

三、化学品的安全使用和环境管理

1. 作业场所安全使用化学品公约 (1990 年 6 月 25 日)

2. 化学制品在工作中的使用安全公约 (1990 年 6 月 25 日)

3. 化学制品在工作中的使用安全建议书 (1990 年 6 月 25 日)

四、臭氧层保护

1. 保护臭氧层维也纳公约 (1985 年 3 月 22 日)

2. 经修正的《关于消耗臭氧层物质的蒙特利尔议定书》(1987 年 9 月 16 日)

五、气候变化

1. 联合国气候变化框架公约 (1992 年 6 月 11 日)

2.《联合国气候变化框架公约》京都议定书 (1997 年 12 月 10 日)

六、生物多样性保护

1. 生物多样性公约 (1992 年 6 月 5 日)

2. 国际植物新品种保护公约 (1978 年 10 月 23 日)

3. 国际遗传工程和生物技术中心章程 (1983 年 9 月 13 日)

七、湿地保护、荒漠化防治

1. 关于特别是作为水禽栖息地的国际重要湿地公约 (1971 年 2 月 2 日)

2. 联合国防治荒漠化公约 (1994 年 6 月 7 日)

八、物种国际贸易

1. 濒危野生动植物物种国际贸易公约 (1973 年 3 月 3 日)

2.《濒危野生动植物种国际贸易公约》第二十一条的修正案 (1983 年 4 月 30 日)

3. 1983 年国际热带木材协定 (1983 年 11 月 18 日)

4. 1994 年国际热带木材协定 (1994 年 1 月 26 日)

九、海洋环境保护

[海洋综合类]

1. 联合国海洋法公约摘录 (摘录第 12 部分《海洋环境的保护和保全》) (1982 年 12 月 10 日)

[油污民事责任类]

2. 国际油污损害民事责任公约 (1969 年 11 月 29 日)

3. 国际油污损害民事责任公约的议定书 (1976 年 11 月 19 日)

[油污事故干预类]

4. 国际干预公海油污事故公约 (1969 年 11 月 29 日)

5. 干预公海非油类物质污染议定书 (1973 年 11 月 2 日)

[油污事故应急反应类]

6. 国际油污防备、反应和合作公约 (1990 年 11 月 30 日)

[防止海洋倾废类]

7. 防止倾倒废物及其他物质污染海洋公约 (1972 年 12 月 29 日)

8. 关于逐步停止工业废弃物的海上处置问题的决议 (1993 年 11 月 12 日)

9. 关于海上焚烧问题的决议 (1993 年 11 月 12 日)

10. 关于海上处置放射性废物的决议（1993 年 11 月 12 日）
11. 防止倾倒废物及其他物质污染海洋公约的 1996 年议定书（1996 年 11 月 7 日）
［防止船舶污染类］
12. 国际防止船舶造成污染公约（1973 年 11 月 2 日）
13. 关于 1973 年国际防止船舶造成污染公约的 1978 年议定书（1978 年 2 月 17 日）
十、海洋渔业资源保护
1. 国际捕鲸管制公约（1946 年 12 月 2 日）
2. 养护大西洋金枪鱼国际公约（1966 年 5 月 14 日）
3. 中白令海峡鳕资源养护与管理公约（1994 年 2 月 11 日）
4. 跨界鱼类种群和高度洄游鱼类种群的养护与管理协定（1995 年 12 月 4 日）
5. 亚洲-太平洋水产养殖中心网协议（1988 年 1 月 8 日）
十一、核污染防治
1. 及早通报核事故公约（1986 年 9 月 26 日）
2. 核事故或辐射紧急援助公约（1986 年 9 月 26 日）
3. 核安全公约（1994 年 6 月 17 日）
4. 核材料实物保护公约（1980 年 3 月 3 日）
十二、南极保护
1. 南极条约（1959 年 12 月 1 日）
2. 关于环境保护的南极条约议定书（1991 年 6 月 23 日）
十三、自然和文化遗产保护
1. 保护世界文化和自然遗产公约（1972 年 11 月 23 日）
2. 关于禁止和防止非法进出口文化财产和非法转让其所有权的方法的公约（1970 年 11 月 17 日）
十四、环境权的国际法规定
1. 经济、社会和文化权利国际公约（摘录）（1966 年 12 月 9 日）
2. 公民权利和政治权利国际公约（摘录）（1966 年 12 月 9 日）
十五、其他国际条约中关于环境保护的规定
1. 关于各国探索和利用包括月球和其他天体在内外层空间活动的原则条约（摘录）（1967 年 1 月 27 日）
2. 外空物体所造成损害之国际责任公约（摘录）（1972 年 3 月 29 日）

第三章

资源与能源的可持续利用

【学习目的要求】

通过对资源与能源的基本知识的学习，要求掌握自然资源和能源的定义及分类；掌握我国资源与能源现状及改进措施。能掌握各种资源和能源的开发利用情况，从环境保护的角度出发，结合当地实际提出切实可行的节约资源与能源的措施。

第一节　世界与中国资源的现状及特点

一、自然资源及其属性

（一）自然资源的定义

自然资源是指自然界中能被人类用于生产和生活的物质和能量的总称。如土地、水、森林、草原、矿物、海洋、野生动植物、阳光、空气等。

自然资源是一个具有历史性的范畴，自然资源开发利用的深度和广度与人类社会的进步和发展紧密相连。例如古人不知道煤和石油有用，后来知道煤和石油可作为燃料，现在人们可以从煤和石油中提取多种化工原料。随着人类对自然界的认识不断深化，科学技术的不断进步，有更多新的资源被发现，利用自然资源的范围和程度将不断扩大和加深。目前广泛利用石油和天然气来代替煤，但核能、太阳能和生物能已成为新一代的能源。

（二）自然资源的分类

自然资源按其产生的渊源及其可利用性，可分为无限资源和有限资源两大类。

1. 无限资源

无限资源又称为非耗竭性资源，指用之不尽的资源。如太阳能、潮汐能、风能等，这类资源随着地球的形成及其运动而存在，基本上是持续稳定产生的，但人类活动是可以直接或间接的影响它们。例如太阳能的数量和质量取决于大气污染状况及污染程度。

2. 有限资源

有限资源又称耗竭性资源。这类资源是在地球演化过程中的特定阶段形成的，质与量是有限定的，空间分布是不均匀的。有限资源可分为可更新资源和不可更新资源两大类。

（1）可更新资源　这类资源主要是指那些被人类开发利用后，能够依靠生态系统自身的运行能力得到恢复或再生的资源，如水、土地、动物、植物、微生物等。只要消耗速度小于它们的恢复速度，这些资源从理论上讲是可以持续利用的，但可更新资源的恢复速度是不同的，如自然形成1cm厚的土壤腐殖质层需300～600年，森林的恢复一般需数十年至百余年，而野生动物种群的恢复只需几年至几十年。

（2）不可更新资源　这类资源一般指那些被人类开发利用后逐渐减少以至枯竭，而不能再生的自然资源，如各种金属矿、非金属矿、煤、石油等。这些矿物是由古代生物或非生物经过漫长的地质年代而形成，因而它们的储量是固定的。它们一旦被用尽，就没办法再补充。虽然当前某些材料可以通过化学方法合成，但是其质量不能完全替代天然资源，因而对该类资源应合理地综合利用，减少损耗和浪费。

（三）自然资源的属性

不同类型的自然资源具有不同的特性，但又有共同的属性。明确认识这些属性，对人们合理开发利用自然资源有重要意义。

1．稀缺性

自然资源的稀缺性是指在一定的时间和空间内，自然资源可供人类开发和利用的数量是有限的。当人类对其开发利用量超过资源更新能力时，就会导致资源量的逐渐枯竭。不可更新资源的稀缺性是很明显的，而可更新资源由于自然再生、补充能力有限同样具有稀缺性。即使像太阳能、风能等无限资源，似乎取之不尽、用之不竭，但也同样具有稀缺性。原因在于，一方面科学技术的水平制约了人类对这些资源的有限利用；另一方面，地球在一定时间内接受、产生这些资源的量是一定的，尤其对于某些特定的区域。因此，稀缺性是所有资源的共同属性之一，只有合理地利用资源，讲究资源利用的经济效益、生态效益和社会效益，才能保证人类永续不断地利用资源。

2．区域性

自然资源的区域性是指自然资源不是均匀地分布在任意空间范围，它们总是相对集中于某一区域，而且其结构、数量、质量和特性都有显著不同。例如，中国的自然资源的分布就具有明显的地域性。煤、石油和天然气等能源资源主要分布在北方，而南方则蕴含丰富的水资源。自然资源的地域性对区域经济的发展作用非常大，既能促进区域的发展，也可限制区域的发展。因此，人们在开发利用自然资源时，必须结合区域特点，联系当地的具体经济条件，全面评价资源的结构、数量和质量，因地制宜地规划和安排各种产业的生产，充分发挥当地资源的优势和潜力。

3．多用性

自然资源的多用性是指各种自然资源具有提供多种用途的可能性。例如，森林既能向人们提供各种木材，同时又具有防风固沙、保持水土、涵养水源和绿化环境等功能，还可为人类提供观光旅游的场所。水不仅用于工业和生活，还兼有航运、发电、灌溉、养殖、调节气候等功能。自然资源的多用性为开发利用资源提供了选择的可能性，人们应从经济效益、生态效益和社会效益等方面进行综合研究，综合开发利用自然资源。

4．整体性

自然资源的整体性是指自然资源本身是一个庞大的生态系统。自然资源中的水资源、土地资源、矿产资源、森林资源、海洋资源和草原资源等在生态系统中既相互联系，又相互制约，共同构成了一个有机的统一体，人类活动对其中任何一组分的干扰都有可能会引起其他组分的连锁反应，并导致整个系统结构的变化。例如，森林资源的破坏会造成水土流失，从而造成河流泛滥，最终导致农业、渔业等的减产。因此，在开发利用的过程中，必须统筹安排、合理规划，以保持生态系统的整体平衡。

5. 两用性

对人类的生存和发展来说，自然资源既是人类的生产资料和劳动对象，又是人类赖以生存的生态环境，具有两重性。例如，森林作为一种自然资源，向人类提供木材和各种林产品，同时还是自然生态环境的一部分，具有涵养水源、保持水土和绿化环境等功能。因此，对待自然资源既要重视开发和利用，又要重视保护和管理。

二、世界资源现状及特点

直到近40年，人类才抛弃“地球资源取之不尽用之不竭”的错误观念，深刻认识到地球资源的有限性。随着全球人口的增长和经济的发展，对资源的需求与日俱增，人类正受到某些资源短缺或耗竭的严重挑战。目前世界资源现状及特点如下。

1. 水资源短缺

地球上水的总量并不小，但与人类生活和生产活动关系密切又比较容易开发利用的淡水储量很有限，仅占全球总水量的0.3%。世界水资源研究所认为，目前全球有26个国家的2.32亿人口已经面临缺水的威胁，另有4亿人口用水的速度超过了水资源更新的速度，世界上有约1/5人口得不到符合卫生标准的淡水。世界银行认为，占世界40%的80多个国家在供应清洁水方面有困难。其他研究单位的报告也不能令人乐观，据预计，在20～30年内，淡水拥有量不足的人口数将达15亿。

2. 土地荒漠化

据联合国环境规划署统计，全球1/4的土地正在受到沙漠化威胁，沙漠面积已占全球面积的7%，世界每分钟就有150亩（15亩=1公顷）地变成荒漠，沙漠化每年对全球造成的经济损失高达420亿美元，其中亚洲210亿美元，非洲90亿美元。同时，全世界30%～80%的灌溉土地不同程度地受到盐碱化和水涝灾害的危害，由于侵蚀而流失的土壤每年高达240×10^8t。近50年来，全球已退化的耕地面积达12×10^8hm^2，现在世界上有8.5亿人口生活在不毛之地或贫瘠的土地上。由此可见土地资源问题的严重性。

3. 森林资源破坏

森林覆盖着全球陆地的1/3，热带森林总面积共逾190亿公顷，其中120亿公顷是密闭森林，其余是宽阔树丛。森林是木材的供应来源，并且具有贮水、调节气候、水土保持、提供生计等重要作用。目前世界森林资源的总趋势是在减少，自从大约8000年前开始大规模的农业开垦以来，温带落叶林已减少33%左右。据估计，1981～1990年间全世界每年损失森林平均达1690万公顷，每年再植森林约1054万公顷，现在世界森林仍以每年1800×10^4～2000×10^4公顷的速度减少，所以森林资源减少的形势仍是严峻的。

4. 矿产资源匮乏

矿产资源是地壳形成后，经过几千万年、几亿年甚至几十亿年的地质作用而生成，露于地表或埋藏于地下的具有利用价值的自然资源。矿产资源是人类生活资料与生产资料的主要来源，是人类生存和社会发展的重要物质基础。目前95%以上的能源、80%以上的工业原料、70%以上的农业生产资料及30%以上的工农业用水均来自矿产资源。随着经济的不断发展，许多矿物质资源的储量正在锐减，有的甚至趋于枯竭。石油是世界上用量极大的矿物燃料，1980年已探明的世界石油储量相当于1280亿吨标准煤，按目前的产量增长率消耗下去，全世界的石油储量大约在2015～2035年将消耗掉80%。全世界天然气的总储量，据1980年资料为相当于3580亿吨标准煤，如按目前的消耗速度，全世界的天然气仅可维持40～80年。在人口增长和经济增长的压力下，全世界对矿产资源的开采加工已达到非常庞大的规模，许多重要矿产储量随着时间的推移，日益贫困和枯竭，如表3-1所示。

表3-1 世界几种主要金属的产量最高峰期

矿产名称	产量高峰年份	枯竭年份	矿产名称	产量高峰年份	枯竭年份
铝	2060	2215	锌	2065	2250
铬	2150	2325	石棉	2015	2150
金	1980	2075	煤	2150	2405
铅	2030	2165	原油	2005	2075
锡	2020	2100			

5. 物种资源灭绝

由于森林锐减，动植物赖以生存的环境遭到破坏，物种正以前所未有的速度从地球上消失。伦敦环境保护组织“地球之友”指出，20世纪80年代地球上每天至少有一种生物灭绝，90年代达到每小时一种灭绝，到2000年有100万种物种从地球上消失，目前全世界估计有2.5万种植物和1000多种脊椎动物处于灭绝的危险中。这种大规模的物种灭绝，在人类历史上是空前的，给人类前途带来的是致命的威胁。

三、中国资源现状及特点

1. 资源总量多，人均占有量少

中国土地面积占世界有人居住土地面积的7.2%，次于前苏联和加拿大，居世界第三位；耕地和园地面积占世界总面积6.8%，次于前苏联、美国和印度，居世界第四位；永久草地占世界的9%，次于澳大利亚和前苏联，居世界第三位；森林和林地占世界的3.4%，次于前苏联、巴西、加拿大和美国，居世界第五位。据有关资料统计，中国河川径流总量占世界的5.6%，次于巴西、前苏联、加拿大、美国和印度，居世界第六位；按平均出力计算的可开发水能资源占世界的16.7%，居世界第一位。中国高等植物和脊椎动物种数约各占世界的10%左右，鸟类占15%，兽类占8%。中国大陆架渔场约占世界优良渔场总面积的1/4，淡水鱼类种数居世界第一位。在已知的250多种矿产资源中，中国目前探明储量的达136种，按45种主要矿产资源储量计算的潜在价值占世界的14.6%，次于前苏联和美国，居世界第三位。

由于人口众多，主要资源的人均占有量普遍偏少。中国1988年人均耕地只有0.088hm^2，远低于世界平均0.367hm^2的水平。中国森林覆盖率为12.98%，不足世界平均水平31.2%的一半，居世界的第120位。人均林地面积为0.11hm^2，人均林木蓄积量为9.6m^3，分别为世界水平的1/6～1/8。中国人均草地面积0.367hm^2，为世界平均值的1/2。中国人均水资源量为2700m^3，不及世界平均值的1/4。

2. 各类资源总体组合较好

中国疆域辽阔，就全国而言，东农西牧，南水北旱，地平川农林互补，江河海洋散布环集，在总体上呈现以农为主，农林牧渔各业并举的格局。在工业资源方面，除了农业为轻纺工业提供各种原料以外，能源、冶金、化工、建材都有广泛的资源基础。世界上中国和前苏联、美国、加拿大和巴西都是资源组合较好的国家。

但是，耕地不足是中国资源结构中最大的矛盾；同时北方和南方地区的水资源也将面临日益缺乏的局面，特别是由于环境污染的加重，清洁的饮用水源严重缺乏；少数有色金属、贵重金属和其他资源的保证程度相对很低；此外，如果人工造林不能迅速跟上，森林资源也将成为一个严重的薄弱环节。

3. 资源空间分布不平衡

不论地面资源还是地下资源都存在相对富集和相对贫乏的现象。如长江以南的珠江、浙、闽、台和西南诸河等地区，土地面积只占全国的36.5%，耕地面积占全国的36%，人口占全国的54.4%，但水资源量却占全国的81%。这种空间分布的不平衡性，一方面有利于进行集中重点开发，建设强大的生产基地；但另一方面也造成煤炭、石油、矿石和木材等资源的开发利用受到交通运输条件的制约，给交通运输等基础设施建设带来巨大的压力。

4. 资源质量差别悬殊

这种现象在耕地、天然草地和矿产资源等方面表现比较突出。如中国耕地面积中，高产稳产田占1/3，而低产田也占1/3，在全部耕地中，单位面积产量可以相差几倍到几十倍，复种指数的差距也可以达到3倍以上。

21世纪的中国进入一个加速现代化进程、综合国力不断增强的新时期。有文献分析，到21世纪中叶，中国人口总数将达到15亿～16亿，资源和环境将面临更大的挑战；在经济发展方面，人均国民生产总值将达到中等发达国家的水平。但由于20世纪环保投入不足，自然保护的形势更为严峻，自然生态环境更加失调，资源与能源危机愈演愈烈，不但威胁到人民生活和健康，而且将制约经济的发展。为子孙后代着想，留给他们一个清洁优美的环境和多种多样可供持续利用的自然资源与能源，是每一个人义不容辞的责任。

第二节　能源与环境的关系

一、能源的分类

能源是指可能为人类利用以获取有用能量的各种资源。如太阳能、风力、水力、电力、天然气和煤等。随着经济的发展和人民生活水平的不断提高，能源的需求量会越来越多，必然会对环境产生极大的影响。

人们从不同角度对能源进行了多种多样的分类，如一次能源和二次能源，常规能源和新能源，可再生能源和不可再生能源等，具体分类见表3-2。

表3-2　能源分类表

一次能源	常规能源	可再生能源：水力
		不可再生能源：煤、石油、天然气、核裂变燃料
	新能源	可再生能源：太阳能、生物能、风能、潮汐能
		不可再生能源：核聚变能
二次能源	电能、氢能、汽油、煤油、重油、焦炭、沼气、丙烷等	

一次能源是指从自然界直接取得而不改变其基本形态的能源，有时也称初级能源；二次能源是指经过加工，转换成另一种形态的能源。常规能源是指当前被广泛利用的一次能源，新能源是指目前尚未被广泛利用，而正在积极研究以便推广利用的一次能源。一次能源又分为可再生能源和不可再生能源，可再生能源是能够不断得到补充的一次能源，不可再生能源

是必须经地质年代才能形成而短期内无法再生的一次能源，但它们又是人类目前主要利用的能源。

另外，根据能源消费是否造成环境污染，又可分为污染型能源和清洁型能源。煤和石油是污染型能源，水力、电能、太阳能和沼气能是清洁型能源，为保护环境应大力提倡应用清洁型能源。

二、能源利用对环境的影响

任何一种能源的开发利用都会给环境造成一定的影响。例如，水能的开发利用可能造成地面沉降、地震、上下游生态系统显著变化、地区性疾病蔓延、土壤盐碱化、野生动植物灭绝、水质发生变化等。在诸多能源中以不可再生能源引起的环境影响最为严重和显著，它们在开采、运输、加工和利用等环节都会对环境产生严重影响。能源利用对环境的影响主要表现在以下几个方面。

1. 城市大气污染

一次能源利用过程中，产生了大量的 CO、SO_2、NO_2、粉尘及多种芳烃化合物，已对一些国家的城市造成了十分严重的污染，不仅导致对生态的破坏，而且损害了人体健康。例如 1952 年 12 月 5～9 日，英国发生伦敦烟雾事件，导致 4000 人死亡，原因在于从家庭和工厂排出的燃煤烟尘被封盖滞留在低空逆温层下，导致人窒息死亡。中国因大气污染造成的损失每年达 120 亿元人民币，如果考虑一次能源开采、运输和加工过程中的不良影响，则造成的损失更为严重。

2. 温室效应

大气中的 CO_2 按体积计算是每 100 万大气单位中有 280 个单位的 CO_2。由于矿物燃料的燃烧，1980 年已达到 340 个单位，预计 21 世纪中期至末期，其数量可达 360 个单位。实验测定，CO_2 易吸收波长小于 380nm 的紫外线、波长是 660～8000nm 的近红外线和波长为大于 13000nm 的远红外线。到达地面的太阳光能量中，99%的可见光将地面物体晒热，这些物体便不断地以红外线辐射形式将能量散发返回空间，大气中 CO_2 等气体能吸收红外辐射，并将它反射回地面从而干扰地球的热平衡。随着大气中 CO_2 等浓度升高，大气会变得越来越暖，产生“温室效应”。由于温室效应，全球平均表面温度将上升 1.5～3℃，极地温度可能上升 6～8℃，这样的温度将可能使占地球淡水 95%的两极冰帽融化 10%左右，导致海平面上升 20～140cm。

3. 酸雨

当大气中 SO_2、NO_x 和氯化物等气态污染物在一定条件下通过化学反应转变为 H_2SO_4、HNO_3 和 HCl，并附着在水滴、雪花、微粒物上随降水落下，降水的 pH 小于 5.6 的都称为酸雨。酸雨对环境和人类的危害主要表现在以下几个方面：一是改变土壤的酸碱性，危害作物和森林生态系统。酸性物质不仅通过降雨湿性沉降，而且也可通过干性沉降于土壤，使地面直接吸收 SO_2 气体并氧化为 H_2SO_4，使土壤中钙、镁、钾等养分被淋溶，导致土壤日益酸化、贫瘠化，影响植物生长，同时酸化的土壤也会影响土壤微生物的活动。二是改变湖泊水库的酸度，破坏了水生生态系统。由于酸雨造成的湖泊水质酸化消灭了许多对酸敏感的水生生物群种，破坏了湖泊中的营养食物网络。当湖泊和河流等水体 pH 降到 5 以下时，鱼类的生长繁殖即会受到严重影响。流域内土壤和湖底河泥中的有毒金属如铝等即溶解在水中，毒害鱼类。还会引起水生生态的变化，耐酸的藻类、真菌增多，而有根植物、无脊椎动物、两栖动物等会减少。三是腐蚀材料，造成重大经济损失。酸雨对钢铁构件和建筑物有极大的腐蚀作用，特别是危害各种雕刻的历史文物，中国故宫的汉白玉也被酸雨所侵蚀。四是空气中酸度提高会造成雾量的增加，可能改变地区的气候。此外，酸雨渗过土壤时还能将重金属带入蓄水层，使地下水受污染而危及人类健康。

三、新型清洁能源介绍

随着经济的不断发展，能源的消耗量迅速增大，使得能源问题越来越成为经济发展的突出问题。煤和石油等能源的开发利用越多，地球上储存的资源就逐渐减少，同时也带来严重的环境污染问题。因此人们正在积极寻找各种办法和措施，大力探索和开发各种新型清洁能源。

1. 太阳能

热是能的一种形式，太阳光能使照射的物体发热，证明它具有能量。这种能量来自太阳辐射，故称为“太阳辐射能”，它是地球的总能源，也是唯一庞大的，既无污染又可再生的天然能源。据估计太阳每秒钟放射的能量相当于 3.75×10^{26} W 的能量，然而仅有 22×10^{8} 分之一的能量到达地球大气的最高层，并还有一部分去加热空气和被大气反射而消耗掉，即使这样，每秒钟到达地面上的能量还高达 80×10^{12} kW，相当于 550×10^{4} t 煤的能量。直接利用太阳能，目前主要有三种方法，即将太阳能转变成热能、电能及化学能。

（1）太阳能直接转换成热能　太阳能的热利用是通过反射、吸收或其他方式收集太阳辐射能，使之转化为热能并加以利用。中国推广应用的太阳能热利用项目主要有太阳能灶、太阳能热水器、太阳能温室、太阳能干燥、太阳能采暖等。

（2）太阳能转换成电能　太阳能转换成电能的方法很多，其中应用较普遍的就是太阳能电池，它是利用光电效应将太阳能直接转换成电能的装置。太阳能电池有多种，主要有硅电池、硫镉电池、碲化镓电池和砷化镓-砷化铝电池等。现在已广泛应用于空间飞行器中的太阳能电池是硅电池，它的转化效率高，一般可达 13%～20%，在宇宙空间如卫星上转换效率高达 35%。它既可作小型电源使用，又可建成大面积大功率的太阳能电站。

（3）太阳能直接转换成化学能　植物的光合作用就是把太阳能直接转换成化学能的过程。自然界中植物借光合作用将太阳能转换成自身的化学能的效率很低，约为千分之几。为了提高太阳能的利用率，已经生产了一种使用人工“能量栽培场”的方法，即利用某些藻类催其生长，而将太阳能转换成藻类的储存热能用来作燃料（通过处理可制成木炭、煤气、焦油、甲烷等）。这种方法利用太阳能的效率可达 3%；另一种是光化学反应，利用光照下某些化学反应可以吸收光子从而把辐射能转化成化学能，此法现今尚处于研究试验阶段。

2. 沼气

沼气是由生物能源转换得来，沼气的能量系统来自太阳的光和热。植物在生长过程中吸收太阳能贮藏在体内，植物死亡后在微生物的作用下，有机质发酵分解，产生蕴藏着大量能量的沼气。沼气的组成为：55%～65% CH_4，35%～45% CO_2，0～3% N_2，0～1% H_2，0～1% O_2，0～1% H_2S。沼气具有较高的热值，可作燃料烧饭、照明，也可以驱动内燃机和发电机。$1m^3$ 沼气约相当于 1.2kg 煤或 0.7kg 汽油，可供 3t 卡车行驶 2.8km。用生物能产生沼气，既可提高热能利用率，又可充分利用不能直接用于燃烧的有机物中所含的能量，因此发展沼气是解决农村能源问题的有效途径。在城市也可利用有机废物、生活污水生产沼气。许多国家很早就利用城市污水处理厂制取沼气，并作为动力能源使用。发展沼气有利于环境保护，原因在于：一是沼气是较干净的再生能源，燃烧后的产物是 CO_2 和水，不污染空气；二是垃圾、粪便等有机废物及作物秸秆是产生沼气的原料，投入沼气池后，既改善了环境卫生，又使蚊蝇失去了滋生的条件，病菌、虫卵经沼气发酵后即被杀死，减少疾病的传播；三是生产沼气的废物是很好的肥料，即有较高的肥力，又不危害人体健康，同时减少了化肥和农药施用量，降低了土壤污染，间接地保护了环境。

3. 地热能

地球内部的热量主要是由于放射性分解以及地球内部物质分解时产生的能。在地壳中，温度随着深度增加而均衡地增长，在 100km 深处约为 1000～1500℃。作为热源的岩浆，浸入地壳某处并加热不透水的结晶岩浆，使其上面的地下水升温到 500℃左右，但由于顶岩封盖压力很高，所以水蒸气仍处于液体状态，需要打井才能喷出地面。

通常，地热能源以其在地下热储中存在的不同形式分为蒸汽型、地压型、干热岩型、热水型和岩浆型五类，目前能为人类开发利用的主要是地热蒸汽和地热水两大类。其中干蒸汽利用最好，温度超过 150℃以上，属于高温地热田，可直接用于发电，但其数量也最少。目前世界上仅发现五个主要干蒸汽区，即美国加利福尼亚州的盖塞斯间歇泉区，意大利的拉德雷洛，新墨西哥州的克尔德拉以及日本的两个地区；湿蒸汽田的储量大约是干蒸汽田的 20 倍，温度为 90～150℃，属于中温地热田。湿蒸汽在使用之前必须预先除去其中的热水，所以在发电应用技术上较困难；热水储量最大，温度一般在 90℃以下，属于低温地热田，可直接用于取暖或供热，但用于发电较困难。

我国是一个地热能源十分丰富的国家，据统计，现已查明的温泉和热水点已接近 2500 处，并陆续有发现。我国地下热水资源几乎遍布全国各地，温泉群和温泉点温度大多在 60℃以上，个别地方达 100～140℃。我国在开发和利用地热能源的同时，注意了地热的综合利用工作，强调地热能源的“能源”和“物质”相结合地开发利用，以防止对环境的污染和对生态系统的破坏。

4. 氢能

氢能又叫氢燃料，是一种清洁能源。氢作为燃料其优越性很多，在燃烧时发热量很大，相当于同质量含碳燃料的 4 倍，而且水可以作为氢的廉价原料，燃烧后的生成物又是水，可循环往复，对环境无污染，便于运输和贮藏。若以氢作为汽车、喷气机等交通工具的燃料和炼铁的还原剂，可使环境质量有极大的改善。目前制取氢的方法主要是电解水法。电解水法将直接消耗大量的电能，每生产 $14m^3$ 的氢要消耗 3000W 的电能。但由于效率低，投资和运行费用高，目前大量电解水制取氢尚未成熟。制取氢的其余方法，还有热化学法、直接分解法等，均需在高温条件下完成水分解，消耗大量的热能，故而很不经济。氢是一种易爆物质，且无臭无味，燃烧时几乎不见火苗，这些不安全特性使氢的使用受到限制。

5. 潮汐能

潮汐是一种自然现象，是在月球和太阳引力作用下发生的海水周期性的涨落运动。一般情况下，每昼夜有两次涨落，一次在白天，称潮，一次在晚上，称汐，合起来即为潮汐。

潮汐能的利用形式目前主要有以下三个方面。

(1) 潮汐发电　在海湾或潮汐河口建筑闸坝，形成水库，并在其旁侧安装水电机组。涨潮时海水由海洋流入水库，退潮时水库水位比海洋水位高，从而形成库内潮位差。利用潮汐涨落的能量，推动水轮发电机组发电。据估计，世界潮汐能源总量不到水力资源的 1%，世界第一座大型潮汐发电站建立于法国拉朗斯，其发电能力为 24×10^4kW。

（2）潮汐磨　在港湾筑坝，利用潮汐涨落水位差作原动力，推动水轮机旋转，带动石磨进行粮食和其他农副产品的加工。

（3）潮汐水轮泵　在潮流界以上的潮区界河段，有潮水顶托的江河淡水，江湖潮差可达2～3m，江边还有一定量的河网港浦作淡水蓄能水库，因此可利用这些条件建泵站来解决灌溉问题。

6. 风能

风能利用就是把自然界风的能量经过一定的转换器，转换成有用的能量，这种转换器即风力机，它以风作能源，将风力转换为机械能、电能、热能等。我国风能利用主要有风力发电、风力提水和风帆助航等几种形式。风作为一种自然能源，是一种无污染而又廉价的能源，是取之不尽、用之不竭的能源。在整个大气中的总风力估计是300×10^{12}kW，其中约1/4在陆地上空，地球上全年的风能约等于10^{12}t标准煤的发电量。由于风在地球上普遍存在，但它是一个需因地制宜加以利用的重要能源。风具有不经常性和定向性，并具有一定的平均风速才能利用。因而在不同地区充分利用风力资源作为一部分能源的补充是有一定意义的。

第三节　资源开发与可持续利用

一、水资源的开发利用

水是人类环境的主要组成部分，更是生命的基本要素。多少世纪以来，人们普遍认为水资源是大自然赋予人类的，取之不尽，用之不竭。但近年来人们警觉到水资源并不像想象的那么丰富，很多地区出现的水荒已造成了对当地经济发展的限制和人们生活的影响。

（一）淡水资源

地球上海洋、河流、湖泊、冰川的水、地下水和土壤水在地球周围形成一个相互联系又相互不断交换的水圈，仅就水的贮量而言，地球上的水资源是取之不尽的无限资源，但这种贮量无限的水资源的绝大部分不能或不适于为人类所用。因为世界上总水量中海水约占97%，不适于人类利用，淡水仅约3%，其中77.2%被封闭在两极冰冠之中；22.4%为地下水和土壤水分；0.35%在湖泊和沼泽里；0.04%在大气中；0.01%在河流中，可见，占淡水资源的90%的淡水不易被利用。淡水资源是可再生的。水从海洋表面蒸发到空中，其中约90%以降水形式返回海洋，约10%则被风带到大陆上空与来自地面蒸发的水混合，以降水形式提供给陆地。正是这每年10%左右的降水维持着陆地上的自然和生态系统。

（二）水资源利用的概况

人类对水资源的开发利用分两大类：一类是从水源取走所需的水，满足人民生活和工农业生产的需要后，数量有所消耗、质量有所变化，在另外地点回归水源；另一类是取用水能、发展水运、水产等，这类利用需要河流、湖泊、河口保持一定的水位、流量和水质。

1. 世界水资源利用概况

水资源匮乏是全球性的问题。人类早期对水资源的利用主要在农业、航运、水产和水能利用等方面。目前，世界上的水资源约70%用于农业，而农业用水从农田返回河流的常常只有原供水量的一半。占水资源30%的工业和居民生活用水中，有90%以上是可以重新利用的。发展中国家用水量的85%～90%为农业用水，发达国家则不足50%。在发展中地区，水资源量不及世界平均水平，由于大部分用在农业上，使大部分水无法重复利用。另外，随着大城市人口的迅速膨胀，城市生活用水大幅度上升；随着工业的发展，工业用水量迅速增长，而且城市生活用水和工业用水都在大量浪费，大量浪费的水作为废水排放，不仅浪费了水资源，而且水质被污染，可利用的水资源相应减少。

2. 中国水资源利用概况

（1）水资源总量丰富，但人均占有量不足 中国的年径流总量仅次于巴西、前苏联、加拿大、美国和印尼，居世界第六位，但人均占有量仅为世界人均量的1/4，平均每公顷占有地表径流量只相当于世界平均量的1/2。

（2）水资源的时空分布不均匀 中国水资源的地区分布特点是东南多、西北少，由东南沿海地区向西北内陆递减，分布很不均匀。地表径流分布的趋势是南多北少，近海多于内陆，山地多于平原。中国降水量和径流量年内分布极不均匀，北方6～9月的雨量占全年雨量的85%，从而造成冬干春旱情况，年际变化也很大，并且有枯水年和丰水年持续出现的特点。

（3）水资源开发利用各地不平衡 南方多水地区，水的利用程度较低，长江只有16%，珠江15%，浙闽诸河不足4%，西南诸河不足1%；北方少水地区，地表水开发利用程度比较高，海河流域67%，辽河流域68%，淮河73%，黄河39%，内陆河32%。地下水的开发利用也是北方高于南方。

（4）水资源利用率低，浪费严重 由于大部分农业用水仍用落后的漫灌、串灌等方式，水利工程、渠系不配套，渗漏现象严重，造成了水资源的严重浪费，渠系的漏失率一般在40%～70%，漫灌比喷灌多耗水约30%，比滴灌多耗水70%。工业用水重复利用率低也是水资源浪费的重要原因。目前，国外先进企业的水重复利用率为70%～80%，而我国先进企业的水重复利用率仅为40%，城市地下水供水管道漏失严重，漏失率一般为5%～10%，甚至高达15%，也造成了大量水资源的浪费。

（三）水资源的利用和保护

水是宝贵的自然资源，必须充分利用，目前主要采取以下措施。

1. 制定科学的水资源管理政策

加强对水资源的评价、规划、控制和管理，设立管理机构，制定合理利用水资源和防止污染的法律，节约用水，保护水资源，杜绝水污染是解决水资源危机的根本措施。

2. 增加可靠的供水

目前常采用在流域内建造水库、跨流域调水、地下蓄水和海水淡化等措施以增加可靠的供水。建造水库可将丰水期多余水量储存库内，补充枯水期流量的不足，不仅提高水源供水能力，还可防洪、发电、发展水产养殖等多种用途；跨流域调水可以解决地域上水资源分布不均的问题，但需建一定规模的工程，应注意不破坏生态环境；中国地下水源较丰富，北京地下水的可恢复储量约占总的可利用水量的60%；开发海水使其淡化，是增加淡水资源，解决水荒的又一条渠道，科威特耗用的淡水几乎全部取用海水。人类研究海水淡化技术已有100多年历史，并创造了20多种淡化技术和方法，如蒸馏法、反渗透法、电渗析法等。

二、矿产资源的开发利用

随着人类社会不断地向前发展，世界矿产资源消耗急剧增加，其中消耗最大的是能源矿物和金属矿物。由于矿产资源是不可更新的自然资源，其大量消耗必然会使人类面临资源逐渐减少以至枯竭的威胁，同时也带来一系列的环境污染问题，因此，人们必须倍加珍惜、合理配置及高效益地开发利用矿产资源。

（一）矿产资源

“矿产”是指由地质作用所形成的贮存于地表或地壳中的能为国民经济发展所利用的矿物资源。一般将矿产资源视为不可更新资源，可分为矿物燃料资源、金属矿物和非金属矿物。非金属矿物包括的种类十分广泛，最大量的一类是岩石、砂砾石、石膏和黏土类矿物，多作为建筑材料，资源较丰富。非金属矿物还包括含有氮、磷、钾三种元素的肥料矿物，对发展农业生产极为重要；金属矿物包括黑色金属及有色金属、稀土金属等。目前，世界上已知的矿物多达2500余种，可利用的仅约150余种，有广泛利用价值的仅80余种，占世界人口30%的发达国家消耗掉的各种矿物约占世界总消耗量的90%。

（二）中国矿产资源利用概况

中国在已探明储量的矿产中，钨、锑、稀土、锌、重晶石、煤、锡、汞、钼、石棉、菱镁矿、石膏、石墨、滑石、铅等矿产的储量在世界上居前列，占有重要地位；另外，如铂、铬、金刚石和钾盐等矿的储量很少，远不能满足国内的需要。

1. 矿产资源总量多，但人均占有量较少

中国已发现的矿产资源种类比较齐全，配套程度高，总量较丰富，居世界前列，但人均占有量不足世界平均水平的1/2，居世界第80位。我国矿产资源有丰有缺，储量充足的多半用量不大，大宗急需矿产又多半储量不足。我国大宗贫矿多、富矿少，现虽发现不少富矿，但对经济建设有重要作用的铁、锰、铝和铜等矿产资源以贫矿居多。另外，我国矿产资源分布不均衡，一些重要矿产的分布具有明显的地区差异。

2. 矿产资源需求量大

21世纪初，我国处于矿产资源消耗量增长最快的时期，工业、人口的增长对矿产资源的需求量大。我国目前每年矿石采掘量已达50亿吨，年人均约5t，我国承受着严重的矿产资源的需求压力。

3. 矿产资源浪费严重

一些地区乱采乱挖，采富矿弃贫矿现象严重，不断流失大量矿产资源，使许多矿山的开采寿命急剧缩短。其次，矿产采掘回收率普遍低，最终利用率更低。我国铁矿采选业回收率为65%～69%，铁矿资源总利用率仅为36.7%，有色金属矿产资源只有25%左右，非金属矿物约为20%～60%，我国矿产资源总利用率比发达国家约低10%～20%，大量资源在开采和使用过程中被白白浪费。最后，矿产资源综合利用率低，许多共生、伴生矿产资源白白流失无法回收。

4. 环境污染严重

由于庞大的人口对矿产资源的需求压力，使我国在收入水平还相当低的阶段就形成了规模巨大的采矿业和原材料加工业，这些工业部门都是产生废气、废水和固体废物的重要污染源，这些污染物排入环境，造成了严重的污染。

（三）矿产资源的利用与保护

我国矿产资源可持续利用的总体目标是在继续合理开发利用国内矿产资源的同时，适当利用国外资源，提高资源的优化配置和合理利用资源的水平，最大限度地保证国民经济建设对矿产资源的需要，努力减少矿产资源开发所造成的环境代价，全面提高资源效益、环境效益和社会效益。具体措施如下。

1. 加强矿产资源的管理

加强对矿产资源的国家所有权的保护。我国尚无完整的矿产资源保护法规，必须在《中华人民共和国矿产资源法》的基础上健全相应的矿产资源保护的法规、条例，建立有关矿产资源的规章制度；组织制定矿产资源开发战略、资源政策和资源规划；建立集中统一领导、分级管理的矿山资源执法监督组织体系；建立健全矿产资源核算制度，有偿占有开采制度和资产化管理制度。

2. 建立和健全矿山资源开发中的环境保护措施

制定矿山环境保护法规、依法保护矿山环境，执行“谁开发谁保护、谁闭坑谁复垦、谁破坏谁治理”的原则；制定适合矿山特点的环境影响评价办法，进行矿山环境质量检测，实施矿山开发的全过程的环境管理；对当前矿山环境的情况，进行认真的调查评价，制定保护恢复计划，采取经济手段、行政手段、法律手段鼓励和监督矿产企业对矿产资源的综合利用和“三废”的资源化活动，鼓励推广和开发废弃物最小量化的和清洁生产的技术。

3. 努力开展矿产综合利用的研究

开展对采矿、选矿、冶炼等方面的科学研究。对分层贮存多种矿产的地区，研究综合开发利用的新工艺；对多组分矿物要研究对其少量有用组分进行富集的新技术，提高矿物各组分的回收率；适当引进新技术，有计划地更新矿山设备，以尽量减少尾矿，最大限度地利用矿产资源。积极进行新矿床、新矿种、矿产新用途的探索科研工作。

4. 加强国际合作和交流

引进推广煤炭、石油、多金属和稀有金属等矿产的综合勘探和开发技术；在推进矿山“三废”资源化和矿产开采对周围环境影响的无害化方面加强国际合作，以更好地利用资源。

三、海洋资源的开发利用

总面积为 $3.6\times10^{12}\mathrm{km}^2$ 的海洋，是地球陆地面积的 2 倍多，是地球上富饶而远未开发的资源宝库，合理开发利用海洋资源，对人类经济活动有重要的意义。

（一）海洋资源

海洋资源是指来源、形成和存在方式均直接与海水或海洋有关的资源。海洋资源包括海水资源（可提取各种化学元素和制取淡水）、海洋生物资源（鱼类、药用植物、经济藻类等）、海底矿产资源（石油、天然气等）、海洋能源（潮汐能、波浪能等）、海洋空间资源（可建海地居所、仓库等）、海运资源、海洋自净能力、海洋旅游资源等。辽阔的海洋是人类最巨大的聚宝盆。地球上生物生产力每年约为 1590 亿吨，其中 25%来自海洋，海洋每年向人们提供 1 亿吨鱼和贝类，具有为人类提供食物的作用。海洋中埋藏着丰富的矿产资源。地球上 1/3 的石油埋藏于海洋下。遍布于深海底的锰结核，据估计仅太平洋底就有数千亿吨，它所含的锰金属，按目前每年 180 万吨的消耗水平，足够供应 14 万年。此外，溶解于海水中的多种化学元素和它们的化合物是一项巨大的化学资源。

（二）中国海洋资源利用概况

中国海洋资源的开发与管理基本上是根据海洋自然资源属性形成开发产业，现已形成的海洋资源开发利用行业主要有海洋渔业、海洋水产养殖业、海洋交通运输业、海盐和盐化工业、海洋油气业、滨海旅游业、滨海砂矿以及海水直接利用等。海盐产业居世界第一；海洋捕捞、海水养殖已进入世界大国行列，1998 年海水水产品产量为 2312 万吨，超过淡水水产品产量；截止1997年底，中国已与18个国家和地区的67家石油公司签订了130多项合作勘探开发海洋石油的合同，海上已有20个油气田建成投产；到1996底，中国沿海已有深水泊位160多个，货物吞吐量达8亿多吨，客运量达7亿人次，集装箱运力居世界第4位，海运事业已跻身于世界十大海运国之列；海滨城市气候宜人，景观秀丽，有丰富的旅游资源，到1996年底，据沿海48个主要城市统计，旅游外汇收入达43.3亿美元。此外，海洋能资源的开发也取得了明显的成果。据估计中国的海洋能源的理论储量为4.5亿千瓦，已经查明潮汐能储量为1.1亿千瓦，年发电量可达2750亿千瓦·时。

（三）海洋资源的利用与保护

海洋资源是地球上富饶而远未开发的宝贵资源，必须充分利用与保护，主要措施如下。

1. 健全环境法制，强化环境管理

1982年8月，我国颁布了《中华人民共和国海洋环境保护法》，使得海洋环境管理有法可依。但是我国海洋环境保护法规体系尚不完善，相关法规的匹配尚存在缺陷；沿海地区环保部门海洋管理机构不健全，其他海洋管理部门的管理队伍与法律赋予的职责不相称；此外，管理不力、有法不依、执法不严的问题也比较突出。因此，亟待健全海洋环境法制，强化海洋环境管理。

2. 强化海洋环境质量监控

（1）加强海洋环境监督管理　环境监督管理是环境保护部门的基本职能。其内容包括对经济活动、生活活动引起的海洋污染监督和对沿海地区及海上的开发建设等对海洋生态系统造成不良影响或破坏的监督两个方面。海洋环境监督管理的重点主要有以下几个方面：①沿海工业布局的监督；②新污染源的控制与监督；③老污染源的控制监督。监督污染源达标排放，并结合技术改造选择无废、少废工艺及设备，达到海洋环境功能区污染总量控制的要求；④对危险废物及有毒化学品的处理、使用、运输进行严格监督；⑤对海洋生物多样性保护进行监督；⑥对海洋资源开发利用与保护进行监督。

（2）进一步加强海洋环境监视及监测　这是进行海洋环境质量监控、防止污染事故的重要管理措施，已列入环境保护的重要领域。

3. 加强海洋自然保护区管理

中国海域跨温带、亚热带和热带3个温度带，沿岸有1500多条大、中河流入海，形成海岸滩涂生态系统、河口湾生态系统、海岸湿地生态系统、红树林生态系统、珊瑚礁生态系统、海岛生态系统等6大生态系统，且具有闻名于世的海洋珍稀动物。现有海洋自然保护区数量与面积不能适应保护生物多样性的要求，而自然保护区的管理更需加强。

四、土地资源的开发利用

土地是地球陆地的表层，是农业的基本生产资料，是工业生产和城市活动的主要场所，也是人类生活和生产的物质基础，是极其宝贵的自然资源，是人类赖以生存和发展的物质基础和环境条件。

（一）土地资源

广义的土地概念，是指地球表面陆地和陆内水域，不包括海洋。它是由地质、水文、地貌、气候、土壤、岩石、动植物等要素组成的自然历史综合体。狭义的土地概念，是指地球表面陆地部分，不包括水域，它有土壤、岩石及其风化碎屑堆积组成。土地资源是指地球表层土地中现在和可预见的将来能在一定条件下产生经济价值的部分。从发展的观点看，一切难以利用的土地，随着科学技术的发展，将会陆续得到利用，在这个意义上，土地资源与土地是同义语。

土地资源的基本特性是明显的地域性、不可代替和面积有限。土地资源占据着一定的空间，存在于一定的地域，并与其特定的周围环境相互联系，具有明显的地域性；土地资源作为人类生产、生活的物质基础，基本生产资源和环境条件，其基本用途和功能不能用其他任何自然资源来代替；地球在形成和发展过程中，决定了现代全世界的土地面积。一般来说，土地资源的总量是有限不变的。

（二）中国土地资源利用概况

1. 中国土地资源概况及特点

中国土地辽阔，总面积约 960 万平方公里。其特点主要有以下几个方面。

（1）土地类型复杂多样　从地形高度看，从平均海拔 50m 以下的东部平原，到海拔 4000m 以上的西部高原，形成平原、盆地、丘陵、山地等错综复杂的地貌类型，土地总面积为 $9.6\times10^8hm^2$，其中高原占 26％，山地占 33.33％，丘陵占 9.9％，盆地占 18.75％，平原占 11.98％；从水热条件看，南北距离长达 5500km，跨越 49 个纬度，经历了从热带、亚热带到温带的热量变化。东西距离长达 5200km，跨越了 62 个经度，经历了从湿润、半湿润、半干旱的干湿度变化。在这广阔的范围内，不同的水热条件和复杂的地质、地貌条件，形成了复杂多样的土地类型。

（2）土地资源总量大，人均占有量小　中国土地总面积占世界土地总面积的 6.5％，占亚洲大陆面积的 22％，仅次于前苏联、加拿大，居世界第三位。但中国人口众多，人均占有的土地资源数量很少。根据联合国粮农组织的资料，中国人均占有土地只有 $1.01hm^2$，仅为世界平均数的 1/3，人均占有耕地面积只有 $0.088hm^2$，仅为世界平均数的 1/4。

（3）山地多，平原少，耕地比重小　中国是一个多山国家，山地、高原和丘陵的面积占土地总面积的 69.27％，平原、盆地约占土地总面积的 30.73％；耕地总面积仅占土地总面积的 14.5％，与世界上领土较大的国家如加拿大、美国、澳大利亚和巴西等相比，中国山地总面积比重最大。

（4）农用土地比重小，分布不平衡　中国土地面积大，但可以被农林牧副各业和城乡建设利用的土地仅占土地总面积的 70％，约 627 万平方公里，且分布极不平衡，90％以上的农业用地分布在中国东部和东南部地区。据国土资源部、国家统计局 1999 年公布的数字统计，在可被农业利用的土地中，耕地 $1.3\times10^8hm^2$，占土地总面积的 14％；林地 $1.67\times10^8hm^2$，占 17％；天然草地 $2.8\times10^8hm^2$，占 29％；淡水水面约 $0.18\times10^8hm^2$，占 2％；建设用地 $0.27\times10^8hm^2$，占 3％。

（5）土地后备资源潜力不大　中国农业历史发展悠久，较好的土地后备资源已为数不多。据统计，今后可供进一步作为农林牧用的土地共约 $1.25\times10^8hm^2$，其中可开发为农地和人工牧草地的仅 $0.33\times10^8hm^2$ 左右。而质量好的和中等的只占其总量的 30％，约 $0.1\times10^8hm^2$ 左右。

2. 土地利用概况

中国用占世界 7％的耕地，解决了占世界 25％的人口的吃饭问题，基本上满足了人民生活需要。在土地资源的开发利用、保护和治理方面都积累了丰富的经验，新中国成立以来，在建设基本农田、兴修水利、改良土壤、植树造林、建设草原和设置自然保护区等方面做了大量工作。但是目前农林牧地的生产力不高，粮食单产仅达世界平均水平，每公顷草原牛羊肉、奶、皮毛产量仅为澳大利亚的30%左右；林地、水面和建设用地利用率也不高，提高土地生产力和利用率还有很大潜力。

（三）土地资源的利用与保护

中国土地资源开发利用过程中存在的主要问题有土地利用布局不合理、耕地不断减少、土壤肥力下降、土壤污染严重、沙漠化、盐碱化加剧和水土流失严重等。当前，急需制定保护土地资源的政策法规，强化土地资源管理，制定并实施生态建设规划和土壤污染综合防治规划。

1. 健全法制，强化土地管理

1998年8月29日，我国颁布了《中华人民共和国土地管理法》，采取了世界上最严格的措施加强土地管理，保护耕地资源。根据土地法明确规定国家实行土地用途管理制度、国家实行占用耕地补偿制度、国家实行基本农田保护制度，采取有力措施，保护土地资源。

2. 防止和控制土地资源的生态破坏

（1）制定并实施生态建设规划　1999年1月国务院常务委员会讨论通过了《全国生态建设规划》，全国生态建设规划对防止和控制土地资源的生态破坏提出了明确的目标：从现在起到2010年，坚决控制住人为因素产生新的水土流失，努力遏制荒漠化的发展。

（2）积极治理已退化的土地　治理水土流失的原则是实行预防与治理相结合，以预防为主。治坡与治沟相结合，以治坡为主。生物措施与工程措施相结合，以生物措施为主。因地制宜，综合治理；土地沙化的防治关键是严禁滥垦草原，加强草场建设，控制载畜量。禁止过度放牧，以保护草场和其他植被。沙区林业要用于防风固沙、禁止采樵；对土壤次生盐渍化的治理可分别采用水利改良、生物和化学改良措施。

3. 综合防治土壤污染

（1）强化土壤环境管理　制定土壤环境质量标准，进行土壤环境容量分析，对污染土壤的主要污染物进行总量控制；控制和消除土壤污染源主要是控制灌溉用水及控制农药、化肥污染。

（2）农田中废塑料制品污染的防治　从价格和经营体制上优化和改善对废塑料制品的回收与管理，并建立生产粒状再生塑料的加工厂，有利于废塑料的循环利用，研制可控光解和热分解等农膜新品种，以代替现用高压农膜，减轻农用残留负担；尽量使用相对分子质量小，生物毒性低，相对易降解的塑料增塑剂。

（3）积极防治土壤重金属污染　目前防治重金属污染、改良土壤的重点是在揭示重金属土壤环境行为规律的基础上以多种措施限制和削弱其在土壤的活性和生物毒性，或者利用一些作物对某些金属元素的抗逆性，有条件地改变作物种植结构以避其害。行之有效的治理措施包括客土排土法、化学改良法、合理调用措施和生物改良措施。

五、森林资源的开发利用

森林是人类最宝贵的资源之一，发达国家林业已成为国家富足、民族繁荣、社会文明的标志。保护和利用森林资源已成为举世关注的一大问题。

（一）森林的功能

森林在自然界中的作用越来越受到人们的关注。它不仅为人类提供大量林木资源，而且还具有保护环境、调节气候、防风固沙、保持水土、涵养水源、净化大气、吸收二氧化碳、美化环境及生态旅游等功能。

1. 森林的环境保护功能

森林具有良好的防风固沙功能，在风沙严重的地区，天然林或农田防护林可减低风速，稳定流沙，从而保护农田，改善气候。森林是一个庞大的大气净化器，是天然的制氧机，据测定，$1hm^2$ 阔叶林每天可吸收 1t 二氧化碳，放出 730kg 氧气，可供 1000 人正常呼吸之用。而且，森林还有过滤降尘、杀死病菌、减弱噪声等功能。工矿和交通车辆不断向大气排出大量有毒有害气体和粉尘，通过森林的吸收、阻滞和过滤，可以净化空气，例如每公顷云杉林可吸滞粉尘 10.5t。另外，森林还分泌杀菌素，杀死某些有害微生物。森林还有很好的消音和隔音作用，如营造 40m 宽的林带，能使噪音降低 10～15dB。此外，森林还会使环境优美，成为娱乐和有益于健康的旅游场所。

2. 森林的调节气候功能

森林对大气水的循环有重要作用，以热带雨林为例，每亩热带雨林每年蒸腾 500 多吨水，大量水蒸气进入大气形成降水，一般在这些地区大约¼～⅓的降水来自蒸腾作用。地区性的森林大面积消长对该地区气候影响很大。中国四川西昌地区，以前是荒土秃岭，从 1958 年起，进行大面积云南松飞机播种，现已绿化 100 多万亩（15 亩＝1 公顷），从而使该地区气候明显变化，逐渐由干热地区向湿润地区转化。

3. 森林的涵养水源功能

从水文资料分析证明，森林破坏后河川的洪枯变幅增大。以中国四川大邑县斜江河为例，1957 年前，上游森林茂密，洪峰期最大流量为 $295m^3/s$，枯水期最小流量为 $0.83m^3/s$，1958 年后森林被破坏，1979 年洪峰期最大流量为 $763m^3/s$，枯水期最小流量为 $0.25m^3/s$。由此可见，森林遭破坏后，汛期洪峰增大，枯水期水量减少，加重旱灾。

4. 森林的保持水土功能

河川泥沙的增减与森林的消长有极大的关系。据中国嘉陵江域西河水文站的资料记载：西河流域 20 世纪 50 年代中期，森林茂密，森林覆盖率达 35%，年平均输沙量为 14.2 万吨，1958～1969 年期间，由于乱砍滥伐，森林覆盖率急剧减少，输沙量猛增至 400 万吨。70 年代后，由于注意了植树造林和制止了乱砍滥伐，森林覆盖率恢复到 15%，输沙量减至 99.9 万吨。

5. 森林的保护物种多样性功能

森林是世界上最富有的生物区，它孕育着多种多样的生物物种，它保存着世界上珍稀特有的野生动植物。森林作为大量的多样性物种的保存地，成为人类的基因库资源，森林的破坏将使地球物种的多样性受到威胁。森林的锐减已使全球物种减少的速度增加，因此，保护森林也就为保护全球物种的多样性做出贡献。

（二）中国森林资源利用概况

1. 森林资源不足，覆盖率低，人均占有量更低

世界森林覆盖率平均为 31.2%，而我国只有 12.98%，森林面积世界为人均 $0.8\ hm^2$，而我国只有 $0.11hm^2$；森林储量世界为人均 $65m^3$，而我国只有 $9.37m^3$。

2. 森林资源分布不均，可及率低

中国森林资源主要集中于较为偏远的东北和西南地区。东北的黑龙江和吉林及西南的四川、云南和西藏东部，土地总面积仅占全国总面积的 1/5，森林面积却占将近全国的 1/2，森林蓄积量占全国的 3/4。而西北的甘肃、宁夏、青海、新疆和西藏的中西部，内蒙古的中西部地区占全国总面积的 1/2 以上，森林面积不足 400 万公顷，森林覆盖率在 1%以下。由于森林

分布的不均匀，加剧了因森林资源匮乏所造成的矛盾。此外，中国森林可及率低，不到33%，而一般林业发达的国家森林可及率在80%以上，造成中国成熟林和过熟林枯损率高。

（三）森林资源的利用与保护

1. 健全法制，依法保护森林资源

按照1998年4月修正并通过的《中华人民共和国森林法》的规定，国家对森林资源实行以下保护性措施：对森林实行限额采伐，鼓励植树造林，封山育林，扩大森林覆盖面积；根据国家和地方人民政府有关规定，对集体和个人造林、育林给予经济扶持或长期贷款；提倡木材综合利用和节约使用木材，鼓励开发、利用木材代用品；征收育林费，专用于造林育林；煤炭、造纸等部门，按照煤炭和木浆纸张等产品的质量提取一定数量的资金，专用于营造坑木、造纸等用材林；建立林业基金制度。

2. 实施生态建设规划，坚持不懈地植树造林

《全国生态建设规划》提出了中期目标是2011～2030年，新增森林面积4600万公顷，全国森林覆盖率达到24%以上；远期目标是2031～2050年，宜林地全部绿化，林种、树种结构合理，全国森林覆盖率达到并稳定在26%以上。为达到上述奋斗目标需采取下列措施。

（1）强化对森林的资源意识和生态意识　要充分发挥森林多种功能、多种效益，经营管理好现有森林资源；同时，大力保护、更新、再生、增殖和积累森林资源。

（2）大力培育森林资源，实施重点生态工程　建立五大防护林体系和四大林业基地，即：三北防护林体系，长江中上游防护林体系，沿海防护林体系，太行山绿化工程，平原绿化工程；以及用材和防护林基地，南方速生丰产林基地，特种经济林基地，果树生产基地。

（3）制定各种造林和开发计划　提高公众绿化意识，提倡全民搞绿化；坚持适地造林，重视营造混交林，采取人工造林、飞播造林、封山育林和四旁植树等多种方式造林绿化。在农村地区，继续深化“四荒”承包改革，鼓励在无法农用的荒土、荒沟、荒丘、荒滩植树造林，稳定和完善有关鼓励政策。

（4）开展国际合作　吸收国外森林资源资产化管理经验，以及市场经济条件下的森林资源的监督管理模式；争取示范工程和培训基地的国外技术援助。

六、草原资源的开发利用

（一）草原资源

草原是以旱生多年生草本植物为主的植物群落。草原是半干旱地区把太阳能转换为生物能的巨大绿色能源库，也是丰富宝贵的生物基因库。它适应性强，覆盖面积大，更新速度快，具有调节气候、保持水土、涵养水源、防风固沙的功能，具有重要的生态学意义。草地是一种可更新、能增殖的自然资源，它是畜牧业发展的基础，并伴有丰富的野生动植物、名贵药材、土特产品，具有重要的经济价值。

（二）中国草原资源利用概况

至1997年年底，中国可利用草地面积3.9亿公顷，占国土总面积40%，仅次于澳大利亚，但人均占有量仅0.367 hm^2，为世界人均值的1/2。按照地区大致可分为东北草原区、蒙、宁、甘草地区、新疆草地区、青藏草地区和南方的草山五个区。

中国草地资源的分布和利用开发，具有以下特点：面积大、分布广和类型多样，是节粮型畜牧业资源，一些草地地区还适宜综合开发和多种经营；大部分牧区草原和草山草地都居住着少数民族，其中相当一部分是老区和贫困山区；草原和草地大多是黄河、长江、淮河等

水系的源头和中上游区，具有生态屏障的功能；目前草地资源平均利用面积小于50%，在牧业草原中约有2700万公顷缺水草原和夏季牧业未合理利用。

（三）草原资源的利用与保护

根据《全面草地生态环境建设规划》，草原资源的利用和保护具体措施如下。

1. 加强草原建设，治理退化草场

从世界各国畜牧业发展现状来看，建设人工草场是生产发展的必然趋势。世界上许多畜牧业发达国家人工草场所占的比例都较高，例如荷兰为80%，新西兰为60%，英国为56%。中国牧区人工草地也有所发展，今后要进一步实行国家、集体和个人相结合，大力建设人工和半人工草场，发展围栏草场，推广草仓库，积极改良退化草场。

2. 加强畜牧业的科学管理，合理放牧，控制过牧

要合理控制牧畜头数，调整畜群结构，实行以草定畜，禁止草场超载过牧。建立两季或三季为主的季节营地。保护优良品种，如新疆细毛羊、伊犁马、滩羊、库东羔皮羊等，促使其繁衍，要加速品种改良和推广新品种。

3. 开展草原资源的科学研究

实行“科技兴草”，发展草业科学，加强草业生态研究，引种驯化，筛选培育优良牧草，加强牧草病虫鼠害防治技术的研究，建立草原生态监测网，为草原建设和管理提供科学依据。

4. 开展草原资源可持续利用的工程建设

一是加强自然保护区建设，如新疆的天山山地森林草原、内蒙古的呼伦贝尔草甸草原、湖北神农架大九湖草甸草场、安徽黄山低中小灌木草丛草场等；二是开展草原退化治理工程建设，如新疆北部和南疆部分地区、河西走廊、青海环湖地区、山西太行山、吕梁山等地区；三是建设一批草地资源综合开发的示范工程，如华北、西北和西南草原地区的家畜温饱工程，北方草地的肉、毛、绒开发工程等。

复习思考题

1. 什么叫自然资源？它是如何分类的？
2. 自然资源的属性有哪些？
3. 简述世界资源现状及特点。
4. 简述我国资源现状及特点。
5. 什么叫能源？它是如何分类的？
6. 能源利用对环境有何影响？
7. 目前有哪些新型清洁能源可以开发利用？
8. 我国水资源利用状况如何？有何措施？
9. 我国矿产资源利用状况如何？有何措施？
10. 我国海洋资源利用状况如何？有何措施？
11. 我国土地资源利用状况如何？有何措施？
12. 我国森林资源利用状况如何？有何措施？
13. 森林资源有哪些主要功能？
14. 我国草原资源利用状况如何？有何措施？

【阅读材料】

西气东输工程

中国西部地区天然气资源比较丰富，约占全国天然气总资源的60%。而东部地区特别是长江三角洲地区经济比较发达，但能源紧缺、大气污染严重，急需清洁能源，是西部天然气比较现实的消费市场。2000年2月，国务院决定启动西气东输工程。

西气东输工程主干线管道全长4100km。管道主干线首站起自新疆塔里木轮南，经库尔勒、武威、甘塘、中卫、靖边、吴堡、长治、郑州、淮南、南京、无锡、苏州到达上海市。输气规模设计为商品气120亿立方米；总投资1460亿元，其中管道工程投资456亿元。

实施西气东输工程有利于促进中国能源结构和产业结构调整，带动东、西部地区共同发展，改善长江三角洲及沿线地区人民生活质量，减少污染物的排放量。

中国水资源可持续发展战略措施

由中国工程院组织，43位院士和近300位专家参与的“21世纪中国可持续发展水资源战略研究”报告会提出，要实现中国水资源的可持续发展必须实施八大战略性转变。

① 防洪减灾　从无序、无节制地与洪水争地转变为有序、可持续地与洪水协调共处的战略，从以建设防洪工程体系为主的战略转变为在防洪工程体系基础上，建成全面的防洪减灾工作体系。

② 农业用水　从传统的粗放型灌溉农业和旱地雨养农业转变为以建设节水高效的现代灌溉农业和现代旱地农业为目标的农业用水战略。

③ 城市和工业用水　从不重视节水、治污和开发传统水资源转变为节流优先、治污为本、多渠道开源的城市水资源可持续利用战略。

④ 防污减灾　从末端治理为主转变为源头控制为主的综合治污战略。

⑤ 生态环境建设　从不重视生产环境用水转变为保证生态环境用水的资源配置战略。

⑥ 水资源的供需平衡　从单纯以需定供转变为在加强需水管理基础上的水资源供需平衡战略。

⑦ 北方水资源问题　从以超采地下水和利用未经处理的污水维持经济增长转变为在大力节水和合理利用当地水资源的基础上，采取南水北调的战略措施，保证北方地区社会经济的持续增长。

⑧ 西北地区水资源问题　从缺乏生态环境意识的低水平开发转变为与生态环境建设相协调的水资源开发利用战略。

水业商机有几多

美国《财富》杂志曾载文指出，水业管理孕育着全球最大的商机之一：现在每年人们生活用水和企业生产供水需要4000亿美元，相当于石油工业的40%，超过全球制药业的1/3。据世界银行估计，目前10亿人口——占全球人口的1/6很难用上洁净水，30亿人口缺乏污水处理设备。如果各国不从现在就开始投入更多的资金治理水资源，到2025年用不上洁净水的将达25亿人，占全球人口的1/3。要正确处理污水，各国需要建立估计将耗资数十亿美元的现代化管道、水泵和水处理厂的网络。

纽约一位著名的战略投资家伊丽莎白·麦凯称“水将是21世纪最大的行业”。水对人类的重要性将像石油一样，成为决定一个国家富裕程度的商品，一个国家如何对待它的水资源将决定着这个国家是继续发展还是衰落。

中国节水的潜力有多大

根据《世界发展报告》的数字，中国每立方米水产生的GDP为2.11美元，日本、德国、法国、美国分别为52.56美元、50.10美元、40.48美元、16.46美元，分别是中国的25倍、23.7倍、19.2倍、7.8倍。从这个意义上讲，中国的节水潜力还很大，现有水资源应能支持再增加几倍的产值。

中国工程院《中国可持续发展水资源的研究》项目组的一份报告称，中国的工业万元产值取用水量为156m^3，是发达国家平均水平的3～5倍，是美国、日本的8～16倍；工业重复利用率63%，仅相当于发达国家20世纪70年代的平均水平，与发达国家90%以上的水平差距更大。另外，该报告还指出，目前中国生活用水的“跑、冒、滴、漏”现象十分严重，全国每年的漏失量高达40多亿立方米。

专家们指出，中国的城市节水有着相当的空间和潜力，节水工作任重而道远。

第四章

环境保护措施

【学习目的要求】

通过对环境保护措施基本知识的学习，要求掌握环境管理、环境法规、环境影响评价、环境标准和环境监测的定义、任务、原则和程序；了解中国环境教育和环境科技的现状及发展方向。能掌握各种环境保护措施的基本情况，结合当地实际提出切实可行的环境保护方案和改进措施。

第一节　环境管理与环境法规

一、环境管理

（一）环境管理的定义

狭义的环境管理主要是指控制污染行为的各种措施。例如，通过制定法律、法规和标准，实施各种有利于环境保护的方针、政策，控制各种污染物的排放。广义的环境管理是指按照经济规律和生态规律，运用经济、法律、技术、行政、教育等手段，限制人类损害环境质量的行为，通过全面规划使经济发展与环境相协调，达到既要发展经济满足人类的基本需求又不超出环境的允许极限。狭义和广义的环境管理，在处理环境问题的角度和应用范围等方面有所不同，但它们都是协调社会经济与环境的关系，最终实现可持续发展。

（二）环境管理的内容

1. 从环境管理的范围来划分

（1）资源环境管理　主要是自然资源的保护，包括可更新资源的恢复和扩大再生产和不可更新资源的合理利用。为此，要选择最佳方法使用资源，尽力采用对环境危害最小的发展技术，同时根据自然资源、社会和经济的具体情况，建立资源管理的指标体系、规划目标、标准、体制、政策法规和机构等。

（2）区域环境管理　区域环境管理主要是协调区域社会经济发展目标与环境目标，进行环境影响预测，制定区域环境规划，进行环境质量管理与技术管理，按阶段实现环境目标。包括省、市、自治区以及整个国土的环境管理，也包括水域、工业开发区、经济协作区等的环境管理。

（3）部门环境管理　部门环境管理包括能源环境管理、工业环境管理、农业环境管理、交通运输环境管理、商业和医疗等部门的环境管理以及企业环境管理。

2. 从环境管理的性质来划分

(1) 环境计划管理　环境计划管理是通过计划协调发展与环境的关系，对环境保护加强计划指导是环境管理的重要组成部分。环境计划管理首先是制定好环境规划，使环境规划成为整个经济发展规划的必要组成部分，用规划内容指导环境保护工作，并在实践中根据实际情况不断调整和完善规划。

(2) 环境质量管理　环境质量管理是为了保护人类生存与健康所必需的环境质量而进行的各项管理工作。主要是指组织制定各种环境质量标准，各类污染物排放标准和监督检查工作。组织调查、监测和评价环境质量的状况以及报告和预测环境质量情况和变化趋势。

(3) 环境技术管理　环境技术管理主要是制定防治环境污染的技术标准、技术规范、技术路线和技术政策，确定环境科学技术发展方向，组织环境保护的技术咨询和情报服务，组织国内和国际的环境科学技术协调和交流，并对技术发展方向、技术路线、生产工艺和污染防治技术进行环境经济评价，以协调技术经济发展与环境保护的关系，使科学技术的发展既能促进经济不断发展又能保证环境质量不断得到改善。

“十三五”期间，主要从以下几个方面加强环境管理。

加快推进排污许可证制度。出台排污许可证发放管理办法，解决哪些排污单位需要强制申领排污许可证、什么时候发、环保部门依据什么发放、该如何发放等问题。将环保“三同时”验收、总量控制、排污权有偿使用和交易、排污申报、排污收费、执法监管等各项环境管理活动都纳入排污许可证管理，衔接环保各项行政许可，通过一个窗口对外服务，强化“一证式”管理。

对污染源管理，强化重点污染源管控。以县市区为控制单元，按照区域 90% 主要污染物排放总量来划分筛选、确定重点排污单位，并发放 A 类排污许可证（将非法排污企业列入“黑名单”）。对重点排污单位要实行有偿排污、在线监测、刷卡排污、月度监察等全过程、“一证式”规范管理。对其余的排污企业，发放 B 类排污许可证，实行达标管理。即只规定其排放量限值，实行企业申报领证、稽查管理。

减少地方干预，理清事权，把环境治理任务交还地方政府。“十三五”期间要实行省以下环保机构监测监察执法垂直管理，这一改革能够有效减少地方政府对环保工作的干预，加强环境监管。

(三) 环境管理的基本职能

环境管理的基本职能概括起来包括宏观指导、统筹规划、组织协调、监督检查和提供服务。

环境管理部门的宏观指导职能主要是政策指导、目标指导和计划指导。统筹规划的职能主要包括环境保护战略的制定、环境预测、环境保护综合规划和专项规划。组织协调包括环境保护法规方面的组织协调、环境保护政策方面的协调、环境保护规划方面的协调和环境科研方面的协调。监督检查的内容包括环境保护法律法规执行情况的监督检查、环境保护规划落实情况的检查、环境标准执行情况的监督检查和环境管理制度执行情况的监督检查，其方式包括联合监督检查、专项监督检查、日常的现场监督检查和环境监测。提供服务的内容包括技术服务、信息咨询服务和市场服务。

(四) 环境管理制度

自第三次全国环境保护会议以来，环境管理的“八项制度”成为我国环境管理体系的主体结构，发挥着重要作用。

1. 环境影响评价制度

指在进行建设活动之前，对建设项目的选址、设计和建成投产使用后，可能对周围环境产生的不良影响进行调查、预测和评定，提出防治措施，并按照法定程序进行报批的法律制度。

2. “三同时”制度

指建设项目中的环境保护设施必须与主体工程同时设计、同时施工、同时投产使用的制度。

3. 征收排污费制度

又称排污收费制度，指国家环境管理机关依据法律规定对排污者征收一定费用的一整套管理措施。

4. 城市环境综合整治定量考核制度

对环境综合整治的成效、城市环境质量制定量化指标进行考核，评定城市各项环境建设与环境管理的总体水平。

5. 环境保护目标责任制度

以签订责任书的形式，具体规定省长、市长、县长在任期内的环境目标和任务，并作为政绩考核内容之一，根据完成的情况给予奖惩。

6. 排污申报登记和排污许可证制度

排污申报登记制度指排放污染物的企、事业单位向环境保护主管部门申请登记的环境管理制度。排污许可证制度指向环境排放污染物的单位或个人，必须依法向有关管理机关提出申请，经审查批准发给许可证后，方可排放污染物的管理措施。

7. 限期治理制度

对现已存在的危害环境的污染源，由法定机关作出决定，令其在一定期限内治理并达到规定要求的一整套措施。

8. 污染集中控制制度

在一个特定的范围内，依据污染防治规划，按照废水、废气、固体废物等的不同性质、种类和所处的地理位置，分别以集中治理为主，以求用尽可能小的投入获取尽可能大的环境、经济与社会效益的一种管理手段。

二、环境法规

（一）环境保护法的定义

环境保护法是为了协调人类与自然环境之间的关系，保护和改善环境资源，保护人民健康和保障社会经济的可持续发展，而由国家制定或认可并由国家强制力保证实施的调整人们在开发利用、保护改善环境资源的活动中所产生的各种社会关系的行为规范的总称。该定义主要包括以下几个方面的含义：环境保护法的目的是通过防治环境污染和生态破坏，协调人类与自然环境之间的关系，保证人类按照自然客观规律特别是生态学规律开发利用、保护改善人类赖以生存和发展的环境资源，维持生态平衡，保护人体健康和保障社会经济的可持续发展；环境保护法产生的根源是人与自然环境之间的矛盾，而不是人与人之间的矛盾，其调整对象是人们在开发利用、保护改善环境资源，防治环境污染和生态破坏的生产、生活或其他活动中所产生的环境社会关系；环境保护法是一部法律规范的总称，是以国家意志出现的、以国家强制力保证其实施的、以规定环境法律关系主体的权利和义务为任务的。

（二）环境保护法的作用

1. 环境保护法是保证环境保护工作顺利开展的法律武器

1989年颁布的《中华人民共和国环境保护法》使环境保护工作制度化、法制化，使国家机关、企事业单位、各级环保机构和每个公民都明确了各自在环境方面的职责、权利和义务。对污染和破坏环境、危害人民健康的，则依法分别追究行政责任、民事责任，情节严重的还要追究刑事责任。有了环境保护法，使环保工作有法可依，有章可循。

2. 环境保护法是推动环境保护领域中法制建设的动力

环境保护法是我国环境保护的基本法，为制定各种环境保护单行法规及地方环境保护条例等提供了直接的法律依据，促进了我国环境保护的法制建设。许多环境保护单行法律、条例、政令、标准等都是依据环境保护法的有关条文制定的。

3. 环境保护法增强了广大干部和群众的法制观念

环境保护法的颁布实施要求全国人民加强法制观念，严格执行环境保护法。一方面，各级领导要重视环境保护，对违反环境保护法，污染和破坏环境的行为，要依法办事。另一方面，广大群众应自觉履行保护环境的义务，积极参加监督各企事业单位的环境保护工作，敢于同违反环境保护法、破坏和污染环境的行为做斗争。

4. 环境保护法是维护我国环境权益的重要工具

《中华人民共和国环境保护法》第四十六条规定：“中华人民共和国缔结或者参加的与环境保护有关的国际公约，同中华人民共和国的法律有不同规定的，适用国际条约的规定，但中华人民共和国声明保留的条款除外”。《中华人民共和国海洋环境保护法》第二条第三款规定：“在中华人民共和国管辖海域以外，排放有害物质，倾倒废弃物，造成中华人民共和国管辖海域污染损害的，也适用本法”。依据我国颁布的一系列环境保护法就可以保护我国的环境权益，依法使我国领域内的环境不受来自他国的污染和破坏，这不仅维护了我国的环境权益，也维护了全球环境。

（三）中国环境保护法规体系

环境保护法规体系是指为了调整因保护和改善环境，防治污染和其他公害而产生的各种法律规范，以及由此所形成的有机联系的统一整体。中国的环境保护法经过二十多年的建设与实践，现已基本形成了一套完整的法律体系。

1. 宪法关于环境保护的规定

宪法第二十六条规定：“国家保护和改善生活环境和生态环境，防治污染和其他公害”；第九条第二款规定：“国家保障自然资源的合理利用，保护珍贵的动物和植物，禁止任何组织或者个人用任何手段侵占或者破坏自然资源”；第十条第五款规定：“一切使用土地的组织和个人必须合理利用土地”，宪法中明确规定“环境保护是我国的一项基本国策”等。宪法中的这些规定是环境立法的依据和指导原则。

2. 环境保护基本法

1979年9月13日第五届全国人大常委会第十一次会议通过了中国第一部综合性环境保护法律《中华人民共和国环境保护法（试行）》，1989年12月26日第七届人大常委会第十一次会议通过了《中华人民共和国环境保护法》。该法是中国环境保护法的主干，它规定了国家在环境保护方面总的方针、政策、原则、制度，规定环境保护的对象，确定环境管理的机构、组织、权力、职责，以及违法者应承担的法律责任。

3. 环境保护单行法律

环境保护单行法律是针对特定的污染防治领域和特定资源保护对象而制定的单项法律，是中国环境保护法的分支。目前已颁布了五项环境保护单行法、九项资源保护法以及一些条例和法规。五项环境保护单行法是《中华人民共和国大气污染防治法》《中华人民共和国水污染防治法》《中华人民共和国固体废物污染环境防治法》《中华人民共和国海洋环境保护法》《中华人民共和国环境噪声污染防治法》。九项资源保护法是《中华人民共和国森林法》《中华人民共和国草原法》《中华人民共和国煤炭法》《中华人民共和国矿产资源法》《中华人民共和国渔业法》《中华人民共和国水法》《中华人民共和国土地管理法》《中华人民共和国野生动物保护法》《中华人民共和国水土保持法》。这些法律属于防治环境污染、保护自然资源等方面的专门法规。通过这些环保法律的颁布与修订完善，有力地保障和推动了中国环保事业的发展。

4. 环境标准

环境标准是由行政机关根据立法机关的授权而制定和颁布的，旨在控制环境污染、维护生态平衡和环境质量、保护人体健康和财产安全的各种法律性技术指标和规范的总称。中国环境保护标准包括环境质量标准、污染物排放标准、环保基础标准和环保方法标准。例如环境质量标准有《环境空气质量标准》《地面水环境质量》《城市区域环境噪声标准》等，污染物排放标准有《工业“三废”排放标准》《污水综合排放标准》《锅炉烟尘排放标准》等。环境标准是中国环境法体系中的一个重要组成部分，也是环境法制管理的基础和重要依据。

5. 处理环境纠纷程序的法规

环境纠纷处理法规是为及时、公正地解决因环境问题引起的纠纷而制定的，它包括关于环境破坏、环境污染赔偿法律及环境犯罪惩治法律等，如“环境保护行政处罚办法”，“报告环境污染事故的暂行办法”等。

6. 其他相关法律

在我国行政法、民法、刑法、经济法、劳动法等部门中也有一些有关保护环境的法律规定，它们也是环境保护法体系的重要组成部分。例如，《中华人民共和国民法通则》第八十三条关于不动产相邻关系的规定；第一百二十四条规定：“违反国家保护环境防治污染的规定，污染环境造成他人损害的，应当依法承担民事责任”。又如 1997 年 10 月 1 日起施行的修订后的《中华人民共和国刑法》增加了“破坏环境资源保护罪”一节，该节共九条，分别对危险废物管理、森林破坏、水生生物保护、濒危物种保护、名胜古迹保护、惩治玩忽职守、防止重大责任事故等方面都做了刑事处罚规定。

7. 地方环境保护法规

这是由各省、自治区、直辖市根据国家环保法规和地区的实际情况制定的综合性或单行环境法规，是对国家环境保护法律、法规的补充和完善，是以解决本地区某一特定的环境问题为目标的，具有较强的针对性和可操作性。例如《吉林省环境保护条例》《北京市文物保护管理办法》《内蒙古自治区草原管理条例》《杭州西湖水域保护条例》等。

8. 中国参加的国际公约、国际条约

凡是我国已参加的国际环境保护公约及与外国缔结的关于环境保护的条约，均是我国环境保护法体系的有机组成部分。至今中国已缔结或参加了 30 多个环境保护方面的国际条约，主要有“保护臭氧层维也纳公约”、“保护世界文化和自然遗产公约”、“关于消耗臭氧层物质的蒙特利尔议定书”、“控制危险废物越境转移及其处置的巴塞尔公约”、“生物多样性公约”、

"中日保护鸟类及其栖息地环境协定"、"中美环境保护科学技术合作议定书"等。

第二节　环境影响评价

一、环境影响评价概述

（一）环境影响评价的定义

环境影响评价一般是指对建设项目、区域开发计划实施后可能给环境带来的影响进行预测和评价。更广泛的含义是指人类进行某项重大活动之前，采用评价方法预测该项活动可能给环境带来的影响，并制订出减轻对环境不利影响的措施，从而为社会经济与环境保护同步协调发展提供有力保证。根据目前人类活动的类型及对环境的影响程度，环境影响评价可分为单项建设工程的环境影响评价、区域开发的环境影响评价和公共政策的环境影响评价。单项建设工程的环境影响评价是环境影响评价体系的基础，主要对工程的选址、生产规模、产品方案、生产工艺、工程对环境和社会的影响进行评估，提出减少和防范这种影响的措施，对工程的可行性有明确结论；区域开发的环境影响评价指的是对区域内拟议的所有开发建设行为进行的环境影响评价。评价的重点是论证区域的选址、开发规划、总体规模是否合理，同时也重视区域内的建设项目的布局、结构、性质、规模，并对区域的排污量进行总量控制，为使区域的开发建设对周围环境的影响控制在最低水平，提出相应的减轻影响的具体措施；公共政策的环境影响评价主要指对国家权力机构发布的政策进行影响评价，着眼于全国的、长期的环境保护战略，考虑的是一项政策、一个规划可能造成的影响。这类评价所采用的方法多是定性和半定量的预测方法和各种综合判断、分析的方法，是为最高层次的开发建设决策服务的。

（二）环境影响评价的原则

1. 科学性原则

是指在环境影响评价工作中必须客观地、实事求是地认识开发活动对环境的影响及其环境对策。在开发决策时，经常会出现只顾经济利益而忽略环境效益的倾向，这时必须坚持从国家的长远利益出发，公平地给出结论。要使环境影响评价工作真正推广和坚持下去，必须使之在决策中真正发挥作用。而环境影响评价工作真正发挥作用的前提就是它的科学性，即环境影响预测和决策分析的可靠性程度。

2. 综合性原则

是指在环境影响评价工作中，不仅要注意开发活动对单个环境要素和过程的影响，而且要注意对各要素和过程间相互联系和作用的影响，注意环境对策的后果及环境影响的社会经济后果。环境是一个整体，各环境要素和过程之间存在密切联系和作用，只有从环境是一个整体的观点进行综合分析研究才能解决环境问题。

3. 实用性原则

是指必须按开发决策的要求确定环境影响评价工作的内容、深度，力求工作内容精练，所需资金较少，工作周期较短，从而在开发决策中及时发挥环境影响评价工作的作用。环境影响评价工作是一项综合性很强的工作。人们工作的主要力量应集中在着重研究那些受开发活动影响的要素和过程方面，着重研究它们受开发活动影响后的变化、过程和后果，这样才能适应开发决策的需要。

（三）环境影响评价的内容

中国环境影响评价的主要内容包括以下几个方面。

（1）总则　包括编制环境影响报告书的目的、依据、采用标准以及控制污染与保护环境的主要目标。

（2）建设项目概况　包括建设项目的名称、地点、性质、规模、产品方案、生产方法、土地利用情况及发展规划。

（3）工程分析　包括主要原料、燃料及水的消耗量分析；工艺过程、排污过程；污染物的回收利用、综合利用和处理处置方案；工程分析的结论性意见。

（4）建设项目周围地区的环境现状　包括地形、地貌、地质、土壤、大气、地面水、地下水、矿藏、森林、植物、农作物等情况。

（5）环境影响预测　包括预测环境影响的时段、范围、内容以及对预测结果的表达及其说明和解释。

（6）评价建设项目的环境影响　包括建设项目环境影响的特征、范围、大小程度和途径。

（7）环境保护措施的评述及技术经济论证，提出各项措施的投资估算。

（8）环境影响经济损益分析。

（9）环境监测制度及环境管理、环境规划的建议。

（10）环境影响评价结论。

（四）环境影响评价的方法

1. 定性分析方法

定性分析方法是环境影响评价工作中广泛应用的方法，这种方法主要用于不能得到定量结果的情况。该法优点是相对简单，可用于无法进行定量预测和分析的情况，只要运用得当，其结果也有相当的可靠性。但该法不能给出较精确的预测和分析结果，其结果的可靠性程度直接取决于使用者的主观因素，使其应用受到较大限制。

2. 数学模型方法

数学模型方法是把环境要素或过程的规律用不同的数学形式表示出来，得到反映这些规律的不同数学模型，由此就可得到所研究的要素和过程中各有关因素之间的定量关系。该法优点是可得到定量的结果，有利于对策分析的进行。但数学模型方法只能用于那些规律研究比较深入，有可能建立各影响因素之间定量关系的那些要素和过程。

3. 系统模型方法

环境系统模型就是在客观存在的环境系统的基础上，把所研究的各环境要素或过程以及它们之间的相互联系和作用，用图像或数学关系式表示出来。该法优点是可给出定量的结果，能反映环境影响的动态过程。但建立系统模型是费时长、花钱多的工作。

4. 综合评价方法

综合评价是指对开发活动给各要素和过程造成的影响做一个总的估计和比较，勾画出了开发活动对环境影响的整体轮廓和关系。综合评价方法目前有矩阵方法、地图覆盖方法、灵敏度分析方法等。

二、环境影响评价工作程序

不同国家由于经济发展水平不一，因而环境影响评价的工作程序略有不同，但基本步骤如下。

（1）制定所需要的参数及评价的深度。

（2）对基本情况的收集及实地考察。

（3）通过对资料的分析，给出工程项目对环境的影响及进行定量或定性的分析。

（4）应用评价结果以确定工程建设项目如何进行修正，以最大限度减少不利的环境影响。

中国环境影响评价工作大体分为三个阶段。第一阶段为准备阶段，主要工作为研究有关文件，进行初步的工程分析和环境现状调查，筛选重点评价项目，确定各单项环境影响评价的工作等级，编制评价大纲；第二阶段为正式工作阶段，其主要工作是进一步做工程分析和环境现状调查，并进行环境影响预测和评价环境影响；第三阶段为报告书编制阶段，其主要工作是汇总、分析第二阶段工作所得的各种资料、数据，给出结论，完成环境影响报告书的编制。如图 4-1 所示。

三、环境质量评价概述

（一）环境质量评价的定义

环境质量目前较为流行的几种说法是：环境质量的优劣；环境质量的优劣程度；对人群的生存和繁衍以及社会发展的适宜程度等。这几种解释大同小异，实质上都是人类对环境本质的认识处于初级阶段的表现，其准确的定义为环境质量是环境系统客观存在的一种本质属性，并能用定性和定量的方法加以描述的环境系统所处的状态。环境始终处于不停地运动和变化之中，作为环境状态表示的环境质量也是处于不停地运动和变化之中，引起环境质量变化的原因主要有人类的生活和生产行为以及自然的原因两个方面。

环境质量评价是根据不同的目的要求，按一定的原则和方法，对区域环境的某些要素质量或综合质量合理的划分等级或类型，并在空间上按环境污染的程度和性质划分不同的污染区域。环境质量评价工作是在对污染状况和污染源取得大量监测数据和调查分析的基础上，确定主要污染源和主要污染物及其排放特征，其次是通过环境现状监测，来了解主要污染物对环境各要素的污染程度及范围。通过环境质量评价可以准确反映出环境质量，为环境规划和管理，进行区域环境污染的综合治理提供可靠的科学依据。

（二）环境质量评价的分类

（1）按时间因素可分为环境质量回顾评价、环境质量现状评价和环境质量影响评价三种类型。

① 环境质量回顾评价　指对区域过去较长时期的环境质量根据有关资料进行回顾性评价。通过回顾评价可以了解区域环境污染的发展变化过程。

② 环境质量现状评价　一般是根据近几年的环境监测资料对某地区的环境质量进行评价。通过现状评价，可以阐明环境的污染现状，为区域环境污染综合防治、区域规划提供科学依据。

③ 环境质量影响评价　是指对区域今后的开发活动将会给环境质量带来的影响进行评价。这不仅要研究开发项目在开发、建设和生产中对自然环境的影响，也要研究对社会和经济的影响。要求提出环境影响报告书，并制定出防止环境破坏的对策，为项目的设计和管理部门提出科学依据。

（2）按研究问题的空间范围可分为单项工程环境质量评价、城市环境质量评价、区域环境质量评价和全球环境质量评价。

（3）按环境要素可分为大气环境质量评价、水环境质量评价、土壤环境质量评价和噪声环境质量评价等。

（4）按评价内容可分为健康影响评价、经济影响评价、生态影响评价、风险评价和美学景观评价等。

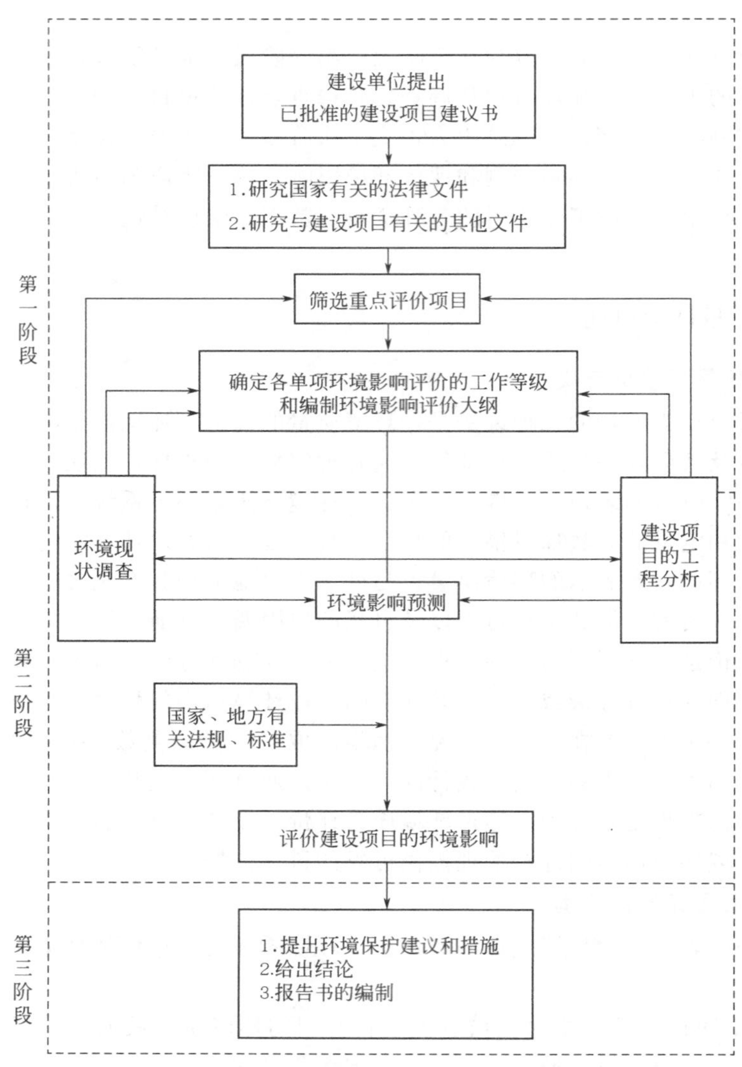

图 4-2　环境标准体系

（三）环境质量评价的内容

1. 环境质量评价的识别

环境质量识别是环境质量评价的前提和基础，是环境质量评价工作的必要组成部分。环境质量识别包括通过调查、监测及分析处理确定环境质量现状和根据环境质量的变异规律预测在人类行为作用下环境质量的变化两大部分内容。

2. 人类对环境质量的需求

环境质量评价实质上是评价人类社会生存发展对环境质量需要的满足程度，所以必须明确人类社会生存发展对环境质量的需要。

（1）维持生态系统良性循环的需要　人类社会的生存与发展必须不断地从生态系统中获取物质、能量和其他条件，这是人类赖以生存的基础。而维持生态系统的良好循环，需要良好的环境质量。

（2）维持人类自身健康生存的需要　人类自身的健康生存和发展是人类社会发展的最基本条件。由于人类是在环境中生存，对环境质量当然有一定的要求。事实证明，当环境遭到严重污染时，在这种环境中生活的人类就要受到不同程度的损害，导致各种疾病发生，严重的可出现急性和慢性死亡现象。

（3）促进人类社会发展经济的需要

人类发展经济活动与环境条件之间存在密切的关系。事实证明，当人类发展经济的主观设想与其环境所能提供的质量条件相符时，人的发展经济的主观设想就能实现，反之，就要遭受挫折。

3. 人类行为与环境质量关系

人类行为的内容较丰富，其中与环境质量关系最为密切的是人类的经济发展行为。人类的经济发展行为对环境质量影响最大，在人类获得经济发展的同时，也会对环境质量带来或大或小的不利影响。为了确保环境质量不致恶化，在环境质量评价中应研究经济发展与环境质量的关系。

4. 协调发展与环境的关系

经济要发展，环境要保护。既要反对只顾发展经济，不顾环境建设的观点，又要反对一味地只顾保护环境，抑制经济发展的观点，应使经济建设与环境建设做到协调发展、持续发展。在做环境质量评价时，对某项经济发展行为不能采取简单肯定或简单否定的做法，应通过环境质量评价，协调两者的关系以求共同发展。

第三节　环境标准与环境监测

一、环境标准

（一）环境标准的含义和作用

1. 环境标准的含义

亚洲开发银行环境办公室对环境标准的定义为：环境标准是为维持环境资源的价值，对某种物质或参数设置的最低或最高含量。在中国，环境标准除了各种指数和基准之外，还包括与环境监测、评价以及制定标准和法制有关的基础和方法的统一规定。中华人民共和国环境保护标准管理办法中对环境标准的定义为：环境标准是为了保护人群健康和社会物质财富，维持生态平衡，对大气、水、土壤等环境质量，对污染源的监测方法所制定的标准。

2. 环境标准的作用

环境标准是一种法规性的技术指标和准则，是环境保护法制系统的一个组成部分。因此，环境标准是国家进行科学的环境管理所遵循的技术基础和准则，是环境保护工作的核心和目标。合理的环境标准可指导经济和环境协调发展，严格执行环境标准可以保护和恢复环境资源价值，维持生态平衡，提高人类生活质量和健康水平。对于某些有价值的环境资源已被污染干扰而致破坏的地区，采用严格的区域排放标准可以逐步改善各种参数，并达到环境质量标准而恢复资源价值。

(二)环境标准体系

中国根据环境标准的适用范围、性质、内容和作用，实行三级五类标准体系。三级是国家标准、地方标准和行业标准；五类是环境质量标准、污染物排放标准、方法标准、样品标准和基础标准。

1. 环境标准体系的作用

环境标准体系主要是按照环境监管的需要将各种环境标准组织到一起，以此来构建一个较为完整的系统。在该系统中的各类环境标准之间互相匹配和支持，有效地发挥出系统的综合作用，从而为环境监管部门提供依据，并作为其改善环境质量、控制污染的主要手段。环境标准体系具有以下几方面作用。

(1)对生态标准制定起指导作用。所谓生态标准具体是指为保护生态安全和生态平衡，在对科技水平、自然环境特征以及实际经济条件等进行全方位考虑的前提下，对人的行为方式作出的规定及一些技术规范。环境标准体系是制定生态标准的基础，其能够给生态标准制定提供可靠依据。可以将环境标准体系看成是框架蓝图，在其中可以清楚地找到生态标准制定的关键和方向，从中能够使人们获悉应制定何种生态标准，进而有效地避免了标准制定过程中的盲目性，同时还可以确保生态标准具有完整性、配套性以及系统性。因此，环境标准体系能为生态标准的制定、修改提供指导。

(2)环境监管的需要。就环境监管而言，其在执行监督管理过程中，应有一套较为完整的标准作为指导依据，环境标准体系恰恰能够满足环境监管的这一需要。因环境标准体系是以防治环境污染为主，如果没有环境标准体系，则会导致环境监管缺乏定量化的依据，难以起到对人为破坏自然环境的约束。虽然我国的一些法律法规中也有对保护生态环境的条款，但因欠缺一定的量化标准，致使约束力不强，从而导致了过度的乱砍乱滥伐、水资源浪费等情况的发生，使得我国的生态环境进一步恶化。环境标准体系的建立，为环境监管提供了定量化的依据，有效地保障了法律法规实施。

(3)有利于环境评价的科学性。自 20 世纪 80 年代开始，我国便在生态环境的评价方面进行了大量工作，被评价的对象包括城市生态、农林复合生态、水生生态、草原、绿洲以及沙漠等，在这一过程中，诸多评价指标体系也随之应运而生。但是因缺乏环境标准，使得各方面的评价标准严重缺乏科学依据，而且统一性较差，评价结果不具备可比性及科学性。随着环境标准体系的建立，使得在进行生态环境评价时有了充分的科学依据，评价结果也更为翔实、准确。

2. 环境标准的分级

国家环境标准是由国务院环保行政主管部门制定，其控制指标的确定是按全国的平均水平和要求提出的，适用于全国范围内的一般环境问题。

地方环境标准是由地方省、自治区、直辖市人民政府制定，适用于本地区的环境保护工作。由于国家标准在环境管理方面起宏观指导作用，不可能充分兼顾各地的环境状况和经济技术条件，因此各地应根据实际情况制定出严于国家标准的地方标准，对国家标准中的原则性规定进一步细化和落实。同时，这些标准的制定，也为制定国家标准奠定了基础。

环境保护行业标准主要包括：环境管理工作中执行环保法律、法规和管理制度的技术规定、规范；环境污染治理设施、工程设施的技术性规定；环保监测仪器、设备的质量管理以及环境信息分类与编码等。原国家环保总局从 1993 年开始制定环保行业标准，目前已发布的标准有《环境影响评价技术导则》和《环境保护档案管理规范》等，均适用于环境保护行业的管理。

3. 环境标准的分类

(1) 环境质量标准 环境质量是各类环境标准的核心。环境质量标准是制定各类环境标准的依据。环境质量标准对环境中有害物质和因素作出限制性规定，它既规定了环境中各污染因子的容许含量又规定了自然因素应该具有的不能再下降的指标。中国的环境质量标准按环境要素和污染因素分成大气、水质、土壤、噪声、放射性等各类环境质量标准和污染因素控制标准。国家对环境质量提出了分级、分区和分期实现的目标值。

(2) 污染物排放标准 污染物排放标准是根据环境质量标准及污染治理技术、经济条件而对排入环境的有害物质和产生危害的各种因素所作的限制性规定，是对污染源排放进行控制的标准。由于各地区污染源的数量、种类不同，污染物降解程度及环境自净能力不同，即使排放标准达标，环境质量标准也不一定达到要求，为此应制定污染物的总量指标，将一个地区的污染物排放与环境质量的要求联系起来。

(3) 方法标准 方法标准是为统一环境保护工作中的各项试验、检验、分析、采样、统计、计算和测定方法所作的技术规定。在进行环境质量评价时，每一种污染物的测定均需有全国统一的方法标准，才能得到具体可比性和实用价值的标准数据和测量数值。方法标准与环境质量标准和排放标准相配套。

(4) 环境标准样品 环境标准样品指用以标定仪器、验证测量方法、进行量值传递或质量控制的材料或物质。它可用来评价分析方法，也可评价分析仪器、鉴别灵敏度和应用范围，还可评价分析者的水平，使操作技术规范化。中国标准样品的种类有水质标准样品、气体标准样品、生物标准样品、土壤标准样品、固体标准样品、放射性物质标准样品、有机物标准样品等。

(5) 环境基础标准 环境基础标准是对环境质量标准和污染物排放标准所设计的技术术语、符号、代号（含代码）、制图方法及其他通用技术要求所作的技术规定。目前中国的环境基础标准主要包括管理标准、环境保护名词术语标准、环境保护图形符号标准和环境信息分类及编码标准。

4. 环境标准体系

环境标准体系是各具体的环境标准按其内在联系组成的科学的整体系统。经过 30 多年的发展，我国环境标准体系已初具规模，形成了国家和地方两级构成、包括环境质量标准、污染物排放标准、环境基础标准、环境方法标准、环境标准物质标准以及其他标准等六方面的环境标准体系。中国的环境标准体系如图 4-2 所示。

环境标准包括多种内容、多种形式、多种用途的标准，充分反映了环境问题的复杂性和多样性。截至 2008 年 3 月，现行国家环境保护标准数量已突破 1000 项。标准的种类、形式虽多，但都是为了保护环境质量而制定的技术规范，可以建立一个科学的环境标准体系，以便于更好地发挥各类标准的作用。

(三) 环境标准的发展

1. 国外环境标准的发展概况

19 世纪中期英国产业革命发展迅速，环境污染非常严重，1847 年英国爱尔兰首先颁布了《河道条令》，1863 年为防止大气污染而制定了《碱业法》，这是世界上第一个附有排放限制的法律。20 世纪以来，由于近代工业的发展，环境污染更加严重，一些工业发达国家先后出现了震惊世界的公害事件，各国都需要采用立法手段来控制污染，环境标准也随之发展。例如日本在 1967 年制定“公害对策基本法”时，为了综合解决环境问题，相继制定出了水、大气、土壤和噪声等环境标准。

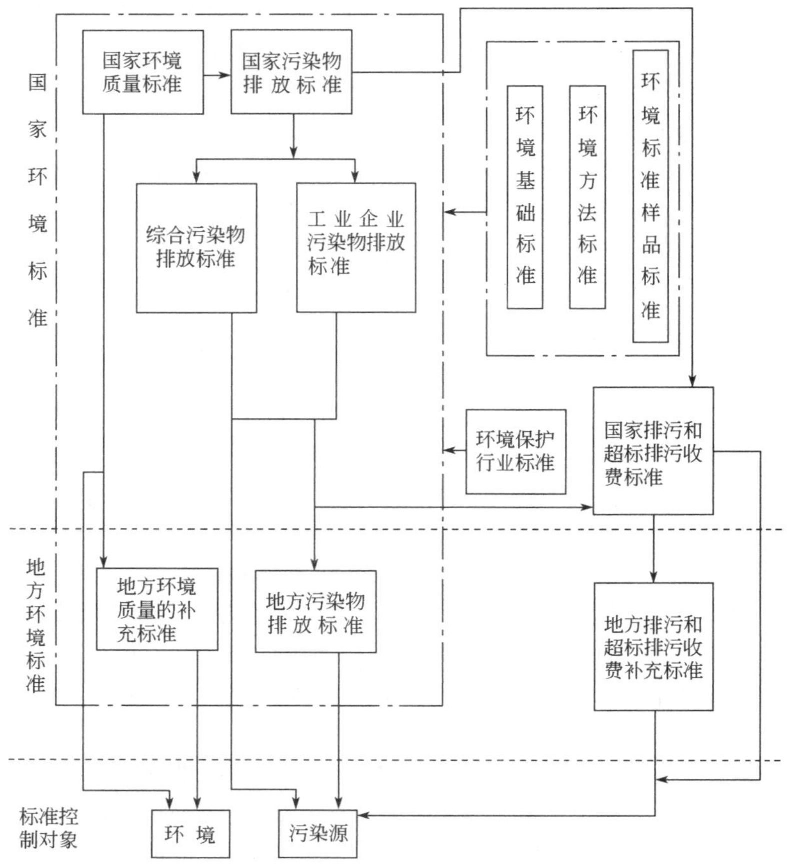

图 4-2　中国的环境标准体系

从环境标准的产生和发展来看，一般由中央政府或联邦政府负责环境标准的制定，地方政府负责执行。地方政府也可根据当地的实际情况制定地方标准，地方标准作为国家标准的补充或强化，规定的项目比国家标准更多，指标更严。国际标准化组织于 1972 年开始制定基础标准和方法标准，以统一各国环保工作的名词、术语、单位计量、取样方法和监测方法等。

2. 中国环境标准的发展概况

中国的环境标准是随着社会经济发展及环保事业的进程而开展的。在 20 世纪五六十年代国务院有关部委以保护人群健康为目的而颁布了一些环境标准，如 1956 年卫生部和国家建委联合颁布了《工业企业设计暂行卫生标准》；1959 年建工部和卫生部颁布了《生活饮用水卫生规程》；1962 年国家计委、卫生部修订颁布了《放射性工作卫生防护暂行规定》；1963 年建工部、农业部、卫生部联合颁布了《污水灌溉农田卫生管理试行办法》等。1973 年全国第一次环境保护会议后，当年颁布了我国第一个环境标准《工业三废排放试行标准》，该标准的颁布对有效地控制污染源、防止环境污染起到了积极的作用。同时，在此期间还对已有的标准进行充实和修订，如将《生活饮用水卫生规程》修订为《生活饮用水卫生标准》；

将《工业企业设计暂行卫生标准》修订成《工业企业设计卫生标准》；将《放射性工作卫生防护暂行规定》修订成《放射防护规定》；将《污水灌溉农田卫生管理试行办法》修订成《农田灌溉水质标准》等。1979 年 9 月《中华人民共和国环境保护法（试行）》颁布，我国在 20 世纪 80 年代相继制定了大气、水、噪声、海洋等一系列环境保护法规及相应标准。1981 年成立国家环保局后，更是有组织、有系统地开展环境标准的研究、制定和颁布工作，逐步形成了我国的环境标准体系。1992 年全国环保厅局长会议提出要加强环境标准工作，并于当年在全国范围内组织标准化调研工作，使我国环境标准体系更加规范化、统一化、科学化。为实施国务院关于污染物的排放实行总量控制的决定，1997 年原国家环保总局对《造纸工业水污染排放标准》《锅炉大气污染物排放标准》等进行了修订，并制定了《生活垃圾填埋污染控制标准》。2000 年以后，随着经济发展，又有许多新的标准陆续发布，如《废弃化学品处理处置标准》等。

二、环境监测

（一）环境监测的意义和作用

1. 环境监测的意义

环境监测是为了特定目的，按照预先设计的时间和空间，用可以比较的环境信息和资料收集的方法，对一种或多种环境要素或指标进行间断或连续地观察、测定、分析，了解其变化及对环境影响的过程。

从 2008 年 3 月 1 日起，《危险废物出口核准管理办法》（国家环境保护总局令第 47 号）和《污染治理设施运行记录仪技术要求及检测方法》（HJ/T 378—2007）等 27 项环境保护法规、标准正式实施。这些标准在贯彻法律法规、落实环保规划目标、促进技术进步、优化产业结构、规范管理和执法行为等方面正在发挥着不可替代的作用。

环境科学的发展首先要求判断环境质量，从监测手段上来看，判断环境质量有对环境样品组分、污染物分析测试的化学监测方法；有对环境中热、声、光、电磁、振动、放射性等物理量和状态测定的物理监测方法，还有利用监测生态系统中生物的群落、种群变化、畸形变种、受害症状等生物对环境污染所发生的各种信息，来判断环境污染状况的环境生物监测方法。由于环境中各种污染物之间、污染物与其他物质以及其他因素之间存在着相加或拮抗作用，因而，仅对单个污染物短时间的取样分析是不够的，必须取得代表环境质量的各种数据，才能对环境质量作出确切的评价。这项任务单靠化学监测方法是难以完成的，必须和先进的物理、物理化学和生物的各种方法相结合才能完成。

从环境监测的过程来说，它应包括现场调查—布点—样品采集—样品运送、保存及处理—分析测试—数据处理—质量保证与综合评价等一系列过程。只有把各环节都做好了，才能获得代表环境质量的各种标志的数据，才能反映真实的环境质量。

2. 环境监测的作用

环境是一个非常复杂的综合体系。人们只有获得大量的环境信息，了解污染物的产生过程和原因，掌握污染物的数量和变化规律，才能制定切实可行的污染防治规划和环境保护目标，完善以污染物控制为主要内容的各类控制标准、规章制度，使环境管理逐步实现从定性管理向定量管理、单向治理向综合整治、浓度控制向总量控制转变，而这些定量化的环境信息，只有通过环境监测才能得到。离开环境监测，环境保护将是盲目的，更谈不上加强环境管理。

（二）环境监测的目的、任务和原则

1. 环境监测的目的

（1）评价环境质量，预测环境质量变化趋势　通过环境监测，提供环境质量现状数据，判断是否符合国家制定的环境质量标准。同时，通过掌握环境污染物的时空分布特点，追踪污染途径，寻找污染源，预测污染的发展动向。最后，通过环境监测可以评价污染治理的实际效果。

（2）为制定环境法规、标准、环境规划、环境污染综合防治对策提供科学依据　通过环境监测，可积累大量的不同地区的污染数据，依据科学技术和经济水平，制定出切实可行的环境保护法规和标准。同时，根据监测数据，预测污染的发展趋势，为环境质量评价提供准确数据，为作出正确的决策、制定环境规划提供可靠的资料。

（3）收集环境本底值及其变化趋势数据，积累长期监测资料，为保护人类健康和合理使用自然资源，以及为确切掌握环境容量提供科学依据。

（4）揭示新的环境问题，确定新的污染因素，为环境科学研究提供方向。

2. 环境监测的任务

（1）检验和判断环境质量是否符合国家规定的环境质量标准，定期提出环境质量报告书。

（2）判断污染源造成的污染影响，为环境法实施提供数据，并评价防治措施的实施效果。

（3）确定污染物的浓度分布状况、发展趋势和发展速度，掌握污染物的污染途径，预报环境状况，确定防治对策。

（4）研究污染物扩散模式　一方面用于新污染源的环境影响评价，给决策部门提供数据；另一方面为环境污染的预测预报提供资料。

（5）积累本区域内的长期监测数据，结合流行病的调查资料，为保护人们健康以及制定和修改环境质量标准提供科学依据。

3. 环境监测的原则

（1）树立“环境监测要符合国情”的指导原则　随着科学技术的进步，在环境科学中对影响环境质量因素涉及的范围及其定量化的要求越来越高。加强环境监测方法及仪器设备的研究，使监测方法和仪器设备更加现代化，使监测结果更加及时、准确、可靠是促进环境科学发展的需要。但由于我国经济总体上还较落后，且各地区经济发展不平衡，所以，各地应结合自己的实际情况，建立合理的环境监测指标体系，在满足环境监测要求的前提下，确定监测技术路线和技术装备，建立准确可靠、经济实用的环境监测方案。

（2）全面规划、合理布局的原则　环境问题的复杂性决定了环境监测的多样性。监测结果是环境监测中布点采样、样品的运输、保存、分析测试及数据处理等多个环节的综合体现，其准确可靠程度取决于环境监测中最为薄弱的环节。所以应全面规划、合理布局，采用不同的技术路线。综合把握各环节，实现最优环境监测的规划和布局。

（3）优先监测原则　环境监测的项目很多，不可能同时进行，必须坚持优先监测的原则。首先要考虑的是污染物的重要性和迫切性。对影响范围大的污染物要优先监测，其次考虑局部污染严重的污染物。优先监测的污染物包括：对环境影响大的污染物；已有可靠的监测方法并能获得准确数据的污染物；已有环境标准或其他依据的污染物；在环境中的含量已接近或超过规定的标准浓度，污染趋势还在上升的污染物；环境样品有代表性的污染物。

（三）环境监测程序与方法

1. 环境监测程序

（1）现场调查与资料收集　主要调查收集区域内各种污染源及其排放规律和自然与社会环境特征。自然和社会环境特征包括地理位置、地形地貌、气象气候、土壤利用情况以及社会经济发展状况。

（2）确定监测项目　监测项目主要根据国家规定的环境质量标准、本地主要污染源及其主要排放物的特点来选择，同时，还要测定一些气象及水文项目。

（3）监测点布设及采样时间和方法

① 大气污染监测。大气污染监测优化布点的基本原则为：采样点的位置应包括整个监测地区的高浓度、中浓度和低浓度三种不同的地方；污染源集中、主导风向比较明显时，污染源的下风向为主要监测范围，应布设较多的采样点，上风向布设较少采样点作对照；工业比较集中的城区和工矿区，采样点数目多些，郊区和农村则可少些；人口密度大的地方采样点的数目多些，人口密度小的地方可少些；超标地区采样点的数目多些，未超标地区可少些。目前大气污染监测的布点方法有网格布点法、扇形布点法、同心圆布点法和按功能区划分的布点法。

在采样时间方面，尽可能在污染物出现高、中、低浓度的时间内采集。对于日平均浓度的测定，每隔 2～4h 采取 1 次，测定结果能较好地反映大气污染的实际情况。特殊情况下，每天至少也应测定 3 次，时间分配在大气稳定的夜间、不稳定的中午和中等稳定的早晨或黄昏。对于年平均浓度的测定，最好是每月 1 次，每次测 3～5 天，每天的采样时间和次数与测定日平均浓度相同。

在采样方法方面，当大气中污染物浓度较高和测定方法灵敏度高时，采用直接采样法；当大气中被测物质的浓度较低或分析方法的灵敏度不够高时，采用浓缩采样法，浓缩采样法有溶液吸收法、固体阻留法和低温冷凝法。

② 水质污染监测。地表水水质监测布点的基本原则为：在大量废水排入河流的主要居民区、工业区的下游和上游；湖泊、水库、河口的主要出口和入口；河流主流道、河口、湖泊和水库的代表性位置；主要用水地区，如公用给水的取水口、商业性捕鱼水域等；主要支流汇入主流、河口或沿海水域的汇合口。目前水质污染监测的布点方法是采用设置断面的布点方法，所设置的断面有对照断面、控制断面和消减断面三种。

在采样时间方面，为了掌握水质的变化，最好能 1 个月采 1 次水样。一般常在丰、枯、平水期，每期采样 2 次。另外，北方的冰封期和南方的洪水期各增加采样 2 次。如受某些条件限制，至少也要在丰水期和枯水期各采样 1 次。

在采样方法方面，根据监测项目确定是混合采样还是单独采样。采样方法通常有：采集表层水样可用桶、瓶等容器直接采取；当水深大于 5m 时，或采集有溶解性气体、还原性物质等水样时，需选择适宜的采样器采样；水文气象参数及部分水质监测项目，需在现场进行测试。

（4）环境样品的保存　环境样品在存放过程中，由于吸附、沉淀、氧化还原、微生物作用等影响，样品的成分可能发生变化而引起较大的误差。因此，从采样到分析测定的时间间隔应尽可能缩短，如不能及时分析测定的样品，应采取适当的方法存放样品。目前较为普遍的保存方法有冷藏冷冻法和加入化学试剂法。

（5）环境样品的分析测试　根据样品特征及所测组分特点，选择适宜的分析测试方法。目前用于环境监测的分析方法有化学分析和仪器分析两大类。化学分析法包括容量法和重量法，其主要特点为：准确度高，相对误差一般小于0.2%；仪器设备简单，价格便宜；灵敏度低，适用于常量组分测定，不适于微量组分测定。仪器分析法的共同特点为：灵敏度高，适用于微量、痕量甚至超痕量组分的分析；选择性强，对试样预处理要求简单；响应速度快，容易实现连续自动测定；有些仪器可以联合使用，使每种仪器的优点都得到充分的利用；仪器的价格高，设备复杂，相比于化学分析法，相对误差较大。

(6) 数据处理与结果上报　由于监测误差存在于环境监测的全过程，只有在可靠的采样和分析测试的基础上，运用数理统计的方法处理数据，才可得到符合客观要求的数据。

2. 环境监测方法

环境监测方法从技术角度来看，多种多样，大体可分为化学监测方法、物理监测方法和生物监测方法。

(1) 化学监测方法　对污染物的监测，目前使用较多的是化学监测方法，尤其是分析化学的方法在环境监测中得到广泛应用。例如容量分析、质量分析、光化学分析、电化学分析和色谱分析等。

(2) 物理监测方法　物理方法在环境监测中的应用也很广泛，例如遥感技术在大气污染监测、水体污染监测以及植物生态调查等方面显示出其优越性，是地面逐点定期测定所无法相比的。

(3) 生物监测方法　目前生物监测方法主要包括大气污染物的生物监测和水体污染的生物监测两大类。大气污染物的生物监测方法有：利用指示植物的伤害症状对大气污染作出定性、定量的判断；测定植物体内污染物的含量，做出判断；观察植物的生理生化反应，如酶系统的变化、发芽率的变化等，对大气污染的长期效应作出判断；测定树木的生长量和年轮，估测大气污染的现状；利用某些敏感植物，如地衣、苔藓等作为大气污染的植物监测器。水体污染的生物监测方法有：利用指示生物监测水体污染状况；利用水生物群落结构变化进行监测，同时可引用生物指数和生物物种的多样性指数等数学手段；水污染的生物测试，即利用水生生物受到污染物的毒害作用所产生的生理机能变化，测定水质的污染状况。

第四节　环境教育和环境科技

一、环境教育

(一) 环境教育的定义和内容

1. 环境教育的定义

联合国教科文组织引用的环境教育的概念来自于1977年在前苏联第比利斯召开的部长级国际环境教育大会。这次会议对环境教育的概念从环境教育的目的进行了界定，会议指出环境教育的目的是：树立起对城乡的经济、社会、政治及其生态相互依赖性的清楚认识和关心；为每个人提供获知保护和改善环境所需的知识、价值观、态度、义务和技能的机会；创建个人、群体和整个社会对待环境的新行为模式。中国的环境教育定义：借助于教育手段使人们认识环境，了解环境问题，获得治理环境污染和防止新的环境问题产生的知识和技能，并在人与环境的关系上树立正确的态度，以便通过社会成员的共同努力保护人类环境。

2. 环境教育的内容

1992 年 6 月召开的联合国环境与发展大会通过的《21 世纪行动议程》规定了环境教育的内容为：为实现可持续的发展重新确定教育方向、提高公众的意识和推行培训。为实现可持续的发展重新确定教育方向，首先批准全人类教育世界大会提出的建议，其次在世界范围内尽快提高社会各阶层对环境与发展的认识，再次努力促进环境教育与一般社会教育相结合，使各阶层人士从小学到成人均能受到这方面的教育，最后提倡环境与发展观念相结合。提高公众的环境意识，其行动纲领的基础是增加群众对环境与发展问题的敏感性并使他们关心解决环境问题的办法，增加他们个人保护环境的责任意识，使人们对可持续发展具有更大的积极性和承担更多的义务；加强培训工作的目的在于帮助个人填补知识和技术的不足，以使他们易于从事环境与发展工作。

（二）中国环境教育现状

目前，我国的环境教育已逐步形成了以教育部门为主体，环保、宣传等部门相配合，社会各部门、各阶层相呼应，环境教育的各层面、多类型共同发展的新局面，初步构建了一个具有中国特色的多层次、多形式、多渠道的环境教育体系。根据环境教学的对象，我国环境教育形式大体分为基础环境教育、专业环境教育、在职环境教育和社会环境教育四类。

1. 基础环境教育

以中小学生（含幼儿）为主要对象，还包括大中专学校的非环保专业的学生。对中小学生（包括幼儿）的环境教育始终坚持渐近原则，使环境教育起始于学生们的家庭、学校、社区和生活环境。在大中专学校，通过学科教学把环境科学知识渗透到课程教学过程中。单独开设环境教育课或者有关环境知识的选修课，将环境知识分布于具体的学科教学中。目前基础环境教育的普及作用已经开始形成，全国中小学校把环境教育作为素质教育的重要内容。据国家环保总局 2000 年统计，全国开展环境教育的中小学校已达 5 万余所，培训中小学教师超过 62 万次。有 15 个省市环境教育的普及率达 80% 以上，21 个省市的环保局与教育部门联合出版了中小学环境教育教学参考书。

2. 专业环境教育

指以大中专学生为对象培养环境保护的专业人才。1977 年，清华大学设置了我国第一个环境工程专业，这标志着我国环境专业教育的起步。经过近 40 年的努力，我国专业环境教育的人才培养成效显著，使环保专门人才奇缺的状况得以改善。目前我国已有 300 多所高校开设了环境科学与工程类专业，设置了多种环境保护类的本科专业，并设立了环境学科（专业）硕士学位授予点和博士学位授予点，还设立了博士后流动站，在校生达 13 万余人，毕业的环保专业人才几十万余人。不少学校还在非环境专业开设了环保相关公共基础课及选修课程，提高了学生的环保意识。另外，还有上百所职业高中、40 余所中等专业学校也设置了环境专业。

3. 在职环境教育

据有关方面统计，30 多年来我国举办环保类培训班、研讨班上万次，培训人员超过 40 万人次。全国大多数省、市都针对不同行业编写适用教材，将绿色文明理念融入职业道德建设之中，将环境保护和可持续发展意识融入各行各业的工作中。一些省、市环保局利用当地高等院校优越的教学、设备和师资条件，举办各种讲座、培训班，教学对象为各行各业的管理者。此外，一些进行全员性成人环境教育的厂矿，都由工矿一级对环境教育工作进行详细计划和提出具体要求。

4. 社会环境教育

全国已形成一个由宣传、教育和环保部门为主体，社会各界广泛参与的社会教育的新格局，参与者的范围越来越广，层次越来越高，形式越来越丰富，使社会教育的广度和深度都有所发展。公众环境意识明显提高，在4月22日世界地球日和6月5日世界环境日等世界性环境保护节日，各地组织开展了广泛的环境教育全民活动，绿色志愿者遍布全国。

二、环境保护科学技术

2006年，第一次全国环保科技大会上提出实施“科技兴环保”战略，增强我国环境科技的自主创新能力。2012年，第二次全国环保科技大会提出了“环境管理战略转型”的重要思想，要求加快推进环境管理目标导向从环境污染控制向环境质量改善转变，并提出了“战略转型、科技先行”的基本要求，再次明确了科技创新在环保工作中的战略地位和重要作用。近年来，通过运用环境保护法律法规、政策制度、环境标准、环保科技等多种手段，我国的环境保护工作取得了一定的成绩，局部环境质量有所改善。但是我国环境保护形势依然严峻，结构型、压缩型、复合型环境问题越加复杂。未来我国将面临环境健康损害问题突出、区域性灰霾和水体同步污染问题短期难以解决、土壤和地下水污染凸显、生态退化和生物多样性锐减、核与辐射安全监管形势严峻、国际环境冲突和环境压力加剧、新型环境污染物等问题越发突出、环境管理体制机制难以满足形势需求等问题。解决新老环境问题，构建污染防治和环境质量改善的技术体系，必须依靠科技创新和技术突破。科学技术是解决环境问题的利器，要加强科技支撑，把科技创新放在突出位置，凸显了科技在环境保护事业发展中引领和支撑的重大作用。

1. “十二五”期间环境保护科技创新工作进展与成效

《国家环境保护“十二五”科技发展规划》提出了水污染防治、大气污染防治、生态保护、固体废物污染防治与化学品管理、土壤污染防治、清洁生产与循环经济、环境与健康、环境监管技术、环境基准与标准、核与辐射安全、全球环境问题研究和战略性新兴环保产业等12个重点领域及48个优先主题。“十二五”期间，国家进一步加大科技投入和环境保护投入，利用多力支持，使环保科技工作取得了突破性进展，在环境管理和污染治理中发挥了重要的支撑作用。

(1) 加快推进“水专项”，支撑水污染防治工作。“十二五”期间水专项的重点任务是重点突破流域“减负修复”关键技术，区域饮用水安全保障技术，流域水环境监控预警“业务化”运行技术；自主研发水污染治理技术成套工艺、技术与装备，引导和培育战略型环保新兴产业；基本建立流域水污染治理技术体系和水环境管理技术体系，支撑示范流域水质明显改善和饮用水安全保障。

水专项第一阶段实施取得了丰硕成果，研发了1000余项关键技术，建设了500余项科技示范工程，申请专利2300余项（已获得国内外授权专利1221项），研发了100余项快速检测方法，形成了300余项标准和技术规范，建成了6家国家（部）级研究、实验和产业化平台。水专项已成为国家水污染治理、水环境监测和水环境管理政策制定的重要抓手，提升了国家环境应急监测能力和水平，有力支撑了国家和地方水污染防治工作。

水专项在太湖、辽河等流域开展攻关和示范，取得了重要技术突破。一是深化水生态功能分区的原理方法，构建了流域水质目标管理体系；二是研发了化工等重点行业污水处理关键技术，造纸等行业废水资源化处理取得新进展；三是发展了城市水环境系统源解析及其水质响应的新方法，开发了城市污水提标改造关键技术；四是研发了蓝藻水华爆发监测和预警技术，建立了蓝藻水华拦截与处置利用技术体系；五是发展了多类型湖滨带生态修复技术，建立了入湖河流水质生态强化净化工艺；六是开发了微污染饮用水源监测预警及突发性污染事故应急供水净化关键技术；七是提出了跨界生态补偿与水污染赔偿等政策措施，在典型流域试行排污许可证制度。

(2) 实施《清洁空气研究计划》，支撑“大气十条”。为全面支撑“大气十条”，环境保护部启动实施了《清洁空气研究计划》。针对“大气十条”实施过程中存在的“底数不清、机理不明、技术不足、机制不顺、示范效果不明显”等科技需求，《清洁空气研究计划》以区域和城市空气质量改善和联防联控机制建立为核心目标，拟在摸清我国大气污染的时空分布特征及跨界传输规律的基础上，重点解决污染物动态排放清单、法规模型、监测预警、应急调控、达标策略和监督考核等关键问题，构建大气污染源国家法规排放清单及减排支撑技术、空气质量管理决策支持技术和大气污染防控监管技术三大大气污染防治技术体系，在京津冀及周边、长三角、珠三角（含港澳）等重点城市群实施清洁空气科技工程，推动共性技术在全国范围广泛应用。《清洁空气研究计划》实施以来，取得了一批重要研究成果，为大气污染防治工作发挥了实实在在的科技支撑作用。

(3) 加强土壤环境保护与治理等领域科学研究，全面支撑各项环境保护工作。在土壤领域，“十二五”期间，围绕土壤环境功能区划方法、农业土壤风险防控、重金属污染场地修复、金属冶炼矿区土壤污染修复等方面展开研究，在土壤环境监管框架和支撑技术方面形成了一批成果。在生态领域，针对重要生态功能区，资源开发区、农村地区、生态脆弱地区等区域，重点支持了生态风险评估、生态安全监测，环境监管技术等研究。

(4) “十二五”期间，建设了35个国家环境保护重点实验室，其中24个通过验收；建设了35个国家环境保护工程技术中心，其中15个通过验收。2014年，环保部启动了国家环境保护科学观测研究站建设，正式发布建设方案和管理办法，进一步完善了环保科技创新支撑体系。环保系统高层次人才和青年科技领军人才显著增加，各省市环境科技基础平台建设初具规模，环保科技人才梯队逐渐形成。

(5) 今后一个时期中国环境科技创新的优先领域如下。

① 水污染防治　包括饮用水安全保障及关键支撑技术；流域（区域）水污染控制与工程示范等。

② 大气污染防治　包括区域大气污染现状、成因与污染损失评估；城市大气环境污染与控制；工业废气治理技术，机动车船氮氧化物控制等。

③ 土壤污染防治与农村环境综合整治　包括土壤污染与修复技术；农村环境综合整治与农村面源污染防治；加强城市和工矿企业污染场地环境监管等。

④ 固体废物与化学品污染防治　包括固体废物物质流特征与污染控制技术；危险废物处理处置技术；化学品环境效应与风险评估技术等。

⑤ 生态保护与生态建设　包括国家重要生态功能区的保护与建设、区域生态环境保护与生态系统监测技术，推进资源开发生态环境监管等。

⑥ 核与辐射安全　包括核安全风险评估与放射性废物污染控制、核与辐射最优化管理、电磁辐射与环境安全等。

⑦ 环境综合管理关键科学技术支撑　包括污染物排放总量核定、环境监管与应急预警；环境监测统计与信息管理；环境标准与基准；环境政策与法规等。

⑧ 循环经济共性技术　包括产业污染防控和资源化技术；工业园区生态化改造技术；物质流分析和控制途径；污染控制技术经济政策等。

⑨ 环境与健康　包括环境污染与健康危害；污染对人体健康影响的机理与识别技术等。

⑩ 全球环境问题　包括全球气候变化影响的适应技术与对策；持久性有机污染物控制技术；生物多样性与生物安全支撑技术等。

通过科学研究和技术开发，在工业生产中广泛应用清洁卫生技术，在污染治理和生态保护中大量使用高新环保技术，使大部分污染控制技术和生态保护技术达到国际先进水平，同时实现重大装置和环保产品基本国产化。

复习思考题

1. 什么叫环境管理？其基本职能有哪些？
2. 我国有哪几项环境管理制度？什么叫“三同时”制度？
3. 什么是环境保护法？其作用是什么？
4. 我国目前已颁布的环境保护单行法律有哪些？
5. 什么是环境影响评价？根据目前人类活动的类型及对环境的影响程度，环境影响评价可分为哪几类？
6. 环境影响评价的原则有哪些？其内容有哪些？其方法有哪些？
7. 环境影响评价工作程序有哪些？
8. 什么叫环境质量评价？按时间因素其可分为哪几种？其内容有哪些？
9. 什么叫环境标准？其作用是什么？
10. 我国环境标准体系是如何分级、分类的？
11. 什么叫环境监测？其作用是什么？
12. 环境监测的目的是什么？其任务是什么？其原则是什么？
13. 环境监测的程序有哪些？
14. 什么叫环境教育？包括哪些内容？
15. 试述我国的环境科学技术的现状和发展方向。

【阅读材料】

城市环境空气质量公报

自1998年6月开始，中国在46个重点城市进行空气质量周报或日报，将“空气污染指数(API)”、“空气质量级别”、“首要污染物”等内容的环境信息通过电视、报纸等媒体提供给大众。

天津市城区空气质量预报

2007年9月12日20：00～2007年9月13日20：00

污染气象条件描述：预计未来24h我市地面受高压控制，风力适中，气象条件比较有利于空气中污染物的扩散

空气质量：良好水平	首要污染物：可吸入污染物		
污染物名称	污染指数范围	质量级别	质量描述
二氧化硫（SO_2）	30～50	一级	优
二氧化氮（NO_2）	30～50	一级	优
可吸入颗粒物（PM_{10}）	76～96	二级	良好

作为环境管理服务环境监测的新形式，空气质量公报可以增强人们对环境的关注，促进公众对环境保护工作的理解和支持，促进人们生活质量的提高。

目前计入空气污染指数的项目有二氧化硫、氮氧化物和可吸入颗粒物，重点对$PM_{2.5}$进行监测。可先求出各项污染指数，取最大者为该城市的空气污染指数API，该项污染物即为该城市空气中的首要污染物。API值对应空气质量级别为：0～50，一级，优；51～100，二级，良；101～200，三级，轻度污染；201～300，四级，中度污染；≥300，五级，重度污染。空气污染指数分级浓度限值如下表。

污染指数	污染浓度/(mg/m^3)			污染指数	污染浓度/(mg/m^3)		
API	TSP	SO_2	NO_x	API	TSP	SO_2	NO_x
500	1.00	2.620	0.940	200	0.500	0.250	0.150
400	0.875	2.100	0.750	100	0.300	0.150	0.100
300	0.625	1.600	0.565	50	0.120	0.050	0.050

注：当浓度低于此值时，不计入该项污染物分指数；TSP为可吸入颗粒物。

欧美水污染治理政策

一、美国集成-分散模式治理流域水环境

自20世纪70年代以来，水污染加剧，严重的水污染促使美国联邦政府于1972年制定了《清洁水法》，并以此为核心建立了法规标准体系。为了达到《清洁水法》制定的目标，联邦政府制定了每次为期4～5年的环境保护战略规划，并提出了主要的防治措施和保护手段。

在流域治理上，1933年通过的《田纳西河流域管理局法》规定，田纳西河流域管理局统筹兼顾，负责田纳西河流域的综合规划、开发与管理。在区域治理方面，美国与加拿大在1972年共同签署《大湖区管理协议》，规定了两国政府在大湖区的污染治理和保护方面的权利、责任、义务，为解决包括伊利湖在内的五大湖区的环境污染、维护该地区的生态平衡提供了政策依据及管理办法。另外，制定了鼓励公众参与和政府信息公开方面的法律，强调公众参与公共决策的重要性。

美国流域水环境采用一种“集成-分散”式的管理模式。此模式既可以发挥部门与地区的自主性，又不失全流域的统筹与综合管理。美国的流域委员会是由流域内各州州长、内务部成员及其代理人组成，人数不多，但权力很大。

二、英国排污者承担污染防治与损害成本

英国在1963年颁布了《水资源法》，后又于1973年通过制定基本的《水法》及专项法律来完善水法体系。在泰晤士河流域治理上，各工厂的废水需自行处理，符合一定的水质标准后才能排入泰晤士河。

英国形成了以“环境-经济-水环境-投资-效益”一体化的环境决策模型。在流域层面实施的是以流域为单元的综合性集中管理，即在环境部下设水务局，水务局下面有西北水务公司和泰晤士河水务公司等10个分公司。这些水务公司是对河流进行统一规划与管理的权力性机构，有权提出水污染控制政策法令、标准，有权控制污染排放，在经济上也有独立性。英国采取“使用者支付”和“污染者付费”的经济管理手段。明确指出“资源定价至少应该包含（水）产品和服务的机会成本，包括资本差别、运行维护成本以及环境成本”，并且后来逐渐认为除了污染防治成本以外，排污者还应该承担污染损害成本。

三、德国实行经济调节和国际合作手段

德国目前实行的是1996年修订的《水资源管理法》。该法律关于水资源管理和保护的规定详尽到了具体技术细节，它对城镇和企业的取水、水处理、用水和废水排放标准都有明确的规定。

德国自1970年以来，与法国、荷兰、瑞士和卢森堡草拟了三个国际条约，确定了向莱茵河排放污水的标准。德国成立了专门的流域管理机构，加强流域沿岸地区的合作，共同承担污染治理责任，该机构确立了流域水环境保护的原则。经济调节是德国保护和治理水环境的重要手段。其主要经济手段包括：规定自来水价格、征收生态税和污水排放费，以及对私营污水处理企业减税等。德国境内有多条跨境流域，与邻国合作也是德国进行水污染治理的手段。

第五章

环境污染防治技术

【学习目的要求】

通过本章的学习，掌握废气、废水和固体废物的来源以及对环境和人类的影响，了解环境污染防治技术，掌握典型污染物的治理方法。

第一节　大气污染控制

大气是一切有机体氧气的源泉，如果没有大气，人类就无法生存，植物就无法进行光合作用。如果大气被污染，混进许多有毒害的物质，那么这些物质就会直接危害生态系统和人体健康。随着经济的迅猛增长，人类对环境的作用也日益增强，作为环境要素最主要组成的大气也受到了严重的污染。因此，研究大气污染问题是当前十分迫切的环境问题之一。

大气是指围绕着地球周围的混合气体，它的厚度约 2000～3000km，通常又称大气圈，是自然环境的组成要素和组分之一。大气圈的结构分为对流层、平流层、中间层、暖层和散逸层 5 层。大气圈的组分主要是氮、氧、氩三种气体，约占大气总量的 99.9%以上，其他气体和固体微粒总共不到 0.1%。

一、废气的来源及危害

国际标准化组织（ISO）关于大气污染的定义：大气污染是指由于人类活动和自然过程引起某种物质进入大气中，呈现出足够的浓度，达到了足够的时间并因此危害了人体的舒适、健康和福利或危害了环境的现象。从定义中可以看出，造成大气污染的原因是人类活动（包括生活活动和生产活动，以生产活动为主）和自然过程；形成大气污染的必要条件是污染物在大气中有足够的浓度并对人体作用足够的时间。

按污染的范围由大到小可分为四类：①局部地区污染，如某工厂排气造成的直接污染；②区域大气污染，如工矿区或整个城市的污染；③广域大气污染，如酸雨，涉及地域广大；④全球大气污染，如温室效应、臭氧层破坏，涉及整个地球大气层的污染。

（一）主要来源及分布

1. 燃料燃烧

火力发电厂、钢铁厂、炼焦厂等工矿企业和各种工业窑炉、民用炉灶、取暖锅炉等燃料燃烧均向大气排放大量污染物。发达国家能源以石油为主，大气污染物主要是一氧化碳、二氧化碳、氮氧化物和有机化合物。中国能源以煤为主，约占能源消费的 75%，主要污染物是二氧化硫和颗粒物。

2. 工业生产过程

化工厂、炼油厂、钢铁厂、焦化厂、水泥厂等各类工业企业，在原料和产品的运输、粉碎以及各种成品生产过程中，都会有大量的污染物排入大气中。这类污染物主要有粉尘、碳氢化合物、含硫化合物、含氮化合物以及卤素化合物等。生产工艺、流程、原材料及操作管理条件和水平不同，所排放污染物的种类、数量、组成、性质等也有很大差异。根据《环境空气质量标准》（GB 3095—2012)，大气污染物的浓度限值如表 5-1 和表 5-2 所示。

表 5-1 环境空气污染物基本项目浓度限值

序号	污染物项目	平均时间	浓度限值		单位
			一级	二级	
1	二氧化硫（SO_2）	年平均	20	60	μg/m³
		24 小时平均	50	150	
		1 小时平均	150	500	
2	二氧化氮（NO_2）	年平均	40	40	
		24 小时平均	80	80	
		1 小时平均	200	200	
3	一氧化碳（CO）	24 小时平均	4	4	mg/m³
		1 小时平均	10	10	
4	臭氧（O_3）	日最大 8 小时平均	100	160	μg/m³
		1 小时平均	160	200	
5	颗粒物（粒径小于等于 10μm）	年平均	40	70	
		24 小时平均	50	150	
6	颗粒物（粒径小于等于 2.5μm）	年平均	15	35	
		24 小时平均	35	75	

表 5-2 环境空气污染物其他项目浓度限值

序号	污染物项目	平均时间	浓度限值		单位
			一级	二级	
1	总悬浮颗粒物（TSP）	年平均	80 200		μg/m³
		24 小时平均	120 300		
2	氮氧化物（NO_x）	年平均	50 50		
		24 小时平均	100 100		
		1 小时平均	250 250		
3	铅（Pb）	年平均	0.5 0.5		
		季平均	1 1		
4	苯并［a］芘（B［a］P）	年平均	0.001 0.001		
		24 小时平均	0.002 5	0.002 5	

3. 农业生产过程

农药和化肥的使用可以对大气产生污染。如 DDT 施用后能在水面上漂浮，并同水分子一起蒸发而进入大气层；氮肥在施用后，可直接从土壤表面挥发成气体进入大气；以有机氮或无机氮进入土壤内的氮肥，在土壤微生物作用下转化为氮氧化物进入大气，从而增加了大气中氮氧化物的含量。

4．交通运输过程

各种机动车辆、飞机、轮船等排放有害废物到大气中。交通运输产生的污染物主要有碳氢化合物、一氧化碳、氮氧化物、含铅污染物、苯并芘等。这些污染物在阳光照射下，有的可经光化学反应，生成光化学烟雾，形成了二次污染物，对人类的危害更大。

（二）主要污染物及其危害

大气中的污染物对环境和人体都会产生很大的影响，同时对全球环境也带来影响，如温室气体效应、酸雨、臭氧层破坏等，使全球的气候、生态、农业、森林等发生一系列影响。

图 5-1 显示大气污染对人体及环境影响的途径。大气污染物可以通过降水、降尘等方式对水体、土壤和作物产生影响，并通过呼吸、皮肤接触、食物、饮用水等进入人体，对人体健康和生态环境造成直接的近期的或远期的危害。

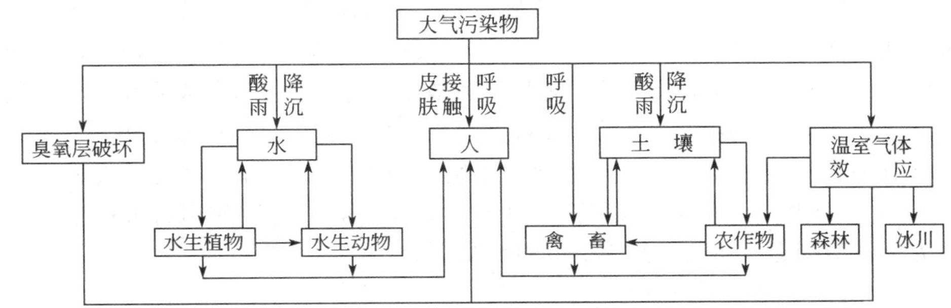

图 5-1 大气污染对人体及环境影响的途径

由于污染（pollution）这个词英文具有“毁坏”的含义，世界卫生组织（WHO）把大气中那些含量和存在时间达到一定程度以致对人体、动植物和物品危害达到可测程度的物质，称之为大气污染物。因此，当前最普遍被列入空气质量标准的污染物除颗粒物外，主要有碳氧化物、硫氧化物、氮氧化物、碳氢化合物、臭氧等。见表 5-1 和表 5-2 的规定限值。

1．碳氧化物

碳与氧反应而产生碳的氧化物，一氧化碳和二氧化碳。

$$2C+O_2 = 2CO$$

$$2CO+O_2 = 2CO_2$$

$$C+CO_2 = 2CO$$

因 CO（$C \rightleftarrows O$）分子中三键强度很大，使 CO 反应需要很高的活化能，以致 CO_2 的生成速度很慢。只有在供氧充分时才能变成 CO_2。另外由于燃烧时温度很高，导致部分 CO_2 被还原成 CO。显然，在燃烧过程中不可避免地生成一定浓度的 CO。

一氧化碳是无色、无臭、无味的气体，人不易警惕其存在。当人们吸入 CO 时，它与血红蛋白作用生成碳氧血红蛋白（carboxy hemoglobin 简写为 COHb。实验证明，血红蛋白与一氧化碳的结合能力较与氧的结合能力大 200～300 倍，反应式为 $O_2Hb+CO = COHb+O_2$，反应平衡常数为 210），降低了血液输送氧的能力而引起缺氧。其症状是眩晕等，同时使心脏过度疲劳，致使心血管工作困难，终致死亡。生活中常说的“煤气中毒”实质上就是 CO 的作用。

一氧化碳也是城市大气中数量最多的污染物，碳氢化合物燃烧不完全是 CO 的主要来源，如汽车排放尾气。其主要危害在于能参与光化学烟雾的形成，以及造成全球的环境问题。

二氧化碳是含碳物质完全燃烧的产物，也是动物呼吸排出的废气。它本身无毒，对人体无害，但其含量>8%时会令人窒息。近年来研究发现，现代大气中CO_2的浓度不断上升引起地球气候变化，这个问题称之为“温室效应”。所以联合国环境决策署决议将CO_2列为危害全球的6种化学品之一，越来越受到环境科学的关注。

目前对CO的局部排放源的控制措施主要集中在汽车方面。如使用排气的催化反应器，加入过量空气使CO氧化成CO_2。

2. 硫的氧化物

矿物燃料燃烧、冶金、化工等都会产生SO_2或SO_3。

$$S+O_2 = SO_2$$

$$2SO_2+O_2 = 2SO_3$$

由煤和石油燃烧产生的SO_2占总排放量的88%，如燃煤电厂、冶金厂等排放硫烟气是以大气量、低浓度（含SO_2 0.1%～0.8%）的形式排放，回收净化相当困难，已成为环境化学工程中一个具有战略意义的课题。尤其我国是以煤为主要能源的发展中国家，既要以煤作能源，又要花费大量费用来除去煤中高含量的硫，从而处于进退两难之中。

SO_2具有强烈的刺激性气味，它能刺激眼睛，损伤呼吸器官，引起呼吸道疾病。特别是SO_2与大气中的尘粒、水分形成气溶胶颗粒时，这三者的协同作用对人的危害更大。这种污染称为伦敦型烟雾或叫硫酸烟雾。其过程如下。

$$SO_2 \xrightarrow{\text{催化或光化学氧化}} SO_3 \xrightarrow{H_2O} H_2SO_4 \xrightarrow{H_2O} (H_2SO_4)_m(H_2O)_n$$

由SO_2氧化成SO_3是关键的一步。在大气中可能由光化学氧化、液相氧化、多相催化氧化这三个途径来实现。许多污染事件表明，SO_2与其他物质结合会产生更大的影响。如1952年12月的5天间，伦敦上空烟尘和SO_2浓度很高，地面上完全处于无风状态，雾很大，从工厂和家庭排出的烟尘积蓄在空中久久不能散开，最终导致死亡3500～4000人，超过正常死亡状况。尸体解剖表明，呼吸道受到刺激，SO_2是造成死亡率过高的祸首。

SO_2的腐蚀性很大，能导致皮革强度降低，建筑材料变色，塑像及艺术品毁坏。在与植物接触时，会杀死叶组织，引起叶子脱色变黄，农作物产量下降。

另外，SO_2在大气中含量过高是形成酸雨污染的重要因素。如我国华中地区是全国酸雨污染最重的区域，北方京津、图们、青岛等地也频频出现酸性降水。1982年12月初美国洛杉矶经受了两天的酸雾污染，地面形成高浓度的酸雾颗粒，pH为1.7。导致能见度低，呼吸受到强烈刺激。表5-3是我国部分城市降水的最小pH。

表 5-3　我国部分城市降水的最小 pH

城市	pH	城市	pH	城市	pH	城市	pH
贵阳	4.07	南京	4.59	石家庄	5.36	天津	5.96
重庆	4.14	杭州	4.72	武汉	5.47	济南	6.10
长沙	4.30	宜宾	4.87	北京	5.96		

大气中的SO_2主要通过降水清除或氧化成硫酸盐微粒后再干沉降。除此之外，土壤的微生物降解、化学反应、植被和水体的表面吸收等都是去除SO_2的途径。

3. 氮氧化物

在大气中含量多、危害大的氮氧化物(NO_x)只有一氧化氮(NO)和二氧化氮(NO_2)。人为排放主要来源于矿物燃料的燃烧过程（包括汽车及一切内燃机的排放）、生产硝酸工厂排放的尾气。氮氧化物浓度高的气体呈棕黄色，从工厂烟囱排出来的氮氧化物气体称之为“黄龙”。

高温下，燃料燃烧可以伴随以下反应。

$$N_2 + O_2 = 2NO$$

$$NO + \frac{1}{2}O_2 = NO_2$$

实验证明，NO的生成速度是随燃烧温度升高而加大的。在300℃以下，产生很少的NO。燃烧温度高于1500℃时，NO的生成量就显著增加。

NO与有强氧化能力的物质作用（如与大气中臭氧作用），则生成 NO_2 的速度很快。NO_2 是一种红棕色有害的恶臭气体，具有腐蚀性和刺激作用。

大气中的氮氧化物对人类、动植物的生长及自然环境有很大的影响。

(1) 对人类的影响　当空气中的 NO_2 含量达 150mL/m^3 时，对人的呼吸器官有强烈的刺激，3～8h会发生肺水肿，可能引起致命的危险。作为低层大气中最重要的光吸收分子，NO_2 可以吸收太阳辐射中的可见光和紫外光，被分解为NO和氧原子：

$$NO_2 + h\nu(290 \sim 400nm) \longrightarrow NO + [O]$$

生成的氧原子非常活泼，由它可继续发生一系列反应，导致光化学烟雾。这就是洛杉矶烟雾的实质。

(2) 对森林和作物生长的影响　NO_x 通过叶表面的气孔进入植物活体组织后，干扰了酶的作用，阻碍了各种代谢机能；有毒物质在植物内还会进一步分解或参与合成过程，产生新的有害物质，侵害机体内的细胞和组织，使其坏死。

NO_x 也是形成酸雨的重要原因之一。酸雨可以破坏作物的根系统的营养循环；与臭氧结合损害树的细胞膜，破坏光合作用；酸雾还会降低树木的抗严寒和干燥的能力。

(3) 对全球气候的影响　氮氧化物和二氧化碳引起“温室效应”，使地球气温上升1.5～4.5℃，造成全球性气候反常。《1991年世界环境状况》报告表明：“随着温度的升高，海洋也将变暖和膨胀，从而导致海平面上升，并将淹没包括孟加拉国、埃及、印度尼西亚、中国和印度等广大地区在内的许多高产的三角洲地区”。大气中的 NO_x 大部分最终转化为硝酸盐颗粒，通过湿沉降和干沉降过程从大气中消除，被土壤、水体、植被等吸收、转化。

4. 碳氢化合物

碳氢化合物的人为排放源是汽油燃烧（38.5%）、焚烧（28.3%）、溶剂蒸发（11.3%）、石油蒸发和运输消耗（8.8%）、提炼废物（7.1%）。美国排放碳氢化合物占总产量的比例高达34%，其中半数以上来自交通运输。汽车排放的碳氢化合物主要有两类：烃类，如甲烷、乙烯、乙炔、丙烯、丁烷等；醛类，如甲醛、乙醛、丙醛、丙烯醛和苯甲醛等。此外还有少量芳烃和微量多环芳烃致癌物。

一般碳氢化合物对人的毒性不大，主要是醛类物质具有刺激性。对大气的最大影响是碳氢化合物在空气中反应形成危害较大的二次污染物，如光化学烟雾。

碳氢化合物从大气中去除的途径主要有土壤微生物活动，植被的化学反应、吸收和消化，对流层和平流层化学反应，以及向颗粒物转化等。

5. 粒状污染物

悬浮在大气中的微粒统称为悬浮颗粒物，简称颗粒物，这种微粒可以是固体也可以是液体。因其对生物的呼吸、环境的清洁、空气的能见度以及气候因素等造成不良影响，所以是大气中危害最明显的一类污染物。

天然过程排放颗粒物主要有火山爆发的烟气、岩石风化的灰尘、宇宙降尘、海浪飞逸的盐粒、各种微生物、细菌、植物的花粉等，约占大气颗粒物总量的89%。由燃料燃烧、开矿、选矿或固体物质的粉碎加工（磨面粉、制水泥等）、火药爆炸、农药喷洒等人工排放约占颗粒物总量的11%。人为排放集中在人类活动的场所如厂矿、城市等，它增加了人类周围环境的大气负担。人们对大气中不同的颗粒物赋予了种种名称，如烟、尘、雾等，它们的粒径、性质皆不相同，见图5-2。

粒状污染物的危害简略归纳如下：遮挡阳光，使气温降低，或形成冷凝核心，使云雾和雨水增多，以致影响气候；使可见度降低，交通不便，航空与汽车事故增加；可见度差导致照明耗电增加，燃料消耗随之增多，空气污染也更严重，形成恶性循环；颗粒物与SO_2的协同作用对呼吸系统危害加大，如伦敦烟雾事件中，1952年那一次五天死亡近4000人，而在1962年的事件中，同样气象条件下，SO_2浓度虽然比1952年稍高，但飘尘浓度却低一半，死亡仅750人；用四乙铅做汽油的防爆剂时，排入空气中的铅有97%为直径小于0.5μm的微粒，分布广，危害大，对人的影响症状是脑神经麻木和慢性肾病，严重时死亡。

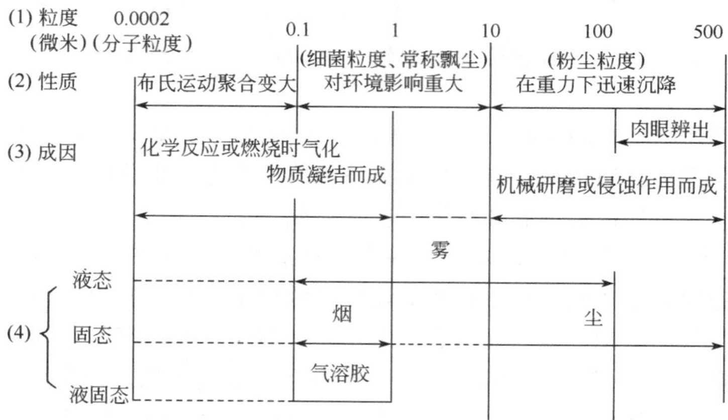

图5-2　微粒的粒度、性质、成因和物态

目前，我国大多数城市空气的首要污染物是颗粒物。2000年3～4月间，北京、天津等华北大部分地区受沙尘暴的影响达十几次，风沙满天、黄土飞扬，几米内难见人影，使大气能见度明显下降，影响甚至扩散至华东地区。全球大气污染物的监测结果表明，北京、沈阳、西安、上海、广州5座城市大气中总悬浮颗粒物日均浓度在200～500$\mu g/m^3$，超过世界卫生组织标准3～9倍，统统被列入世界十大污染城市之中，而这5座城市的污染在中国仅属中等。

世界卫生组织（WHO）发布的最新世界城市空气质量数据库中，包括中国210个城市。中国十大空气污染最严重城市中前八个均位于河北省，分别是邢台、保定、石家庄、邯郸、衡水、唐山、廊坊、沧州，其中邢台和保定进入全球细颗粒物污染前十，年均浓度分别为128$\mu g/m^3$和126$\mu g/m^3$。北京以每立方米85μg的$PM_{2.5}$浓度位列中国第11，居全球第56。

据了解，这份数据统计覆盖2014年全球103个国家和地区近3000个城市的颗粒物（PM_{10}）和细颗粒物污染水平。根据WHO空气质量标准，$PM_{2.5}$年平均值应小于每立方米

10μg，全球80%以上的城市空气污染水平超过这一标准。中国空气污染最严重的邢台超WHO空气质量标准12.8倍。

2015年9月，中国社科院发布《城市蓝皮书：中国城市发展报告No.8》，对2014年中国城市的健康发展水平进行评估，指出环境污染问题突出。在2014年实施空气质量检测的161个城市中，空气质量达标的仅占9.9%。城市生态环境整体处于中偏下的水平。从区域角度来看，东部地区特别是珠三角城市群的城市健康环境水平最高，京津冀城市群的城市健康环境水平最低。据统计，当年京津冀地区$PM_{2.5}$平均浓度达到91，珠三角城市群$PM_{2.5}$浓度仅为41，与上述世界卫生组织的数据统计相符。

世界卫生组织上次更新世界城市空气质量数据库是在2014年，共调查了91个国家和地区约1600个城市，达标的城市人口占整体的12%。

二、颗粒污染物的净化方法

随着工业的不断发展，人为排放的气溶胶粒子所占的比例逐渐增加。在化学工业中所排放的废气中的粉尘物质主要是含有硅、铝、铁、镍、钒、钙等的氧化物以及粒度在$10^3\mu m$以下的浮游物质。控制这些粉尘污染物的排放数量，是大气环境保护的重要内容。

（一）粉尘的控制与防治措施

从不同角度进行粉尘的控制与防治工作，主要有以下四个工程技术领域。

（1）防尘规划与管理　主要内容包括园林绿化的规划管理以及对有粉尘物料加工的过程和生产中产生粉尘的过程实现密封化和自动化。园林绿化具有阻滞粉尘和收集粉尘的作用，合理地对生产粉尘单位尽量用园林绿化带包围起来或隔开，可使粉尘向外扩散减少到最低限度；在生产过程中需要对物料进行破碎、研磨等工序时，要使生产过程在采用密闭技术及自动化技术的装置中进行。

（2）通风技术　对工作场所引进清洁空气，以替换含尘浓度较高的污染空气。通风技术分为自然通风和人工通风两大类。人工通风又包括单纯换气技术及带有气体净化措施的换气技术。

（3）除尘技术　包括对悬浮在气体中的粉尘进行捕集分离，以及对已落到地面或物体表面上的粉尘进行清除。前者可采用干式除尘和湿式除尘等不同方法；后者采用各种定型的除（吸）尘设备进行处理。

（4）防护罩技术　包括个人使用的防尘面罩及整个车间的防护措施。

（二）除尘装置与技术

1. 分类

根据各种除尘装置作用原理的不同，可以分为机械除尘器、湿式除尘器、电除尘器和过滤除尘器等四大类。另外声波除尘器除依靠机械原理除尘，还利用了声波的作用使粉尘凝集，故有时将声波除尘器分为另一类。

机械除尘器还可分为重力除尘器、惯性力除尘器和离心除尘器。

近年来，为提高对微粒的捕集效率，还出现了综合几种除尘机制的新型除尘器。如声凝聚器、热凝聚器、高梯度磁分离器等，但目前大多数仍处于试验阶段，还有些新型除尘器由于性能、经济效益等方面原因不能推广应用。

2. 除尘器的除尘机理及使用范围

如表5-4所示。

表 5-4 常用除尘器的除尘机理及使用范围

除尘装置	除尘机理								适用范围
	沉降作用	离心作用	静电作用	过滤	碰撞	声波吸引	折流	凝集	
沉降室	○								烟气除尘、硝酸盐、石膏、氧化铝、石油精制催化剂回收
挡板除尘器					○		△	△	
旋风式除尘器		○			△			△	
湿式除尘器		△			○		△	△	硫铁矿焙烧、硫酸、磷酸、硝酸生产等
电除尘			○						除烟雾、石油裂化催化剂回收、氧化铝加工等
过滤式除尘器				○	△		△	△	喷雾干燥、炭黑生产、二氧化钛加工等
声波式除尘器					△	○	△	△	尚未普及应用

注：○指主要机理；△指次要机理。

3. 除尘装置的选择和组合

作为除尘器的性能指标，通常有下列六项。

（1）除尘器的除尘效率；

（2）除尘器的处理气体量；

（3）除尘器的压力损失；

（4）设备基建投资与运转管理费用；

（5）使用寿命；

（6）占地面积或占用空间体积。

以上六项性能指标中，前三项属于技术性能指标，后三项属于经济指标。这些项目是互相关联、相互制约的。其中压力损失与除尘效率是一对主要矛盾，前者代表除尘器所消耗的能量，后者表示除尘器所给出的效果，从除尘器的除尘技术角度来看，总是希望所消耗的能量最少，而达到最高的除尘效率。然而要使上面六项指标都能面面俱到，实际上是不可能的。所以在选用除尘器时，要根据气体污染的具体要求，通过分析比较来确定除尘方案和选定除尘装置。

表 5-5、表 5-6 分别列出了各种主要除尘设备优缺点和性能情况，便于比较和选择。

表 5-5 各种主要除尘设备优缺点比较

除尘器	原理	适用粒径/μm	除尘效率 η/%	优点	缺点
沉降室	重力	100～50	40～60	① 造价低； ② 结构简单； ③ 压力损失小； ④ 磨损小； ⑤ 维修容易； ⑥ 节省运转费	① 不能除去小颗粒粉尘； ② 效率较低
挡板式（百叶窗）除尘器	惯性力	100～10	50～70	① 造价低； ② 结构简单； ③ 处理高温气体； ④ 几乎不用运转费	① 不能除去小颗粒粉尘； ② 效率较低
旋风式分离器	离心力	5 以下 3 以上	50～80 10～40	① 设备较便宜； ② 占地少； ③ 处理高温气体； ④ 效率较高； ⑤ 适用于高浓度烟气	① 压力损失大； ② 不适于黏、湿气体； ③ 不适于腐蚀性气体

续表

除 尘 器	原理	适用粒径 /μm	除尘效率 η /%	优 点	缺 点
湿式除尘器	湿式	1 左右	80～99	① 除尘效率高； ② 设备便宜； ③ 不受温度、湿度影响	① 压力损失大，运转费用高； ② 用水量大，有污水需要处理； ③ 容易堵塞
过滤式（袋式）除尘器	过滤	20～1	90～99	① 效率高； ② 使用方便； ③ 低浓度气体适用	① 容易堵塞，滤布需替换； ② 操作费用高
电除尘器	静电	20～0.05	80～99	① 效率高； ② 处理高温气体； ③ 压力损失小； ④ 低浓度气体适用	① 设备费用高； ② 粉尘黏附在电极上，对除尘有影响，效率降低； ③ 需要维修费用

根据含尘气体的特性，可以从以下几方面考虑除尘装置的选择和组合。

① 若尘粒的粒径较小，几微米以下粒径占多数时，应选用湿式、过滤式或电除尘式除尘器；若粒径较大，以 10μm 以上粒径占多数时，可选用机械除尘器。

② 若气体含尘浓度较高时，可用机械化除尘；若含尘浓度低时，可采用文丘里洗涤器；若气体的进口含尘浓度较高而又要求气体出口的含尘浓度低时，则可采用多级除尘器串联组合方式除尘，先用机械式除去较大尘粒，再用电除尘或过滤式除尘器等去除较小粒径的尘粒。

表 5-6 常用除尘装置的性能一览表

除尘器名称	捕集粒子的能力/%			压力损失/Pa	设备费	运行费	装置的类别
	50μm	5μm	1μm				
重力除尘器	—	—	—	100～150	低	低	机械
惯性力除尘器	95	16	3	300～700	低	低	机械
旋风除尘器	96	73	27	500～1500	中	中	机械
文丘里除尘器	100	>99	98	3000～10000	高	高	湿式
静电除尘器	>99	98	92	100～200	中	中	静电
袋式除尘器	100	>99	99	100～200	较高	较高	过滤
声波除尘器	—	—	—	600～1000	中	中	声波

③ 对于黏附性较强的尘粒，最好采用湿式除尘器。不宜采用过滤式除尘器，因为易造成滤布堵塞；也不宜采用静电除尘器，因为尘粒黏附在电极表面上将使电除尘器的效率降低。

④ 如采用电除尘器，一般可以预先通过温度、湿度调节或添加化学药品的方法，使尘粒的电阻率为 $10^4 \sim 10^{11}\Omega \cdot cm$。电除尘器只适用在 500℃以下的情况。

⑤ 气体温度增高，黏性将增大，流动时压力损失增加，除尘效率也会下降。而温度过低，低于露点温度时，会有水分凝出，增大尘粒的黏附性。故一般应在比露点温度高 20℃的条件下进行除尘。

⑥ 气体成分中如含有易燃易爆的气体，如 CO 等，应将 CO 氧化为 CO_2 后再进行除尘。

由于除尘技术的方法和设备种类很多，各具有不同的性能和特点。除需考虑当地大气环境质量、尘的环境容许标准、排放标准、设备的除尘效率及有关经济技术指标外，还必须了解尘的特性，如它的粒径、粒度分布、形状、比电阻、黏性、可燃性、凝集特性以及含尘气体的化学成分、温度、压力、湿度、黏度等。总之只有充分了解所处理含尘气体的特性，又能充分掌握各种除尘装置的性能，才能合理地选择出既经济又有效的除尘装置。

三、气态污染物的治理方法

工农业生产、交通运输和人类生活活动中所排放的有害气态物质种类繁多，根据这些物质的不同的化学性质和物理性质，采用不同的技术方法进行治理。

（一）吸收法

吸收法是采用适当的液体作为吸收剂，使含有有害物质的废气与吸收剂接触，废气中的有害物质被吸收于吸收剂中，使气体得到净化的方法。在吸收过程中，用来吸收气体中的有害物质的液体叫吸收剂，被吸收的组分称为吸收质，吸收了吸收质后的液体叫吸收液。吸收操作可分为物理吸收和化学吸收。在处理以气量大、有害组分浓度低为特点的各种废气时，化学吸收的效果要比单纯的物理吸收好得多，因此在用吸收法治理气体污染时，多采用化学吸收法进行。

直接影响吸收效果的是吸收剂的选择。所选择的吸收剂一般应具有以下特点：吸收容量大，即在单位体积的吸收剂中吸收有害气体的数量要大；饱和蒸气压低，以减少因挥发而引起的吸收剂的损耗；选择性高，即对有害气体吸收能力强；沸点要适宜，热稳定性高，黏度及腐蚀性要小，价廉易得。

根据以上原则，若去除氯化氢、氨、二氧化硫、氟化氢等可用水作吸收剂；若去除二氧化硫、氮氧化物、硫化氢等酸性气体可选用碱液（如烧碱溶液、石灰乳、氨水等）作吸收剂；若去除氨等碱性气体可选用酸液（如硫酸溶液）作吸收剂。另外，碳酸丙烯酯、*N*-甲基吡咯烷酮及冷甲醇等有机溶剂也可以有效地去除废气中的二氧化碳和硫化氢。吸收法中所用吸收设备的主要作用是使气液两相充分接触，以便更好地发生传质过程。常用的吸收装置性能比较见表 5-7。

表 5-7　常用吸收装置的性能比较

装置名称	分散相	气侧传质系数	液侧传质系数	所用的主要气体
填料塔	液	中	中	SO_2、H_2S、HCl、NO_2 等
空塔	液	小	小	HF、SiF、HCl
旋风洗涤塔	液	中	小	含粉尘的气体
文丘里洗涤塔	液	大	中	HF、H_2SO_4、酸雾
板式塔	气	小	中	Cl_2、HF
湍流塔	液	中	中	HF、NH_3、H_2S
泡沫塔	气	小	大	Cl_2、NO_2

吸收一般采用逆流操作，被吸收的气体由下向上流动，吸收剂由上而下流动，在气、液逆流接触中完成传质过程。吸收工艺流程有非循环和循环过程两种，前者吸收剂不予再生，后者吸收剂封闭循环使用。

吸收法具有设备简单、捕集效率高、应用范围广、一次性投资低等特点，已被广泛用于有害气体的治理，例如含 SO_2、H_2S、HF 和 NO_x 等污染物的废气，均可用吸收法净化。吸收是将气体中的有害物质转移到了液相中，因此必须对吸收液进行处理，否则容易引起二次污染。此外，低温操作下吸收效果好，在处理高温烟气时，必须对排气进行降温处理，可以采取直接冷却、间接冷却、预置洗涤器等降温手段。

（二）吸附法

吸附法就是使废气与大表面多孔性固体物质相接触，使废气中的有害组分吸附在固体表面上，使其与气体混合物分离，从而达到净化的目的。具有吸附作用的固体物质称为吸附剂，被吸附的气体组分称为吸附质。

吸附过程是可逆的过程，在吸附质被吸附的同时，部分已被吸附的吸附质分子还可因分子的热运动而脱离固体表面回到气相中去，这种现象称为脱附。当吸附与脱附速度相等时就达到了吸附平衡，吸附的表观过程停止，吸附剂就丧失了吸附能力，此时应当对吸附剂进行再生，即采用一定的方法使吸附质从吸附剂上解脱下来。吸附法治理气态污染物包括吸附和吸附剂再生的全部过程。

吸附净化法的净化效率高，特别是对低浓度气体仍具有很强的净化能力。吸附法常常应用于排放标准要求严格或有害物浓度低用其他方法达不到净化要求的气体净化。但是由于吸附剂需要重复再生利用，以及吸附剂的容量有限，使得吸附方法的应用受到一定的限制，如对高浓度废气的净化，一般不宜采用该法，否则需要对吸附剂频繁进行再生，即影响吸附剂的使用寿命，同时会增加操作费用及操作上的繁杂程序。

合理选择与利用高效率吸附剂，是提高吸附效果的关键。应从几方面考虑吸附剂的选择：大的比表面积和孔隙率；良好的选择性；吸附能力强，吸附容量大；易于再生；机械强度大，化学稳定性强，热稳定性好，耐磨损，寿命长；价廉易得。

根据以上特点，不同吸附剂及应用范围见表 5-8。

表 5-8 不同吸附剂及应用范围

吸附剂	可吸附的污染物种类
活性炭	苯、甲苯、二甲苯、丙酮、乙醇、乙醚、甲醛、煤油、汽油、光气、醋酸乙酯、苯乙烯、恶臭物质、H_2S、Cl_2、CO、SO_2、NO_x、CS_2、CCl_4、$CHCl_3$、CH_2Cl_2
活性氧化铝	H_2S、SO_2、C_nH_m、HF
硅胶	NO_x、SO_2、C_2H_2、烃类
分子筛	NO_x、SO_2、CO、CS_2、H_2S、NH_3、C_nH_m、Hg（气）
泥煤、褐煤	NO_x、SO_2、SO_3、NH_3

吸附效率较高的吸附剂如活性炭、分子筛等，价格一般都比较昂贵，因此必须对失效吸附剂进行再生而重复使用，以降低吸附法的费用。常用的再生方法有热再生（或升温脱附）、降压再生（或减压脱附）、吹扫再生、化学再生等。由于再生的操作比较麻烦，且必须专门供应蒸气或热空气等满足吸附剂再生的需要，使设备费用增加，限制了吸附法的广泛应用。

（三）催化转化法

催化转化法净化气态污染物是利用催化剂的催化作用，将废气中的有害物质转化为无害物质或易于去除的物质的一种废气治理技术。

催化法与吸收法、吸附法不同，在治理污染过程中，无需将污染物与主气流分离，可直接将有害物质转变为无害物质，这不仅可避免产生二次污染，而且可简化操作过程。此外，所处理的气体污染物的初始浓度都很低，反应的热效应不大，一般可以不考虑催化床层的传热问题，从而大大简化催化反应器的结构。由于上述优点，可使用催化法使废气中的碳氢化合物转化为二氧化碳和水，氮氧化物转化为氮，二氧化硫转化为三氧化硫后加以回收利用，有机废气和臭气催化燃烧，以及气体尾气的催化净化等。该法的缺点是催化剂价格较高，废气预热需要一定的能量，即需添加附加的燃料使得废气催化燃烧。

催化剂一般是由多种物质组成的复杂体系，按各成分所起作用的不同，主要分为活性组分、载体、助催化剂。催化剂的活性除表现为反应速度具有明显的改变之外还具有如下特点：①催化剂只能缩短反应到平衡的时间，而不能使平衡移动，更不可能使热力学上不可发生的反应进行；②催化剂性能具有选择性，即特定的催化剂只能催化特定的反应；③每一种都有它的特定活性温度范围。低于活性温度，反应速率慢，催化剂不能发挥作用；高于活性温度，催化剂会很快老化甚至被烧坏；④每一种催化剂都有中毒、衰老的特性。根据活性、选择性、机械强度、热稳定性、化学稳定性及经济性等来筛选催化剂是催化净化有害气体的关键。常用的催化剂一般为金属盐类或金属，如钒、铂、铅、镉、氧化铜、氧化锰等物质。载在具有巨大表面积的惰性载体上，典型的载体为氧化铝、铁矾土、石棉、陶土、活性炭和金属丝等。表 5-9 为净化气态污染物常用的几种催化剂的组成。

表 5-9　净化气态污染物常用的几种催化剂的组成

用　　途	主要活性物质	载　　体
有色冶炼烟气制酸、硫酸厂尾气回收制酸等 SO_2-SO_3	V_2O_5 含量 6%～12%	SiO_2 (助催化剂 K_2O 或 Na_2O)
硝酸生产及化工等工艺尾气 NO_x-N_2	Pt、Pd 含量 0.5%	Al_2O_3-SiO_2
	$CuCrO_2$	Al_2O_3-MgO
碳氢化合物的净化 $CO+H_2$ CO_2+H_2O	Pt、Pd、Rh	Ni、NiO、Al_2O_3
	CuO、Cr_2O_3、Mn_2O_3	Al_2N_3
	稀土金属氧化物	
汽车尾气的净化	Pt (0.1%)	硅铝小球、蜂窝陶瓷
	碱土、稀土和过渡金属氧化物	α-Al_2O_3、γ-Al_2O_3

(四) 燃烧法

燃烧法是对含有可燃有害组分的混合气体加热到一定温度后，组分与氧化剂反应进行燃烧，或在高温下氧化分解，从而使这些有害物质组分转化为无害物质。该方法主要应用于碳氢化合物、一氧化碳、恶臭、沥青烟、黑烟等有害物质的净化治理。燃烧法工艺简单，操作方便，净化程度高，并可回收热能，但不能回收有害气体，有时会造成二次污染。实用中的燃烧净化有如下三种方法。

1. 直接燃烧法

将废气中的可燃有害组分当作燃料直接烧掉，此法只适用于净化含可燃性组分浓度较高或有害组分燃烧时热值较高的废气。直接燃烧是有火焰的燃烧，燃烧温度高（大于 1100℃），一般的窑、炉均可作为直接燃烧的设备。在石油工业和化学工业中，主要是“火炬”燃烧，它是将废气连续通入烟囱，在烟囱末端进行燃烧。此法安全、简单、成本低，但不能回收热能。

2. 热力燃烧

利用辅助燃料燃烧放出的热量将混合气体加热到要求的温度，使可燃的有害物质进行高温分解变为无害物质。其可分三步：①燃烧辅助燃料提供预热能量；②高温燃气与废气混合以达到反应温度；③废气在反应温度下充分燃烧。

热力燃烧可用于可燃性有机物含量较低的废气及燃烧热值低的废气治理，可同时去除有机物及超微细颗粒，结构简单，占用空间小。维修费用低。缺点是操作费用高。

3. 催化燃烧

此法是在催化剂的存在下，废气中可燃组分能在较低的温度下进行燃烧反应，这种方法能节约燃料的预热，提高反应速率，减少反应器的容积，提高一种或几种反应物的相对转化率。图 5-3 是回收热量的催化燃烧过程示意图。

催化燃烧的主要优点是操作温度低，燃料耗量低，保温要求不严格，能减少回火及火灾危险。但催化剂较贵，需要再生，基建投资高。而且大颗粒物及液滴应预先除去，不能用于易使催化剂中毒的气体。见表 5-10 燃烧法分类及比较。

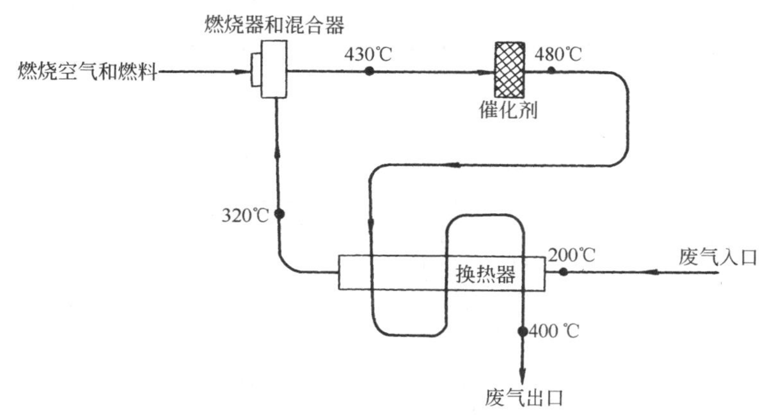

图 5-3　回收热量的催化燃烧过程

表 5-10　燃烧法分类及比较

方　法	适　用　方　法	燃烧温度/℃	设　　备	特　　点
直接燃烧	含可燃烧组分浓度高或热值高的废气	＞1100	一般窑炉或火炬管	有火焰燃烧，燃烧温度高，可燃烧掉废气中的炭粒
热力燃烧	含可燃烧组分浓度低或热值低的废气	720～820	热力燃烧炉	有火焰燃烧，需加辅助燃烧，火焰为辅助燃料的火焰，可烧掉废气中炭粒
催化燃烧	基本上不受可燃组分的浓度与热值限制，但废气中不许有尘粒、雾滴及催化剂毒物	300～450	催化燃烧炉	无火焰燃烧，燃烧温度最低，有时需电加热点火或维持反应温度

（五）冷凝法

冷凝法是利用物质在不同温度下具有不同饱和蒸气压这一性质，采用降低废气温度或提高废气压力的方法，使处于蒸气状态的污染物冷凝并从废气中分离出来的过程。该法特别适用于处理污染物浓度在 $10000cm^3/m^3$ 以上的高浓度有机废气。冷凝法不宜处理低浓度的废气，常作为吸附、燃烧等净化高浓度废气的前处理，以便减轻这些方法的负荷。如炼油厂、油毡厂的氧化沥青生产中的尾气，先用冷凝法回收，然后送去燃烧净化；氯碱及炼金厂中，常用冷凝法使汞蒸气成为液体而加以回收；此外，高湿度废气也用冷凝法使水蒸气冷凝下来，大大减少气体量，便于下步操作。

四、SO_2 废气的治理技术

1. 吸收法

燃烧过程及一些工业生产排出的废气中 SO_2 浓度较高，而废气量大、影响面广。因此主要采用化学吸收才能满足净化的要求。在化学吸收过程中，SO_2 作为吸收物质在液相中与吸收剂起化学反应，生成新物质，使 SO_2 在液相中的含量降低，从而增加了吸收过程的推动力；另一方面，由于溶液表面上 SO_2 的平衡分压降低得很多，从而增加了吸收剂吸收气体的能力，使排出吸收设备的气体中所含的 SO_2 浓度进一步降低，能达到很高的净化要求。目前具有工业实用意义的 SO_2 化学吸收方法主要有以下几种。

(1) 亚硫酸钾(钠)吸收法(WL 法) 此法是英国威尔曼-洛德动力气体公司于 1966 年开发的，是以亚硫酸钾或亚硫酸钠为吸收剂，SO_2 的脱除率达 90%以上。吸收母液经冷却、结晶、分离出亚硫酸氢钾(钠)，再用蒸汽将其加热分解生成亚硫酸钾(钠)和 SO_2。亚硫酸钾(钠)可以循环使用，SO_2 回收去制硫酸。工艺流程图见图 5-4、图 5-5。

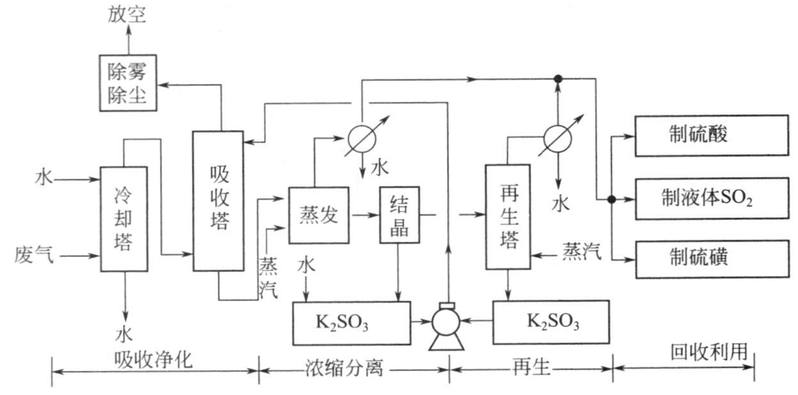

图 5-4 WL-K(钾)法流程图

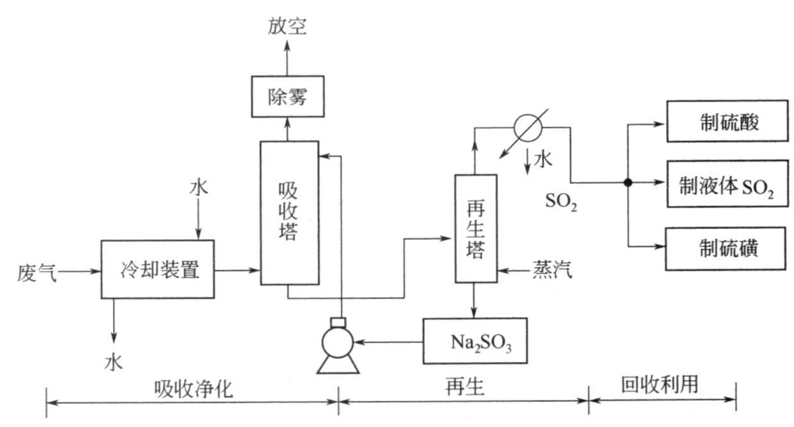

图 5-5 WL-Na(钠)法流程图

WL-K(钾)法的反应为

$$K_2SO_3 + SO_2 + H_2O \longrightarrow 2KHSO_3 \text{(吸收过程产物)}$$

WL-Na(钠)法的反应为

$$Na_2SO_3 + SO_2 + H_2O \longrightarrow 2NaHSO_3 \text{(吸收过程产物)}$$

WL 法的优点是：吸收液可循环使用，吸收剂损失少；吸收液对 SO_2 的吸收能力高，液体循环量少，泵的容量少；副产品 SO_2 的纯度高；操作负荷范围大，可以连续运转；基建投资和操作费用较低，可实现自动化操作。

WL 法的缺点是必须将吸收液中可能含有的 Na_2SO_4 去除掉，否则会影响吸收速率；另外吸收过程中会有结晶析出而造成设备堵塞。

(2) 碱液吸收法 采用苛性钠溶液、纯碱溶液或石灰浆液作为吸收剂，吸收 SO_2 后制得亚硫酸钠或亚硫酸钙。

① 以苛性钠溶液作吸收剂（吴羽法）。反应过程为

$$2NaOH+SO_2 \longrightarrow Na_2SO_3+H_2O$$

$$Na_2SO_3+SO_2+H_2O \longrightarrow 2NaHSO_3$$

$$2NaHSO_3+2NaOH \longrightarrow 2Na_2SO_3+2H_2O$$

工艺流程如图 5-6 所示。

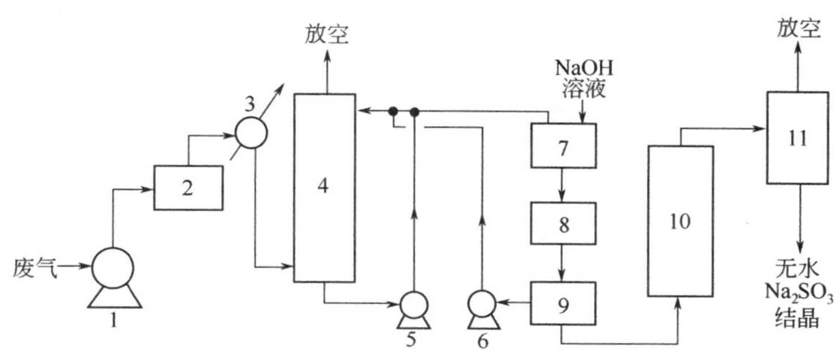

图 5-6 吴羽法脱硫流程

1—风机；2—除尘器；3—冷却塔；4—吸收塔；5，6—泵；7—中和结晶槽；8—浓缩塔；9—分离机；10—干燥塔；11—旋风式分离器

此法 SO_2 的吸收率可达 95%以上，且设备简单，操作方便。但苛性钠供应紧张，亚硫酸钠销路有限，此法仅适用于小规模（标准状况 $10\times10^4 m^3/h$ 废气）的生产。

② 用纯碱溶液作为吸收剂（双碱法）。此法是用 Na_2CO_3 或 NaOH 溶液（第一碱）来吸收废气中的 SO_2，再用石灰石或石灰浆液（第二碱）再生，制得石膏，再生后的溶液可继续循环使用。吸收化学反应为

$$2Na_2CO_3+SO_2+H_2O \longrightarrow 2NaHCO_3+Na_2SO_3$$

$$2NaHCO_3+SO_2 \longrightarrow Na_2SO_3+2CO_2+H_2O$$

$$Na_2SO_3+SO_2+H_2O \longrightarrow 2NaHSO_3$$

双碱法工艺流程如图 5-7 所示。

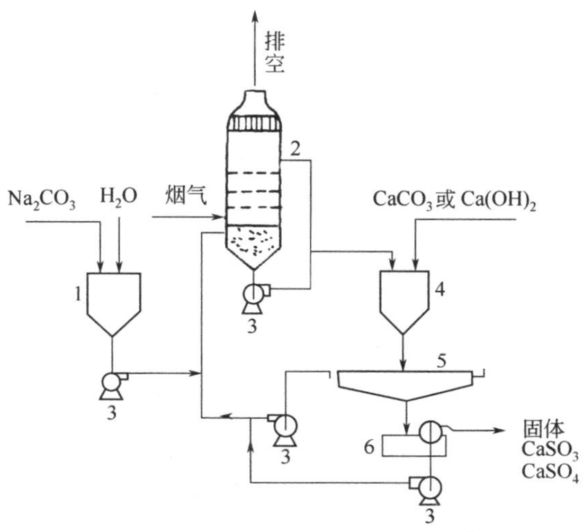

图 5-7 钠碱双碱法工艺流程

1—配碱槽；2—洗涤器；3—液泵；4—再生槽；5—增稠剂；6—过滤器

再生过程的反应为

$$2NaHSO_3 + CaCO_3 \longrightarrow Na_2SO_3 + CaSO_3 \cdot \frac{1}{2}H_2O \downarrow + CO_2 \uparrow + \frac{1}{2}H_2O$$

$$2NaHSO_3 + Ca(OH)_2 \longrightarrow Na_2SO_3 + CaSO_3 \cdot \frac{1}{2}H_2O \downarrow + \frac{3}{2}H_2O$$

$$2CaSO_3 \cdot \frac{1}{2}H_2O + O_2 + 3H_2O \longrightarrow 2CaSO_4 \cdot 2H_2O$$

另一种双碱法是采用碱式硫酸铝[$Al_2(SO_4)_3 \cdot xAl_2O_3$]作吸收剂，吸收 SO_2 后再氧化成硫酸铝，然后用石灰石与之中和再生出碱性硫酸铝循环使用，并得到副产品石膏。其反应过程如下。

吸收反应：

$$Al_2(SO_4)_3 \cdot Al_2O_3 + 3SO_2 \longrightarrow Al_2(SO_4)_3 \cdot Al_2(SO_3)_3$$

氧化反应：

$$2Al_2(SO_4)_3 \cdot Al_2(SO_3)_3 + 3O_2 \longrightarrow 4Al_2(SO_4)_3$$

中和反应：

$$2Al_2(SO_4)_3 + 3CaCO_3 + 6H_2O \longrightarrow Al_2(SO_4)_3 \cdot Al_2O_3 + 3CaSO_4 \cdot 2H_2O + 3CO_2 \uparrow$$

（3）氨液吸收法　此法是以氨水或液态氨作吸收剂，吸收 SO_2 后生成亚硫酸铵和亚硫酸氢铵。其反应如下。

$$NH_3 + H_2O + SO_2 \longrightarrow NH_4HSO_3$$

$$2NH_3 + H_2O + SO_2 \longrightarrow (NH_4)_2SO_3$$

$$(NH_4)_2SO_3 + H_2O + SO_2 \longrightarrow 2NH_4HSO_3$$

当 NH_4HSO_3 比例增大，吸收能力降低，须补充氨将亚硫酸氢铵转化为亚硫酸铵，即进行吸收液的再生。

$$NH_3 + NH_4HSO_3 \longrightarrow (NH_4)_2SO_3$$

此外还需引出一部分吸收液，可以采用氨-硫酸铵法、氨-亚硫酸铵法等方法进行回收硫酸铵或亚硫酸铵等副产品。

① 氨-硫酸铵法。此法也称酸分解法，其工艺流程如图 5-8 所示。

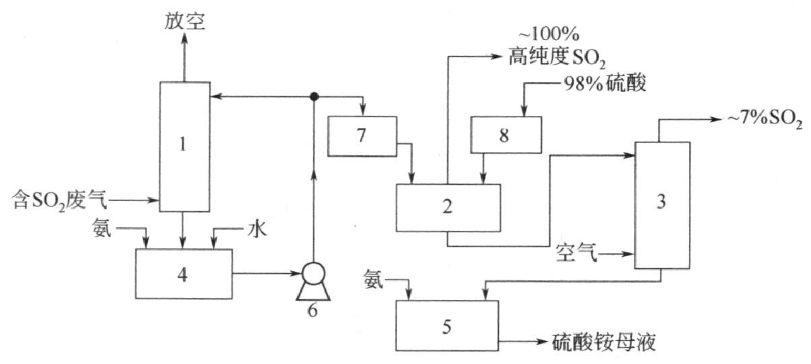

图 5-8　酸分解法脱硫流程示意图

1—吸收塔；2—混合器；3—分解塔；4—循环塔；5—中和塔；6—泵；7—母液；8—硫酸

将吸收液通过过量的硫酸进行分解，再用氨进行中和以获得硫酸铵，同时制得 SO_2 气体。其反应如下。

$$(NH_4)_2SO_3 + H_2SO_4 \longrightarrow (NH_4)_2SO_4 + SO_2 + H_2O$$

$$2NH_4HSO_3 + H_2SO_4 \longrightarrow (NH_4)_2SO_4 + 2SO_2 + 2H_2O$$

$$H_2SO_4 + 2NH_3 \longrightarrow (NH_4)_2SO_4$$

② 氨-亚硫酸铵法。此法是将吸收液引入混合器内，加入氨中和，将亚硫酸氢铵转化为亚硫酸铵，直接去结晶，分离出亚硫酸铵产品。此法不必使用硫酸，投资少，设备简单。其工艺流程如图 5-9 所示。

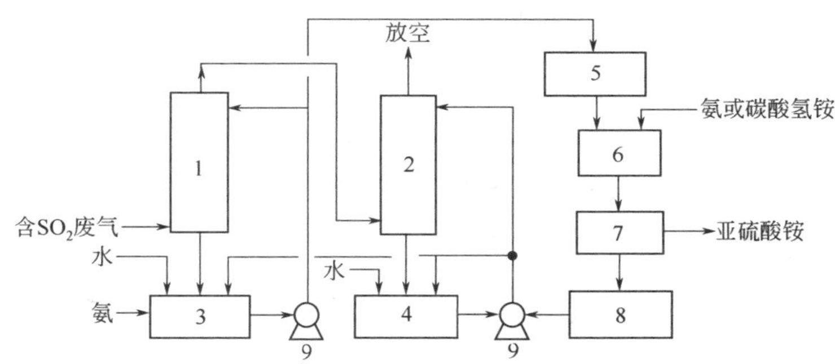

图 5-9 氨-亚硫酸铵法脱硫流程示意图

1—第一吸收塔；2—第二吸收塔；3，4—循环槽；5—高位槽；
6—中和器；7—离心机；8—吸收液贮槽；9—吸收液泵

(4) 液相催化氧化吸收法（千代田法） 此法是以含 Fe^{3+} 催化剂的质量分数为 2%～3%稀硫酸溶液作吸收剂，直接将 SO_2 氧化成硫酸。吸收液一部分回吸收塔循环使用，另一部分与石灰石反应生成石膏。故此法也称稀硫酸-石膏法，其反应如下。

$$2SO_2 + O_2 + 2H_2O \xrightarrow{Fe^{3+}} 2H_2SO_4$$

$$H_2SO_4 + CaCO_3 + H_2O \longrightarrow CaSO_4 \cdot 2H_2O \downarrow + CO_2 \uparrow$$

其工艺流程如图 5-10 所示。

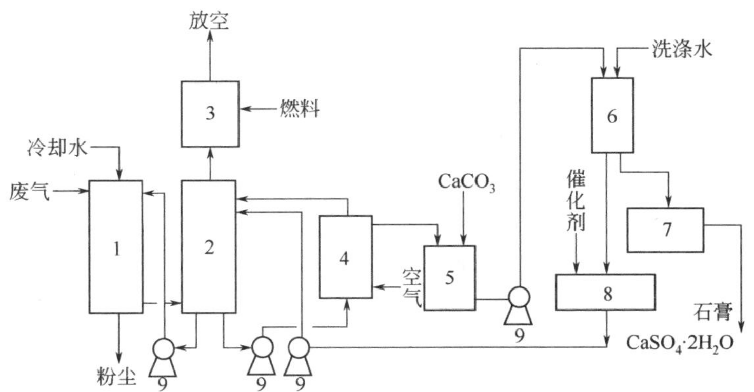

图 5-10 稀硫酸-石膏法脱硫流程示意图

1—冷却塔；2—吸收塔；3—加热塔；4—氧化塔；5—结晶塔；
6—离心机；7—输送机；8—吸收液贮槽；9—泵

千代田法工艺简单，容易操作，不需特殊设备和控制仪表，能适应操作条件的变化，脱硫率可达 98%，投资和运转费用较低。缺点是稀硫酸腐蚀性较强，必须采用合适的防腐材料。同时，所得稀硫酸浓度过低，不便于运输和使用。

2. 吸附法

吸附法烟气脱硫通常是应用活性炭作吸附剂吸附烟气中的 SO_2。当 SO_2 气体分子与活性炭相遇时，就被具有高度吸附力的活性炭表面所吸附，这种吸附是物理吸附，吸附的数量是非常有限的。由于烟气中有氧气存在，已吸附的 SO_2 被氧化成 SO_3，活性炭表面起着催化氧化的作用。如果有水蒸气存在，则 SO_2 就和水蒸气结合形成 H_2SO_4，吸附于微孔中，这样就增加了对 SO_2 的吸附量。整个吸附过程可表示如下。

$$SO_2 \longrightarrow SO_2^* \text{（物理吸附）}$$

$$O_2 \longrightarrow O_2^* \text{（物理吸附）}$$

$$H_2O \longrightarrow H_2O^* \text{（物理吸附）}$$

$$2SO_2^* + O_2^* \longrightarrow 2SO_3^* \text{（化学反应）}$$

$$SO_3^* + H_2O^* \longrightarrow H_2SO_4^* \text{（化学反应）}$$

$$H_2SO_4^* + nH_2O^* \longrightarrow H_2SO_4 \cdot nH_2O^* \text{（稀释作用）}$$

* 表示已被吸附在活性炭内。

利用 H_2S 将活性炭再生，称为还原再生法，其反应为

$$3H_2S + H_2SO_4 \longrightarrow 4S + 4H_2O$$

用 H_2 作还原剂，在540℃左右将 S 转化成 H_2S

$$S + H_2 \xrightarrow{540℃} H_2S$$

H_2S 又可用来再生 S。

图 5-11 是活性炭脱硫和还原再生法流程。此法可以在较低温度下进行，过程简单，无副反应，脱硫效率约为 80%～95%。但由于它的负载能力较小，吸附时气速不宜过大，因此活性炭的用量较大，设备庞大，不宜处理大流量的烟气。

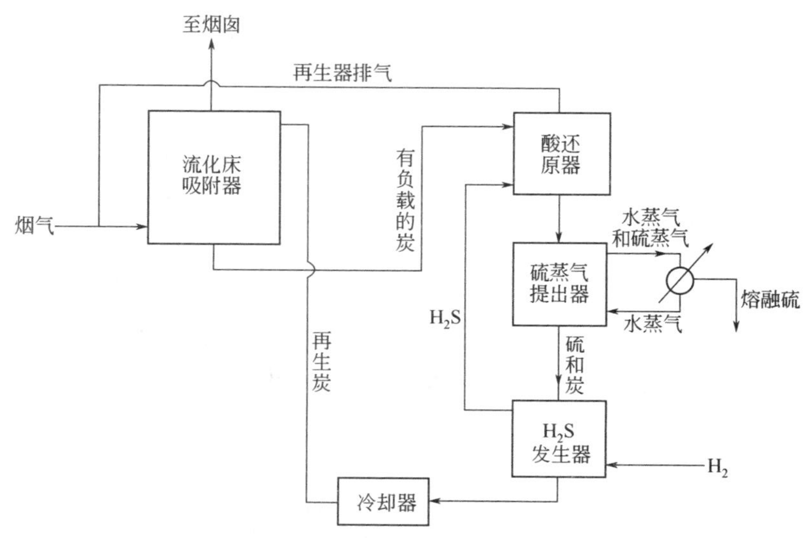

图 5-11　活性炭脱硫和还原再生法流程

3. 催化氧化法

NO_2 在150℃时，可以使 SO_2 氧化成 SO_3。烟气中有 SO_2、NO_x、H_2O、和 O_2 等，

它们在催化剂存在下有如下反应。

$$SO_2 + NO_2 \longrightarrow SO_3 + NO$$
$$SO_3 + H_2O \longrightarrow H_2SO_4$$
$$NO + \frac{1}{2}O_2 \longrightarrow NO_2$$
$$NO + NO_2 \longrightarrow N_2O_3$$
$$N_2O_3 + 2H_2SO_4 \longrightarrow 2HNSO_5 + H_2O$$
$$4HNSO_5 + O_2 + 2H_2O \longrightarrow 4H_2SO_4 + 4NO_2 \uparrow$$

此法为低温干式催化氧化脱硫法，既能净化氧气中的 SO_2，又能部分脱除烟气中的 NO_x，所以在电厂烟气脱硫中应用较多。

第二节　废水的处理技术

水是生物维持生命的必要物质，没有水就没有生命，水占人体重的 65%，由此可见水对人类是多么重要。水是一种宝贵的自然资源，随着工农业的迅速发展和人们生活水平的不断提高，对水资源的需求，无论从质，还是从量，都有了更高的标准。因此水并非是取之不尽、用之不竭的天然资源。地球上所有的水中，淡水仅占 2.7%，可供为水资源的部分尚不足万分之一。水资源尽管可以通过水的自然循环达到补充而基本保持平衡。但是，由于不断遭到污染以及过度开采，以致可供使用的水资源日益枯竭。

一、废水来源及危害

一些主要工业生产过程中所排放的废水，以及废水中所含的有害物质见表 5-11。

表 5-11　工业废水来源与危害一览表

工业废水分类名称		废水中所含主要有害物	废水排放主要来源	废水可能造成的主要危害
化学工业废水	制碱工业废水	汞、液氯、盐酸、氯化钙及氯化钠等	制碱厂的反应过程，洗涤、漂白、蒸馏、抽提及冷却水等	可使人中毒，感到头痛、头晕、乏力、记忆力减退、易出汗、性情急躁等
	制酸工业废水	酸性废水，砷等；酸性氟化物等；氢氰酸；氢化钠等	硫酸制造厂；磷酸制造厂；氢氰酸制造厂（具体来源同上）	有刺激作用；引起化学性灼伤；引起中毒，症状是头痛、乏力、失眠、胸部有压迫感、动作迟钝等
	合成氨工业废水	氨、酚、碳酸氢铵等	合成氨制造厂及使用单位	可使人出现头痛、恶心、食欲不振等症状
	乙烯生产废水	酚、苛性钠及硫化钠	有机合成工厂	可使人记忆力减退，并出现弱麻醉作用
	丙烯腈生产废水	乙腈及氢氰酸等	丙烯腈制造厂与使用工厂	引起人的头痛、失眠、乏力，并对鱼类危害较大
	苯酚生产废水	酚	制造苯酚工厂及使用单位，如炸药、肥料、塑料、橡胶、纺织等排放的废水	对人呈中毒状，出现头痛、头晕、失眠、恶心等症状
	合成洗涤剂废水	磷	洗涤剂制造厂及工业用洗涤剂清洗废水、洗衣废水等	恶化水质，使水域发臭，严重者出现“红潮”
	尿素生产废水	氨、尿素及二氧化碳等	尿素生产厂及使用工厂废水	对水生生物有不良影响

续表

工业废水分类名称		废水中所含主要有害物	废水排放主要来源	废水可能造成的主要危害
化学工业废水	塑料制造废水	乙醇、苯、苯胺、苯酚、氯乙醇、乙醛、硒等	生产塑料的工厂在洗涤、漂白、蒸馏与冷却过程中排除大量废水	对人可有头痛、头晕、无力、皮疹等症状。此外可引起牲畜等中毒
	有机磷农药废水	敌敌畏、敌百虫、乐果等	农药制造厂与使用废水	主要危害是引起头痛、头晕、乏力、气短等
	有机氯农药废水	滴滴涕、六六六、氯丹、狄氏剂等	农药制造厂与农药容器回收站，某些用农药灭虫消毒的纺织厂排放废水	主要影响是疲乏无力、头痛、食欲不振、肢体酸痛、震颤与贫血等
	有机汞农药废水	西历生、赛力散、谷仁乐生等	同有机氯农药	皮肤刺激、恶心、全身不适、易出汗
电器制造废水	多氯联苯废水	多氯联苯	多氯联苯制造厂、为变压器、电容器作绝缘油的电器工业废水	引起皮肤刺激，并伴随有嗜睡、头晕、乏力、食欲不振及恶心等发生，可致鱼类中毒
	酚醛树脂废水	苯酚、甲醛	生产工厂	主要危害是使人头痛、乏力、记忆力减退、皮炎及皮肤瘙痒等。对水域有危害，可使鱼类、水生生物中毒
	环氧树脂废水	二酚基丙烷、环氧氯丙烷	环氧树脂生产厂及电器、无线电、造船等排出的废水	主要发生接触性皮炎、湿疹，伴有头痛，乏力等症状
石油工业废水		多环芳烃、镍、苯、二甲苯、甲酚、硫酸、乙硫醇、丁硫醇、丙烯醛等	石油工业废水及油轮漏油，油井事故等	油污染对幼鱼危害明显，出现死亡。 炼油废水含3,4-苯并芘，被认为是致癌物
轻工废水	工业造纸废水	硫化物、木质素、糖类、铬、硫醇等	纸浆生产与造纸生产废水，即冲洗，蒸煮、漂白等废水	使水域发臭、恶化水质、造成鱼贝类减产。可引起人恶心、头痛等不快感觉
	制革工业废水	含大量营养物或部分细菌等	制革厂的生皮浸泡、鞣皮等废水	能消耗水中氧，使水域发臭，变质，影响鱼贝生长
纺织印染废水		苯、二甲苯、硝基苯、甲酚、甲醇、乙二醇、乙硫醇、及铬、镍、硒、铊、硫化物等	纺织厂、印染厂、针织厂、缫丝厂、毛毡厂、织毯厂、染色厂、纤维材料制造厂等	恶化水质，水体发恶臭，危害鱼贝类生长，对环境污染很大，某些情况下威胁人体健康
食品工业废水		含多量的需氧废弃物，杀菌剂，漂白剂等	肉类制品厂、乳品厂、制糖厂、面包厂、酿酒厂、饮料厂、调料厂、食用油厂、淀粉厂、豆制品厂、菜类加工厂等蒸煮、脱臭废水	可构成对水源的严重威胁，恶化水质，传播病菌，影响与危害人类生活及身体健康
电镀工业废水	镀铬	主要是铬及其化合物	镀铬废水，包括电解熔融、酸碱洗涤	使人头痛、消瘦、引起皮炎，有致癌可能，而且可使鱼贝中毒或死亡
	镀镍	镍与硫酸镍	镀镍厂	可引起“镍痒症”，同时影响鱼贝类和农作物生长
	镀镉	镉与镉化物	镀镉废水	主要危害是造成鱼贝中毒，影响作物生长，可间接作用于人，患“骨痛病”

续表

工业废水分类名称		废水中所含主要有害物	废水排放主要来源	废水可能造成的主要危害
冶金工业废水	钢铁工业废水	有害成分有硫酸盐、酚、锌、氰化物等	焦炭、生铁、合金制造、镀锌钢板等生产工厂	污染水域、危害健康
	有色金属冶金废水	锌、铅、砷、镉、锰、铬、氟、氰化物及硫酸根等	各种有色、稀有金属冶炼工厂的冷却水、洗涤水等	
采矿废水	黑色金属矿开采	含铬、硫化物、锰、铅等不同金属成分	铁矿石开采废水	
	有色金属开采	铜、锌、铅、镉、锰等各种有色金属	各种有色金属矿的开采、选矿与尾矿工业开采废水	主要引起人的头痛、头晕、四肢酸痛
含热废水		含热废水以及含热废水所携带的苯、氰化物等	电站、发电厂、化工、纸浆、纺织、印染、缫丝、焦化、冶炼以及热处理等	造成热污染，使水体升温，危及鱼贝类生存
放射物质废水		铀、镭、钍、重铀酸铵、硝酸铀酰、硝酸钍、氧化铀等	放射物质矿的开采与加工，生产与使用放射物质的工厂，热核电站及高速粒子加速器，化纤杀菌	有可能引起慢性放射危害
致癌物质废水	含有芳香氨基化合物废水	联苯胺、金胺、β-萘胺、二苯胺、洋红等	芳香氨基化合物制造厂，及纺织、印染、火药、橡胶、染料等使用厂	可能引起膀胱癌或子宫癌
	亚硝胺类化合物废水	如二甲基亚硝胺、二烷基亚硝胺、N-亚硝基吗啉等	制造厂（化工）及使用厂（纺织）	
	含某些致癌金属物或其他等	如含有镍、铬、汞、砷、铍、钴、苯、锌等	相应生产制造与使用单位所排放的废水	可能致癌

二、废水处理方法

废水处理就是采用各种方法将废水中所含的污染物质分离出来，或将其转化为无害和稳定的物质，从而使废水得以净化。

现代废水处理技术，根据其作用原理可分为物理法、化学法、物理化学法和生物处理法。

（一）物理法

通过物理作用和机械力分离或回收废水中不溶解的悬浮污染物质（包括膜和油珠），并在处理过程中不改变其化学性质的方法称为物理处理法。

物理处理法一般较为简单，多用于废水的一级处理中，以保护后续工序的正常进行并降低其他处理设施的处理负荷。

1. 均衡与调节

多数废水的水质、水量常常是不稳定的（如工业、企业排出的废水），具有很强的随机性，尤其是当操作不正常或设备产生泄漏时，废水的水质就会急剧恶化，水量也大大增加，往往会超出废水处理设备的处理能力，给处理操作带来很大困难，使废水处理设施难以维持正常操作。这时，就要进行水量的调节与水质的均衡。

调节与均衡主要通过设在废水处理系统之前的调节池来实现。

图 5-12 是长方形调节池的一种，它的特点是在池内设有若干折流隔墙，使废水在池内来回折流。配水槽设在调节池上，废水通过配水孔溢流到池内前后各位置而得以均匀混合。起端入口流量一般为总流量的 1/4 左右，其余通过各投配孔口流入池内。

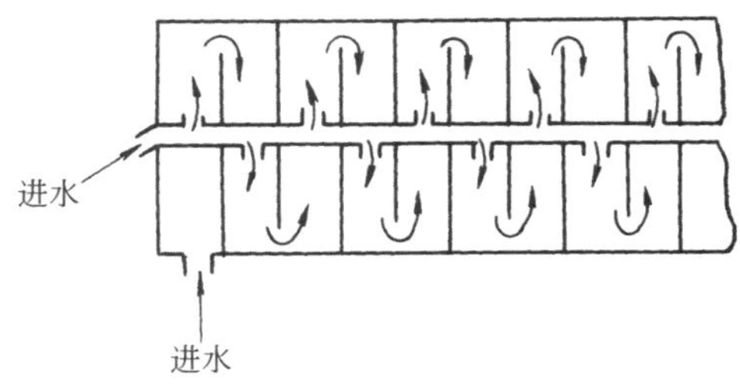

图 5-12　折流式调节池

调节池容积大小可视废水的浓度、流量变化、要求的调节程度及废水处理设备的处理能力来确定，做到既经济又满足废水处理系统的要求。

2. 沉淀

沉淀是利用废水中悬浮物密度比水大可借助重力作用下沉的原理而达到液固分离目的的一种处理方法。

沉淀根据废水中悬浮物的沉淀现象可分自由沉淀、絮凝沉淀、拥挤沉淀和压缩沉淀四种类型。它们均是通过沉淀池来进行沉淀的。图 5-13 为某企业沉淀池现场。

图 5-13　沉淀池现场

沉淀池是一种分离悬浮颗粒的构筑物，根据它们的构造可分为普通沉淀池和斜板斜管沉淀池。普通沉淀池应用较为广泛，按其池内水流方向，可分为平流式、竖流式和辐射式三种。

如图 5-14 所示的是一种带有刮泥机的平流式沉淀池示意图。废水由进水槽通过进水孔流入池中，进口流速一般应低于 25mm/s，进水孔后设有挡板能稳流使废水均匀分布，沿水平方向缓缓流动，水中的悬浮物沉至池底，由刮泥机刮入污泥斗，经排泥管借助静水压力排出。沉淀池出水处设置浮渣收集槽及挡板以收集浮渣，清水溢过沉淀池末端的溢流堰，经出水槽排出池外。

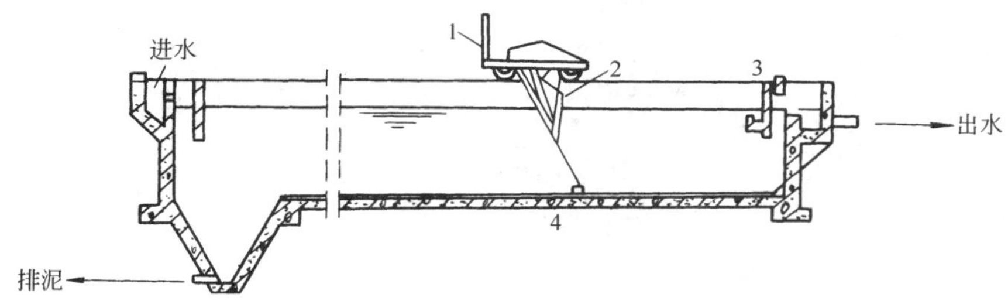

图 5-14　设行车刮泥机的平流式沉淀池
1—行车；2—浮渣刮板；3—浮渣槽；4—刮泥板

平流式沉淀池长宽比和长深比要适宜，否则池内水的均匀性差。为了防止已沉淀的污泥被水流冲起，在有效水深下面和污泥区之间还应设一缓冲区。平流式沉淀池的优点是构造简单、沉淀效果好、性能稳定。缺点是排泥困难、占地面积大。

3. 筛选与过滤

即利用过滤介质截流废水中的悬浮物，也叫筛选截流法。这种方法有时作为初级处理，有时作为最终处理，出水供循环使用或循序使用。筛选截流法的实质是：让废水通过一层带孔眼的过滤装置或介质，尺寸大于孔眼尺寸的悬浮颗粒则被截流。当使用到一定时间后，过水阻力增大，就需将截流物从过滤介质中除去，一般常用反洗法来实现。过滤介质有钢条、筛网、滤布、石英砂、无烟煤、合成纤维、微孔管等，常用的过滤设备有格栅、栅网、微滤机、砂滤器、真空滤机、压滤机等（后两种滤机多用于污泥脱水）。

（1）格栅　格栅是由一组平行钢质栅条制成的框架，缝隙宽度一般为 15～20mm，倾斜架设在废水处理构筑物前或泵站集水池进口处的渠道中，用以拦截废水中大块的漂浮物，以防阻塞构筑物的孔洞、闸门和管道，或损坏水泵的机械设备。因此，格栅实际上是一种起保护作用的安全设施。图 5-15 为某企业格栅除污机现场照片。

（2）筛网　筛网用金属丝或纤维丝编制而成。与格栅相比，筛网主要用来截留尺寸较小的悬浮固体，尤其适宜用分离和回收废水中细碎的纤维类悬浮物（如羊毛、棉布毛、纸浆纤维和化学纤维等），也可用于城市污水和工业废水的预处理以降低悬浮固体含量。

筛网可以做成多种形式，如固定式、圆筒式、板框式等。不论何种形式，其构造都要做到既能截流悬浮物固体，又能自动清理筛面。表 5-12 是几种常用筛网除渣机的比较。

表 5-12　几种常用筛网除渣机的比较

类型		适用范围	优点	缺点
筛网	固定式	从废水中去除低浓度固体杂质及毛和纤维类，安装在水面以上时，需要水头落差或水泵提升	平面筛网构造简单，造价低；梯形筛丝筛面，不易堵塞，不易磨损	平面筛网易磨损，易堵塞，不易清洗；梯形筛丝筛面构造复杂
	圆筒式	从废水中去除中低浓度杂质及毛和纤维类，进水深度一般<1.5m	水力驱动式构造简单，造价低；电动梯形筛丝转筒筛，不易堵塞	水力驱动式易堵塞，电动梯形筛丝转筒筛构造较复杂，造价高
	板框式	常用深度 1～4m 可用深度 10～30m	驱动部分在水上，维护管理方便	造价高，板框网更换较麻烦；构造较复杂，易堵塞

图 5-15 格栅除污机现场

4. 隔油

隔油主要用于对废水中可浮油的处理，它是利用水中油品与水密度的差异与水分离并加以清除的过程。隔油过程在隔油池中进行，目前常用的隔油池有两大类——平流式隔油池与斜流式隔油池。

平流式隔油池除油率一般为 60％～80％，粒径 150μm 以上的油珠均可除去。它的优点是构造简单，运行管理方便，除油效果稳定。缺点是体积大、占地面积大、处理能力低、排泥难，出水中仍含有乳化油和吸附在悬浮物上的油分，一般很难达到排放要求。

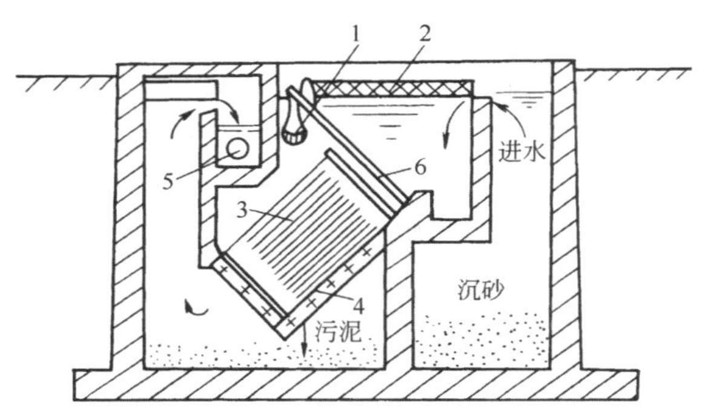

图 5-16 CPI 型波纹板式隔油池

1—撇油管；2—泡沫塑料浮盖；3—波纹板；4—支撑；5—出水管；6—整流板

图 5-16 所示的是一种 CPI 型波纹板式隔油池。池中以 45°倾角安装许多塑料波纹板，废水在板中通过，使所含的油和泥渣进行分离。斜板的板间距为 2～4cm，层数为 24～26 层。设计中采用的雷诺数 Re 为 360～400，板间水流处于层流状况。

经预处理（除去大的颗粒杂质）后的废水，经溢流堰和整流板进入波纹板间，油珠上浮到上板的下表面，经波纹板的小沟上浮，然后通过水平的撇油管收集，回收的油流到集油池。污泥则沉到下板的上表面，通过小沟下降到池底，然后通过排泥管排出。经处理后的废水从隔油池上部的出水管排出。

波纹板隔油池可分离油滴的最小直径为 60μm，废水在池中停留时间一般不大于 30min。

另外，近年来国内外对含油废水处理取得不少新进展，出现了一些新型除油技术和设备。主要有粗粒化装置和多层波纹板式隔油池（MWS 型）。粗粒化装置是一种小型高效的油水分离装置，目前已广泛用于化工、交通、海洋、食品等行业含微量油或含乳化油废水处理。多层波纹板式隔油池（MWS 型）装置设计原理与 CPI 型波纹式隔油池相同，但它是用多层波纹板把水池分成许多相同的小水池，而不是分成带状空间，油滴上浮和油泥的沉降分别在池的两端进行，避免了返混，使出水保持干净。该装置结构简单，占地面积小，易管理，能除去水中粒径为 15μm 以上的油粒。

5. 离心分离

废水中的悬浮物借助离心设备的高速旋转，在离心力的作用下与水分离的过程叫离心分离。离心分离的原理是：含悬浮物的废水在高速旋转时，由于悬浮颗粒和废水的质量不同，所受到的离心力大小不同，质量大的被甩到外圈，质量小的则留在内圈，通过不同的出口将它们分别引导出来，从而使悬浮物与水分离。

离心分离设备按离心力产生的方式不同可分为水力旋流器和高速离心机两种类型。水力旋流器有压力式（见图 5-17）和重力式两种，其设备固定，液体靠水泵压力或重力（进出水头差）由切线方向进入设备，造成旋转运动产生离心力。高速离心机依靠转鼓高速旋转，使液体产生离心力。压力水力旋流器，可以将废水中所含的粒径 5μm 以上的颗粒分离出去。进水的流速一般应为 6～10m/s，进水管稍向下倾 3°～5°，这样有利于水流向下旋转运动。

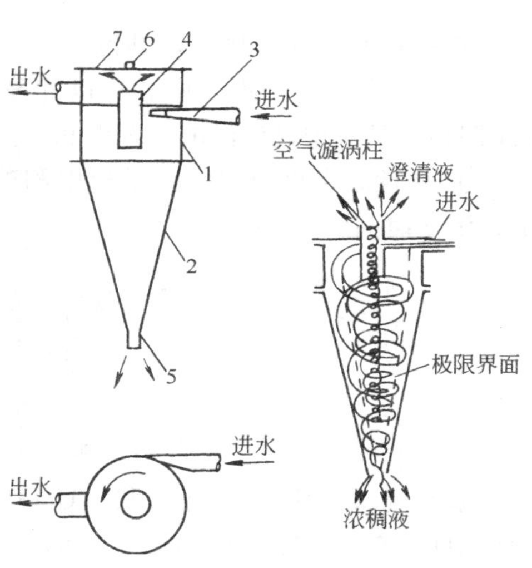

图 5-17　压力式水力旋流器

1—圆筒；2—圆锥体；3—进水管；4—上部清液排出管；5—底部清液排出管；6—放气管；7—顶盖

压力式水力旋流器具有一些优点，即体积小，单位容积的处理能力高，构造简单，使用方便，易于安装维护。缺点是水泵和设备易磨损，所以设备费用高，耗电较多。一般只用在小批量的、有特殊要求的废水处理。

（二）化学法

化学法（或化学处理法）是废水处理的基本方法之一。它是利用化学作用处理废水中的溶解物质或胶体物质，可用来去除废水中的金属离子、细小的胶体有机物、无机物、植物营养素（氮、磷）、乳化油、色度、臭味、酸、碱等，对于废水的深度处理也有着重要作用。

化学法包括中和法、混凝法、氧化还原法、电化学等方法。下面主要介绍中和法和混凝法。

1. 中和法

中和法主要用来处理含酸、含碱废水。中和就是酸碱相互作用生成盐和水。中和也即 pH 调整或称为酸碱度调整。pH 为氢离子（H^+）浓度指数的简称。废水含酸或含碱时，表现为 pH 的降低或升高。废水呈中性时 pH＝7；pH＜7 时，废水呈酸性，pH 越小，酸性越强；pH＞7 时，废水呈碱性，pH 越大，碱性越强。pH 的应用范围为 0～14。酸、碱废水的中和方法有：酸、碱废水互相中和，投药中和，过滤中和。

（1）酸、碱废水互相中和　酸、碱废水互相中和是一种以废治废、既简便又经济的方法。如果酸、碱废水互相中和后仍达不到处理要求时，还可以补加药剂进行中和。

酸、碱废水互相中和的结果，应该使混合后的废水达到中性。若酸性废水的物质的量浓度为$c(B_1)$、水量为Q_1，碱性废水的物质的量浓度为$c(B_2)$、水量为Q_2，则二者完全中和的条件根据化学反应基本定律——等物质的量的规则就为

$$c(B_1)Q_1=c(B_2)Q_1 \tag{5-1}$$

酸、碱废水如果不加以控制，一般情况下不一定能完全中和，则混合后的水仍具有一定的酸性或碱性，其酸度或碱度为$c(P)$，则有

$$c(P)=\frac{|c(B_1)Q_1-c(B_2)Q_2|}{Q_1+Q_2} \tag{5-2}$$

若$c(P)$值仍高，则需用其他方法再进行处理。

（2）投药中和　投药中和可以处理任何浓度、任何性质的酸碱废水，可以进行废水的pH 调整，是应用最广泛的一种中和方法。

① 酸性废水投药中和。投药中和的一般流程如图 5-18 所示，中和反应一般都设沉淀池，沉淀时间为 1～1.5h。

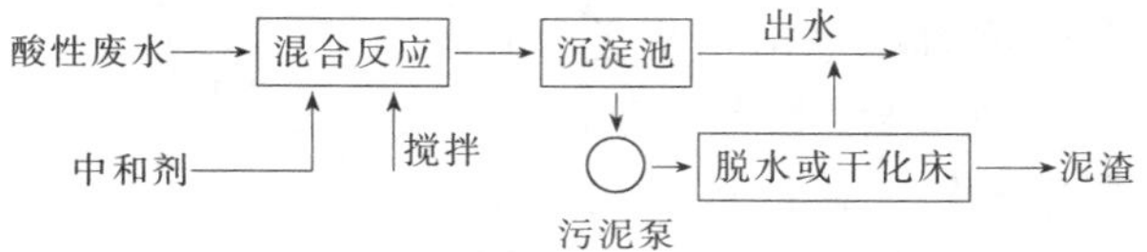

图 5-18　酸性废水投药中和流程

酸性废水的中和剂有石灰（CaO）、石灰石（$CaCO_3$）、碳酸钠（Na_2CO_3）、苛性钠（NaOH）等。石灰是最常用的中和剂。采用石灰可以中和任何浓度的酸性废水，且氢氧化钙对废水中的杂质具有凝聚作用，有利于废水处理。

酸碱中和的反应速度是很快的，因此，混合与反应一般在一个没有搅拌设备的池内完成。混合反应时间一般情况下应根据废水水质及中和剂种类来确定，然后再确定反应器容积，其计算公式为

$$V=Qt \tag{5-3}$$

式中　t——混合反应时间，min；

V——混合反应池的容积，m^3；

Q——废水实际流量，m^3/h。

中和药剂的理论计算用量可以根据化学反应式及等物质的量规则求得，然后考虑所用药剂产品或工业废料的纯度及反应速率，综合确定实际投加量。

如果酸性废水中只含某一类酸时，中和药剂的消耗量可按下式计算。

$$G=\frac{Q\rho_s\alpha_s K}{1000\alpha} \tag{5-4}$$

式中　G——中和药剂的消耗量，kg/h；

Q——废水流量，m^3/h；

ρ_s——废水中酸的质量浓度，mg/L；

α_s——中和剂的比耗量，由表5-13查得；

K——反应不均匀系数（反应效率的倒数），一般采用1.1～1.2。但以石灰中和硫酸时，干投采用1.4～1.5，湿投采用1.05～1.10；中和盐酸、硝酸时采用1.05；

α——药品纯度，以%计。一般生石灰中含有效CaO为60%～80%，熟石灰中$Ca(OH)_2$为65%～75%。

表5-13　碱性中和剂的比耗量α_s

酸的名称	中和1g酸所需碱性物质的质量/g中和剂				
	CaO	$CaCO_3$	$MgCO_3$	$Ca(OH)_2$	$CaCO_3 \cdot MgCO_3$
H_2SO_4	0.57	1.02	0.86	0.755	0.946
HCl	0.77	1.38	1.15	1.01	1.27
HNO_3	0.445	0.795	0.668	0.590	0.735
CH_3COOH	0.466	0.840	0.702	0.616	—

在实际情况下，工业废水中所含酸的成分可能比较复杂，并不只是单纯一种，不能直接应用化学反应式计算。这时需要测定废水的酸度，然后根据等物质的量原理进行计算。最好是对废水进行中和滴定，结合pH求得中和曲线，掌握中和达到各pH所需药剂用量。

② 碱性废水投药中和。碱性废水的中和剂有硫酸、盐酸、硝酸，常用的为工业硫酸。烟道中含有一定量的CO_2、SO_2、H_2S等酸性气体，也可以用作碱性废水的中和剂，但缺点是杂质太多，易引起二次污染。

碱性废水中和药剂的计算方法与酸性废水相同。酸性中和剂的比耗量见表5-14。

表5-14　酸性中和剂的比耗量α_s

碱的名称	中和1g碱所需酸性物质的质量/g中和剂					
	H_2SO_4		HCl		HNO_3	
	100%	98%	100%	36%	100%	65%
NaOH	1.22	1.24	0.91	2.53	1.37	2.42
KOH	0.88	0.90	0.65	1.80	1.13	1.74
$Ca(OH)_2$	1.32	1.34	0.99	2.74	1.70	2.62
NH_3	2.88	2.93	2.12	5.90	3.71	5.70

2. 混凝法

混凝法是废水处理中一种经常采用的方法，它处理的对象是废水中利用自然沉淀法难以沉淀除去的细小悬浮物及胶体微粒，可以用来降低废水的浊度和色度，去除多种高分子有机物、某些重金属和放射性物质；此外，混凝法还能改善污泥的脱水性能，因此，混凝法在废水处理中获得广泛应用。它既可以作为独立的处理方法，也可以和其他处理方法配合使用，作为预处理、中间处理或最终处理。

混凝法与废水的其他处理比较，其优点是设备简单，操作易于掌握，处理效果好，间歇或连续运行均可以。缺点是运行费用高，沉渣量大，且脱水较困难。

（1）混凝原理　对混凝过程的作用原理有两种说法：一种是双电层作用；另一种是化学架桥作用。

① 双电层作用原理。这一原理主要考虑低分子电解质对胶体微粒产生中和作用，以引起胶体微粒凝聚。以废水中胶体带负电荷投加低分子电解质硫酸铝[$Al_2(SO_4)_3$]作混凝剂进

行混凝为例说明。

硫酸铝[$Al_2(SO_4)_3$]首先在废水中离解，产生正离子 Al^{3+} 和负离子 SO_4^{2-}。

$$Al_2(SO_4)_3 \longrightarrow 2Al^{3+} + 3SO_4^{2-}$$

Al^{3+} 是高价阳离子，它大大增加了废水中的阳离子浓度。在带负电荷的胶体微粒吸引下，Al^{3+} 由扩散层进入吸附层，使 ζ 电位降低。于是带电的胶体微粒趋向电中和，消除了静电斥力，降低了它们的悬浮稳定性，当胶体再次相互碰撞时，即凝聚结合为较大的颗粒而沉淀。

Al^{3+} 在水中水解后最终生成 $Al(OH)_3$ 胶体。

$$Al^{3+} + 3H_2O \rightleftharpoons Al(OH)_3(\text{胶体}) + 3H^+$$

$Al(OH)_3$ 是带电胶体，当 pH<8.2 时，带正电。它与废水带负电的胶体微粒相互吸引，中和其电荷，使胶体微粒凝结成较大的颗粒而沉淀。

$Al(OH)_3$ 胶体具有长的条形结构，表面积很大，活性较高，可以吸附废水中的悬浮颗粒，使呈分散状态的颗粒形成网状结构，成为更粗大的絮凝体（矾花）而沉淀。

② 化学架桥作用原理。当废水中加入少量的高分子聚合物时，聚合物即被迅速吸附结合在胶体微粒表面上。开始时，高聚物分子链节的一端吸附在一个微粒表面上，该分子未被吸附的一端就伸展到溶液中去，这些伸展的分子链节又会被其他的微粒所吸附，于是形成一个高分子链状物同时吸附在两个以上的胶体微粒表面的情况。各微粒依靠高分子的连接作用构成某种聚集体，结合为絮状物，这种作用称为吸附架桥作用。由高分子架桥形成的聚集体中，各微粒并未达到直接接触，而且也未达到电中和脱稳状态，因此，吸附架桥实质上仍是一种聚合物过量状态，如胶体微粒被过多聚合物分子所包围，反而会失去同其他微粒架桥结合的可能性，处于稳定状态。因此，投加高分子聚合物并不是越多越好，而是应该适量。在废水的混凝沉淀处理中，影响混凝效果的因素很多，主要有 pH、温度、药剂种类和投加量、搅拌强度及反应时间等。

（2）混凝过程及投药方法　混凝沉淀处理流程包括投药、混合、反应和沉淀分离几个部分。其流程如图 5-19 所示。

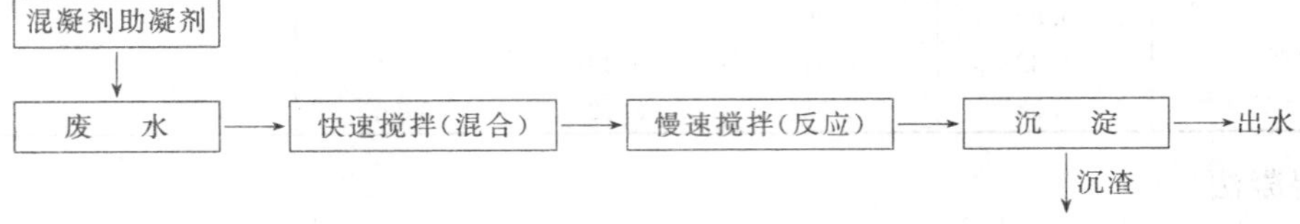

图 5-19　混凝沉淀示意流程

混凝沉淀分为混合、反应、沉淀三个阶段。混合阶段的作用主要是将药剂迅速、均匀地投加到废水中，以压缩废水中的胶体颗粒的双电层，降低或消除胶粒的稳定性，使废水中胶体能互相聚集成较大的微粒——绒粒。混合阶段需要快速地进行搅拌，作用时间要短，以达到瞬时混合效果最好的状态。

反应阶段的作用促使失去稳定的胶体粒子碰撞结合，成为可见的矾花绒粒，所以反应阶段需要足够的时间，而且需保证必要的速度、梯度。

投药方法有干法和湿法。干法是把经过破碎、易于溶解的药剂直接投入废水中。干法操作占地面积小，但对药剂的粒度要求高，投量控制较严格，同时劳动条件也较差，目前国内应用较少。湿法是将混凝剂和助凝剂配成一定浓度的溶液，然后按处理水量大小定量投加。

药剂调制有水力法、压缩空气法、机械法等。当投加量很小时，也可以在溶液桶、溶液池内进行人工调制。

3. 氧化还原法

通过药剂与污染物的氧化还原反应，将废水中有害的污染物转化为无毒或低毒物质的方法称为氧化还原法。废水处理中最常采用的氧化剂是空气、臭氧、二氧化氯（ClO_2）、氯气（Cl_2）、高锰酸钾（$KMnO_4$）等。药剂还原法在废水处理中应用较少，只限于某些废水（如含铬废水）的处理，常用的还原剂有硫酸亚铁（$FeSO_4$）、亚硫酸盐、氯化亚铁（$FeCl_2$）、铁屑、锌粉、硼氢化钠等。

氧化还原法的工艺过程及设备比较简单，通常只需一个反应池，投药混合并发生反应即可。

（1）药剂氧化法

① 空气（及纯氧）氧化法。该方法是利用氧气去氧化废水中污染物的一种处理方法，主要用于含硫废水的处理，可在各种密封塔体中进行。纯氧氧化法相对来说效率比空气氧化法要高，但成本较高，一般很少采用。

② 臭氧氧化法。臭氧的氧化性在天然元素中仅次于氟，可分解一般氧化剂难于破坏的有机物，且不产生二次污染物，制备方便，因此广泛地用于消毒、除臭、脱色，以及除酚、氰、铁、锰等，而且可降低废水 COD、BOD 值。

臭氧处理系统中最主要的设备是接触反应器。为使臭氧与污染物充分反应，应尽可能使臭氧化空气在水中形成微细气泡，并采用两相逆流操作，强化传质过程。

影响臭氧氧化的因素主要是共存杂质的种类和浓度、溶液的 pH 和温度，臭氧浓度、用量和投加方式，反应时间等。臭氧氧化的工艺条件应通过实验确定。该法主要缺点是发生器耗电量大。

③ 氯氧化法。氯系氧化剂包括氯气、氯的含氧酸及其钠盐、钙盐及二氧化氯，除了用于消毒外，还可用于氧化废水中某些有机物和还原性物质，如氰化物、硫化物、酚、醇、醛、油类，以及用于废水的脱色、除臭。例如，用氯氧化法处理含氰废水过程如下，所用氧化剂为漂白粉。

$$2CaCl(OCl)+2H_2O \xlongequal{} 2HOCl+Ca(OH)_2+CaCl_2$$

$$HOCl \rightleftharpoons H^+ + OCl^-$$

$$CN^- + OCl^- + H_2O \xlongequal{} CNCl+2OH^-$$

$$CNCl+2OH^- \xlongequal{} CNO^- + Cl^- + H_2O$$

$$2CNO^- + 3OCl^- \xlongequal{} CO_2\uparrow + N_2\uparrow + 3Cl^- + CO_3^{2-}$$

（2）药剂还原法　在废水处理中，采用还原法进行处理的污染物主要有 Cr(Ⅵ)、Hg(Ⅱ)等重金属。

① 还原法去除 Cr(Ⅵ)　电镀工业的含铬废水主要为含极毒的六价铬，加入硫酸亚铁等还原剂后，六价铬即被还原成三价铬，然后投加石灰，使 pH 为 7.5～9.0，生成难溶于水的氢氧化铬沉淀，反应式如下。

$$Cr_2O_7^{2-} + 6Fe^{2+} + 14H^+ \xlongequal{} 2Cr^{3+} + 6Fe^{3+} + 7H_2O$$

$$Cr^{3+} + 3OH^- \xlongequal{} Cr(OH)_3\downarrow$$

硫酸亚铁投加量与废水含铬浓度有关，生产上控制 Cr^{6+} ∶ $FeSO_4 \cdot 7H_2O$ 为（1∶50）～（1∶16）（质量比）之间。投加 $FeSO_4 \cdot 7H_2O$ 后搅拌 10～15min 再投石灰，继续搅拌 15～30min，然后沉淀 1.5～2.0h，废水即得到澄清。

② 还原法去除Hg(Ⅱ) 常用的还原剂为比汞活泼的金属（铁屑、锌粉、铝粉、铜屑等）和硼氢化钠、醛类、联胺等。

金属还原汞（Ⅱ）时，将含汞废水通过金属屑滤床，或与金属粉混合反应，置换出金属汞。该法只能用于废水中无机汞的去除，对于有机汞，通常先用氧化剂（如氯）将其破坏，转化为无机汞后，再进行处理。

硼氢化钠在碱性条件下（pH为9～11）可将汞离子还原成金属汞，其反应为

$$Hg^{2+}+BH^{-}+2OH^{-}=\!=\!=Hg\downarrow+\frac{3}{2}H_2+BO_2^{-}$$

还原剂一般配成$NaBH_4$含量为12%的碱性溶液，与废水一起加入混合反应器进行反应。

（三）物理化学法

废水经过物理方法处理后，仍会含有某些细小的悬浮物以及溶解的有机物。为了进一步去除残存在水中的污染物，可以采用物理化学方法进行处理。常用的物理化学方法有吸附、浮选、萃取、电渗析、反渗透、超过滤等。

1. 吸附法

（1）吸附过程原理 吸附是利用多孔固体吸附剂的表面活性，吸附废水中的一种或多种污染物，达到废水净化的目的。根据固体表面吸附力的不同，吸附可分为以下三种类型。

① 物理吸附 吸附剂和吸附质之间通过分子间力产生的吸附为物理吸附。由于吸附是分子间引起的，所以吸附热较小；物理吸附不发生化学作用，所以在低温下就能进行。被吸附的分子由于热运动还会离开吸附剂表面，这种现象称为解吸，它是吸附的逆过程。降温有利于吸附，升温有利于解吸。由于分子间力是普遍存在的，所以一种吸附剂可吸附多种吸附质，但由于吸附质性质的差异，某一种吸附剂对各种吸附质的吸附量是不同的。

② 化学吸附 吸附剂和吸附质之间发生由化学键力引起的吸附称为化学吸附。化学吸附一般在较高温度下进行，吸附热较大。一种吸附剂只能对某种或几种吸附质发生化学吸附，因此化学吸附具有选择性。化学吸附比较稳定，当化学键力大时，化学吸附是不可逆的。

③ 离子交换吸附 离子交换吸附就是通常所指的离子交换。

物理吸附、化学吸附和离子交换吸附这三种过程并不是孤立的，往往是相伴发生。在废水处理中，大部分的吸附现象往往是几种吸附综合作用的结果。由于吸附质、吸附剂及其他因素的影响，可能某种吸附是主要的。例如，有的吸附在低温时主要是物理吸附，中、高温时是化学吸附。

（2）活性炭吸附 活性炭是一种非极性吸附剂，是由含碳为主的物质作原料，经高温炭化和活化制得的疏水性吸附剂，其外观是暗黑色，有粒状和粉状两种，目前工业上大量采用的是粒状活性炭。它具有良好的吸附性能和稳定的化学性质，可以耐强酸、强碱，能经受水浸、高温、高压作用，不易破碎。

与其他吸附剂相比，活性炭具有巨大的比表面积，通常可达500～1700m^2/g，因而形成了强大的吸附能力。但是，比表面积相同的活性炭，其吸附容量并不一定相同，因为吸附容量不仅与比表面积有关，而且还与微孔结构和微孔分布以及表面化学性质有关。

粒状活性炭的孔径（半径）大致分为以下三种：①大孔：10^{-7}～10^{-5}m；②过渡孔：(2×10^{-9})～10^{-7}m；③微孔：$<2\times10^{-9}$m。

2. 萃取法

萃取法是利用与水不相溶解或极少溶解的特定溶剂同废水充分混合接触，使溶于废水中的某些污染物质重新进行分配而转入溶剂，然后将溶剂与除去污染物质后的废水分离，从而达到净化废水和回收有用物质的目的。采用的溶剂称为萃取剂，被萃取的物质称为溶质，萃取后的萃取剂称萃取液（萃取相），残液称为萃余液（萃余相）。萃取法具有处理水量大，设备简单，便于自动控制，操作安全、快速，成本低等优点，因而该法具有广阔的应用前景。目前仅用于为数不多的几种有机废水和个别重金属废水的处理。

(1) 液-液萃取过程和原理　液-液萃取属于传质过程，它的主要作用原理是基于传质定律和分配定律。

① 传质定律　物质从一相传递到另一相的过程称为质量传递过程（简称传质过程）。在传质过程中，两相之间质量的传递速率G与传质过程的推动力Δc和两相接触面积F的乘积成正比，可用下式表示。

$$G=KF\Delta c \tag{5-5}$$

式中　G——物质的传递速率，即单位时间内从一相传递到另一相的物质的量，kg/h；

F——两相的接触面积，m^2；

Δc——传质过程的推动力，即废水中杂质的实际浓度与平衡时的浓度差，kg/m^3；

K——传质系数，与两相的性质、浓度、温度、pH等有关系。

随着传质过程的进行，废水中杂质的实际浓度逐渐减小，而在另一相中杂质浓度逐渐增加。所以，在传质过程中推动力是一个变数。为了加快传质速度，在工艺上多采用逆流操作来增大传质过程的推动力，如汽提、吹脱、萃取过程，都采用逆流操作，即汽-液两相、液-液两相呈逆流流动。由于传质速率与两相的接触面积成正比，因此在工艺上采用喷淋、鼓泡、泡沫等方式使某一相呈分散状态，而且分散得越细，两相接触面积就越大。另外，采用搅拌可以增加相间的运动速度，有利于萃取剂和废水中溶质的不断接触。从而加速传质过程的进行。

② 分配定律　某溶剂和废水互不相溶，溶质在溶剂和废水中虽然都能溶解，但它在溶剂中比在废水中有更高的溶解度。当溶剂与废水接触后，溶质在废水和溶剂之间进行扩散，溶质在废水中传递到溶剂中去，一直达到某一相平衡时为止，这个过程称为萃取过程。

对稀溶液的实验表明，在一定温度和压力下，如果溶质在两相以同样形式的分子存在的话，则溶质在两相中的浓度比为一常数，这个规律称为分配定律。可用下式表示。

$$K_2=\frac{c_1}{c_2} \tag{5-6}$$

式中　c_1——溶质在萃取液中的浓度；

c_2——溶质在萃余液中的浓度；

K_2——分配系数。

很明显，溶剂的选择性越好，这个比例常数越高，也就是分配系数值越高。

由萃取作用原理可知，要提高萃取速度和设备生产能力，其途径主要有：增大两相接触界面积、增大传质系数和增大传质推动力。

(2) 萃取工艺设备　萃取工艺包括混合、分离和回收三个主要工序。根据萃取剂与废水的接触方式不同，萃取操作有间歇式和连续式两种。其中间歇萃取的工艺及计算与间歇吸附相同。连续逆流萃取设备常用的有填料塔、筛板塔、脉冲塔、转盘塔和离心萃取机。

① 往复叶片式脉冲筛板塔　往复叶片式脉冲筛板塔分为三段，废水与萃取剂在塔中逆流接触。在萃取段内有一纵轴，轴上装有若干块钻有圆孔的圆盘形筛板，纵轴由塔顶的偏心轮装置带动，作上下往复运动，既强化了传质，又防止了返混。上下两分离段面较大，轻、重两液相靠密度差在此段平稳分层，轻液（萃取相）由塔顶流出，重液（萃余相）则由塔底经“∩”形管流出，“∩”形管上部与塔顶空间相连，以维持塔内压力平衡，便于保持下界面稳定。如图 5-20 所示。

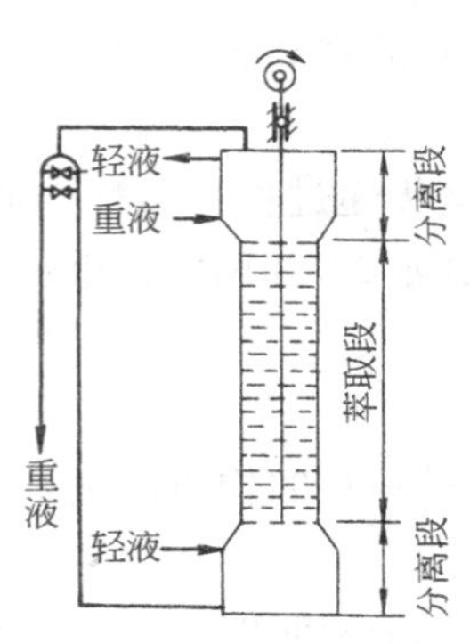

图 5-20　往复叶片式脉冲筛板塔示意图

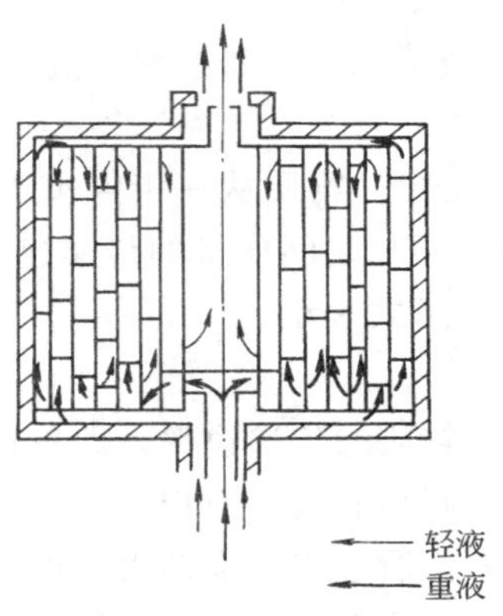

图 5-21　离心萃取机转鼓式示意图

② 离心萃取机　图 5-21 是离心萃取机转鼓式示意图，其外形为圆形卧式转鼓，转鼓内有许多层同心圆筒，每层都有许多孔口相通。轻液由外层的同心圆筒进入，重液由内层的同心圆筒进入。转鼓高速旋转（1500～5000r/min）产生离心力，使重液由里向外，轻液由外向里流动，进行连续的逆流接触，最后由外层排出萃余相，由内层排出萃取相。萃取剂的再生（反萃取）也同样可用萃取机完成。

离心萃取机的结构紧凑，分离效率高，停留时间短，特别适用于密度较小、易产生乳化及变质的物系分离，但缺点是构造复杂，制造困难，电耗大。

3. 浮选法

浮选法就是利用高度分散的微小气泡作为载体去黏附废水中的污染物，使其密度小于水而上浮到水面，实现固液或液液分离的过程。在废水处理中，浮选法已广泛应用于：①分离地面水中的细小悬浮物、藻类和微絮体；②回收工业废水中的有用物质，如造纸厂废水中的纸浆纤维和填料等；③代替二次沉淀池，分离和浓缩剩余活性污泥，特别适用于那些易于产生污泥膨胀的生化处理工艺中；④分离回收油废水中的可浮油和乳化油；⑤分离回收以分子或离子状态存在的目的物，如表面活性剂和金属离子等。图 5-22 为某企业气浮池现场照片。

（1）浮选法的基本原理　浮选法的根据是表面张力的作用原理。当液体和空气相接触时，在接触面上的液体分子与液体内部液体分子的引力，使之趋向于被拉向液体的内部，引起液体表面收缩至最小，使得液珠总是呈圆球形存在。这种企图缩小表面面积的力，称之为表面张力，其单位为 N/m^2。将空气注入废水时，与废水中存在的细小颗粒物质共同组成三相系统。细小颗粒黏附到气泡上时，使气泡界面发生变化，引起界面能的变化，在颗粒黏附于气泡之前和黏附于气泡之后，气泡的单位界面面积上的界面能之差以 ΔE 表示，如果 $\Delta E>0$，说明界面能减少了，颗粒为疏水物质，可与气泡黏附；反之，如果 $\Delta E<0$，则颗粒为亲水物质，不能与气泡黏附。

图 5-22　气浮池现场

若要用浮选法分离亲水性颗粒（如纸浆纤维、煤粒、重金属离子等），就必须投加合适的药剂，以改变颗粒的表面性质，使其表面变成疏水性，易于黏附于气泡上，这种药剂通常称为浮选剂。同时浮选剂还有促进起泡作用，可使废水中的空气形成稳定的小气泡，以利于气浮。

浮选剂的种类很多，如松香油、石油及煤油产品、脂肪酸及其盐类、表面活性剂等。对不同性质的废水应通过试验选择合适的品种和投加量，也可参考矿冶工业浮选的资料。

（2）浮选法设备和流程　浮选法的形式比较多，常用的浮选方法有加压溶气浮选、曝气浮选、真空浮选、电解浮选和生物浮选等。

加压浮选法在国内应用比较广泛。几乎所有的炼油厂都采用这种方法来处理废水中的乳化油，并取得了较为理想的处理效果。使水中含油可以降到 10～25mg/L 以下。

其操作原理是，在加压的情况下将空气通入废水中，使空气在废水中溶解达饱和状态，然后由加压状态突然减至常压，这时水中空气迅速以微小的气泡析出，并不断向水面上升。气泡在上升过程中，与废水中的悬浮颗粒黏附，一同带出水面。然后从水面上将其加以去除。用这种方法产生的气泡直径约为 20～100μm，并且可人为地控制气泡与废水的接触时间，因而净化效果比分散空气法好，应用广泛。

加压溶气浮选法有全部进水加压溶气、部分进水加压溶气和部分处理水加压溶气三种基本流程。全部进水加压溶气气浮流程的系统配置如图 5-23 所示。全部原水由泵加压至 0.3～0.5MPa，压入容器罐，用空压机或射流器向容器罐压入空气。溶气后的水气混合物再通过减压阀或释放器进入气浮池进口处，析出气泡进行气浮。在分离区形成的浮渣用刮渣机将浮渣排入浮渣槽，这种流程的缺点是能耗高、溶气罐较大。若在气浮之前需经混凝处理时，则已形成的絮体势必在压缩和溶气过程中破碎，因此混凝剂消耗量较多。当进水中的悬浮物多时，易堵塞溶气释放器。

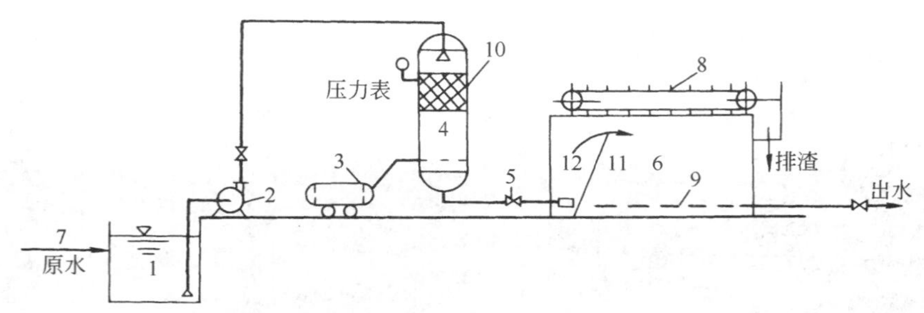

图 5-23　加压溶气气浮流程图

1—吸水井；2—加压泵；3—空压机；4—压力容气罐；5—减压释放阀；6—分离室；7—原水进水管；8—刮渣机；9—集水系统；10—填料层；11—隔板；12—接触室

4. 其他方法

（1）电渗析　电渗析是在渗析法的基础上发展起来的一项废水处理新工艺。它是在直流电场的作用下，利用阴、阳离子交换膜对溶液中阴、阳离子选择透过性（即阳膜只允许阳离子通过，阴膜只允许阴离子通过），而使溶液中的溶质与水分离的一种物理化学过程。电渗析技术越来越引起人们的重视并得到逐步推广。此方法应用在环保方面进行废水处理已取得良好的效果。但是由于耗电量很高，多数还仅限于在以回收为目的的情况下使用。

（2）反渗透　反渗透是利用半渗透膜进行分子过滤来处理废水的一种新的方法，又称膜分离技术。因为在较高的压力作用下，这种膜可以使水分子通过，而不能使水中溶质通过，所以这种膜称为半渗透膜。利用它可以除去水中比水分子大的溶解固体、溶解性有机物和胶状物质。近年来应用范围在不断扩大，多用于海水淡化、高纯水制造及苦咸水淡化等方面。

（3）超过滤法　也称过滤法，是利用半透膜对溶质分子大小的选择透过性而进行的膜分离过程。超过滤法所需的压力较低，一般为 0.1～0.5MPa，而反渗透的操作压力则为 2～10MPa。因化工废水中含有各种各样的溶质物质，所以只采用单一的超滤方法，不可能去除不同分子量的各类溶质，一般多是与反渗透法联合使用，或者与其他处理法联合使用，多用于物料浓缩。

（四）生物处理法

废水的生物处理法就是利用微生物新陈代谢功能，使废水中呈溶解和胶体状态的有机污染物被降解并转化为无害的物质，使废水得以净化。生物处理法的工艺根据参与的微生物种类和供氧情况，分为好氧生物处理和厌氧生物处理。

1. 好氧生化法

依据好氧微生物在处理系统中的生长状态可分为活性污泥法和生物膜法两大类。

（1）活性污泥法　活性污泥是活性污泥中曝气池的净化主体，生物相较为齐全，具有很强的吸附和氧化分解有机物的能力。

根据运行方式的不同，活性污泥法主要可分为普通活性污泥法（常规或传统活性污泥法）、逐步曝气活性污泥法、生物吸附活性污泥法（吸附再生曝气法）和完全混合污泥法（包括加速曝气法和延时曝气法）等。其中普通活性污泥法是处理废水的基本方法，其他各法均在此基础上发展而来。

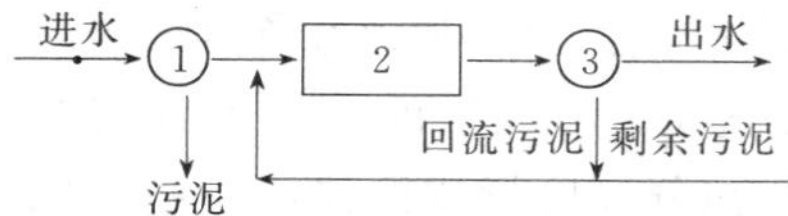

图 5-24　普通活性污泥法流程

1—初次沉淀池；2—曝气池；3—二次沉淀池

普通活性污泥法（图 5-24）采用窄长形曝气池，水流是纵向混合的推流式，按需氧量进入空气，使活性污泥与废水在曝气池中互相混合，并保持4～8h的接触时间，将废水中的有机污染物转化为CO_2、H_2O、生物固体及能量。曝气池出水，活性污泥在二次沉淀池进行固液分离，一部分活性污泥被排除，其余的回流到曝气池的进口处重新使用。图5-25为某企业曝气池现场照片。

图5-25 曝气池现场

普通活性污泥法对溶解性有机污染物的去除效率为85%～90%，运行效果稳定可靠，使用较为广泛。其缺点是，抗冲击负荷性能较差，所供应的空气不能充分利用，在曝气池前段生化反应强烈，需氧量大，后段反应平缓而需氧量相对减少，但空气的供给是平均分布，结果造成前段供氧不足，后段氧量过剩的情况。

(2) 生物膜法 生物膜法是靠生物滤池实现的。

普通生物滤池的工作原理是：废水通过布水器均匀地分布在滤池表面，滤池中装满滤料，废水沿滤料向下流动，到池底进入集水沟、排水渠并流出池外。在滤料表面覆盖着一层黏膜，在黏膜上长着各种各样的微生物，这层膜被称为生物膜。生物滤池的工作实质主要靠滤料表面的生物膜对废水中有机物的吸附氧化作用。

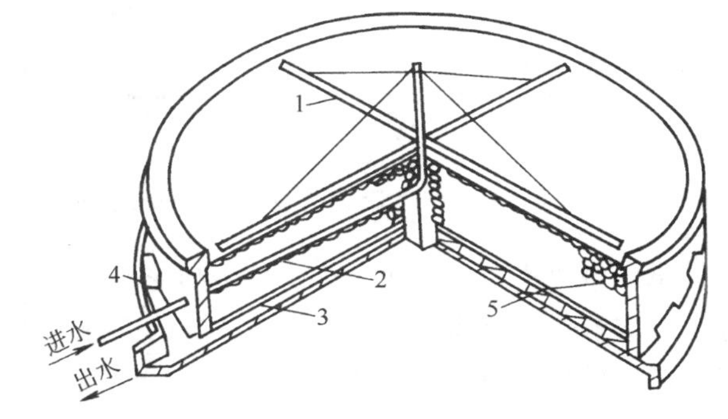

图5-26 高负荷生物滤池
1—旋转布水器；2—滤料；3—集水沟；4—总排水沟；5—渗水装置

生物滤池主要设计参数如下。

① 水力负荷，即每单位体积滤料或每单位面积滤池每天可以处理的废水水量。单位是m^3(废水)/[m^3(滤料)·d]或m^3(废水)/[m^2(滤池)·d]。

② 有机物负荷或氧化能力，即每单位体积滤料每天可以去除废水中的有机物数量。单位是g/[m^3(滤料)·d]。

生物滤池的种类有普通生物滤池、高负荷生物滤池（图5-26)、塔式滤池等。

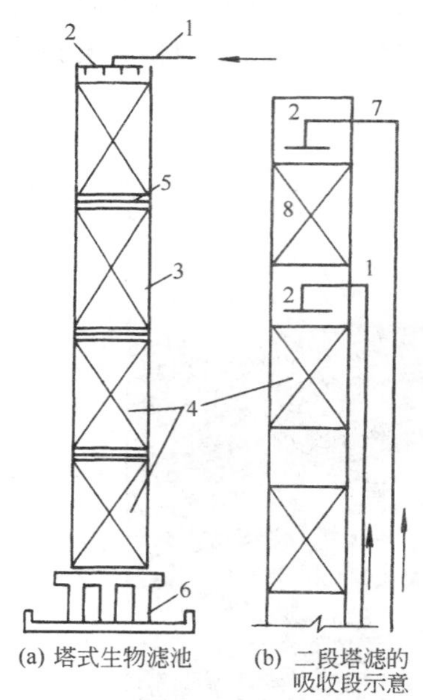

图 5-27 塔式滤池
1—进水管；2—布水器；3—塔身；4—滤料；5—填料支撑；6—塔身底座；7—吸收段进水管；8—吸收段填料

高负荷生物滤池采用实心拳状复合式塑料滤料，旋转布水器进水，运行中多采用处理水回流。其优点是：增大水力负荷，促使生物膜脱落，防止滤池堵塞；稀释进水，降低有机负荷，防止浓度冲击，使系统工作稳定；向滤池连续接种污泥，促进生物膜生长；增加水中溶解氧，减少臭味；防止滤池滋生蚊蝇。缺点是：水力停留时间缩短；降低进水浓度，将减慢生化反应速度；回流水中难解的物质产生积累；在冬季回流将降低滤池内水温。

塔式滤池（图 5-27）是根据化学工业填料塔的经验建造的。它的直径小而高度大（20m 以上），使得废水与生物膜的接触时间长，生物膜增长和脱落快，提高了生物膜的更新速度，塔内通风得到改善。其上层滤料去除大部分有机物，下层滤料起着改善水质的作用。因塔高且分层对进水的水量水质变化适应性强，对含酚、氰、丙烯腈、甲醛等有毒废水都有较好的去除效果。

2. 厌氧生化法

（1）厌氧生化法的基本原理　废水的厌氧生物处理是指在无分子氧的条件下，通过厌氧微生物（或兼氧微生物）的作用，将废水中的有机物分解转化为甲烷和二氧化碳的过程。厌氧过程主要依靠三大主要类群的细菌，即水解产酸细菌、产氢产乙酸细菌和产甲烷细菌的联合作用完成。因而应划分为三个连续的阶段。如图 5-28 所示。

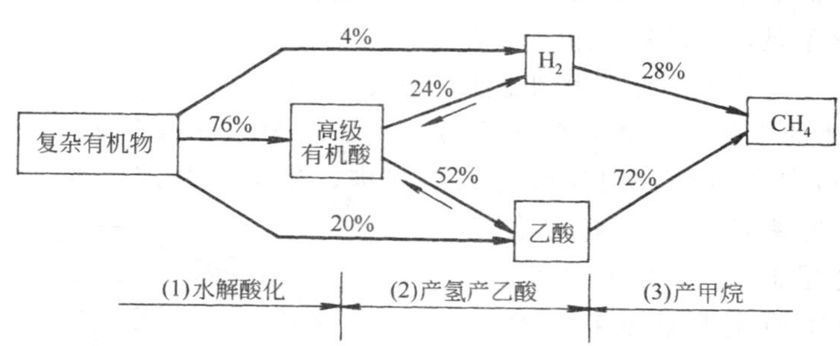

图 5-28 厌氧发酵的三个阶段和 COD（化学需氧量）转化率

第一阶段为水解酸化阶段。复杂的大分子有机物、不溶性的有机物先在细胞外酶水解为小分子、溶解性有机物，然后渗透到细胞内，分解产生挥发性有机酸、醇类、醛类物质等。

第二阶段为产氢产乙酸阶段，在产氢产乙酸细菌的作用下，将第一个阶段所产生的各种有机酸分解转化为乙酸和 H_2，在降解奇数碳素有机酸时还形成 CO_2。

第三阶段为产甲烷阶段。产甲烷细菌利用乙酸、乙酸盐、CO_2 和 H_2 或其他一碳化合物将有机物转化为甲烷。

上述三个阶段的反应速率因废水性质不同而异。而且厌氧生物处理对环境的要求比好氧法要严格。一般认为，控制厌氧生物处理效率的基本因素有两类：一类是基础因素，包括微生物量（污泥浓度）、营养比、混合接触状况、有机负荷等；另一类是周围的环境因素，如温度、pH、氧化还原电位、有毒物质的含量等。

(2) 厌氧生物处理的工艺和设备　多年来，结合高浓度有机废水特点和处理实践经验，开发了不少新的厌氧生物处理工艺和设备。表5-15列举了几种常见厌氧处理工艺的一般性特点、优点和缺点。

由于各种厌氧生物处理工艺和设备各有优缺点，究竟采用什么样的反应器以及如何组合，要根据具体的废水水质及处理需要达到的要求而定。

3. 生物处理法的技术进展

随着生化法在处理各种废水中的广泛应用，对生化处理技术改进方面的研究特别活跃。尤其是活性污泥法的技术改进，取得了一系列新的进展。

(1) 活性污泥法的新进展　在污泥负荷率方面，按照污泥负荷率的高低，分成了低负荷率法、常负荷率法和高负荷率法；在进水点位置方面，出现了多点进水和中间进水的阶段曝气法和生物负荷法、污泥再曝气法；在曝气池混合特征方面，改革了传统的推流式，采用了完全混合法；为了提高溶解氧的浓度、氧的利用率和节省空气量，研究了渐减曝气法、纯氧曝气法和深井曝气法。

为了提高进水有机物浓度的承受能力，提高污水处理的效能，强化和扩大活性污泥法的净化功能，人们又研究开发了两段活性污泥法、粉末-活性污泥法、加压曝气法等处理工艺；开展了脱氮、除磷等方面的研究与实践；同时，采用化学法与活性污泥法相结合的处理方法，在净化含难降解有机物污水等方面也进行了探索。目前，活性污泥法正朝着快速、高效、低耗等方面发展。图5-29为某企业生物曝气池现场。

表5-15　几种常见厌氧处理工艺的比较

工艺类型	特　点	优　点	缺　点
普通厌氧消化	厌氧消化反应与固液分离在同一池内进行，甲烷气和固液分离（搅拌或不搅拌）	可以直接处理悬浮固体含量较高或颗粒较大的料液，结构较简单	缺乏持留或补充厌氧活性污泥的特殊装置，消化器中难以保持大量的微生物；反应时间长，池容积大
厌氧接触法	通过污泥回流，保持消化池内较高污泥浓度，能适应高浓度和高悬浮物含量的废水	容积负荷高，有一定的抗冲击负荷能力，进行较稳定，不受进水悬浮物的影响，出水悬浮固体含量低，可以直接处理悬浮固体含量高或颗粒较大的料液	负荷高时污泥仍会流失；设备较多，需增加沉淀池、污泥回流和脱气等设备，操作要求高；混合液难于在沉淀池中进行固液分离
上流式厌氧污泥床	反应器内设有三相分离器，反应器内污泥浓度高	有机容积负荷高，水力停留时间短；能耗低，不需要混合搅拌装置，污泥床内不填载体，节省造价，无堵塞问题	对水质和负荷突然变化比较敏感；反应器内有短流现象，影响处理能力；如设计不善，污泥会大量流失；构造较复杂
厌氧滤池	微生物固着生长在滤料表面，滤池中微生物含量较高，处理效果好。适于悬浮物含量低的废水	有机容积负荷高，且耐冲击；有机物去除速度快；不需污泥回流和搅拌设备；启动时间短	处理含悬浮物浓度高的有机废水，易发生堵塞，尤其进水部位更严重。滤池的清洗比较复杂

续表

工艺类型	特点	优点	缺点
厌氧流化床	载体颗粒细，比表面积大，载体处于流化状态	具有较高的微生物浓度，容积负荷大，耐冲击，有机物净化速度高，占地少，基建投资省	载体流化能耗大，系统的管理技术要求比较高
两步厌氧法和复合厌氧法	比例酸化和甲烷化在两个反应器中进行。两个反应器内也可以采用不同的反应速度	耐冲击负荷能力强，消化效率高，适于处理含悬浮固体多、难消化降解的高浓度有机废水，运行稳定	两步法设备较多，流程和操作复杂
厌氧转盘和挡板反应器	对废水的净化靠盘片表面的生物膜或悬浮在反应槽中的厌氧菌完成，有机物容积负荷高	无堵塞问题，适于高浓度废水；水力停留时间短；动力消耗低；耐冲击能力强，运行稳定	盘片造价高

图 5-29　生物曝气池现场

① 纯氧曝气法　其优点是水中溶解氧的浓度可增加到 6～10mg/L，氧的利用率可提高到 90%～95%，而一般的空气曝气法仅为 4%～10%。在曝气时间相同的情况下，纯氧曝气法比空气曝气法的 BOD_5（5 日 BOD 的简写，是指 20℃，经 5d 培养用来稳定废水中可氧化有机物所需氧的数量）和 COD（化学需氧量）的去除率可以分别提高 3%和 5%，在处理规模较小时可采用。

② 深层曝气法　增加曝气池的水深，提高水中氧的溶解速度，因此深层曝气池水中的溶解氧要比普通曝气池高，而且采用深层曝气法可提高氧的转移效率和减少装置的占地面积。

③ 深井曝气法 深井曝气法也可称为超深层曝气法。井内水深50～150m，因此溶解氧浓度高，生化反应迅速。适用于处理场地有限、工业废水浓度高的情况。

④ 生物接触氧化法 近年来出现的生物接触氧化法是兼有活性污泥法和生物膜法特点的生物处理法，它是以接触氧化池代替传统的曝气池，以接触沉淀池代替常用的沉淀池。其流程如图5-30所示。

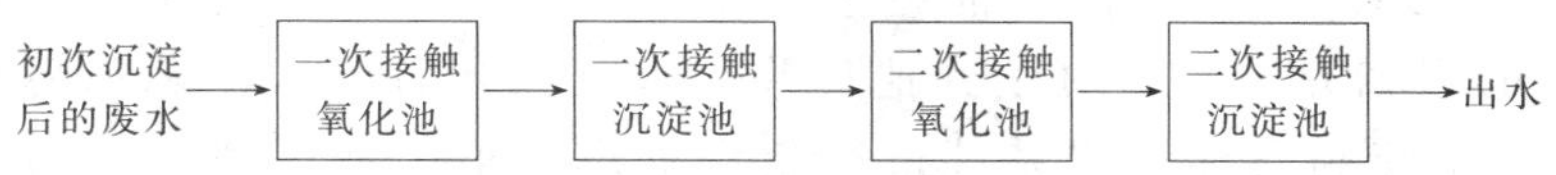

图5-30 生物接触氧化池流程示意图

因其空气用量少，动力消耗比较低，电耗可比活性污泥减少40%～50%，不需要污泥回流，运行方便可靠，具有活性污泥法和生物膜法两者的许多优点，所以越来越受到人们的重视。

(2) 生物膜法新进展 早期出现的生物滤池（普通生物滤池）虽然处理污水效果较好，但其负荷比较低，占地面积大，易堵塞，应用受到了限制。后来人们对其进行了改进，如将处理后的水回流等，从而提高了水力负荷和BOD（生化需氧量）负荷，这就是高负荷生物滤池（图5-26）。

生物转盘在构造形式、计算理论等方面均得到了较大的发展，如改进转盘材料性能可改善转盘的表面积特性，有利于微生物的生长。近年来，人们开发了采用空气驱动的生物转盘、藻类转盘等。在工艺形式上，进行了生物转盘与沉淀池或曝气池等优化组合的研究，如根据转盘的工作原理，新近又研制了生物转筒，即将转盘改成转筒，筒内可以增加各种滤料从而使生物膜的表面积增大。

总之，随着研究与应用的不断深入，废水生物处理的方法、设备和流程不断发展与革新。与传统法相比，它在适用的污染物种类、浓度、负荷、规模以及处理效果、费用和稳定性方面都大大改善了。另外，酶制剂及纯种微生物的应用、酶和细胞的固定化技术等又会将现有的生化处理水平提高到一个新的高度。

三、典型的废水处理流程

（一）炼油废水的处理流程

1. 炼油废水的来源、分类及性质

炼油厂的主要加工方法是原油的直接蒸馏、重质油的裂化与蒸馏、某些馏分的精制等。其生产废水一般是根据废水水质进行分类分流的，主要是冷却废水、含油废水、含硫废水、含碱废水，有时还会排出含酸废水。

① 冷却废水：是冷却馏分的间接冷却水，温度较高，有时由于设备渗漏等原因，冷却废水经常含油，但污染程度较轻。

② 含油废水：它直接与石油及油品接触，废水量在炼油厂中是最大的。主要污染物是油品，其中大部分是浮油，还有少量的酚、硫等。含油废水大部分来源于油品与油气冷凝油、油气洗涤水、机泵冷却水、油罐冷却水以及车间地面冲洗水。

③ 含硫废水：主要来源于催化及焦化装置，精馏塔塔顶分离器、油气洗涤水及加氢精制等。主要污染物是硫化物、油、酚等。

④ 含碱废水：主要来自汽油、柴油等馏分的碱精制过程。主要含过量的碱、硫、酚、油、有机酸等。

⑤ 含酸废水：来自水处理装置、加酸泵房等。主要含硫酸、硫酸钙等。

⑥ 含盐废水：主要来自原油脱盐脱水装置，除含大量盐分外，还有一定量的原油。

2. 炼油废水的处理方法

炼油废水的处理一般都是以含油废水为主，处理对象主要是浮油、乳化油、挥发酚、COD、BOD及硫化物等，对于其他一些废水（如含硫废水、含碱废水）一般是进行预处理，然后汇集到含油废水系统进行集中处理。集中处理的方法仍以生化处理为主。其中，含油废水要先通过上浮、气浮、粗粒化附聚等方法进行预处理，除去废水中的浮油和乳化油后再进行生化处理；含硫废水要先通过空气氧化、蒸汽汽提等方法，除去废水中硫和氨等再进行生化处理。另外，用湿式空气氧化法来处理石油精炼废液也是一项较为理想的污染治理技术。

3. 炼油废水处理实例

某炼油厂废水量 1200m^3/h，含油 300～200000mg/L，含酚 8～30mg/L。采用隔油池、两级气浮、生物氧化、矿滤、活性炭吸附等组合处理工艺流程，如图 5-31 所示。废水首先经沉砂池除去固体颗粒，然后进入平流式隔油池隔除浮油；隔油池出水再经两级全部废水加压气浮，以除去其中的乳化油；二级气浮池出水流入推流式曝气池进行生化处理。曝气池出水经沉淀后基本上达到国家规定的工业废水排放标准。为达到地面水标准和实现废水回用，沉淀池出水经砂滤池过滤后一部分排放，一部分经活性炭吸附处理后回用于生产。废水净化效果见表 5-16。

表 5-16 废水净化效果

取样点	主要污染物浓度/(mg/L)				
	油	酚	硫	COD_{Cr}	BOD_5
废水总入口	300～200000	8～30	5～9	280～912	100～200
隔油池出口	50～100				
一级气浮池出口	20～30				
二级气浮池出口	15～20				
沉淀池出口	4～10	0.1～1.8	1.01～0.01	60～100	30～70
活性炭塔出口	0.3～0.4	未检出～0.05	未检出～0.01	<30	<5

隔油池的底泥、气浮池的浮渣和曝气池的剩余污泥经自然浓缩、投加铝盐和消石灰絮凝、真空过滤脱水后送焚烧炉焚烧。隔油池撇出的浮油经脱水后作为燃料使用。

该废水处理系统的主要参数如下。

① 隔油池，停留时间 2～3h，水平流速 2mm/s。

② 气浮系统，采用全溶气两级气浮流程，废水在气浮池停留时间 65min，一级气浮铝盐投量为 40～50mg/L，二级气浮铝盐投量为 20～30mg/L。进水释放器为帽罩式。溶气罐溶气压力 294～441kPa，废水停留时间 2.5min。

③ 曝气池，推流式曝气池废水停留时间 4.5h，污泥负荷（每日每公斤混合液悬浮固体

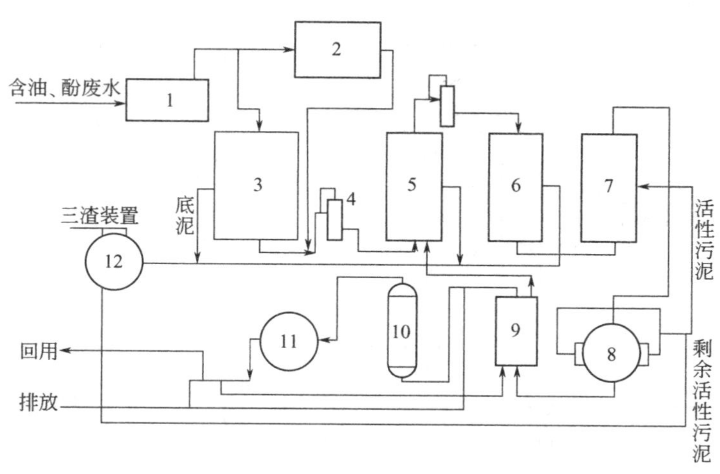

图 5-31　炼油废水处理流程实例

1—沉砂池；2—调节池；3—隔油池；4—溶气罐；5—一级浮选池；6—二级浮选池；7—生化氧化池；8—沉淀池；9—砂滤池；10—吸附塔；11—净水池；12—渣池

能承受的 BOD_5）0.4kg BOD_5/(kg·d)，污泥浓度为 2.4g/L，回流比 40%，标准状态下空气量，相对于 BOD_5 的为 $99m^3/kg$，相对于废水的为 $17.3m^3/m^3$。

④ 二次沉淀池，表面负荷 $2.5m^3/(m^2·h)$，停留时间 1.08h。

⑤ 活性炭吸附塔，处理能力为 $500m^3/h$，失效的活性炭用移动床外热式再生炉进行再生。

（二）城市污水的处理流程

城市污水是指工业废水和生活污水在市政排水管网内混合后的污水。城市污水处理是以去除污水中的 BOD 物质为主要对象的，其处理系统的核心是生物处理设备（包括二次沉淀池），城市污水处理流程如图 5-32 所示。污水先经格栅、沉砂池，除去较大的悬浮物质及砂粒杂质，然后进入初次沉淀池，去除呈悬浮状的污染物后进入生物处理构筑物（或采用活性污泥曝气池或采用生物膜构筑物）处理，使污水中的有机污染物在好氧微生物的作用下氧化分解，生物处理构筑物的出水进入二次沉淀进行泥水分离，澄清的水排出二沉池后再进入接触池消毒后排放；二沉池排出的污泥首先满足污泥回流的需要，剩余污泥再经浓缩、污泥消化、脱水后进行污泥综合利用；污泥消化过程产生的沼气可回收利用，用作热源能源或沼气发电。一般城市污水（含悬浮物约 220mg/L，BOD_5 约 200ml/L 左右）的处理效果如表 5-17所示。

表 5-17　处理效果　　单位：mg/L

处理等级	处理方法	悬浮物		BOD_5		氮		磷	
		去除率/%	出水浓度	去除率/%	出水浓度	去除率/%	出水浓度	去除率/%	出水浓度
一级处理	沉淀	50～60	90～110	25～30	140～150				
二级处理	活性污泥法或生物膜法	85～90	20～30	85～90	20～30	50	15～20	30	3～5

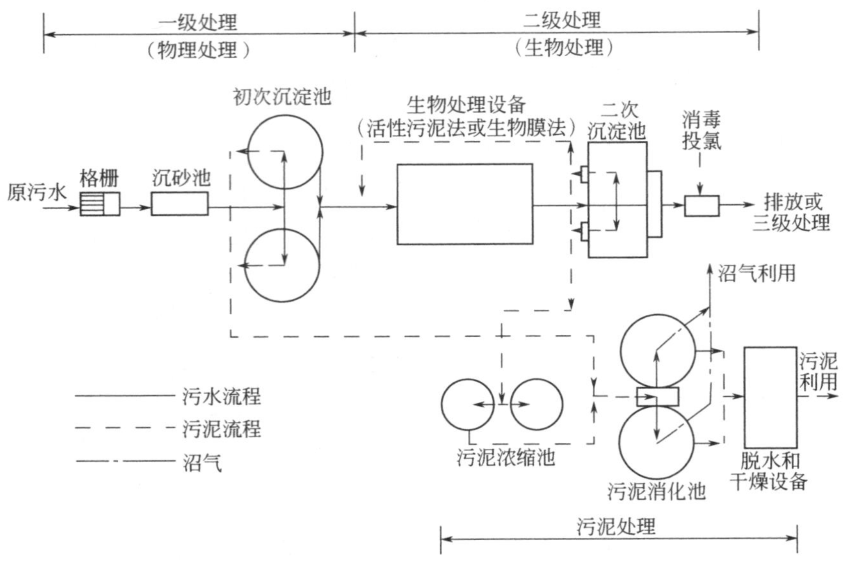

图 5-32　城市污水处理流程示意

第三节　固体废物的处置与利用

固体废物（solid waste）又称固体废弃物或固体遗弃物。是指人类在生产过程中和社会生活活动中产生的不再需要或没有“利用价值”而被遗弃的固体或半固体物质。废弃物只是相对而言的概念，往往某一过程中产生的固体废物，可以成为另一过程的原料或转化为另一种产品，因而固体废物的资源化，正为许多国家所重视。确切地说，固体废物是指在生产建设、经营、日常生活和其他活动中产生的污染环境的各种固态、半固态、高浓度固液混合态、黏稠状液态等废弃物质的总称。例如，高炉渣是高炉炼铁过程中产生的固体废物。它的主要成分是由 CaO、MgO、Al_2O_3、SiO_2 等组成的硅酸盐和铝酸盐，这些成分恰恰是水泥的主要组成，又可以作为水泥原料加以利用。因此，对于水泥这一生产环节来讲，高炉渣就成为不废之物——原材料。

一、固体废物的分类及危害

（一）固体废物的来源和分类

由于固体废物影响因素众多，几乎涉及所有行业，来源极其广泛，种类繁多，性质各异，因此，按组成可分为有机废物和无机废物；按形态可分为固体块状、粒状、粉状废物；按危害状况可分为危险废物和一般废物；通常为便于管理，按来源分为工业固体废物、城市垃圾、农业废物和放射性废物四类。

1. 工业固体废物

工业固体废物是工矿企业在生产活动中排放出来的固体废物。

（1）冶金废渣　主要指在各种金属冶炼过程中或冶炼后排出的所有残渣废物。如高炉矿渣、钢渣、各种有色金属渣、铁合金渣、化铁炉渣以及各种粉尘、污泥等。

（2）采矿废渣　在各种矿石、煤的开采过程中，产生的矿渣的数量极其庞大，包括的范围很广，有矿山的剥离废石、掘进废石、煤矸石、选矿废石、选洗废渣、各种尾矿等。

(3) 燃料废渣　燃料燃烧后所产生的废物主要有煤渣、烟道灰、煤粉渣、页岩灰等。

(4) 化工废渣　化学工业生产中排出的工业废渣主要包括硫酸矿烧渣、电石渣、碱渣、煤气炉渣、磷渣、汞渣、铬渣、盐泥、污泥、硼渣、废塑料以及橡胶碎屑等。

在工业固体废物还包括有玻璃废渣、陶瓷废渣、造纸废渣和建筑废材等。

2. 城市垃圾

主要指城市居民的生活垃圾、商业垃圾、市政维护和管理中产生的垃圾，包括废纸、废塑料、废家具、废碎玻璃制品、废瓷器、厨房垃圾等。

3. 农业废物

主要指农、林、牧、渔各业生产、科研及农民日常生活过程中产生的各种废物。如农作物秸秆、人和牲畜的粪便等。

4. 放射性废物

在核燃料开采、制备以及辐照后燃料的回收过程中，都有固体放射性废渣或浓缩的残渣排出。例如，一座反应堆一年可以生产 10～100m^3 不同强度的放射性废渣。

表 5-18 为固体废物的分类、来源和主要组成物。

(二) 固体废物的危害

固体废物的性质多种多样，成分也十分复杂，特别是在废水废气治理过程中所排出的固体废物，浓集了许多有害成分，因此，固体废物对环境的危害极大，污染也是多方面的。

1. 侵占土地，破坏地貌和植被

固体废物如不加利用处置，只能占地堆放。据估算平均每堆积 1 万吨废渣和尾矿，占地 1 公顷以上。

表 5-18　固体废物的分类、来源和主要组成物

分类	来源	主要组成物
工业废物	矿山、选冶	废矿石、尾矿、金属、废木、砖瓦灰石等
	冶金、交通、机械、金属结构等	金属、矿渣、砂石、模型、芯、陶瓷、边角料、涂料、管道、绝热和绝缘材料、胶黏剂、废木、塑料、橡胶、烟尘等
	煤炭	矿石、木料、金属
	食品加工	肉类、谷物、果类、蔬菜、烟草
	橡胶、皮革、塑料等	橡胶、皮革、塑料、布、纤维、染料、金属等
	造纸、木材、印刷等	刨花、锯木、碎木、化学药剂、金属填料、塑料、木质素
	石油、化工	化学药剂、金属、塑料、陶瓷、沥青、油毡、石棉、涂料
	电器、仪器、仪表等	金属、玻璃、木材、橡胶、塑料、化学药剂、研磨料、陶瓷、绝缘材料
	纺织服装业	布头、纤维、橡胶、塑料、金属
	建筑材料	金属、水泥、黏土、陶瓷、石膏、石棉、砂石、纸、纤维、玻璃
	电力	炉渣、粉煤灰、烟尘
城市垃圾	居民生活	食物垃圾、纸屑、布料、木料、庭院植物修剪、金属、玻璃、塑料、陶瓷、燃料灰渣、碎砖瓦、废器具、粪便、杂品
	商业、机关	管道、碎砌体、沥青及其他建筑材料、废汽车、废电器、废器具、含有易燃、易爆、腐蚀性、放射性的废物以及类似居民生活栏内的各种废物
	市政维护、管理部门	碎砖瓦、树叶、死禽畜、金属、锅炉灰渣、污泥、脏土、下水道、淤积物

续表

分　类	来　　源	主　要　组　成　物
农业废物	农林	稻草、秸秆、蔬菜、水果、果树枝条、糠秕、落叶、废塑料、人畜粪便、腥臭死禽畜、禽类、农药
	水产	腐烂鱼、虾、贝壳、水产加工污水、污泥
放射性废物	核工业、核电站、放射性医疗单位、科研单位	金属、含放射性废渣、粉尘、污泥、器具、劳保用具、建筑材料

土地是宝贵的自然资源，我国虽然幅员辽阔，但耕地面积却十分紧缺，人均耕地面积，只占世界人均耕地的1/3。固体废物的堆积侵占了大量土地，造成了极大的经济损失，并且严重地破坏了地貌、植被和自然景观。

2. 污染土壤和地下水

固体废物长期露天堆放，其中部分有害组分很易随渗沥液浸出，并渗入地下向周围扩散，使土壤和地下水受到污染。工业固体废物还会破坏土壤的生态平衡，使微生物和动植物不能正常地繁殖和生长。

3. 污染水体

许多沿江河湖海的城市和工矿企业，直接把固体废物向临近水域长期大量排放，固体废物也可随天然降水和地表径流进入河流湖泊，致使地表水受到严重污染，不仅破坏了天然水体的生态平衡，妨碍了水生生物的生存和水资源的利用，而且使水域面积减少，严重时还会阻塞航道。

4. 污染大气

固体废物中所含的粉尘及其他颗粒物在堆放时会随风飞扬；在运输过程中也会产生有害气体和粉尘；这些粉尘或颗粒物不少都含有对人体有害的成分，有的还是病原微生物的载体破坏环境卫生，对人体健康造成危害。有些固体废物在堆放或处理过程中还会向大气散发出有害气体和臭味，危害则更大。例如，煤矸石的自燃在我国时有发生，散发出煤烟和大量的SO_2、CO_2、NH_3等气体，造成严重的大气污染。由固体废物进入大气的放射尘，一旦浸入人体，还会由于形成内辐射而引起多种疾病。

5. 造成巨大的直接经济损失和资源能源的浪费

我国的资源能源利用率很低，大量的资源、能源会随固体废物的排放流失。矿物资源一般只能利用50%左右，能源利用只有30%。同时，废物排放和处置也要增加许多额外的经济负担。目前我国每输送和堆存1t废物，平均能耗都在10元左右，这就造成了巨大的经济损失。

此外，某些有害固体废物的排放除了上述危害之外，可能造成燃烧、爆炸、中毒、严重腐蚀等意外事故和特殊损害。

二、常见的固体废物的处理方法

固体废物的处理是指通过各种物理、化学、生物等方法将固体废物转变为适于运输、利用、贮存或最终处置的过程。常见的处理方法如下。

(一) 焚烧法

焚烧法是将可燃固体废物置于高温炉内，使其中可燃成分充分氧化的一种处理方法。焚烧法的优点是可以回收利用固体废物内潜在的能量，减少废物的体积（一般可减少80%～90%），破坏有毒废物的组成结构，使其最终转化为化学性质稳定的无害化的灰渣，同时还可彻底杀灭病原菌、消除腐化源。所以，用焚烧法处理可燃固体废物能同时实现减量、无害和资源化的目的，是一种重要的处理处置方法。焚烧法的缺点是只能处理含可燃物成分高的固体废物（一般要求其热值大于3347.2kJ/kg），否则必须添加助燃剂，增加运行费用。另外，该法投资比较大，处理过程中不可避免地会产生可造成二次污染的有害物质，从而产生新的环境问题。

影响焚烧的因素主要有四个方面，即温度、时间、湍流程度和供氧量。为了尽可能焚毁废物，并减少二次污染的产生，焚烧的最佳操作条件：①足够的高温；②足够的停留时间；③良好的湍流；④充足的氧气。

适合焚烧的废物主要是那些不可再循环利用或安全填埋的有害废物，如难以生物降解的、易挥发和扩散的、含有重金属及其他有害成分的有机物、生物医学废物（医院和医学实验室所产生的需特别处理的废物）等。

（二）化学法

化学处理是通过化学反应使固体废物变成另外的安全和稳定的物质，使废物的危害性降到尽可能低的水平。此法往往用于有毒、有害的废渣处理，属于一种无害化处理技术。化学处理法不是固体废物的最终处置，往往与浓缩、脱水、干燥等后续操作联用，从而达到最终处置的目的。其中包括以下几种方法。

1. 中和法

呈强酸性或强碱性的固体废物，除本身造成土壤酸、碱化外，往往还会与其他废弃物反应，产生有害物质，造成进一步污染，因此，在处理前pH宜事先中和到应用范围内。

有许多化学药物可用于中和反应。中和酸性废渣可采用氢氧化钠、熟石灰、生石灰等。中和碱性废渣通常采用硫酸。

该方法主要用于金属表面处理等工业中产生的酸、碱性泥渣。中和反应设备可以采用罐式机械搅拌或池式人工搅拌两种，前者多用于大规模中和处理，后者则多用于间断的小规模处理。

2. 氧化还原法

通过氧化或还原反应，将固体废物中可以发生价态变化的某些有毒、有害成分转化成为无毒或低毒且具有化学稳定性的成分，以便无害化处置或进行资源回收。例如对铬渣的无害化处理，由于铬渣中的主要有害物质是四水铬酸钠（$Na_2CrO_4 \cdot 4H_2O$）和铬酸钙（$CaCrO_4$）中的六价铬，因而需要在铬渣中加入适当的还原剂，在一定条件下使六价铬还原成三价铬。经过无害化处理的铬渣，可用于建材工业、冶金工业等部门。

3. 化学浸出法

该法是选择合适的化学溶剂（浸出剂，如酸、碱、盐水溶液等）与固体废物发生作用，使其中有用组分发生选择性溶解后进一步回收的处理方法。该法可用于含重金属的固体废物的处理，特别是在石化工业中废催化剂的处理上得到广泛应用。下面以生产环氧乙烷的废催化剂的处理为例来加以说明。

用乙烯直接氧化法制环氧乙烷，必须使用银催化剂，大约每生产1t产品要消耗18kg银催化剂，因此，催化剂使用一段时期（一般为二年），就会失去活性成为废催化剂。回收的过程由以下三个步骤组成。

（1）以浓 HNO_3 为浸出剂与废催化剂反应生成 $AgNO_3$、NO_2 和 H_2O。

$$Ag + 2HNO_3 \longrightarrow AgNO_3 + NO_2 + H_2O$$

（2）将上述反应液过滤得 $AgNO_3$ 溶液，然后加入 NaCl 溶液生成 AgCl 沉淀。

$$AgNO_3 + NaCl \longrightarrow AgCl\downarrow + NaNO_3$$

（3）由 AgCl 沉淀制得产品银。

$$6AgCl + Fe_2O_3 \longrightarrow 3Ag_2O\downarrow + 2FeCl_3$$

$$2Ag_2O \xrightarrow{\text{熔炼}} 4Ag + O_2$$

该法可使催化剂中银的回收率达到 95%，既消除了废催化剂对环境的污染，又取得了一定的经济效益。

（三）分选法

分选方法很多，其中手工捡选是在各国最早采用的方法，适用于废物产源地、收集站、处理中心、转运站或处置场。机械分选方式则大多需在废物分选前进行预处理，一般至少需经过破碎处理。机械设备的选择视分选废物的种类和性质而定。分选处理技术主要有如下几种。

1. 风力分选

风力分选属于干式分选，主要分选城市垃圾中的有机物和无机物。风力分选系统如图 5-33所示。其方法是：先将城市垃圾破碎到一定粒度，再将水分调整在 45%以下，定量送入卧式惯性分离机分选；当垃圾在机内落下之际，受到鼓风机送来的水平气流吹散，即可粗分为重物质（金属、瓦块、砖石类），次重物质（木块、硬塑料类）和轻物质（塑料薄膜、纸类）；这些物质分别送入各自的振动筛筛分成大小两级后，由各自的立式锯齿形风力分选装置分离成有机物和无机物。

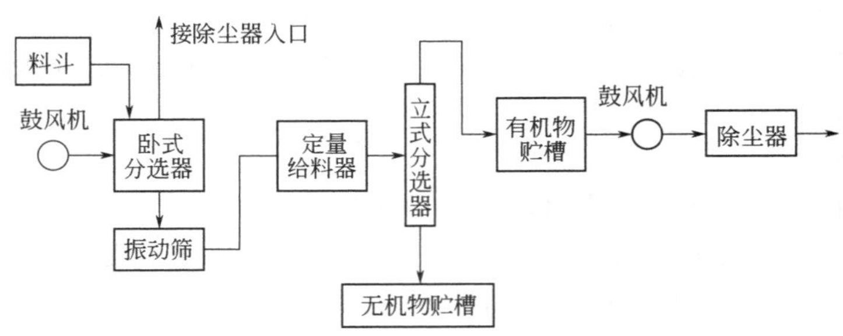

图 5-33　风力分选系统

2. 浮选

浮选法是利用较重的水质（海水和泥浆水）与较轻的炭质（焦），在大水量、高流速的条件下，借助水、炭二者之间的相对密度差将焦与渣自然分离。

3. 磁选

它是利用工业废渣中不同组分磁性的差异，在不均匀磁场中实现分离的一种分选技术。

4. 筛分

它是根据化工废渣颗粒尺寸大小进行分选的一种方法。一个均匀筛孔的筛分器只允许小于筛孔的颗粒通过，较大颗粒留在筛面上被排除。一个颗粒至少有两个方向的尺寸小于筛孔才能通过，因此筛分是通过一个以上的不同孔径筛面，将不同粒径的混合固体废物分为两组以上颗粒组的过程。筛分有湿筛和干筛两种操作，化工废渣多采用干筛，如炉渣的处理。其他还有一些分选技术，如惯性分选、淘汰分选、静电分选等。

（四）填埋法

填埋法即土地填埋法。目前，采用较多的土地填埋方法是卫生土地填埋、安全土地填埋和浅地层处置法。

1. 卫生土地填埋

卫生土地填埋是处置垃圾而不会对公众健康及环境造成危害的一种方法。通常是每天把运到土地填埋场的废物在限定的区域内铺散成 40～75cm 薄层，然后压实减少废物的体积，并在每天操作之后用一层厚 15～30cm 的土壤覆盖、压实，废物层和土壤覆盖层共同构成一个单元，即填筑单元。具有同样高度的一系列相互衔接的填筑单元构成一个升层。完成的卫生土地填埋场地是由一个或多个升层组成的。当土地填埋场达到最终的设计高度之后，再在该填埋层之上覆盖一层 90～120cm 厚的土壤，压实后就达到一个完整的卫生土地填埋场。

2. 安全土地填埋

安全土地填埋是在卫生土地填埋技术基础上发展起来的、一种改进了的卫生土地填埋。只是安全土地填埋场的结构和安全措施比卫生土地填埋场更为严格而已。

安全土地填埋选址要远离城市和居民较稠密的安全地带，土地填埋场必须有严密的人造或天然的衬里，下层土壤或土壤同衬里相结合部渗透率小于 10^{-8}cm/s；填埋场最底层应位于地下水位之上；要采取适当的措施控制和引出地表水；要配备严格的浸出液收集、处理及监测系统；设置完善的气体排放和监测系统；要记录所处置废物的来源、性质及数量，把不相容的废物分开处置。若此类废物在处置前进行稳态化预处理，填埋后更为安全，如进行脱水、固化等预处理。

（五）固化法

固化法是指通过物理或化学法，将废弃物固定或包含在坚固的固体中，以降低或消除有害成分的溶出特性的一种固体废物处理技术。目前，根据废弃物的性质、形态和处理目的可供选择的固化技术有五种方法，详见表 5-19。

表 5-19　固化技术及比较

方　法	要　点	评　论
水泥基固化法	将有害废物与水泥及其他化学添加剂混合均匀，然后置于模具中，使其凝固成固化体，将经过养生后的固化体脱膜，经取样测试，其有害成分含量低于规定标准，便达到固化的目的	方法简单，稳定性好，有可能作建筑材料，对固化的无机物，如氧化物可互容，硫化物可能延缓凝固和引起破裂，除非是特种水泥，卤化物易浸出，并可能延缓凝固，重金属、放射性废物互容
石灰基固化法	将有害废物与石灰及其他硅酸盐类配以适当的添加剂混合均匀，然后置于模具中，使其凝固成固化体，固化体脱膜、取样测试方式和标准与“水泥基固化法”相同	方法简单，固化体较为坚固，对固化的有机物，如有机溶剂和油等多数抑制凝固，可能蒸发逸出，对固化的无机物如氧化物、硫化物互容，卤化物可能延缓凝固并易于浸出，重金属、放射性废物互容

续表

方　法	要　点	评　论
热塑性材料固化法	将有害物同沥青、柏油、石蜡或聚乙烯等热塑性物质混合均匀，经过加热冷却后使其凝固而形成塑胶性物质的固化体	固化效果好，但费用较高，只适用于某种处理量少的剧毒废物，对固化的有机物，如有机溶剂和油，在加热条件下可能蒸发逸出。对无机物如硝酸盐、次氯化物、高氯化物及其他有机溶剂等则不能采用此法，但与重金属、放射性废物互容
高分子有机物聚合稳定法	将高分子有机物如脲醛等与不稳定的无机化学废物混合均匀，然后使混合物经过聚合作用生成聚合物	此法与其他方法相比，只需少量的添加剂，但原料费用较昂贵，不适于处理酸性以及有机废物和强氧化性废物，多数用于体积小的无机废物
玻璃基固化法	将有害废物与硅石混合均匀，经高温熔融冷却后而形成玻璃固化体	固化体性质极为稳定，可安全地进行处置，但费用昂贵，只适于处理极有害化学废物和强放射性废物

三、典型固体废物的处理

（一）塑料废渣的处理

塑料废渣属于废弃的有机物质，主要来源于树脂的生产过程、塑料的制造加工过程以及包装材料。塑料的物理性质之一是在高温条件下可以软化成型。在有催化剂的作用下，通过适当温度和压力，高分子可以分解为低分子烃类。根据各种塑料废渣的不同性质，经过预分选后，废塑料可进行熔融固化或热分解处理。处理和利用塑料废渣的途径大致有以下几个方面。

1. 再生处理法

再生处理需根据各种废渣的不同性质，分别对待。不同类型的塑料废渣，预先可以借助外观及其他特征加以鉴别区分。混合塑料废渣鉴别时通常采用分选技术。其中以相对密度分选法最为方便。该法是先将废渣粉碎，用不同密度的液体进行浮选，或在水洗干燥后进行风选。对单一种类热塑性塑料废渣进行再生称为单纯性再生即熔融再生。整个再生过程由挑选、粉碎、洗涤、干燥、造粒或成型等几个工序组成。图 5-34 为塑料废渣熔融再生工艺流程。

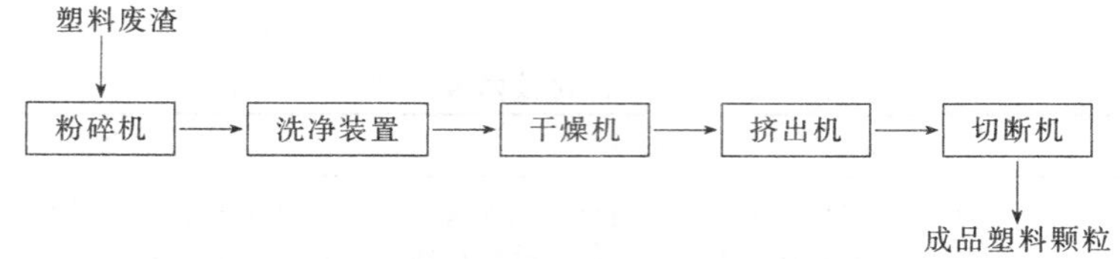

图 5-34　塑料废渣熔融再生工艺流程

（1）挑选　挑选的目的是要得到单一种类的热塑性塑料废渣，而将其他夹杂物分选出去。分选之前经常需要先将塑料废渣进行粉碎，粉碎到一定程度之后进行分选。

（2）粉碎　除对塑料废渣在分选前需要进行粉碎之外，在送经挤出机之前，往往还需要对塑料废渣作进一步粉碎。对小块塑料废渣一般可采用剪切式粉碎机，对大块废渣则采用冲击式粉碎机效果好。

（3）洗涤和干燥　塑料废渣常常带有油、泥沙及污垢等不清洁物质，故需进行洗涤处理，一般用碱水洗或酸洗，然后再用清水冲洗，洗干净之后还需进行干燥以免有水分残留而影响再生制品的质量。

（4）挤出造粒或成型　经过洗净、干燥的塑料废渣，如果不再需要粉碎的话，就可以直接送入挤出机或者直接送入成型机，经加热使其熔融后便可以造粒或成型。在造粒或成型过程中，通常还需要添加一定数量的增塑剂、稳定剂、润滑剂、颜料等辅助材料。辅助材料的选择和配方，应根据废渣的材料品种和情况来决定。

2．热分解法

热分解法是通过加热等方法将塑料高分子化合物的链断裂，使之变成低分子化合物单体、燃烧气或油类，再加以有效利用的一项技术。塑料热分解技术可以分为熔融液槽法、流化床法、螺旋加热挤压法、管式加热法等。目前可供实际应用的是前两种。熔融液槽热分解法工艺流程如图 5-35 所示。将经过破碎、干燥的废塑料加入熔融液槽中，进行加热熔化使其进入分解。熔融槽温度为 300～350℃，而分解温度为 400～500℃。各槽均靠热风加热，分解槽有泵进行强制循环，槽上部设有回流区（200℃左右）。以便控制温度。焦油状或蜡状高沸点物质在冷凝器凝缩分离后须返回槽内再加热，进一步分解成低分子物质。低沸点成分的蒸气，在冷凝器内分离成冷凝液和不凝性气体，冷凝液再经过油水分离后，可回收油类。该油类黏度低，但沸点范围广，着火点极低，最好能除去低沸点成分后再加以利用。不凝性气态化合物，经吸收塔除去氯化物等气体后，可作燃烧气使用。回收油和气体的一部分可用作液槽热风的能源。本工艺的优点是可以任意控制温度而不致堵塞管路系统。

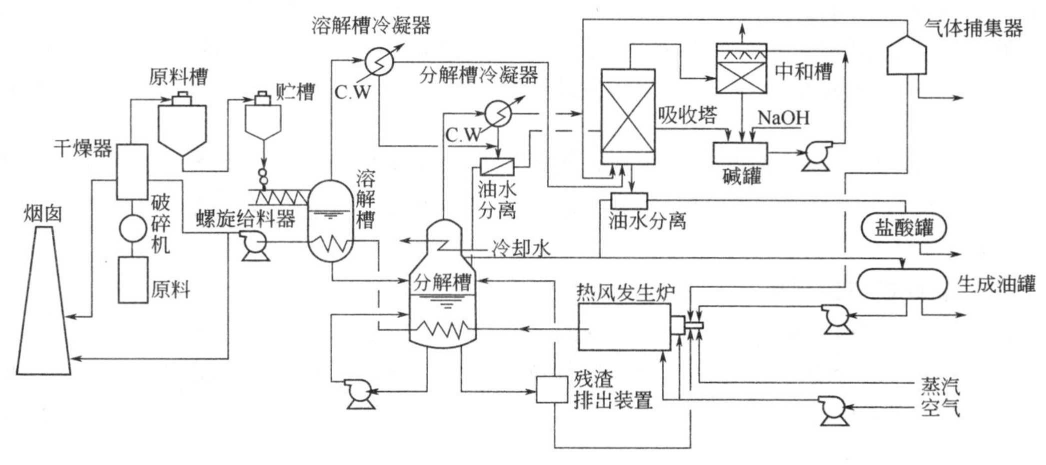

图 5-35　熔融液槽热分解法处理废塑料工艺流程图

3．焚烧法

塑料焚烧法可分为传统的一般法和部分燃烧法两种。前者在一次燃烧室内可以达到高温，由火焰、炉壁等辐射热，使废塑料在一次燃烧室进行热分解。目的是在一次燃烧室内求得彻底的燃烧，但往往燃烧不完全，因而产生煤烟未燃气体，为此需经二次或三次燃烧室用助燃喷嘴使之烧尽。部分燃烧法在第一燃烧室控制空气量，在 800～900℃的温度下，使废塑料的一部分燃烧，再将热分解气体和未燃气、煤烟等送至第二燃烧室，这里供给充分空气，使温度提高到 1000～1200℃完全燃烧。部分燃烧法燃烧充分，产生煤烟少，但热分解速度较慢，处理能力较小。其装置系统如图 5-36 所示。

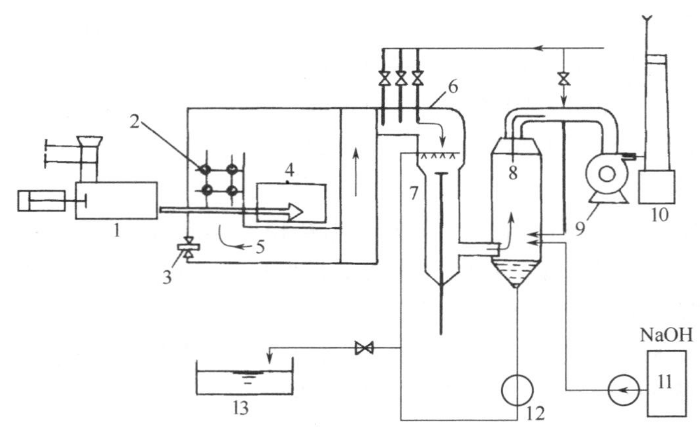

图 5-36 部分燃烧法处理废塑料工艺流程图

1—加料装置；2—空气喷嘴；3—重油烧罐；4——次燃烧室；5—二次燃烧室；6—气体冷却室；7—湿式喷淋塔；8—气液分离器；9—抽风机；10—烟囱；11—碱罐；12—循环泵；13—排水槽

4. 湿式氧化和化学处理方法

湿式氧化法，就是在一定的温度和压力条件下，使塑料渣在水溶液中进行氧化，转化成不会造成污染危害的物质，而且也可以回收能源。对塑料废渣采用湿式氧化法进行处理，与焚烧法相比较，具有操作温度低、无火焰生成、不会造成二次污染等优点。根据报道，一般塑料废渣在 3.92MPa 的压力下和 120～370℃温度下，均可在水溶液中进行氧化反应。

化学处理法是一种利用塑料废渣的化学性质，将其转化为无害最终产物的方法。最普遍采用的是酸碱中和、氧化还原和混凝等方法。这些是很有发展前途的方法，可以直接变有害物为有用物质。

（二）硫铁矿渣的利用

硫铁矿渣是用硫铁矿为原料生产硫酸时产生的废渣，所以又叫硫酸渣，或称烧渣。硫铁矿渣综合利用的最理想途径是将其含有的有色金属、稀有贵金属回收并将残渣进一步冶炼成铁。但因硫铁矿渣中有色金属含量较低，回收工艺和设备较复杂，尚有一些问题需要解决。

1. 回收有色金属

硫铁矿渣除含铁外，一般都含有一定量的铜、铅、锌、金、银等有价值的有色贵重金属。早在几十年前就提出用氯气挥发（高温氯化）和氯化焙烧（中温氯化）的方法回收有色金属，同时提高矿渣铁含量，直接作高炉炼铁的原料。

氯化挥发和氯化焙烧的目的都是回收有色金属提高矿渣的品位，它们的区别在于温度不同，预处理及后处理工艺也有差别。氯化焙烧是矿渣在最高温度 600℃左右进行氯化反应，主要在固相中反应，有色金属转化成可溶于水和酸的氯化物及硫酸盐，留在烧成的物料中，然后经浸渍、过滤使可溶性物与渣分离。溶液可回收有色金属，渣经烧结后作为高炉炼铁原料。氯化挥发法是将矿渣造球，然后在最高温度 1250℃下与氯化剂反应，生成的有色金属氯化物挥发随炉气排出，收集气体中的氯化物，回收有色金属。氯化反应器排出的渣可直接用于高炉炼铁。具有代表性的工厂是日本光和精矿户佃工厂。光和精矿法高温氯化流程见图 5-37。

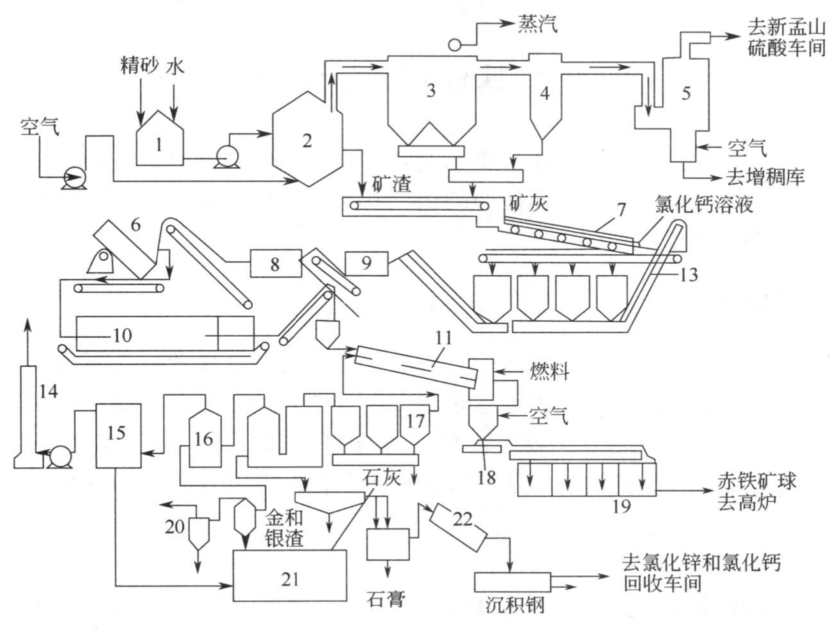

图 5-37 光和精矿法高温氯化流程图

1—搅拌器；2—沸腾炉；3—废热锅炉；4—旋风器；5—洗涤器；6—圆盘造球机；7—矿渣冷却器；8—捏土磨机；9—球磨机；10—输送干燥机；11—回转窑；12—掺和仓；13—循环输送机；14—烟囱；15—除雾器；16—冷却及洗涤塔；17—集尘室；18—球冷却机；19—球仓；20—真空冷却器；21—铝、银、金和铁回收车间；22—转鼓

2. 烧渣炼铁

硫铁矿渣炼铁的主要问题是含硫量较高，按原化工部部颁标准规定沸腾炉焙烧工序得到的硫铁矿渣残硫量不得高于 0.5%，现在一般为 1%～2%，这给炼铁脱硫工作带来很大负担，影响生铁质量。其次是含铁量较低，一般只有 45%，且波动范围大，直接用于炼铁，经济效果并不理想，所以在用于炼铁之前，还需采取预处理措施，以提高含铁品位。硫铁矿渣中有铜、铅、锌、砷等金属或非金属，它们对冶炼过程和钢铁产品的质量也有一定影响。

降低硫含量可用水洗法，去除可溶性硫酸盐。也可用烧结选块方法来脱硫。一般烧结选块脱硫率为 50%～80%。将硫铁矿渣 100kg、无烟煤或焦粉 10kg、块状石灰 15kg 拌匀后在回转炉中烧结 8h，得到烧结矿，含残硫从 0.8%～1.5%降至 0.4%～0.8%。

3. 生产水泥

高炉炼铁以及其他转炉冶炼都不能利用高硫渣，而应用回转炉生铁-水泥法可以利用高硫烧渣制得含硫

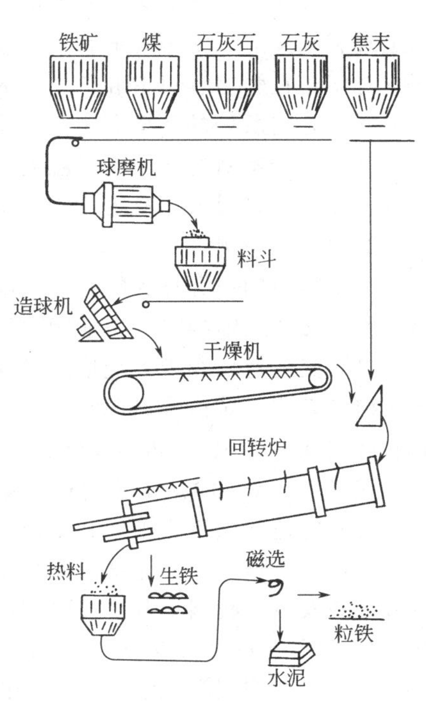

图 5-38 回转炉生铁-水泥法示意图

合格的生铁，同时得到的炉渣又是良好的水泥熟料。用烧渣代替铁矿粉作为水泥烧成时的助溶剂，既可满足需要的含铁量，又可以降低水泥的成本。见图 5-38。

第四节　其他环境污染及防治

其他污染包括噪声污染、放射性污染、电磁污染、热污染及光污染等。随着科学技术的迅猛发展，其他污染已成为当代世界性的问题。它对环境的污染与工业“三废”一样，也是危害人类生存环境的公害。

一、噪声污染

噪声是城市居民每天感受的公害之一。随着工业、交通运输业、建筑业的高度发展和城市人口的增长，噪声越来越强，危害也越来越大。目前全国区域环境噪声污染十分严重。而在工业生产中，由噪声造成的工作效率降低、意外事故和要求赔偿引起的经济损失也相当大，由此可见，环境噪声及其控制问题，应该成为各国政府和民众关注的焦点。

（一）概述

1. 噪声

声音是一种物理现象，它在人们的日常生活和学习中起着非常重要的作用，很难想象一个没有声音的世界会是什么样子。然而，人们并不是任何时候都需要声音，在声音世界里也不是所有声音都是人们所需要的，有一些甚至使人厌烦并妨碍人类正常的生活和生产秩序。从环境保护角度来说：凡是干扰人们正常休息、学习和工作的声音，即为噪声。这里所说的噪声与物理学上的噪声在含义上有所不同。物理学上把节奏有调，听起来和谐的声音称为乐声；把杂乱无章、听起来不和谐的声音称为噪声。而这里所说的噪声取决于个体所处的环境和主观感觉反应，如悦耳的歌声以及乐器声是和谐、优美的，可给人以良好的精神感受，然而它对于正在学习、思考和休息的人来说，即成为令人讨厌的噪声。所以判断一个声音是否属于噪声，与所处的环境和主观感觉有关。此外，不论是乐声还是噪声，人们对任何频率的声音都有一个绝对的时限忍受强度，超过这一强度就会对人体造成危害，因此，从这个角度上讲，噪声即是对人体有害和人们不需要的声音。

2. 噪声的来源

产生噪声的声源称为噪声源。噪声源有多种多样。根据产生的情况，城市环境噪声的来源主要有交通运输噪声、工业噪声和生活噪声。

（1）交通运输噪声　交通运输噪声是由各种交通运输工具在行驶中产生的。许多国家的调查结果表明，城市噪声源有 70% 来自交通噪声。载重汽车、公共汽车、拖拉机等重型车辆的行进噪声约 89～92dB（分贝），电喇叭大约为 90～100dB，汽喇叭大约为 105～110dB（距行驶车辆 5m 处）。市区内这些噪声平均值都超过了人的最大允许值 85dB（A），严重干扰了人们的正常生活、工作和学习。

（2）工业噪声　工业噪声是指工厂在生产过程中由于机械振动、摩擦、撞击及气流扰动而引起的噪声。我国工业企业噪声调查结果表明，一般电子工业和轻工业的噪声在 90dB 以下，纺织厂噪声约为 90～106dB，机械工业噪声为 80～120dB，凿岩机、大型球磨机为 120dB，风铲、风镐、大型鼓风机在 120dB 以上。这些声音传到居民区常常超过 90dB，严重影响居民的正常生活。

(3) 生活噪声 社会生活和家庭生活的噪声也是普遍存在的，如宣传用的高音喇叭、家庭用收录机、电视机、缝纫机发出的声音都对邻居产生噪声。随着人们生活水平的提高，家庭常用的设备如洗衣机、电冰箱、除尘器、抽水马桶等产生的噪声已引起了人们的广泛重视。这些噪声虽然对人体没有直接危害，但能干扰人们正常的谈话、工作、学习和休息，使人心烦意乱。

3. 噪声污染及其危害

噪声污染与水污染、大气污染一起构成当代三种主要污染公害，噪声污染具有时间和空间上的局限性和分散性。所谓局限性和分散性是指环境噪声影响范围的局限性和环境噪声源分布的分散性。首先，噪声污染是一种物理污染，一般情况下不致命，它直接作用于人的感官，当噪声源发出噪声时，一定范围内的人们立即会感到噪声污染，而当噪声源停止发生时，噪声立即消失，而水、气污染排放的污染物，即使停止排放，污染物在长时间内还残留着，会持续产生污染。其次，噪声污染源无处不在且往往不是单一的，具有分散性。

噪声是影响面最广的一种环境污染，它广泛地影响着人们的生活。大多数国家规定的噪声的环境卫生标准为 40dB，超过这个标准的噪声被认为是有害噪声。噪声污染对人的影响不单决定于声音的物理性质，而且与人的心理和生理状态有关。

吵闹的噪声使人讨厌、烦恼，精神不集中，影响工作效率，妨碍休息和睡眠等。在强的噪声下，还容易掩盖交谈和危险信号，分散人的注意力，发生工伤事故。据世界卫生组织估计，美国每年由于噪声的影响而带来的工伤事故、不上工及低效率所造成的损失将近 40 亿美元。

在强噪声下暴露一段时间后，听觉引起暂时性听阈上移，听力变迟钝，称为听觉疲劳。如果人们暴露在 140～160dB 的高强度噪声下，就会使听觉器官发生急性外伤，引起鼓膜破裂流血，螺旋体从基底急性剥离，双耳失聪。长期在强噪声下工作的工人，除了耳聋外，还有头昏、头疼、神经衰弱、消化不良等症状，往往导致高血压和心血管病。

噪声对胎儿造成危害。研究表明，噪声会使母体产生紧张反应，引起子宫血管收缩，以致影响供给胎儿发育所必需的养料和氧气。日本曾对 1000 多个初生婴儿进行研究，发现吵闹区域的婴儿体重轻的比例较高，平均在 2.5kg 以下，相当于世界卫生组织规定的早产儿体重。噪声还会使少年儿童的智力发展缓慢，在噪声环境下老师讲课，儿童很难听清楚，注意力也难以集中，因而反应迟钝。有人经过调查，吵闹中的儿童智力发育比安静中的低 20%，智力发育明显要缓慢些。

此外，高强度的噪声还能破坏机械设备及建筑物。研究证明，150dB 以上的强噪声，由于声波振动，会使金属疲劳，由于声疲劳可造成飞机及导弹失事。

(二) 噪声控制技术

噪声的传播一般有噪声源、传播途径和接受者三个阶段。传播途径包括反射、衍射等各种形式的声波行进过程。只有当声源、声的传播途径和接受者三个因素同时存在时，噪声才能对人造成干扰和危害。

1. 声源控制技术

控制噪声的根本途径是对声源进行控制，控制声源的有效方法是降低辐射声源功率。在工矿企业中，经常可以遇到各种类型的噪声源，他们产生噪声的机理各不相同，所采用的噪声控制技术也不相同。下面根据产生噪声的物理性质不同来分别介绍其控制技术。

(1) 机械噪声控制技术 机械噪声是由各种机械部件在外力激发下产生振动或相互撞击

而产生的。控制机械噪声的主要方法有：提高旋转运动部件的平衡精度，减少旋转运动部件的周期性激发力；在固体零部件接触面上，增加特性阻抗不同的黏弹性材料，减少固体传声；在振动较大的零部件上安装减振器，以隔离振动，减少噪声传递；采用内损耗系数较高的材料制作机械设备中噪声较大的零部件，或在振动部件的表面附加阻尼，降低其声辐射效率；提高运动部件的加工精度和光洁度，选择合适的公差配合，控制运动部件之间的间隙大小，降低运动部件的振动振幅，采取足够的润滑减少摩擦力；避免运动部件的冲击和碰撞，降低撞击部件之间的撞击力和速度，延长撞击部件之间的撞击时间；用焊接代替铆接，用滚压机和风压机矫正钢板代替敲打，用无声液压或挤压代替冲压，可用压力机代替锻锤。

(2) 气流噪声的控制　气流噪声是由气流流动过程中的相互作用或气流和固体介质之间的作用产生的，控制气流噪声的主要方法有：选择合适的空气动力机械设计参数，减小气流脉动，减小周期性激发力；降低气流速度，减少气流压力突变，以降低湍流噪声；降低高压气体排放压力和速度；安装合适的消声器。

(3) 电磁噪声的控制　电磁噪声主要是由交替变化的电磁场激发金属零部件和空气作周期性振动而产生的。

降低电动机噪声的主要措施有：合理的选择沟槽数和级数；在转子沟槽中充填一些环氧树脂材料，以降低振动；增加定子的刚性；提高电源稳定性；提高制造和装配精度。

降低变压器电磁噪声的主要措施有：减小磁力线密度；选择低磁性硅钢材料；合理选择铁心结构，铁心间隙充填树脂性材料，硅钢片之间采用树脂材料粘贴。

2. 传播途径控制技术

通常由于某种技术和经济上的原因，从声源上控制噪声难以实现，这时就要从传播途径上考虑降噪措施。

(1) 吸声降噪　当声波入射到物体表面时，部分入射声波能被物体表面吸收而转化成其他能量，这种现象叫吸声。吸声降噪是一种在传播途径上控制噪声强度的方法。物体的吸声作用是普遍存在的，吸声的效果不仅与吸声材料有关，还与所选的吸声结构有关。

① 吸声材料　吸声材料之所以具有降噪能力是与它们的结构密切相关的。吸声材料可分为两类：一类是较常见的多孔材料，如泡沫塑料、多孔陶瓷板、多孔水泥板、玻璃纤维、矿渣棉、甘蔗板等。多孔吸声材料的表面具有丰富的细孔，其内部松软多孔，孔与孔之间相连通，并深入到材料的内层，以使声波容易传到材料的内部，使声能充分衰减。吸声材料在使用时往往要加护面板或织物封套，吸声效果会更好。当空气中湿度较大时，水分进入材料的孔隙，可导致吸声性能的下降。多孔吸声材料对于中、高频率的声波具有很好的吸声作用，但对低频率噪声，吸声材料往往不是很有效的。对低频噪声常采用另一类吸声材料即共振吸声材料来降低噪声。共振吸声材料有与多孔材料相同的方面，也有不同的特点。相同方面是二者都是把声能通过黏滞摩擦转换成热能消耗掉，不同点在于共振吸声材料有较强的频率选择性，它只吸收某些频率成分的声能。

② 吸声结构　吸声材料一般安装在室内墙面或顶棚面，或以空间吸声体悬挂在噪声源上方，而构成吸声结构。吸声结构的设计应考虑到要降低的噪声频率的要求。若以吸收高频率噪声为主则采用吸声材料做成各种形式的吊挂结构或吸声材料紧贴墙体结构，外层可加穿孔或不加的方法，效果最好；若目的是吸收低频率和中频率噪声，具体做法应是吸声材料紧贴墙体留有空气层，空气层可做 1～2 层，厚度等于入射波长的 1/4，外加穿孔板，则吸声效果更好。穿孔板的作用是防护吸声材料免遭机械性损坏。要保持吸声结构外形美观，便于

清洗灰尘，可做成平板或波纹状。另外，在吸声结构上应考虑到材料的厚度和密度。

（2）消声器　消声器是一种既能使气流通过又能有效地降低噪声的设备。通常可用消声器降低各种空气动力设备的进出口或沿管道传递的噪声。例如在内燃机、通风机、鼓风机、压缩机、燃气轮机以及各种高压、高速气流排放的噪声控制中广泛使用消声器。不同消声器的降噪原理不同，在这里主要介绍以下几种。

① 阻性消声　它是利用装置在管道内壁或中部的阻性材料（主要是多孔材料）吸收声能而达到降低噪声目的的。当声波通过敷设有吸声材料的管道时，声波激发多孔材料中众多小孔内空气分子的振动，由于摩擦阻力和黏滞力的作用，使一部分声能转换为热能耗散掉，从而起到消声作用。阻性消声器能较好地消除中、高频噪声，而对低频的消声作用较差。

② 抗性消声　它是利用管道截面的变化（扩张或收缩）使声波反射、干涉而达到消声的目的。和阻性消声器不同，它不使用吸声材料，而是利用不同形状的管道和腔室进行适当的组合，使声波产生反射或干涉现象，从而降低消声器向外辐射的声能。抗性消声器的性能和管道结构形状有关，一般选择性较强，适用于窄带噪声和低、中频噪声的控制。常用的抗性消声器有扩张室、共振腔两种形式。

③ 损耗型消声　它是在气流通道内壁安装穿孔板或微穿孔板，利用它们的非线性声阻来消耗声能，从而达到消声的目的。微穿孔板消声器是典型的损耗型消声器。在厚度小于1mm的板材上开孔径小于1mm微孔，穿孔率一般为1%～3%，在穿孔板后面留有一定的空腔，即称为微穿孔板吸声结构。它与阻性消声器类似，不同之处在于用微穿孔板吸声结构代替了吸声材料。从某种意义讲，微穿孔板消声器是一种阻抗复合式消声器。

④ 扩散消声　工业生产中有许多小喷孔高压排气或放空现象，如各种空气动力设备的排气、高压锅炉排气放风等，伴随这些现象的是强烈的排气喷流噪声。这种噪声的特点是声级高、频带宽、传播远，危害极大。扩散性消声器是利用扩散降速、变频或改变喷注气流参数等机理达到消声的目的。常见的有小孔喷注消声器、多孔扩散消声器和节流降压消声器。

一个合适的消声器可直接使气流声源噪声降低20～40dB（A），相应响度降低75%～93%。通常要求消声器对气流的阻力要小，不能影响气动设备的正常工作，其构成的材料坚固耐用并便于加工和维修。此外要外形美观、经济。

（3）隔声降噪　把产生噪声的机器设备封闭在一个小的空间，使它与周围环境隔开，以减少噪声对环境的影响，这种做法叫隔声。隔声屏障和隔声罩是主要的两种设计，其他隔声结构还有隔声室、隔声墙、隔声幕、隔声门等，这些隔声设备只是结构不同，其隔声降噪原理基本相同。衡量构件隔声性能好坏用隔声量表示，单位是dB，dB数越大构件隔声性能越好。

① 隔声屏障　它是保护近声场人员免遭直达声危害的一种噪声控制手段。当声波在传播中遇到屏障时，会在屏障的边缘处产生绕射现象，从而在屏障的背后产生一个声影区，声影区内的噪声级低于未设置屏障的噪声级，这就是隔声屏障降噪的基本原理。目前国内大量采用各种形式的屏障降低交通噪声，这时屏障用来阻挡噪声源与受体之间的直达声。例如，上海在建设全国第一条高架铁路的同时，为了控制噪声污染，建成一项250m长的声屏障试验工程，这项工程于1999年5月中旬通过了专家组的鉴定。经过实测表明当列车以80km的时速行驶时，声屏障内的噪声为85dB，而声屏障外30m内的噪声仅为69～70dB，下降了15～16dB，效果十分明显。

② 隔声罩　当噪声源比较集中或只有个别噪声源时，可将噪声源封闭在一个小的隔声

空间内，这种隔声设备称为隔声罩。隔声罩是抑制机构噪声的较好的方法，它往往能获得很好的减噪效果。如柴油机、电动机、空压机、球磨机等强噪声设备，常常使用隔声罩来减噪。

一般机器所用的隔声罩由罩板，阻尼涂料和吸声层构成。罩板一般用1～3mm厚的钢板，也可以用密度较大的木质纤维板。罩壳用金属板时要涂以一定厚度的阻尼层以提高隔声量，专用阻尼材料是橡胶、沥青、塑料和环氧树脂等所谓黏滞性材料，这主要是声波在罩壳内的反射作用会提高噪声的强度。

二、放射性污染

（一）概述

在自然资源中存在着一些能自发地放射出某些特殊射线的物质，这些射线具有很强的穿透性，如^{235}U、^{232}Th、^{40}K等，都是具有这种性质的物质。这种能自发放出射线的性质称为放射性。放射性核素进入环境后，会对环境及人体造成危害，成为放射性污染物。放射性污染物与一般的化学污染物有着明显的不同，主要表现在每一种放射性核素均有一定的半衰期，在其放射性自然衰变的这段时间里，它都会放射出具有一定能量的射线，持续地对环境和人体造成危害。放射性污染物所造成的危害，在有些情况下并不立即显示出来，而是经过一段潜伏期后才显现出来。因此，对放射性污染物的治理也就不同于其他污染物的治理。

1. 放射性污染源

环境中的放射性物质有两个来源。

（1）天然辐射源　人类从诞生起一直就生活在天然的辐照之中，并已适应了这种辐射。天然辐射源主要来自于：地球上的天然放射源，其中最主要的是铀（^{235}U）、钍（^{232}Th）核素以及钾（^{40}K）、碳（^{14}C）和氚（^{3}H）等；宇宙间高能粒子构成的宇宙线，以及在这些粒子进入大气层后与大气中的氧、氮原子核碰撞产生的次级宇宙线。

（2）人工辐射源　20世纪40年代核军事工业逐渐建立和发展起来，50年代后核能逐渐被广泛地应用于各行各业和人们的日常生活中，因而构成了放射性污染的人工污染源。

① 核工业　核能应用于动力工业，构成了核工业的主体。核工业各类部门排放的废水、废气、废渣是造成环境放射性污染的主要原因。核燃料的生产、使用及回收的循环过程中，每一个环节都会排放放射性物质，但不同环节排放的种类和数量不同。例如，铀矿的开采、冶炼、精制与加工过程。开采过程中的排放物主要是氡和氡的子体以及含放射性粉尘的废气和含有铀、镭、氡等放射性物质的废水；在冶炼过程中，产生大量低浓度放射性废水及含镭、钍等多种放射性物质的固体废物；在加工、精制过程中，产生含镭、铀等废液及含有化学烟雾和铀粒的废气等。

② 核电站　核电站排出的放射性污染物为人工放射性核素，即反应堆材料中的某些元素在中子照射下生成的放射性活化物。其次是由于元件包壳的微小破损而泄露的裂变产物，元件包壳表面污染的铀的裂变产物。核电站排放的放射性废气中有裂变产物碘（^{131}I）、氚（^{3}H）和惰性气体氪（^{85}Kr）、氙（^{133}Xn），活化产物有氩（^{14}Ar）和碳（^{14}C）以及放射性气溶胶等。在放射性废物的处理设施不断完善的情况下，处理设施正常运行时，从核电站排放的放射性核素中，周围居民的接受剂量一般不超过背景辐射量的1%。只有在核电站反应堆发生堆芯熔化事故时，才可能造成环境的严重污染。如1986年前苏联的切尔诺贝利核电站的爆炸泄漏事故，这次事故的发生，在相当长的时间里都将会给环境造成重大的压力。因

此减少事故排放对减少环境的放射性污染将是十分重要的。

③ 核试验　在大气层进行试验时，爆炸的高温体放射性核素为气态物质，伴随着爆炸时产生的大量炽热气体，蒸汽携带着弹壳碎片、地面物升上高空。在上升过程中，随着蘑菇状烟云扩散，逐渐沉降下来的颗粒物带有放射性，称为放射性沉降物，又叫落下灰。这些放射性沉降物除了落到爆炸区附近外，还可随风扩散到广泛的地区，造成对地表、海洋、人及动植物的污染。细小的放射性颗粒甚至可到平流层并随大气环流流动，经很长时间（甚至几年）才能落回到对流层，造成全球性污染。

④ 医疗照射的射线　随着现代医学的发展，辐射作为诊断、治疗的手段越来越广泛的应用，且医用辐照设备增多，诊治范围扩大。辐照方式除外照射方式外，还发展了内照射方式，如诊治肺癌等疾病，就采用内照射方式，使射线集中照射病灶。但同时这也增加了操作人员和病人受到的辐照，因此医用射线已成为环境中的主要人工污染源。

其他方面的污染源　某些用于控制、分析、测试的设备使用了放射性物质，对职业操作人员会产生辐射危害。如某些生活消费品中使用了放射性物质，如夜光表、彩色电视机等；某些建筑材料如含铀、镭量高的花岗岩和钢渣砖等，它们的使用也会增加室内的辐照强度。

2. 危害

放射性污染造成的危害主要是通过放射性污染物发出射线的照射来危害人体和其他生物体，造成危害的射线主要有α射线、β射线和γ射线。α射线穿透力较小，在空气中易被吸收，外照射对人的伤害不大，但其电离能力强，进入人体后会因内照射造成较大的伤害；β射线是带负电的电子流，穿透能力较强；γ射线是波长很短的电磁波，穿透能力极强，对人的危害最大。

放射性核素进入人体后，其放射性对机体产生持续照射，直到放射性核素衰变成稳定性核素或全部排出体外为止。就多数放射性核素而言，它们在人体内的分布是不均匀的。放射性核素沉积较多的器官，受到内照射量较其他组织器官为大，因此，一定剂量下，常观察到某些器官的局部效应。

就目前所知，人体内受某些微量的放射性核素污染并不影响健康，只有当照射达到一定剂量时，才能对人体产生危害。当内照射剂量大时，可能出现近期效应，主要表现为：头痛、头晕、食欲下降、睡眠障碍等神经系统和消化系统的症状，继而出现白细胞和血小板减少等。超剂量放射性物质在体内长期残留，可产生远期效应，主要症状为出现肿瘤、白血病和遗传障碍等。如1945年原子弹在日本广岛、长崎爆炸后，居民由于长期受到放射性物质的辐射，肿瘤、白血病的发病率明显增高。

（二）放射性污染的防治

目前，除了进行核反应之外，采用任何化学、物理或生物的方法，都无法有效地破坏这些核素，改变其放射性的特性。因此，为了减少放射性污染的危害，一方面要采取适当的措施加以防护；另一方面必须严格处理与处置核工业生产过程中排出的放射性废物。

1. 辐射防护方法

（1）外照射防护　辐射防护的目的主要是为了减少射线对人体的照射，人体接受的照射剂量除与源强有关外，还与受照射的时间及距辐射源的距离有关。为了尽量减少射线对人体的照射，应使人体远离辐射源，并减少受照时间。在采用这些方法受到限制时，常用屏蔽的办法，即在放射源与人之间放置一种合适的屏蔽材料，利用屏蔽材料对射线的吸收降低外照射的剂量。

① α射线的防护　α射线射程短，穿透力弱，因此用几张纸或薄的铅膜，即可将其吸收。

② β射线的防护　β射线穿透物质的能力强于α射线，因此用于屏蔽β射线的材料可采用有机玻璃、烯基塑料、普通玻璃及铅板等。

③ γ射线的防护　γ射线穿透能力很强，危害也最大，常用具有足够厚度的铅、铁、钢、混凝土等屏蔽材料屏蔽γ射线。

(2) 内照射防护　内照射防护基本原则是阻断放射性物质通过口腔、呼吸器官、皮肤、伤口等进入人体的途径或减少其进入量。

2. 放射性废物的处理和处置

对放射性废物中的放射性物质，现在还没有有效的办法将其破坏，以使其放射性消失。因此，目前只是利用放射性自然衰减的特性，采用在较长的时间内将其封闭，使放射强度逐渐减弱的方法，达到消除放射性污染的目的。

(1) 放射性废液的处理和处置　对不同浓度的放射性废水可采用不同的方法处理。

① 稀释排放　对符合我国《放射防护规定》中规定浓度的废水可以采用稀释排放的方法直接排放，否则应经专门净化处理。

② 浓缩贮存　对半衰期较短的放射性废液可直接在专门容器中封装贮存，经一段时间，待其放射强度降低后，可稀释排放。对半衰期长或放射强度高的废液，可使用浓缩后贮存的方法。常用的浓缩手段有共沉淀法、离子交换法和蒸发法。用上述方法处理时，分别得到了沉淀物、蒸渣和失效树脂，它们将放射物质浓集到了较小的体积中。对这些浓缩废液，可用专门容器贮存或经固化处理后埋葬。对中、低放射性废液可用水泥、沥青固化；对高放射性的废液可采用玻璃固化。固化物可深埋或贮存于地下，使其自然衰变。

③ 回收利用　在放射性废液中常含有许多有用物质，因此应尽可能回收利用。这样做既不浪费资源，又可减少污染物的排放。可以通过循环使用废水，回收废液中某些放射性物质，并在工业、医疗、科研等领域进行回收利用。

(2) 放射性固体废物的处理和处置　放射性固体废物主要是指铀矿石提取铀后的废矿渣，被放射性物质玷污而不能再用的各种器物，以及前述的浓缩废液经固化处理后的固体废弃物。

① 对铀矿渣的处置　对废铀矿渣目前采用的是土地堆放或回填矿井的处理方法。这种方法不能根本解决污染问题，但目前尚无其他更有效的可行办法。

② 对玷污器物的处置　这类废弃物包含的品种繁多，根据受玷污的程度以及废弃物的不同性质，可以采用不同方法进行处理。

去污：对于被放射性物质玷污的仪器、设备、器材及金属制品，用适当的清洗剂进行擦洗、清洗，可将大部分放射性物质清洗下来，清洗后的器物可以重新使用，同时减小了处理的体积，对大表面的金属部件还可用喷镀方法去除污染；

压缩：对容量小的松散物品用压缩处理减小体积，便于运输、贮存及焚烧；

焚烧：对可燃性固体废物可通过高温焚烧大幅度减容，同时使放射性物质聚集在灰烬中，焚烧后的灰可在密封的金属容器中封存，也可进行固化处理，采用焚烧方式处理，需要良好的废气净化系统，因而费用高昂；

再熔化：对无回收价值的金属制品，还可在感应炉中熔化，使放射性物质被固封在金属块内。经压缩、焚烧减容后的放射性固体废物可封装在专门的容器中，或固化在沥青、水泥、玻璃中，然后将其埋藏在地下或贮存于设于地下的混凝土结构的安全贮存库中。

(3) 放射性废气的处理与处置　对于低放射性废气，特别是含有半衰期短的放射性物质的低放射性废气，一般可通过高烟筒直接稀释排放；对含有粉尘或含有半衰期长的放射性物质的废气，则需经过一定的处理，如用高效过滤的方法除去粉尘，碱液吸收去除放射性碘，用活性炭吸附碘、氪、氙等。经处理后的气体，仍需通过高烟筒稀释排放。

三、电磁污染

(一) 概述

电气与电子设备在工业生产、科学研究与医疗卫生等各个领域中得到了广泛的应用，随着经济、技术水平的提高，其应用范围还不断扩大与深化。除此之外，各种视听设备、微波加热设备等也广泛地进入人们的生活之中，应用范围不断扩大，设备功率不断提高。所有这些都导致了地面上的电磁辐射大幅度增加，已直接威胁到人的身心健康。因此对电磁辐射所造成的环境污染必须予以重视并加强防护技术的研究与应用。我国自 20 世纪 60 年代以来，在这方面已做了大量的工作，研制了一些测量设备，制定了有关高频电磁辐射安全卫生标准及微波辐射卫生标准，在防护技术水平上也有了很大提高，取得了良好的成效。

1. 电磁污染

电磁波是电场和磁场周期性变化产生波动通过空间传播的一种能量，也称为电磁辐射。利用这种辐射能可以造福人类，如采用适当的方式和强度，将电磁辐射照射人体一定部位，可以帮助医生对病人进行诊断或对某些疾病进行治疗，这种生物学效应主要表现为热效应，即机体把吸收的辐射能转换为热能达到治疗疾病的目的，但辐射过强，由于过热会引起器官的损伤。另外，还可以利用电磁辐射发射各类有用的信号，如广播、电视及无线通信来丰富人们的生活。但如果作业和生活环境中的电磁辐射超过一定强度，人体受到长时间辐照，就会产生不同程度的伤害，这就称为电磁波污染。

电磁辐射对人体的危害程度与电磁波波长有关。按对人体危害程度由大到小排列，依次为微波、超短波、短波、中波、长波，即波长越短，危害越大。微波对人体作用最强的原因，一方面是由于其频率高，使机体内分子振荡激烈，摩擦作用强，热效应大；另一方面是微波对机体的危害具有积累性，使伤害不易恢复。

2. 污染源

影响人类生活的电磁污染源可分为天然污染源与人为污染源两种。

(1) 天然污染源　天然的电磁污染源是某些自然现象引起的。最常见的雷电，它除了可以对电气设备、飞机、建筑物等直接造成危害外，还可在广大地区从几千赫到几百兆赫的极宽频率范围内产生严重的电磁干扰。此外，太阳和宇宙的电磁场源的自然辐射，以及火山喷发，地震和太阳黑子活动引起的磁暴等也都会产生电磁干扰。天然的电磁污染对短波通信的干扰特别严重。一些环境专家把电磁波污染称为第五大公害，虽然它不像废气、废水、废渣一样，能使天变浑、水变黑，它是一种能量流污染，看不见、摸不着，但却实实在在存在着。它不仅直接危害着人类的健康，还在不断地“滋生”电磁辐射干扰事端，进而威胁着人类生命。

(2) 人为污染源　人为的电磁污染主要有：① 脉冲放电，例如切断大电流电路时产生火花放电，其瞬时电流变化率很大，会产生很强的电磁干扰；② 工频交变电磁场，例如在大功率电机、变压器以及输电线等附近的电磁场，它并不以电磁波形式向外辐射，但在近场区会产生严重电磁干扰；③ 射频电磁辐射，例如无线电广播、电视、微波通信等各种射频设备的辐射，频率范围宽广，影响区域也较大，能危害近场区的工作人员。

3. 危害

电磁辐射污染不仅能引起身体各个器官的不适，直接危害着人类的健康，而且还能干扰各种仪器设备的正常工作，这对人类生命和财产的安全构成了很大的威胁。

（1）危害人体健康　生物机体在射频电磁场的作用下，可以吸收一定的辐射能量，并因此产生生物效应。这种效应主要表现为热效应，因为在生物体中一般均含有极性分子与非极性分子，在电磁场的作用下，极性分子重新排列的方向与极化的方向变化速度也很快。变化方向的分子与其周围分子发生剧烈的碰撞而产生大量的热能。当射频电磁场的辐射强度被控制在一定范围时，可对人体产生良好的作用，如用理疗机治病，当它超过一定范围时，会破坏人体的热平衡，对人体产生危害。电磁辐射能诱发各种疾病，使发病率增高。国外研究结果表明，一个 15 岁以下的儿童，如果生活在电磁波为 $0.3\mu T$（微特斯拉）的房间里，那么他患白血病的可能性将比一般儿童高 4 倍；生活在电磁波为 $0.2\mu T$ 的地方，白血病的发病率也比正常情况下高出 3 倍。

（2）干扰通信系统　如果对电磁辐射的管理不善的话，大功率的电磁波在室中会互相产生严重的干扰，导致通信系统受损，造成严重事故的发生。特别是信号的干扰与破坏，可直接影响电子设备、仪器仪表的正常工作，使信息失误，控制失灵，对通信联络造成意外。如 1991 年，奥地利劳达航空公司的一次飞机失事，导致机上 223 人全部遇难。据英国当局猜测，可能是因为飞机上的一台笔记本电脑或是便携式摄录机造成的。

（二）电磁辐射污染的防护

控制电磁污染也同控制其他类型的污染一样，必须采取综合防治的办法，才能取得更好的效果。为了从根本上防治电磁辐射污染，首先要从国家标准出发，对产生电磁波的各种工业和家用电器设备和产品，提出较严格的设计指标，尽量减少电磁能量的泄漏，从而为防护电磁辐射提供良好的前提；其次通过合理的工业布局，使电磁污染源远离居民稠密区，以加强损害防护；应制定设备的辐射标准并进行严格控制；对已经进入到环境中的电磁辐射，要采取一定的技术防护手段，以减少对人及环境的危害。下面介绍几种常用的防护电磁辐射的方法。

1. 屏蔽防护

使用某种能抑制电磁辐射扩散的材料，将电磁场源与其环境隔离开来，使辐射能限制在某一范围内，达到防止电磁污染的目的，这种技术手段称为屏蔽防护。从防护技术角度来说，这是目前应用最多的一种手段。电磁屏蔽分为主动屏蔽和被动屏蔽两类。主动屏蔽是将电磁场的作用限定在某一范围内，使其不对此范围以外的生物机体或仪器设备产生影响。具体做法是用屏蔽壳体将电磁污染源包围起来，并对壳体进行良好的接地，这种方法可以屏蔽电磁辐射强度很大的辐射源。被动屏蔽是将场源放置于屏蔽体外，使场源对限定范围内的生物机体及仪器设备不产生影响。具体做法是用屏蔽壳体将需保护的区域包围起来，屏蔽体可以不接地。

屏蔽材料可采用钢、铁、铝等金属，或用涂有导电涂料或金属镀层的绝缘材料。一般来说，电场屏蔽用铜材为好，磁场屏蔽则用铁材。目前，常用的屏蔽装置有屏蔽罩、屏蔽室、屏蔽衣、屏蔽眼罩、屏蔽头盔等，可根据不同的屏蔽对象与要求进行选择。

2. 吸收防护

采用对某种辐射能量具有强烈吸收作用的材料，敷设于场源外围，以防止大范围的污染。吸收防护是减少微波辐射危害的一项积极有效的措施，可在场源附近将辐射能大幅度降低，多用于近场区的防护上。吸收材料常分为：①谐振型吸收材料，它是利用某些材料的谐振特性制成，其特点是材料较薄，能对谐振频率附近的窄频带的微波辐射有较强的吸收作用；②匹配型吸收材料，它是利用某些材料和自由空间的阻抗匹配，吸收微波辐射能并使之衰减，其特点是适于吸收频率范围很宽的微波辐射。

实际应用的吸收材料种类很多，可在塑料、橡胶、胶木、陶瓷等材料中加入铁粉、石墨、木材和水等制成，如泡沫吸收材料、涂层吸收材料和塑料板吸收材料等。

3. 个人防护

个人防护的对象是个体的微波作业人员，当因工作需要操作人员必须进入微波辐射源的近场区作业时，或因某些原因不能对辐射源采取有效的屏蔽、吸收等措施时，必须采取个人防护措施，以保护作业人员的安全。个人防护措施主要有穿防护服、戴防护头盔和防护眼镜等。这些个人防护装备同样也是应用了屏蔽、吸收等原理，用相应的材料制成，一般用铁丝网制作。

4. 加强城市规划管理、实行区域控制

对工业集中的城市，特别是电子工业集中的城市或电气、电子设备密集使用地区，可以将电磁辐射源相对集中在某一区域，使其远离一般工业区或居民区，并对这样的区域设置安全隔离带，从而在较大的区域范围内控制电磁辐射的危害。在城市规划管理时，要划分自然干净区、轻度污染区、广播辐射区和严重工业污染区，确定管理和控制的重点，逐步加以改造和治理。由于绿色植物对电磁辐射具有较好的吸收作用，因此在安全隔离带区域内加强绿化是防治电磁污染的有效措施之一。

总而言之，根据防护的对象和具体要求，可以选择合适的技术措施来防止电磁辐射，减少对环境的污染。除此之外，还要加强电磁辐射污染的管理工作，在继续落实原国家环保总局《电磁辐射环境保护管理办法》基础上，还需将电磁辐射环境监测纳入环境监测体系的整体规划中，建立和健全有关电磁辐射建设项目的环境影响评价及审批制度。尤其是位于市区或市郊的卫星地面站、移动通信、寻呼及大型发射台站和广播、电视发射台、高压输变电设施等项目。

四、废热污染

（一）概述

1. 热污染

由于人类的某些活动，使局部环境或全球环境发生增温，并可能对人类和生态系统产生直接或间接、即时或潜在的危害的现象可称为热污染。热污染包括以下内容：①燃料燃烧和工业生产过程中产生的废热向环境的直接排放；②温室气体的排放，通过大气温室效应的增强，引起大气温度提高；③由于消耗臭氧层物质的排放，破坏了大气臭氧层，导致太阳辐射的增强；④地表状态的变化，使反射率发生变化，影响了地表和大气间的换热等。

温室效应的增强、臭氧层的破坏，都可引起环境的不良增温，对这些方面的影响，现在都已作为全球大气污染的问题，专门进行了系统的研究。

2. 热污染的来源

热污染主要来自能源消费，这里不仅包括发电、冶金、化工等工业生产消耗能源排放出的热量，而且包括人口增加导致居民生活和交通工具等消耗增多而排放出的废热。按热力学定律来看，人类使用的全部能量最终将转化为热，一部分转化为产品形式，一部分以废热形式直接排入环境。转化为产品形式的热量，最终也要通过不同的途径，释放到环境中。以火力发电的热量为例：在燃料燃烧的能量中，40%转化为电能，12%随烟气排放，48%随冷却水进入到水体中。在核电站，能耗的33%转化为电能，其余的67%均变为废热全部转入水中。由以上数据可以看出，各种生产过程排放的废热大部分转入到水中，使水升温成温热水排出。这些温度较高的水排进水体，形成对水体的热污染。电力工业是排放温热水量最多的行业，据统计，排进水体的热量，有80%来自发电厂。

3. 热污染的危害

热污染除影响全球的或区域性的自然环境热平衡外，还对大气和水体造成危害。由于废热气体在废热排放总量中所占比例较小，因此，它对大气环境的影响表现不太明显，还不能构成直接的危害。而温热水的排放量大，排入水体后会在局部范围内引起水温的升高，使水质恶化，对水生物圈和人的生产、生活活动造成危害，其危害主要表现在以下几个方面。

(1) 影响水生生物的生长　水温升高，影响鱼类生存。在高温条件时，鱼在热应力作用下发育受阻，严重时，导致死亡；水温的升高，降低了水生动物的抵抗力，破坏水生动物的正常生存。

(2) 导致水中溶解氧降低　水温较高时鱼及水中动物代谢率增高，它们将会消耗更多的溶解氧，这样就会导致水中的溶解氧减少，势必对鱼类生存形成更大的威胁。

(3) 藻类和湖草大量繁殖　水温升高时，藻类种群将发生改变，在具有正常混合藻类种的河流中，在20℃时硅藻占优势；在30℃时绿藻占优势；在35～40℃时蓝藻占优势。蓝藻占优势时，则发生水污染，水有不好的味道，不宜供水，并可使人、畜中毒。

环境污染对人类的危害大多是间接的,首先冲击对温度敏感的生物,破坏原有的生态平衡,然后以食物短缺、疫病流行等形式波及人类。不过,危害的出现往往要滞后较长的时间。

(二) 热污染的防治

1. 改进热能利用技术，提高热能利用率

通过提高热能利用率，既节约了能源，又可以减少废热的排放。如美国的火力发电厂，20世纪60年代时平均热效率为33%，现已提高到使废热的排放量降低很多。

2. 利用温排水冷却技术减少温排水

电力等工业系统的温排水，主要来自工艺系统中的冷却水，对排放后造成热污染的这种冷却水，可通过冷却的方法使其降温，降温后的冷水可以回到工业冷却系统中重新使用。可用冷却塔冷却或用冷却池冷却。比较常用的为冷却塔冷却。在塔内，喷淋的温水与空气对流流动。通过散热和部分蒸发达到冷却的目的。应用冷却回用的方法，节约了水资源，又可向水体不排或少排温热水，减少热污染的危害。

3. 废热的综合利用

对于工业装置排放的高温废气，可通过如下途径加以利用：①利用排放的高温废气预热冷原料气；②利用废热锅炉将冷水或冷空气加热成热水和热气，用于取暖、淋浴、空调加热等。对于温热的冷却水，可通过如下途径加以利用：①利用电站温热水进行水产养殖，如国内外均已试验成功用电站温排水养殖非洲鲫鱼；②冬季用温热水灌溉农田，可延长适于作物的种植时间；③利用温热水调节港口水域的水温，防止港口冻结等。

通过上述方法，对热污染起到一定的防治作用。但由于对热污染研究得还不充分，防治方法还存在许多问题，因此有待进一步探索提高。

五、光污染

人类活动造成的过量光辐射对人类生活和生产环境形成不良影响的现象称为光污染。目前，对光污染的成因及条件研究得还不充分，因此还不能形成系统的分类及相应的防治措施。在此归纳一下光污染的种类，一般认为光污染应包括可见光污染、红外光污染和紫外光污染。

1. 可见光污染

（1）眩光污染　日常生活中，眩光污染较为常见，它使人视觉受损。如电焊时产生的强烈眩光会对人眼造成伤害；夜间行驶的汽车头灯的灯光会使人视物极度不清，造成事故。车站、机场、控制室过多闪动的信号灯以及为渲染舞厅气氛，快速切换各种不同颜色的灯光，也属于眩光污染，使人视觉容易疲劳。

（2）灯光污染　城市夜间营业部门灯光不加控制，使夜空亮度增加，影响天文观测；路灯控制不当或建筑工地安装的聚光灯，照进住宅，影响居民休息。

（3）视觉污染　城市中杂乱的视觉环境，如杂乱的垃圾堆物，乱摆的货摊，五颜六色的广告、招贴等。这是一种特殊形式的光污染。

（4）其他可见光污染　如现代城市的商店、写字楼、大厦等全部用玻璃或反光玻璃装饰。在阳光或强烈灯光照射下，所反射出的光，会扰乱驾驶员或行人的视觉，成为交通事故的隐患。

2. 红外光污染

近年来，红外线在军事、科研、工业、卫生等方面应用日益广泛，由此可产生红外线污染。红外线通过高温灼烧人的皮肤，还可透过眼睛角膜，对视网膜造成伤害，波长较长的红外线还能伤害人眼的角膜，长期的红外线照射可以引起白内障。

3. 紫外光污染

近年来，由于人类活动的加剧，臭氧层耗损非常严重，因此，紫外线污染成为环境光污染的新问题，波长为250～320nm的紫外光，对人具有伤害作用，主要伤害表现为角膜损伤和皮肤的灼伤，易患白内障和皮肤癌等疾病。

光对环境的污染是客观存在的，但目前由于缺少相应的污染标准与法律制度，因而还没有形成较完整的环境质量管理方法与防范措施，今后需要在这方面进一步探索。

复习思考题

1. 大气污染源有哪些？
2. 哪些过程可以产生大气污染物？
3. 大气中的污染物有哪些？
4. 大气主要污染物的危害是什么？
5. 治理大气污染物有哪些方法？
6. 吸收法治理 SO_2 废气有哪几种具体方法？
7. 选择吸收剂应考虑哪些因素？
8. 催化法治理污染物所需催化剂的特性是什么？
9. 粉尘的控制与防治包括哪个领域？
10. 如何选择除尘设备？
11. 水污染的来源有哪些？
12. 沉淀法有哪几种类型？平流式沉淀池有何优缺点？

13. 格栅和筛网的主要功能是什么？

14. 离心分离的基本原理是什么？常用的离心分离设备有哪些？

15. 化学混凝法的基本原理是什么？

16. 吸附法处理废水的基本原理是什么？适用于处理什么物质的废水？分为哪几种类型？

17. 萃取法目前主要应用于哪些方法？

18. 液-液萃取过程中的传质定律和分配定律是什么？

19. 浮选法主要应用于哪些方面？

20. 厌氧生化法的基本原理是什么？

21. 设计一个城市污水处理厂的流程图，并标出其设备的名称。

22. 解释短语：固体废物、固体废物的处理、焚烧法、浮选法、卫生土地填埋、安全土地填埋、废物固化。

23. 简述固体废物对环境造成的危害主要表现在哪些方面。

24. 为了降低污染，常采用的固体废物处理的方法有哪些？

25. 焚烧法适合的最佳操作条件有哪些？

26. 试比较各种固化方法的特点，并说明它们的适用范围。

27. 塑料废渣有哪些处理方法？

28. 硫铁矿渣中可回收哪些物质？

29. 除了工业“三废”外，还有哪些污染可对环境造成危害？

30. 噪声的控制技术有哪些？

31. 放射性污染的危害有哪些？其防治措施有哪些？

32. 电磁辐射污染的防护措施有哪些？

33. 热污染包括哪些方面？其危害有哪些？应怎样防治？

34. 光污染包括哪些方面？

【阅读材料】

北京治理大气污染见成效

2015 年 1～4 月份，北京 $PM_{2.5}$ 平均浓度同比下降 19%，“大气十条”出台以来，京津冀地区大气污染治理正在逐步显效。

北京空气质量进一步改善，根据北京环保局的数据，2015 年 1～4 月，北京地区空气中细微颗粒物 $PM_{2.5}$ 同比下降了 19%，二氧化硫、二氧化氮和可吸入颗粒物同比分别下降 43.1%、13.7%和 12.3%，空气重污染天数同比减少了 42%。北京市环保局大气环境管理处介绍：“2014 年是执行清空计划力度最大的一年，例如淘汰了 47.6 万辆机动车老旧车，还有进行了 6500 多蒸吨燃煤锅炉清洁能源改造，这是历史上最大的，具体的表现就是二氧化硫已经达到历史的最低点，这个就北方城市来讲，北京是在最低的区域，与南方非采暖城市水平基本相当，这是非常不容易的事情。”

北京市环境保护局表示，取得这样的效果，除了采取减少汽车尾气、燃煤等污染物排放的措施，还与北京周边城市的空气质量和气象条件有关。“就北京来讲，周边污染空气的传输对北京的影响还是比较大的，在全年的影响，通过科学分析，大概占三分之一左右，2015 年北京前 4 个月与上年相比，气象条件有利于污染物的扩散，虽然大家说空气好需要刮风，马上第二天比较明显，其实空气好的地方，也有利于污染物扩散气象条件的形成，要把污染物的排放尽可能地降低，通过人们的绿色生活，产业结构调整最后实现空气质量根本改善。”

根据调查数据显示，2014 年北京、天津、石家庄的颗粒物源解析中，机动车、扬尘、燃煤分别是三地雾霾的首要来源。北京市发改委能源处表示，北京市将四个领域压减燃煤，同时明确目标，建立相应的考核机制。“准备在四个领域压减燃煤，电厂领域、居民采暖锅炉的改造、工业燃煤锅炉的改造和老百姓用散煤的改造，同时把这些任务明确了时间，不仅仅是要在 2017 年完成任务目标，同时也明确了每年需要完成的目标，明确了任务要求，还有相应的考核机制。”

在京津冀推动协同发展过程中，建立大气污染防治协作机制是个重要课题。北京环保局大气环境管理处表示：“在未来，北京、天津、河北三个区域在重污染天气发生的时候，将共同会商、共同应对、共同联动，这样可以在措施的启动上、效果上得到了更好的释放，可能原来北京市只是一个城市在这边采取措施，现在从更高的层面，能够确定共同方式，效果能达到更高的释放。”

美国是怎么治理雾霾的？

人类文明的发展都是伴随着对生态环境的破坏而来。1943 年 7 月正值第二次世界大战，美国西岸加利福尼亚州南部城市洛杉矶遭到雾霾袭击。二战后美国其他多个城市相继遭遇严重空气污染，其中匹茨堡等多个城市和工业区发生重大空气污染事件。

洛杉矶是美国最早陷入空气污染的城市之一。1979 年 9 月 17 日，洛杉矶空气中的臭氧含量超过了 0.35×10^{-6}，临近“危险点”。1989 年秋天，美国《洛杉矶时报》头版刊载了一幅洛杉矶市郊高楼大厦轮廓线的图片，图片中雾霾笼罩整个洛杉矶市中心，能见度只有三个街区。

当年的洛杉矶，一年中的多数时间都被黄色雾霾笼罩。严重的空气污染让不少人生病甚至死亡，让人们意识到了空气污染对身体健康的巨大危害。

洛杉矶的雾霾从哪里来呢？究其原因，大力发展飞机制造业、军事工业等现代工业，较为粗放的发展方式给洛杉矶空气带来了一定污染。另外，随着石化能源的发现与开采，汽车拥有量不断增加，20 世纪 70 年代，洛杉矶市汽车拥有量从 30 年前的 250 万辆增加到 400 多万辆。

工业的发展、汽车尾气的排放，再加上人口不断增加带来的污染，让洛杉矶自 1943 年以来，每年 5 月至 10 月间，经常出现连续几天雾霾不散的严重污染情况。鉴于越来越严重的空气污染情况，美国政府开始出台一系列政策来改善雾霾天气。

1955 年，美国政府出台了第一部空气污染治理法案《空气污染控制法》，1963 年，美国国会又通过了《清洁空气法》，这部法案成为了美国最重要的空气污染控制法案。该法案首次指出空气污染是跨地区的全国性问题，美国此后开始根据该法案颁布全国空气质量标准。

美国治理雾霾，首先从汽车入手。在洛杉矶，政府要求出售的汽车必须是“清洁的”，而且要求 1994 年以后出售的汽车全部安装“行驶诊断系统”，对机动车的工作状态进行实时监测，这样当有车辆超标时可以及时让其停止污染并接受维修。加州还出台了比美国政府出台的空气质量法还要严格的《污染防治法》，引导并促使美国和外国汽车生产商改进汽车的排放性能。

在此过程中，《清洁空气法》也加大了对汽车尾气排放的要求。1970年，《清洁空气法》加强了对汽车排放废气的控制。1990年，《清洁空气法》又再次修改，修正后的《洁净空气法》规定了更严格的机动车尾气排放标准，并对189种有毒污染物制定了新的控制标准。

在治理雾霾上，美国各州都有自己的空气达标计划。根据环保署制定的多项标准和政策，美国各州必须定期提交空气质量“达标”详细实施计划。如果没有或者没有有效执行计划，环保署将会采取强制性措施，确保达到空气质量标准。

自20世纪50年代以来，通过出台制定一系列的《空气污染控制法》《清洁空气法》《空气质量法》等法律，美国的空气得到了显著改善，洛杉矶等污染较严重的地区雾霾显著减少。几十年过去，如今的洛杉矶空气质量已经大大好转，只要天气晴好，从洛杉矶市中心随时可以清晰地看到山上“好莱坞”的标志。

空气质量管理法的颁布虽然取得了一定成效，但是空气质量管理并不是一件一劳永逸的事情，在不同时期、不同形势下，空气质量管理总是会出现一些新的情况。如美国现在各地空气中仍普遍存在着构成雾霾的碳化合物、地面臭氧和汞三种主要成分。这些废气在大气中混合后经光化学反应形成臭氧，能刺激人的眼睛，降低人的肺脏功能，引起哮喘、支气管炎等呼吸道疾病；汞的蒸汽有剧毒，人吸入后会伤害大脑和神经系统，引起神经异常、齿龈炎和肢体震颤，其主要排放源是燃煤发电厂、炼油厂、水泥厂、钢铁厂和油漆化工厂等。

美国环保署根据新出现的情况，多次修订《清洁空气法》，每次修订都对空气质量的标准提出了更高的要求。如2007年新法规，要求控制与气候变化有关的二氧化碳等温室气体的排放量。2012年“汞法规”要求燃油、燃煤工厂将汞的排放量降到最低程度。2014年环保署提出的《好邻居》法规，要求各州采用先进的“洗净”技术控制“烟囱工业”污染和“形成雾霾”的化学物质，尽快减少燃煤工厂、发电厂排放的废气，以保护处于下风的州不受上风州污染空气的影响。

可见，美国的蓝天也是长期对空气质量进行严格管理的结果，并且现在美国仍然对各州要求更严格的空气污染控制条例。

美国治理雾霾的经验说明：经济发展和环境保护之间是可以找到一个平衡点的，经济发展不能以牺牲自然环境为代价。

“垃圾”旅游观光点

美国纽约市第59大街上的垃圾转运站和其邻近的斯塔滕岛（Staten Island）上的世界最大的弗雷什·基尔斯（Fresh Kills）废物填埋场是世界著名的旅游观光点。

游客们不仅能够参观转运站花园般的外部环境，还可观看其内部工作情况，整个转运站坐落在一座封闭式的大型玻璃建筑中，室内空气清新，没有臭味。它不仅能够转运垃圾，还具有回收各种废物的能力，全部采用流水线作业。各种混合垃圾被卸入长长的储料槽后，由传送带输送到各个分选设备，进行加工处理后，将不可分选物送到终端，装上大型驳船，沿哈得逊河（the Hudson River）送到斯塔腾岛上的费雷什·基尔斯填埋场。由于填埋垃圾的不断增高，这里很快成为美国东海岸上的第二个制高点。通过参观，人们不仅增长了废物处理方面的知识，更重要的是认识到了保护环境和自然资源的重要性。

未来世界无废物

“25只软饮料瓶可以做成一件运动衫”，说这话的人既不是滑稽演员，也不是新奇的时装设计师，而是一位严肃的研究人员。她所在的公司专门从事废品再利用的研究和开发，这已经成为一种潮流。在纽约举办的一次博览会上，制造商展出了用塑料袋做成的化纤睡衣，由废旧电话线做成的项链。从垃圾中发掘财富，形成了工业生产一个兴旺发达的分支，并对文明社会生产与消费的平衡起着越来越重要的作用。

受到垃圾利用前景的鼓舞，有关的工厂和企业在各地纷纷建立起来。以美国为例，街头回收组织从20世纪90年代初的600个增加到现在的6600个。就废旧纸张的重新利用程序来看，英国达到了35%，美国达到了40%，德国和日本达到了50%。在所有的再利用规划中，德国最为积极大胆。根据一项立法，德国企业必须对其产品的循环利用负责。企业界组建了一个非营利性的联盟，由它来雇佣垃圾开发利用公司处理废弃的产品。随着废物利用市场的不断开发，无废物世界将成为现实。

第六章

清 洁 生 产

【学习目的要求】

通过本章的学习，掌握清洁生产的目标和内容，建立可持续发展观点下的清洁生产思想，了解清洁生产的评价指标和审核步骤，了解ISO 14000基本概念与清洁生产的关系。

第一节　清洁生产的思想和内容

清洁生产是一个相对的抽象的概念，没有统一的标准。1996年联合国环境署工业与环境规划中心对清洁生产的重新定义是：清洁生产是指将整体预防的环境战略持续应用于生产过程、产品和服务中，以期增加生态效率并减少对人类和环境的风险。清洁生产定义的基本要素见图6-1。

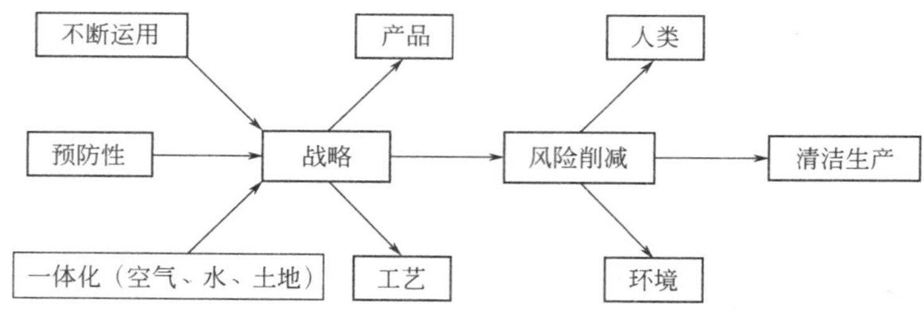

图6-1　清洁生产定义的基本要素

一、清洁生产的目标和内容

清洁生产是工业变革的表现之一，它推动了以环境保护为基础的绿色经济的蓬勃发展。

实行清洁生产是可持续发展战略的要求，关键因素是要求工业提高能效，开发更清洁的技术，更新、替代对环境有害的产品和原材料，实现环境和资源的保护和有效管理。

清洁生产是控制环境污染的有效手段，它彻底改变了过去被动的、滞后的污染控制手段，强调在污染产生之前就予以削减。经过多年来国内外实践证明，具有高效率，可获经济效益，大大降低末端处理负担，提高企业市场竞争力。

（一）清洁生产的目标

清洁生产力求达到以下目标。

（1）通过资源的综合利用，短缺资源的高效利用或代用，二次资源的利用及节能、降耗、节水，合理利用自然资源，减缓资源的耗竭。

（2）减少废物和污染物的生成和排放，促进工业产品的生产、消费过程与环境相容，降低整个工业活动对人类和环境的风险。

这两个目标的实现将体现工业生产的经济效益、社会效益和环境效益的统一，保证国民经济的持续发展。

（二）清洁生产的内容

清洁生产主要包括以下三个方面。

1．清洁的能源

（1）常规能源的清洁利用，如采用清洁煤技术，逐步提高液体燃料、天然气的使用比例；

（2）可再生能源的利用，如水力资源的充分开发和利用；

（3）新能源的开发，如太阳能、生物能、风能、潮汐能、地热能的开发和利用；

（4）各种节能技术和措施等，如在能耗大的化工行业采用热电联产技术，提高能源利用率。

2．清洁的生产过程

（1）尽量少用或不用有毒有害的原料，在工艺设计中充分考虑；

（2）消除有毒、有害的中间产品；

（3）减少或消除生产过程的各种危险性因素，如高温、高压、低温、低压、易燃、易爆、强噪声、强震动等；

（4）采用少废、无废的工艺；

（5）选择高效的设备；

（6）加强物料的再循环（厂内、厂外）；

（7）简便、可靠的操作和控制；

（8）完善的管理等。

3．清洁的产品

（1）节约原料和能源，少用昂贵和稀缺原料，尽可能“废物”利用；

（2）产品在使用过程中以及使用后不含有危害人体健康和生态环境的因素；

（3）易于回收、复用和再生；

（4）合理包装；

（5）合理的使用功能（以及具有节能、节水、降低噪声的功能）和合理的使用寿命；

（6）产品报废后易处理、易降解等。

推行清洁生产在于实现两个全过程控制：

① 在宏观层次上组织工业生产的全过程控制，包括资源和地域的评价、规划、组织、实施、运营管理和效益评价等环节。

② 在微观层次上的物料转化生产全过程的控制，包括原料的采集、贮运、预处理、加工、成型、包装、产品和贮存等环节。

二、实现清洁生产的主要途径

从清洁生产的概念来看，清洁生产的基本途径为清洁工艺及清洁产品两个部分。

清洁工艺是指既能提高经济效益又能减少环境污染的工艺技术。它要求在提高生产效率的同时必须兼顾削减或消除危险废物及其他有毒化学品的用量，改善劳动条件，减少对职工的健康威胁，并能生产出安全的与环境兼容的产品。

清洁产品则是从产品的可回收利用性、可处置性或可重新加工性等方面考虑。要求产品的设计人员本着预防污染的宗旨设计产品。

开发清洁生产技术是一个十分复杂的综合性问题，要求人们转变观念，从生产-环保一体化的原则出发，不但熟悉有关环保的法规和要求，还需要了解本行业及有关行业的生产、消费过程，对每个具体问题、具体情况都要作具体的分析，清洁生产是对生产全过程以及产品整个生命周期采取预防污染的综合措施。图 6-2 是清洁生产过程示意图。

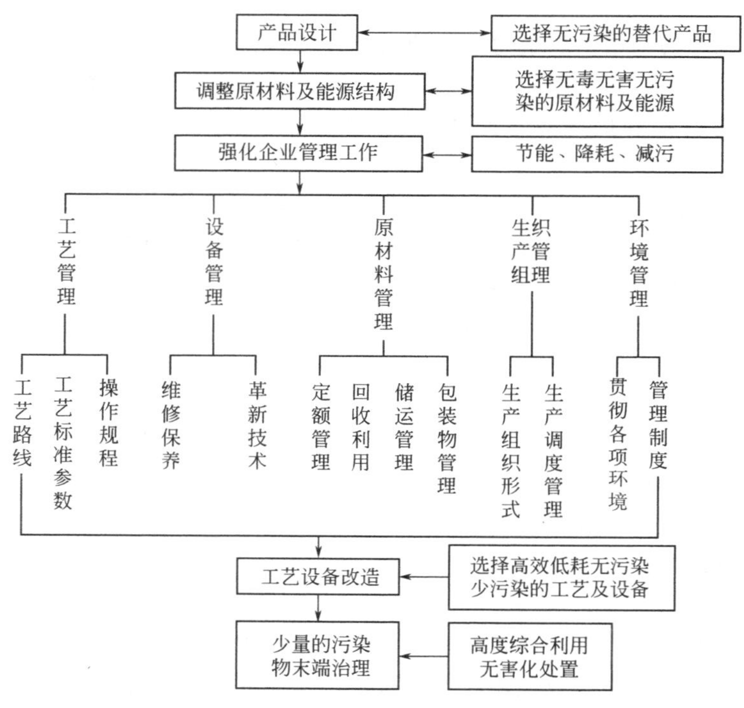

图 6-2　清洁生产过程示意图

（一）资源的合理利用

在一般的工艺产品中，原料费用约占成本的 70%。通过原料的综合利用可直接降低产品成本、提高经济效益，同时也减少了废物的产生和排放。首先要对原料进行正确的鉴别，在此基础上，对原料中的每个组分都应建立物料平衡，列出目前和将来有用的组分，制订将其转变成产品的方案，并积极组织实施。

（二）改变工艺和设备

简化流程中的工序和设备；

实现过程连续操作，减少因开车、停车造成的不稳定状态；

在原有工艺基础上，适当改变工艺条件，如温度、流量、压力、停留时间、搅拌强度、必要的预处理等；

配备自动控制装置，实现过程的优化控制；

改变原料配方，采用精料、替代原料、原料的预处理；

原料的质量管理；

换用高效设备，改善设备布局和管线；

开发利用最新科学技术成果的全新的工艺，如生化技术、高效催化技术、电化学有机合成、膜分离技术、光化学过程、等离子体化学过程等；

不同工艺的组合，如化工-冶金流程，动力-工艺流程等。

（三）组织厂内物料循环

将流失的物料回收后作为原料返回流程中；

将生产过程产生的废物经适当处理后作为原料或原料的替代物返回生产流程中；

将生产过程产生的废物经适当处理后作为原料用于本厂生产其他产品。

（四）改进产品体系

在传统发展模式中，产品的设计往往从单纯的经济考虑出发，根据经济效益采集原料、选择加工工艺和设备，确定产品的规格和性能，产品的使用常常以一次为限。

而按照清洁生产的概念，对于工业产品要进行整体生命周期的环境影响分析（LCA）。产品的生命周期是一种产品在市场上从开始出现到最终消失的过程，包括投入期、成长期、成熟期和衰落期的四个过程。在清洁生产中，这一术语是指一种产品从设计、生产、流通、消费以及报废后处置几个阶段（即所谓从“摇篮”到“坟墓”）所构成的整个过程。

产品的生命周期分析（或称产品生命周期评价 life cycle assessment of product），主要是对一种产品从设计制造到废弃物分解的全过程进行全面的环境影响分析与评估，并指出改善的途径。其实施步骤见图 6-3。

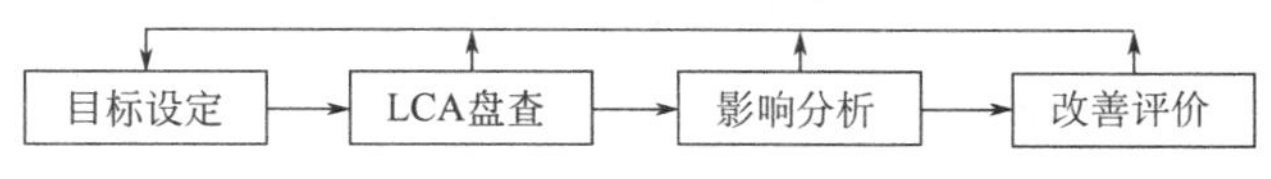

图 6-3 产品生命周期分析的步骤

目标设定是 LCA 的准备阶段，即设定 LCA 的目标和划定分析评价的范围。LCA 盘查是将环境符合定量化，即对一个产品在整个生命过程中所投入的所有原材料和能源作为收入逐一列出，而在过程中排出的所有影响环境的物质（包括副产品）作为支出也逐一列出，做成收支表。经过 LCA 收支计算，就可实现各种排放物对环境影响的定性定量评价，最后作出改善产品对环境影响的最佳决定。LCA 是目前在产品开发过程中所作的产品性能分析、技术分析、市场分析、销售能力分析和经济效益分析的补充。体现了在产品的设计中不但遵循经济原则，而且顾及生态效益；不但考虑它在消费中的使用性能，还要关心产品报废后的命运的一种新的产品设计观念。

对于清洁生产开发有以下途径。

① 产品的全新设计。使产品在生产过程中、甚至在使用之后能对环境无害，同时降低产品的物耗和能耗，减少加工工序；

② 调整产品结构、优化生产；

③ 赋予产品合理的寿命；

④ 去除多余的功能，盲目追求“多功能”往往会造成资源的浪费；

⑤ 简化包装，鼓励采用可再生材料制成的包装材料以及便于多次使用的包装材料；

⑥ 产品报废后易于回收，再生和重复利用；

⑦ 产品系列化，品种齐全，满足各种消费要求，避免大材小用，优品劣用；

⑧ 推行清洁（绿色）产品标志制度，提高环保声誉。

（五）加强管理

根据全过程控制的概念，环境管理要贯穿于工业建设的整个过程以及落实到企业中的各个层次，分解到生产过程的各个环节，与生产管理紧密地结合起来。

强化企业管理是推行清洁生产优先考虑的措施，因为管理措施一般不涉及基本的工艺过程，花费又较少。经验表明往往可能削减40％的污染物。这些措施如下。

① 安装必要的检测仪表，加强计量监督；

② 消除“跑、冒、滴、漏”；

③ 将环境目标分解到企业的各个层次，考核指标落实到各个岗位，实行岗位责任制；

④ 完备可靠的统计和审核；

⑤ 产品的质量保证；

⑥ 有效的指挥调度，合理安排批量生产的日程；

⑦ 减少设备清洗的次数，改进清洗方法；

⑧ 原料和成品妥善存放，保持合理的原料库存量；

⑨ 公平的奖惩制度；

⑩ 组织安全文明生产。

（六）必要的末端处理

在全过程控制中的末端处理只是一种采取其他措施之后的最后把关措施。这种厂内的末端处理，往往作为送往集中处理前的预处理措施，在这种情况下，它的目标不再是达标排放，而是只需处理到集中处理设施可接纳的程度，其要求如下。

① 清污分流，减少处理量，有利于组织物料再循环；

② 减量化处理，如脱水、压缩、包装、焚烧等；

③ 按集中处理的收纳要求进行厂内预处理。

三、国际国内清洁生产的发展

（一）国际清洁生产的发展

自从清洁生产被提出以来，已经有很多国家和地区开展了清洁生产的各种活动。美国1990年通过了“污染预防法”。通过立法手段建立并推行以污染预防为主的政策，这是工业污染控制战略上的根本性变革，在世界上引起了强烈反响。1991年2月，美国环保局发布了“污染预防战略”，其目标为：①在现行的和新的指令性项目中，调查具有较高费用有效性的清洁生产投资机会；②鼓励工业界的志愿行为，以减少美国环保局根据诸如有害物质控制条例采取的行动。

美国环保局采取的行动措施有：①设立污染预防办公室以协调各环境介质和各区域办公室有关清洁生产的活动；②组建美国污染预防研究所，其成员为工业界和学术界具备清洁生产技能的志愿人员；③建立污染预防信息交换中心，该中心向联邦、州、县及市的政府部门、工业界和商界协会、公共私人机构以及学术界提供有关清洁生产的信息，它同时通过联合国环境署的清洁生产信息交换中心获得国外清洁生产的信息，并向国外传递美国清洁生产信息；④开创33/50项目，该项目鼓励有害物排放控制清单上的工业部门报道其有害物排放量，并志愿地削减其17种化学品的排放量；⑤通过环境管理执法实施污染削减战略；⑥发表一项政策声明，其内容之一是美国国家环保局将把清洁生产（连同循环利用）作为达到和维持法令性和指令性目标的一种鼓励手段，以及在与重大环境违规者谈判解决方案时的一种鼓励手段。

近年来清洁生产已迅速在世界范围内掀起了热潮。英国人称清洁生产是自工业革命之后的又一次新的生产方式革命。波兰人称清洁生产是一种时代思潮。

荷兰在利用税法条款推进清洁生产技术开发和利用方面做得比较成功。采用革新性的污染预防或污染控制技术的企业，其投资可按1年的折旧（其他折旧期通常为10年）。每年都有一批工业界和政府界的专家对上述革新性的技术进行评估。一旦被认为已获得足够的市场，或被认为应定为法律强制要求采用者，即不再被评为革新性技术。

欧盟委员会也通过了一些法规以在其成员国内促进清洁生产的推行，如1996年通过了“综合的污染预防和控制”（IPPC）法令。

联合国工业发展组织和联合国环境署于1994年联合发起了全球范围创建发展中国家清洁生产中心计划，在全球范围内推行清洁生产。目前已在中国、巴西、捷克、印度、墨西哥、斯洛伐克、坦桑尼亚和津巴布韦8个发展中国家建立了国家清洁生产中心。联合国环境规划署还计划帮助20个发展中国家和过渡经济国家建立国家级清洁生产中心。另外37个国家和地区的43个组织的清洁生产中心参加了国际清洁生产网络。

1992年6月举行的联合国环境与发展大会，通过了影响未来各个领域发展的《21世纪议程》，强调了清洁生产是可持续发展的一种必然选择。作为会议的后续行动，联合国环境署同年10月再次举行了清洁生产部长级会议和高级研讨会——巴黎清洁生产会议。此次会议检查了清洁生产计划的实施情况，并根据联合国环境与发展大会的精神，调整了清洁生产计划，再次强调清洁生产对工业持续发展的作用。

1994年10月召开了第三次清洁生产高级研讨会——华沙清洁生产会议，来自45个国家和10个政府间组织的160余名清洁生产专家参加了会议。与会者评述了四年来世界清洁生产的发展，评估了挑战与障碍，提出了进一步行动的建议。

经合组织（OECD）已完成了一项为期3年的“技术与环境”研究，用以评价经合组织各成员国内部促进清洁生产的努力现状和趋势。

以上均表明清洁生产已引起各国政府的重视，从发达国家到发展中国家，成为国际环境保护的一个潮流和趋势。

（二）国内清洁生产的发展

我国是一个人均占有资源十分匮乏的国家，这一事实不允许人们再沿袭过去那种资源粗放型经营模式，必须通过清洁生产走节约资源的集约化生产的道路。

自1993年以来，在环保部门、经济综合部门和行业主管部门的协调配合和推动下，我国推行清洁生产工作在企业试点示范、宣传教育培训、机构建设、国际合作以及政策研究制定等方面取得了较大进展。开展清洁生产企业分属十几个行业，包括化工、轻工、建材、冶金、石化、铁路、电子、航空、医药、采矿、烟草、机械、仪器仪表、交通等。从1993年3月至1995年12月，在UNEPIC/PAC的帮助下，中外专家在全国3个城市（北京、烟台、绍兴）和3个省（山东、陕西、黑龙江）、10个工业行业（如石油化工、钢铁、冶金、印染、制革、电镀、造纸、酿酒等）中的51家企业，进行了清洁生产审计试点示范工作。在27家重点试点示范企业的29个清洁生产审计项目中，实施358个清洁生产方案（优化企业管理、技术改造、现场循环利用、原料替代、产品更新等），污染物排放量一般削减 10%，最高削减 50%，平均削减 30%；运行费用（包括节水、节能和降低原料消耗等）平均节省 20%；初步估算，年收益可达 1200 万～2000 万元，取得了可观的环境效益和经济效益。见表 6-1。

表 6-1　北京、烟台、绍兴三城市清洁生产方案直接效果统计表

方案总数	节　能	节　水	节约材料	替代有毒物	削减污染负荷	削减固体废物	减少废气	其　他
690 100%	45 6.5%	101 14.6%	181 26.3%	10 1.5%	147 21.3%	99 14.3%	26 3.8%	81 11.7%

据不完全统计，至 1997 年年底，全国开展清洁生产审核的企业已超过 250 家，这些企业在资金投入非常少的情况下，通常废水削减 10%～20%，污染物削减 8%～15%。通过对参加世界银行中国环境技援项目“推进中国清洁生产”的 29 家企业的统计，在清洁生产方面的投入，平均年削减 COD5.4t，平均年经济效益达 30674 元人民币。29 家企业总共投入 78 万元人民币，实施无/低费清洁生产方案后获得的年经济效益达 2400 万元人民币。表 6-2 列出我国部分企业实施清洁生产获得的环境经济效益。

表 6-2　我国部分企业实施清洁生产获得的环境经济效益

企 业 名 称	项　目　数	投资/万元	污染物减少/t	经济效益/万元
北京啤酒厂	25	397	COD1014.7	916.7
北京东方化工厂	11	17.5	COD211.9	42.15
北京化工三厂	4	432	COD140	512
烟台第二酒厂	12	1.3	COD36	5.4
烟台海藻厂	16	3.4	COD18	42.0
阜阳酒精厂	6	56	COD 减排 30%	136.7

全国已举办大大小小有关清洁生产的培训和讲座约 140 个，有近 1 万人接受了教育和培训。通过宣传教育培训，使许多不同层次的管理人员对清洁生产有了基本的了解，培训出一批掌握清洁生产专门知识和技能的科技人员。

自 1994 年成立国家清洁生产中心以来，全国相继成立 17 家行业和地方的清洁生产中心，还有一些省市和行业正在积极筹建清洁生产中心。这些专门机构的成立，大大推动了我国的清洁生产活动。

通过开展国际合作，开拓了国际环保合作的新领域，对扩大我国推行清洁生产工作在国际上的影响也起了很大的作用，并为我国推行清洁生产提供了重要的人力和资金来源，保证了我国清洁生产工作的顺利开展。

例如：中国环境技术援助项目 B-4 子项目是利用世界银行贷款开展的我国第一个清洁生产国际合作项目，为清洁生产概念的引入、企业试点、政策制定和全面实施奠定了良好的基础。

中美清洁生产合作项目“在石化、电镀、医药三个行业推行清洁生产”，在实施过程中充分发挥行业主管部门的作用，是行业部门开展清洁生产的成功范例。

上海与英国海外开发署合作开展的上海环境支持项目，其中重要内容就是帮助上海工业企业推行清洁生产，实现废物减量化。

第二节　清洁生产评价和审核

一、清洁生产评价

（一）清洁生产评价指标

根据生命周期分析，清洁生产评价指标应能覆盖原材料、生产过程和产品的各个主要环节，尤其对生产过程，既要考虑对资源的使用又要考虑污染物的产生（注意：不是污染物的排放）。因此，清洁生产评价指标为原材料指标、产品指标、资源指标和污染物产生指标四大类。

1. 原材料指标

原材料指标应能体现原材料的获取、加工使用等各方面对环境的综合影响，有以下几个方面。

① 毒性　原材料所含毒性成分对环境造成的影响程度。

② 生态影响　原材料取得过程中的生态影响程度。例如露天采矿比矿井采矿的生态影响大。

③ 可再生性　原材料可再生或可再生的程度。例如，矿物燃料可再生性就很差，而麦草浆的原料麦草的可再生性就很好。

④ 能源强度　原材料在采掘和生产过程中消耗能源的程度。例如，铝的能源强度就比铁高，因为铝的炼制过程消耗了更多的能源。

⑤ 可回收利用性　原材料的可回收利用程度。例如，金属材料的可回收利用性比较好，而许多有机原料（例如酿酒的大米）则几乎不能回收利用。

2. 产品指标

产品的销售、使用过程以及报废后的处理处置均会对环境产生影响，有些影响是长期的，甚至是难以恢复的，因此，对产品的要求是清洁生产的一项重要内容。此外对产品的寿命优化问题也应加以考虑，因为这也影响到产品的利用率。

① 销售　产品的销售过程中，即从工厂运送到零售商和用户过程对环境造成的影响程度。

② 使用　产品在使用期内使用的消耗品和其他产品可能对环境造成的影响程度。

③ 寿命优化　寿命优化就是要使产品的技术寿命（指产品的功能保持良好的时间）、美学寿命（指产品对用户具有吸引力的时间）和初设寿命处于优化状态。多数情况下产品的寿命越长越好，可以减少对生产该种产品的物料的需求。但是，某一高耗能产品的寿命越长则总能耗越大，随着技术进步有可能产生同样功能的低耗能产品，而这种节能产生的环境效益有时会超过节省物料的环境效益，在这种情况下，产品的寿命越长对环境的危害越大。

④ 报废　产品报废后对环境的影响程度。

3. 资源指标

资源指标可以由单位产品的新鲜水耗量、单位产品的能耗和单位产品的物耗来表达。在正常的操作情况下，生产单位产品对资源的消耗程度可以部分地反映一个企业的技术工艺和管理水平，即反应生产过程的状况。从清洁生产的角度看，资源指标的高低同时也反映企业的生产过程在宏观上对生态系统的影响程度，因为在同等条件下，资源消耗量越高，则对环境的影响越大。

① 单位产品新鲜水耗量　在正常的操作下，生产单位产品整个工艺使用的新鲜水量（不包括回用水）。

② 单位产品的能耗　在正常的情况下，生产单位产品消耗的电、油和煤等。

③ 单位产品的物耗　在正常的操作下，生产单位产品消耗的构成产品的主要原料和对产品起决定性作用的辅料的量。

4．污染物产生指标

污染物产生指标设三类，即废水产生指标、废气产生指标和固体废物产生指标。污染物产生指标较高，说明工艺相应比较落后或管理水平较低。

① 废水产生指标　废水产生指标首先要考虑的是单位产品的废水产生，因为该项指标最能反映废水产生的总体情况。由于废水中所含污染物量的差异也是生产过程状况的一种直接反映，因而对废水产生指标又可细分为两类，即单位产品废水产生量指标和单位产品主要水污染物产生量指标。

② 废气产生指标　和废水产生指标类似，也可细分为单位产品废气产生量指标和单位产品主要大气污染物产生量指标。

③ 固体废物产生指标　目前国内还没有像废水、废气那样具体的排放标准，因而固体废物指标可简单地定为“单位产品主要固体废物产生量”。

（二）清洁生产评价

清洁生产指标的评价方法采用百分制，首先对原材料指标、产品指标、资源消耗指标和污染产生指标按等级评分标准分别进行打分，若有分指标则按分指标打分，然后分别乘以各自的权重值，最后累加起来得到总分。表 6-3 给出了清洁生产指标权重值。

表 6-3　清洁生产指标权重值专家调查结果

评价指标		权重值
原材料指标（25）	毒性	7
	生态影响	6
	可再生性	4
	能源强度	4
	可回收利用性	4
产品指标（17）	销售	3
	使用	4
	寿命优化	5
	报废	5
资源指标（29）	能耗	11
	水耗	10
	其他物耗	8
污染物产生指标		29
总权重值		100

根据表 6-3 指标权重值，如果一个项目综合评分结果大于 80 分，说明该项目原料的选取对环境的影响、产品对环境的影响、生产过程中资源的消耗程度以及污染物的产生量均处

于同行业国际先进水平，因而从现有的技术条件看，该项目属“清洁生产”。若综合评分结果在70～80分之间，属“传统先进”项目。55～70分之间，该项目为“一般”项目。40～55分之间，可判定该项目为“落后”或“较差”。综合评分结果在40分以下，则该项目为“淘汰”项目，说明其总体水平“很差”，不仅消耗了过多的资源、产生了过量的污染物，而且在原材料的利用以及产品的使用及报废后的处置等多方面均有可能对环境造成超出常规的不利影响。

清洁生产是个相对性的概念，是与现有的生产工艺相比较而言的。评价一项清洁生产工艺，主要是与要替代的生产工艺进行相应的比较，有时也需要在不同的清洁生产工艺方案之间作权衡。可从技术、经济和环境三方面来进行评价，评价的标准根据各行各业现有技术改造或新产品开发的具体情况确定。

1. 技术评价

包括技术的先进性、安全性、可靠性；技术的成熟程度、有无实施的先例；产品质量能否保证；对生产能力的影响；对生产管理的影响；操作控制的难易；维修要求；人员数量和培训要求；许可证；工期；若是改、扩、建，是否需要停开；有无足够的空间安装设备；能否得到现有公共设施的服务；是否需要额外的储运设施；是否需要额外的化验力量。

2. 经济评价

经济评价在于计算开发利用清洁生产工艺过程中各种费用的投入和所节约的费用以及各种附加的效益，原则上可按国家计委公布的《建设项目经济评价方法》进行。根据这个规定，评价方法注重动态分析和静态分析相结合，以动态分析为主。

企业层次的经济评价一般采用投资偿还期、内部投资净收益率和净现值作为赢利性分析的指标。我国进行财务评价的主要指标是投资利润率、投资利税率、财务内部收益率以及投资回收期。

投资的费用分为基建投资和流动资金两大部分。为了阐明废物和污染物的排放代价，可将废物处理费用以及污染物排放费用单独列出，进行比较。

基建投资（含建设期利息）包括建筑安装工程及设备购置费和其他工程及设备费用两大部分。

3. 环境评价

包括单位产品产量和产值的能耗、物料和水耗；所需劳动力；占地情况；短缺资源的进口和原材料的使用；废品和废物的回收、再生、复用的可能性；废物排放水平；单位产品产量、产值的“三废”排放量，污染物排放量；生产过程中有害于健康、生态、环境的各种因素；留存、分散在环境中的废物和废品对环境的影响；产品使用过程中的风险。

综上所述，一项清洁生产工艺能得以实施，需满足三个方面的要求：一是技术上可行；二是经济上有利；三是达到节能、降耗、减污的目的，满足环境法规的要求。

（三）典型行业生产工艺的清洁生产指标

1. 造纸行业清洁生产指标

造纸行业清洁生产评价指标基准数据是根据国内外现有统计数据经分析总结得出，并经造纸行业专家评议修正，同时参考了我国已进行过清洁生产审核企业的清洁生产数据。

造纸行业（制浆）的典型工艺为：漂白碱法麦草制浆、本色硫酸盐木浆和漂白硫酸盐至木浆生产工艺。这里仅以漂白碱法麦草制浆工艺为例，见图 6-4。

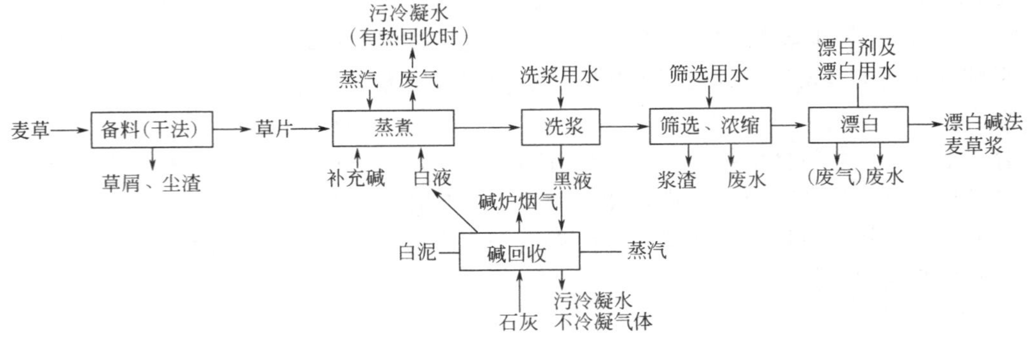

图 6-4　漂白碱法麦草制浆生产典型工艺流程

漂白碱法麦草制浆工艺清洁生产指标基准数据见表 6-4。

表 6-4　漂白碱法麦草制浆工艺清洁生产指标基准数据

指标评价等级	清　洁	较 清 洁	一　般	较　差	很　差
指标评价等级范围	[0.8，1.0]	[0.6，0.8]	[0.4，0.6]	[0.2，0.4]	[0，0.2]
	国际先进	国内先进	国内平均	国内较差	国内很差
一、资源消耗指标					
1. 耗水量/(m^3/tp)	<100	<150	150～300	300～400	>400
2. 耗麦草量/(t/tp)					
a. 白度 75 度以下	<2.2	<2.2	2.2～2.5	2.5～2.6	>2.6
b. 白度 75 度以上制浆	<2.4	<2.4	2.4～2.7	2.7～2.8	>2.8
3. 碱回收率/%	80～85	70～75	50～70	40～50	<40
二、污染物产生负荷指标					
1. 废水量/(m^3/tp)	<100	<150	150～300	300～400	>400
2. COD_{Cr}/(kg/tp)	100～150	200～250	250～450	450～550	>550
3. BOD_{5r}/(kg/tp)	30～50	60～80	80～140	140～180	>180
4. SS_r/(kg/tp)	<50	50～100	100～200	200～300	>300

注：t/tp，即吨绝干麦草/吨绝干浆，其余各处 tp 均为吨绝干浆。

对于一家工业企业来说，污染物多种多样，而对于制浆造纸行业来说，污染物主要是水污染。在上表中主要统计了 COD、BOD、SS 和废水量等几项水污染物指标。由于目前没有能耗统计数据，表中能耗基准数据暂缺。

2. 电镀行业清洁生产指标

电镀行业中大多数为中小型企业，乡镇企业占 40%，多为手工作坊式的加工业。行业普遍存在技术落后、自动化控制程度差、管理水平低、资源消耗高、产污大、污染治理设备缺乏、污染事故频繁等问题。

电镀行业的清洁生产指标基准数据是从我国已做过清洁生产审核示范企业的清洁生产审核报告收集的数据，参照了国内外现有的统计资料和电镀工业手册而整理得到的。主要电镀工艺包括氰化镀铜（底镀层）、光亮硫酸盐酸性镀铜、镀镍（光亮镍、乌镍）、镀亮铬和氯化物镀锌等。现以镀锌典型工艺为例，如图 6-5 所示。

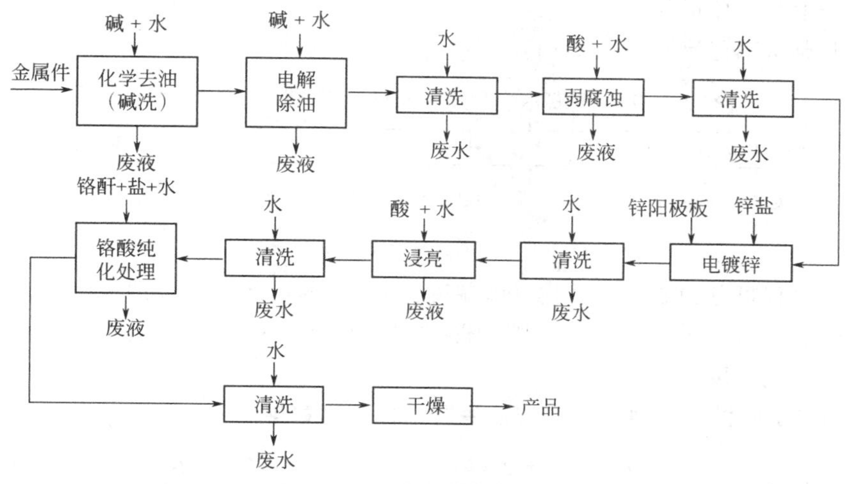

图 6-5 镀锌典型工艺流程

电镀锌工艺清洁生产指标基准数据见表 6-5。

表 6-5 电镀锌工艺清洁生产指标基准数据

指标评价等级	清洁	较清洁	一般	较差	很差
指标评价等级范围	[0.8，1.0]	[0.6，0.8]	[0.4，0.6]	[0.2，0.4]	[0，0.2]
	国际先进	国内先进	国内平均	国内较差	国内很差
一、资源消耗指标					
1. 电镀锌金属利用率/%	>85	80～85	75～80	70～75	<70
2. 阳极金属消耗(Zn)/($g/m^2 \cdot \mu m$)	<8.5	8.5～9.0	9.0～9.5	9.5～10.0	>10.0
3. 耗水量/(t/m^2)	<0.1	0.1～0.2	0.2～0.3	0.3～0.4	>0.4
二、污染物产生负荷指标					
1. 废水量/(t/m^2)	< 0.1	0.1～0.2	0.2～0.3	0.3～0.4	>0.4
2. 清洗水排放的重金属(Zn^{2+})/[$g/(m^2 \cdot \mu m)$]	<0.85	0.85～1.0	1.0～1.3	1.3～1.7	>1.7
3. 挂具损失的金属(Zn)/[$g/(m^2 \cdot \mu m)$]	<0.17	0.17～0.27	0.27～0.37	0.37～0.57	>0.57
4. 过滤及其他损失	<0.25	0.25～0.35	0.35～0.55	0.55～0.8	>0.8

应用电镀行业典型工艺清洁生产指标基准数据时应注意：

① 指标与实际相结合，电镀生产中材料的消耗以及污染物的排放量与产品的材质、形状有很大的关系，在实际运用指标基准数据中要根据产品的具体情况作出判断，最好通过一定的试验加以验证；

② 注意数据收集的真实性，清洁生产指标基准数据只是对电镀工艺而言，不包括前处理工艺的材料消耗，如用水量、用电量和蒸汽用量的消耗。同时，还要注意电镀件面积和镀层厚度的统计准确；

③ 关于电镀层耗电量的统计，由于缺乏对电镀耗电量的单独统计，故在清洁生产指标基准数据中未列出镀层的耗电量。

3. 啤酒行业清洁生产指标

啤酒行业清洁生产评价指标基准数据是根据近几年国内外现有统计数据和全国具有代表

性的 70 余家啤酒厂的调查资料，并参照国内一些报刊文章以及我国已进行过清洁生产审核啤酒厂的清洁生产审核报告。

啤酒行业典型工艺流程图见图 6-6。

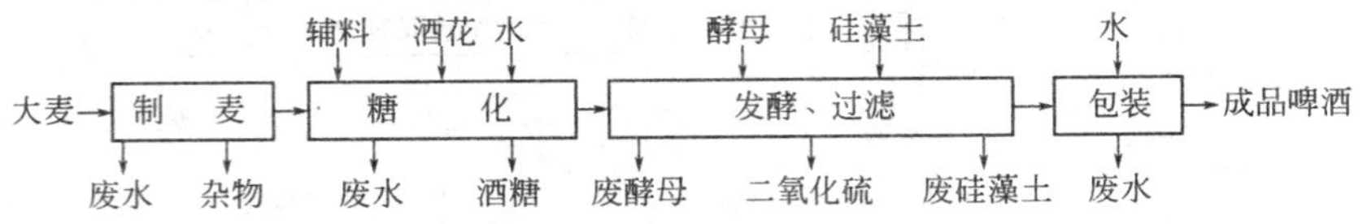

图 6-6 啤酒行业典型工艺流程

啤酒生产过程可分为制麦、糖化（即制麦汁）、发酵过滤及包装四大工序。生产所需主要原料有大麦、大米、水和酒花。在啤酒酿造过程中向环境排放的主要污染物有废水、酒糟、废酵母、废气、废渣等。

表 6-6 列出了啤酒行业典型工艺清洁生产指标基础数据。

表 6-6 啤酒行业典型工艺清洁生产指标基础数据

指标评价等级	清洁	较清洁	一般	较差	很差
指标评价等级范围	[0.8，1.0]	[0.6，0.8]	[0.4，0.6]	[0.2，0.4]	[0，0.2]
	国际先进	国内先进	国内平均	国内较差	国内很差
一、资源消耗指标					
1. 耗水量/(t/tp)	<10	10～12	13～25	26～35	>35
2. 标准浓度啤酒耗粮/(kg/t)	<164	165～185	186～190	191～200	>200
3. 耗电量/(kW·h/t)	< 80	80～110	111～130	131～150	>150
4. 耗标量/(kg/t)	<75	75～150	151～170	171～200	>200
二、污染物产生指标					
1. 废水量/(t/tp)	<3	3～9	10～22	0.6～0.8	>0.8
2. COD/(kg/tp)	<4	4～14	15～25		
3. 酒损/%	4.0	4.0～8.0	8.0～8.9	9.0～11	>11.0
4. 酒糟量(含水 80%)/(kg/t)	不排	<26	26～50	51～100	>100
5. 废酵母量(10%～15%干物质)/(kg/t)	不排	<1	1～1.5	1.6～3.5	>3.5

注：本表数据不包括制麦芽过程。

二、清洁生产审核

清洁生产审核亦称清洁生产审计。就是对企业现在的和计划进行的工业生产实行预防污染的分析和评估，是企业实行清洁生产的重要前提。在实施预防污染分析和评估的过程中，制定并实施减少能源、水和原材料使用，消除或减少产品和生产过程中有毒物质的使用，减少各种废弃物排放及其毒性的方案。通过审核后可获得合格证书，例如图 6-7 所示。

企业通过清洁生产审核达到的目的是：

① 核对有关单位操作、原材料、产品、用水、能源和废弃物利用的资料；

② 确定废弃物的来源、数量以及类型，确定废弃物削减的目标，制定经济有效的削减废弃物产生的对策；

③ 提高企业对削减废弃物获得效益的认识和知识；

④ 制定企业效率低的瓶颈部位和管理不善的地方；

⑤ 提高企业经济效益和产品质量。

(一) 筹划和组织

1. 目的

通过宣传教育使企业的领导和职工对清洁生产有一个初步的、比较正确的认识，消除思想上和观念上的一些障碍，了解企业清洁生产的内容、要求以及工作程序，组建审核领导小组和工作小组，制定清洁生产工作计划和宣传清洁生产思想。

图 6-7　清洁生产审核合格证书

2. 内容

(1) 取得领导支持　清洁生产审核是一件综合性很强的工作，涉及企业的各个部门。只有取得企业高层领导的支持和参与，审核工作才能顺利进行。要利用内部和外部的影响力，及时向企业领导宣传和汇报，宣传清洁生产审核可能给企业带来的经济效益、环境效益、无形资产的提高和推动技术进步等方面的好处，介绍其他企业实施清洁生产的成功实例，以取得支持。

(2) 开展宣传教育　利用企业现行的各种例会、广播、板报、电视录像，以及下达文件、组织学习等形式，对全体员工进行清洁生产教育。同时要克服企业内部可能存在的思想观念、技术、资金、物资及政策法规等不同障碍，使审核工作能顺利、有效地进行。

(3) 组建审核小组　这是实施企业清洁生产审核的组织保证。组长要求由厂长或经理直接担任，或由其任命主管生产、技术的副手担任。组员要求具备清洁生产审计知识，熟悉企业的生产、工艺环保和管理等情况。主要由生产部门、技术部门、环保部门、企管部门和财务部门以及作为审核重点的部门（可在第一阶段确定审核重点后补充加入）的相关人员组成。

审核小组的组织形式一般可分成清洁生产领导小组和工作小组。领导小组负责组织协调工作，而工作小组则主要承担审核的具体工作。

（4）制定审核工作计划　制定计划有助于审核工作按一定的程序和步骤进行。计划包括工作内容、进度、参与部门、负责人和各阶段活动的费用和产出等。

（二）预评估

1. 目的

这个阶段是对企业的现状、生产运行状况和废物产生与排除情况进行调查与分析，发现主要问题所在，确定审计重点，设立清洁生产的近期和中远期目标。

2. 内容

（1）企业现状调研　包括企业现状、企业的生产状况、企业的环境保护状况和企业的管理状况。可以通过收集企业已有的资料、查阅档案、与有关人士座谈等方式，对企业各方面的情况进行摸底调查，掌握企业的基本情况可能存在的问题，为下一步的现场考察作准备。

（2）现场考察　现场考察可以对现状调研的结果加以核实和修正，并发现生产中的问题，为确定备选审核重点提供依据。现场考察要在正常生产条件下进行，考察要全面、仔细。考察要从原料到产品和三废处理的整个生产过程，重点考察各产污排污环节，水耗和能耗大的环节，设备事故多发的环节，考察实际生产管理现状。考察可以将图纸、设计资料等带到现场，一一对应地分析核对，如物料进出、管网的布局等。另外，还要查阅岗位记录、生产报表、原料及成品库存记录、废弃物报表、检修记录等。同时要与操作工、车间技术人员座谈，了解并核查实际的生产运行及排污情况，听取意见和建议，发现关键问题和部位，征集无/低费方案。现场考察期间，还可以向有关部门和行业专家咨询，了解国内外同行业生产情况，分析对比企业生产存在的问题和差距。

（3）评估产污排污状况　在与国内外同类企业产污排污情况进行分析对比的基础上对本企业的产污原因进行初步分析，并评估环保执法情况，作出评估结论。

将国内外同类企业就生产、消耗、产污排污及管理水平等各项指标与本企业相对照，结合本企业的原料、工艺、产品及设备等实际情况，确定本企业的理论产污水平。再汇总企业目前与实际值之间的差距进行初步分析，并评价在现状条件下企业的产污排污状况是否合理。同时对企业污染物的排放量是否达标、缴纳排污费及处罚等情况进行评价。

（4）确定审核重点　在已基本探明企业现存的问题和薄弱环节上，从中确定出本轮审核的重点。包括污染严重的环节和部位；消耗大的环节和部位；环境及公众压力大的环节或问题。

采用简单比较法或权重总和计分排序法，把备选审核重点进行排序，从中确定本轮审核的重点。一般一次选择一个审核重点。

简单比较法就是根据各备选重点的废弃物排放量和毒性及消耗等情况进行对比、分析、讨论。通常是污染最严重、消耗最大的部位定为第一轮的审核重点。

权重总和计分排序法是通过综合考虑各因素的权重及其得分，得出每一个因素的加权得分值，然后将这些加权得分值进行叠加，以求出权重总和，再比较各权重总和值来作出选择的方法。根据我国清洁生产的实践及专家讨论的结果，在筛选审核重点时，权重因素及其权重值（W）可参考以下数值。

废弃物量　　10
主要消耗　　7～9
环保费用　　7～9
市场发展潜力 4～6
车间积极性　1～3

审核小组或有关专家对各备选审核重点进行讨论评分，分值 R 为 1～10，满分为 10，依此类推。评分时，不要受权重值的影响，也不应预先带有优劣的主观倾向。将打分值与权重值相乘（$R \cdot W$），并求和（$\sum R \cdot W$），即为备选审核重点的总得分。再按总分排序，最高者即为本次审核重点。

（5）设置清洁生产目标　设置定量化的硬性指标，才能使清洁生产真正落实。所以，清洁生产目标应针对审核重点，定量化、可操作，并具有激励作用。目标设置可分近期和中远期。近期一般指本轮审核需完成的，而中远期则为 2～3 年。目标不应定得太高而难以实现，也不应定得太低，效益不明显。

（6）提出和实施无（低）费方案　无（低）费方案是指不需要投资或投资很少、容易在短期（如审核期间）见效的清洁生产措施，包括原辅材料及能源、技术工艺、过程控制、设备、产品、管理、废物、员工的素质及激励八个方面。工厂在清洁生产审核中要边提出、边实施，并及时总结，加以改进。

（三）评估

1. 目的

这是清洁生产审核的第三阶段。目的是通过物料衡算，发现物料流失的环节，找出废物产生的原因，提出初步的清洁生产方案。

2. 内容

（1）准备审核重点资料　收集审核重点及其相关工序或工段的有关资料，如工艺资料、原材料和产品资料、管理资料，并进行现场考察收集资料。编制工艺各单元操作的工艺流程图和功能说明表；编制重点的工艺设备布置图。

（2）实测输入、输出物流　制定现场监测计划，包括监测项目、点位、时间、周期、频率、条件和质量保证等。实测所有进入审核重点生产过程的物流，包括原辅料、水、汽、中间产品和循环利用物等。实测所有输出物流，包括产品、中间产品、副产品、循环利用物及废弃物（水、气、渣）等。将实测的数据整理、换算，按输入、输出汇总成表。

（3）建立物料平衡　进行物料与能量衡算的目的，旨在准确地判断审核重点的废物流的产生环节，定量地确定废物的数量、成分和去向，从中发现过去无组织排放或未被注意的物料流失，为清洁生产提供科学的依据。进行物料衡算时，输入总量及主要成分和输出总量及主要成分之间的误差应小于 5%，否则应重测或补测。将实测和衡算的结果用图解的方式以单元操作为基本单位编制物料流程图。依据物料平衡的结果就可审核各生产单元的原料利用率、物料流失部位及废物产生的环节、数量、种类等。

（4）分析废物产生的原因　针对每一个物料流失和废物产生部位，从原辅材料及能源、技术工艺、设备、过程控制、产品、废物特征、管理和员工等方面分析原因。

（5）提出和实施无/低费用清洁生产方案　针对审核重点，根据废物产生的原因，提出并实施无/低费清洁生产方案。

（四）方案产生和筛选

1. 目的

这一阶段的目的是通过清洁生产方案的产生、筛选、研制，为下一阶段的可行性分析提供足够的中/高费备选方案。

2. 内容

（1）产生方案　宣传动员和鼓励全体员工提出清洁生产方案或合理化建议，针对物料平衡和废物产生原因分析结果，产生方案。广泛吸收国内外同行业的先进技术，组织有关专家进行技术咨询，全面系统地分类产生并汇总方案。

（2）筛选方案　按技术、环境、经济、实施的难易程度和对生产、产品的影响，将所有方案分为可行的无/低费方案，初步可行的中/高费方案和不可行的方案三大类。如表6-7所示。

表 6-7　方案优选

方案编号	技术难度		环境效果		经济效果				实施难易						结论	优选结果
	难	易	好	差	投资		收益		施工		施工期		对生产影响			
					大	小	高	低	难	易	长	短	大	小		
01	√	×	√	×	√	×	×	√	√	×	√	×	√	×	×	×

可行的无/低费方案立即实施，不可行的方案暂时搁置或否定。当方案较多时，运用权重总和计分排序法，对初步可行性的中/高费方案进一步筛选和排序。权重因素及权重值如下。

环境效果　　权重值 W 为 8～10

经济可行性　权重值 W 为 7～10

技术可行性　权重值 W 为 6～8

可实施性　　权重值 W 为 4～6

方案得分 R 为 1～10，根据每个方案的 $\sum R \cdot W$ 总分进行排序。总分最高的几个方案进入下一阶段。

（3）研制方案　针对筛选出的方案作工程化分析，内容包括工艺流程详图、主要设备清单、方案的费用和效益估算以及编写方案的说明。对每一需研究制定的方案都应考虑其系统性、闭合性、无害性和合理性。

（4）继续实施并核定汇总无/低费用方案的实施效果　要继续贯彻边审核、边削减污染物的原则，实施经筛选确定的可行的无/低费方案。对已实施的无/低费方案，及时审定其效果，包括投资运行费用、经济效益和环境效益等，并进行汇总分析。

（5）编写清洁生产中期审核报告　其目的是总结前面四个阶段所有的工作，为后阶段的改进和继续工作打好基础。

（五）可行性分析

1. 目的

这是清洁生产审核工作的第五阶段，目的是对筛选出来的中/高费清洁生产方案进行分析和评估，以选择最佳的、可实施的清洁生产方案。

2. 内容

(1) 进行市场调查 对于会造成产品变化的生产方案，要进行必要的市场调查，以确定合适的技术途径和生产规模。通过调查国内同类产品的价格、市场需求等情况，预测国内外市场的发展趋势，对原来方案的技术途径作相应的调整。

(2) 进行技术评估 评价方案中所推选的工艺路线、技术设备与国内外相比的先进性，在本企业生产中的适用性，与国家有关的技术政策和能源的相符性以及技术的成熟性、安全性和可靠性。

(3) 进行环境评估 环境评估主要包括资源、能源使用的变化，废物产生量、毒性的变化及其对回用的影响，污染的转移以及操作环境对人体健康的影响等。

(4) 进行经济评价 按照国内现行市场价格，计算出方案实施后在财务上的获利能力和清偿能力。采用先进流量分析和财务动态获利性分析方法评估直接经济效益（包括生产成本降低、销售增加以及扩大市场占有率等其他效益）。同时也要分析间接经济效益（包括从环境方面的收益、废物回收利用以及工人减少医疗费用等方面的收益）。经济评估时，对投资偿还期（N）一般要求是，中费项目 $N<2\sim3$ 年；较高项目 $N<5$ 年；高费项目 $N<10$ 年。净现值≥0，说明项目收益率高于贴现率，认为此项目投资可行。

(5) 推荐可实施方案

汇总比较各投资方案的技术、环境、经济评估结果，确定最佳可行的方案实施。

（六）方案实施

1. 目的

这一阶段的目的是通过推荐方案（经分析可行的中/高费最佳可行方案）的实施，使企业实现技术进步，获得显著的经济效益和环境效益；通过评估已实施方案的成果，激励企业推行清洁生产。

2. 内容

(1) 组织方案实施。

(2) 汇总已实施的无/低费方案的成果 通过调研、实测和计算，分别对比各项环境指标和经济指标，得到无/低费方案实施前后的环境效益和经济效益，作阶段性的总结。

(3) 评价已实施的中/高费方案的成果 对已实施的中/高费方案成果进行技术、环境、经济和综合评价。比较方案实施前与实施后和预期与实际取得的效果。

(4) 分析总结已实施方案对企业的影响 将已实施的无/低费和中/高费清洁生产方案所取得的环境效益和经济效益进行汇总，比较方案实施前后企业的各种单耗指标和排放指标的变化。在总结成果的基础上，宣传清洁生产成果。

（七）持续清洁生产

1. 目的

这是清洁生产审核的最后一个阶段。其目的是使清洁生产工作在企业内长期、持续地推行下去。

2. 内容

(1) 建立和完善清洁生产组织 每个企业应组建一支长期的清洁生产审核小组，以确保清洁生产工作持续地开展下去。在企业的环保部门中增设专人负责清洁生产方面的工作。

(2) 建立和完善清洁生产管理制度 要把审核成果纳入有关操作规程、技术规范和其他日常管理制度中，以巩固成效。建立和完善清洁生产激励机制，调动全体员工参与清洁生产的积极性。企业要保证稳定的实施清洁生产的资金来源。

(3) 制定持续清洁生产计划　制定持续清洁生产计划包括下一轮清洁生产审核工作计划、清洁生产新技术的研究与开发计划、企业职工的清洁生产培训计划等，有目的、有计划地将清洁生产推行下去。

(4) 编制清洁生产审核报告　总结本轮企业清洁生产审核成果，寻找废物产生原因和清洁生产机会，实施并评估清洁生产方案，建立和完善持续推行清洁生产机制。

总之，清洁生产审核，不仅有明显的环境保护作用，更重要的是能帮助企业发现按照一般方法难以发现或容易忽视的问题，并且使企业获得巨大的经济效益，增强企业本身发展的信心。

第三节　ISO 14000与清洁生产

一、国际标准化组织和环境管理体系

ISO是国际标准化组织的英文缩写。ISO是一个旨在通过国际规定的标准化而使商品和服务的贸易易于进行的非政府组织，也是当今全世界规模最大的国际科技组织之一。ISO下设若干个管理技术委员会，TC/207就是ISO为制定环境管理国际标准而成立的一个综合性管理委员会。ISO中央秘书处为TC/207环境管理技术委员会预留了100个标准号，即ISO 14000～ISO 14100，统称ISO 14000系列标准。

ISO 14001～ISO 14009　环境管理体系标准

ISO 14010～ISO 14019　环境审核标准

ISO 14020～ISO 14029　环境标志标准

ISO 14030～ISO 14039　环境行为评价标准

ISO 14040～ISO 14049　生命周期评估标准

ISO 14050～ISO 14059　环境管理的术语和定义

ISO 14060　产品标准中的环境指标

ISO 14061～ISO 14100　备用

环境管理体系的标准最早是英国制定的，随后，荷兰、美国、加拿大等国以及许多国际商业组织和工业部门也都制定了许多具有竞争力的标准。ISO意识到应该发挥国际组织的作用，像质量管理一样制定一套环境管理的标准，以加强组织获得和衡量改善环境的能力。1993年6月，ISO在多伦多正式成立了ISO/207环境技术委员会，提出了新工作项目，即ISO 14000环境管理系列标准。这样实施统一的环境管理标准，可以减少全球范围内标准的重复性和多重性，还可以减少纠纷，有助于防止非关税性贸易壁垒。据美国麻省剑桥一家咨询公司1995年所做一项调查结果表明，115家大企业中61%的企业认为达到ISO 14000标准会给企业带来“潜在竞争效益”，48%的企业认为达不到标准会构成“潜在非关税贸易壁垒”。ISO 14000系列标准颁布至今，已有120多个国家引进并开始实施该系列标准。如日本1997年年底获得ISO 14000认证的企业就有500多家。

中国是ISOTC/207的正式成员国之一，已于1996年12月将ISO 14000系列标准等同转化为国家标准。在企业自愿的基础上，原国家环保局在全国范围内组织了55家企业开展

环境管理体系认证试点工作。如青岛海尔集团，由于实施 ISO 14000 标准，进一步节能降耗，废品率从 7%降到 5.4%，产品成功地大规模进入了美国市场。因此，在我国推行 ISO 14000 系列标准对企业和环境保护具有极其重要的意义，这既是国际市场竞争的需要，也是我国实施可持续发展战略的措施，它将有利于提高企业的环境管理水平，增强企业及产品在市场中的竞争力，促进国际贸易。截止 1999 年底，获得 ISO 14000 认证的企业已达 200 家。13 个 ISO 14000 试点城市（区）中的 9 个通过了原国家环保总局的验收。苏州新区成为全国第一个 ISO 14000 国家示范区。

二、ISO 14000 的特点、内容及意义

（一）ISO 14000 的特点

ISO 14000 环境管理体系标准是一套新的环境管理标准，包括了环境管理体系、环境审核、环境行为评价、产品生命周期等几个方面。它是一套自愿性的标准，通过第三方认证的方式实施。其特点如下。

① 这套标准是以消费行为为根本动力的，而不是以政府行为为动力。由于环境意识的提高，政府、企业以及其他组织在采购时，会有限考虑环境标准表现较好的企业的产品和服务。这样，作为一种市场标志，获得 ISO 14000 标准认证的企业就具有更大的市场优势。

② 这是一个自愿性的标准，不带有任何强制性。有关部门和单位不得通过行政干预，强迫企业进行 ISO 14000 认证。

③ 这套标准没有绝对量的设置而是按各国的环境法律、法规、标准执行。实行 ISO 14000并不意味着抛弃本国的环境保护法规和标准，而是有助于本国现行法规和标准的执行，能帮助企业和组织既达到本国政府的要求，又与国际市场接轨。

④ 这套标准体系强调环境持续的改进，要所涉及的组织不断改善其环境行为。通过 ISO 14000 规范企业和社会团体等组织的环境行为，减少人类活动所造成的环境污染，最大限度地节省资源，改善环境质量，保持环境和经济的持续、协调发展。

⑤ 这套标准要求管理过程程序化、文件化，强调管理行为和环境问题的可追溯性，体现了管理责任的严格划分。

⑥ 这套标准体现出产品生命周期思想的应用。对一个产品整个生命周期的全部环节中所有投入及产出对环境造成的和潜在的影响进行了考察、评估，以便改善产品对环境的影响，减轻环境的负荷。

（二）ISO 14000 的内容

目前，ISO 14000 系列标准已正式颁布的有 ISO 14001 环境管理体系—规范及使用指南；ISO 14004 环境管理体系—原理、系统和支援技术通用指南；ISO 14010 环境审核指南-通用原则；ISO 14011 环境审核指南-审核程序-环境管理体系审核；ISO 14012 环境审核指南-环境审核员资格要求以及 ISO 14040 寿命周期评估-原理与实践。在这 6 个标准中，ISO 14001是系列标准的核心和基础标准，其余的标准为 ISO 14001 提供了技术支持，为环境审核，特别是环境管理体系的审核提供了标准化、规范化程序，对环境审核员提出了具体要求，使环境审核系统化、规范化，并具有客观性和公正性。

ISO 14001 标准是用于对各类组织机构的环境管理体系的认证，注册和自我声明进行客观的审核。其目的是向各类组织提供有效的环境管理体系要素，帮助组织实现环境目标和经

济目标，推动环境保护工作。具体为：防止环境污染，保护资源环境；推进环境管理现代化，建立一套系统的标准、规范的程序，使各类组织的环境管理成为一个自我约束、自我控制的体系；变末端治理为全过程控制，实行预防污染和持续改进；促进世界经济和国际贸易的发展。

ISO 14001 标准由环境方针、体系策划、实施和运行、检查与纠正措施以及管理评审五大要素组成，五大要素有机地构成了持续改进的运行机制。

(1) 环境方针　陈述一个组织全部环境行为的宗旨和原则，为制定环境目标及环境措施提供依据。

(2) 策划　包括环境因素、法律和其他要求，目标和对策以及环境管理方案等几方面的内容。

(3) 实施和运行　包括组织结构与职责、培训、意识与能力、信息沟通、环境管理体系文件、文件控制、运行控制、应急准备与反应等内容。

(4) 检查与纠正措施　包括监测和测量、不一致纠正与预防措施、记录、环境管理体系审核等内容。

(5) 管理评审　企业等组织对环境管理体系进行评审，以确保体系的持续有效性。

(三) ISO 14000 的意义

ISO 14000 系列标准对企业、行业、国家各个层次都有重大的影响。

对企业一级，可以提高企业的总体管理水平，提高环境影响的控制水平，节约原料和能源消耗，改进成本控制，提高企业形象，开拓产品市场。

对行业一级，ISO 14000 将对能够达到环境标准的部分产生巨大的压力。同时，也给符合环境要求的新行业提供机会，如氟氯烃替代物的新型行业。新行业必然在环境工作方面比原行业做得更好。

对国家一级，ISO 14000 会影响国际贸易。如果一个国家不能跟上 ISO 14000 的要求，这个国家的企业要到其他国家去发展就会越来越困难，企业竞争力下降，其发展机会就会被其他国家夺得。ISO 14000 将可能成为事实上的环境管理的商业标准。

三、ISO 14000 与清洁生产的关系

ISO 14000 系列标准的实施，有利于环境与经济的协调发展，这与企业推行清洁生产的目的是一致的。在 ISO 14001 标准的引言中明确提出："本标准的总目的是支持环境保护和污染预防，协调它们与社会需求和经济需求的关系"。ISO 14001 标准强调法律、法规的符合性，强调持续改进污染预防和生命周期等基本内容。组织通过制定环境方针和目标指标、评价重要环境因素与持续改进达到节能、降耗、减污的目的。而清洁生产也是强调资源、能源的合理利用，鼓励企业在生产、产品和服务中最大限度地做到：节约能源，利用可再生能源和清洁能源，实现各种节能技术和措施；节约原材料；使用无毒、低毒和无害原材料；循环利用物料等。在清洁生产方法上，以加强管理和依靠科技进步为手段，实现源头削减，改进生产工艺和现场回收利用；开发原材料替代品；改进生产工艺和流程，提高自动化生产水平，更新生产设备和设计新产品；开发新产品，提高产品寿命和可回收利用率；合理安排生产进度，防止物料和能量消耗；总结生产经验，加强职工培训等。这些做法和措施，正是 ISO 14001 标准中控制重要环境因素、不断取得环境绩效的基本做法和要求，是实现污染预防和持续改进的重要手段。

ISO 14000 与清洁生产又是两个不同的概念。具体表现在：

① 两者的侧重点不同。ISO 14000系列标准侧重于管理，强调的是一个标准化的管理体系，为企业提供一种先进的环境管理模式。而清洁生产则着眼于生产全过程，以改进生产、减少污染为直接目标，尽管也强调管理，但技术含量高。

② 两者的实施手段不同。ISO 14000 系列标准是以国家的法律法规为依据，采用优良的管理，促进技术改进；清洁生产主要采用技术改造，辅之以加强管理，并且存在明显的行业特点。某一清洁生产技术成熟，即可在本行业推广。

③ 审核方法不同。ISO 14000 环境管理体系标准的审核侧重于检查企业的环境管理状况，审核的对象有企业文件、记录及现场状况等具体内容；而清洁生产审核以分析工艺流程、进行物料衡算等方法发现排污部位和原因，确定审核重点，实施审核方案。

④ ISO 14000 系列标准的审核认证，必须由专门的审核人员和认证机构对企业的环境管理体系进行审核，企业达到标准即可取得认证证书。清洁生产是一个相对的概念，没有绝对的标准。清洁生产审核是在现有的工艺、技术、设备、管理等基础上，尽可能地改进技术，提高资源、能源的利用水平，加强管理，改革产品体系，实现保护环境、提高经济效益的目的。它是一种减少人类和环境风险的创造性思维方式。只有把环境管理体系与清洁生产有机地结合起来，改善环境管理，推行清洁生产，才有可能实现环境的可持续发展。

第四节　清洁生产案例

一、乙苯生产的干法除杂工艺

聚苯乙烯是由单体苯乙烯聚合而成，苯乙烯生产分两步进行，第一步是以苯乙烯为原料在催化剂（氯乙烷和氯化铝）作用下，发生烷基化反应，生成乙苯；第二步再以乙苯脱氢制取苯乙烯。

合成乙苯时，应除去烷基化反应的副产品和杂质，在常规处理中是用氨中和后经水洗、碱洗和水洗的方法，废水用絮凝沉降处理分出污泥后排放。

干法除杂工艺，不改变原来基本的乙苯生成的工艺和设备，烷基化反应后的产物同样用氨中和，但中和后即进行絮凝沉淀，沉淀物经分离后用真空干燥法制取固体粉末，这种固体粉末可用来生成肥料，因此可作为副产品看待。干法工艺消除了废水的处理和排放，亦无其他废物排放。新旧工艺流程对比见图 6-8。

1978 年即建成年处理能力为 5.0×10^4t 乙苯的装置。新旧工艺的对比如下（表 6-8）。

表 6-8　乙苯生产新旧工艺对比

项　目	单　位	原有工艺	干法工艺	项　目	单　位	原有工艺	干法工艺
废水量	m^3/t	1.5	0	固体渣	kg/t	—	9
废水中悬浮物	kg/t	2	0	投资（1980 年价）	万法郎	400	525
有机物	kg/t	3	0	运行费用	法郎/吨	1.6	—

本例是一个对辅助工艺的小改革，实施起来难度不大，但消除了废水的排放，得到的固体渣又可以作为副产品利用，从而使苯的烷基化过程实现了无废生产。

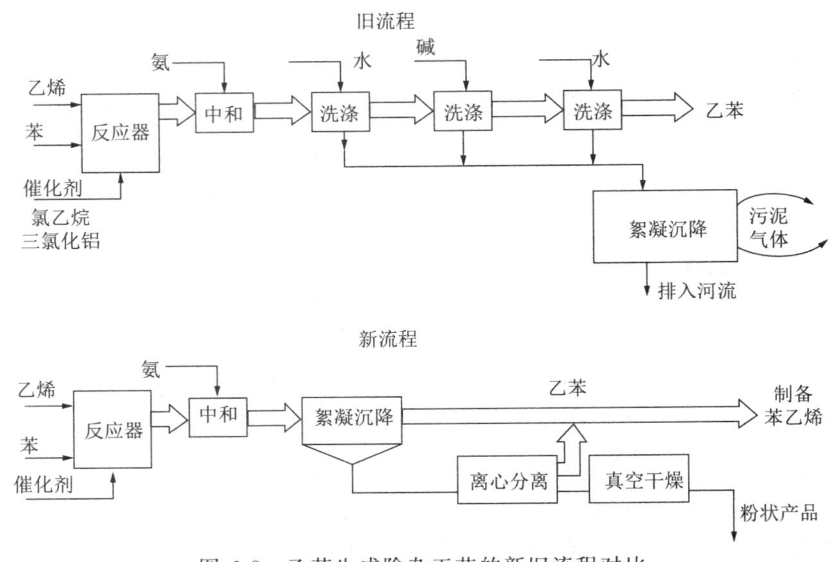

图 6-8　乙苯生成除杂工艺的新旧流程对比

二、蒽醌制取四氯蒽醌工艺

染料工业中蒽醌制取四氯蒽醌的老工艺流程比较复杂，由于每一步工序中或多或少将产生污染物，所有整个反应产生了大量的有毒的含汞废液和废水，以及大量的含有原料、中间产物及产品的废水，而且产品的产率比较低，见图 6-9。现在改用碘作催化剂，革除了原来的汞催化剂，从而大大简化了生产工艺流程。减少了生产工序，减少了废水的排放量，而且降低了废水的毒性，提高了产品的产率。新工艺见图 6-10。

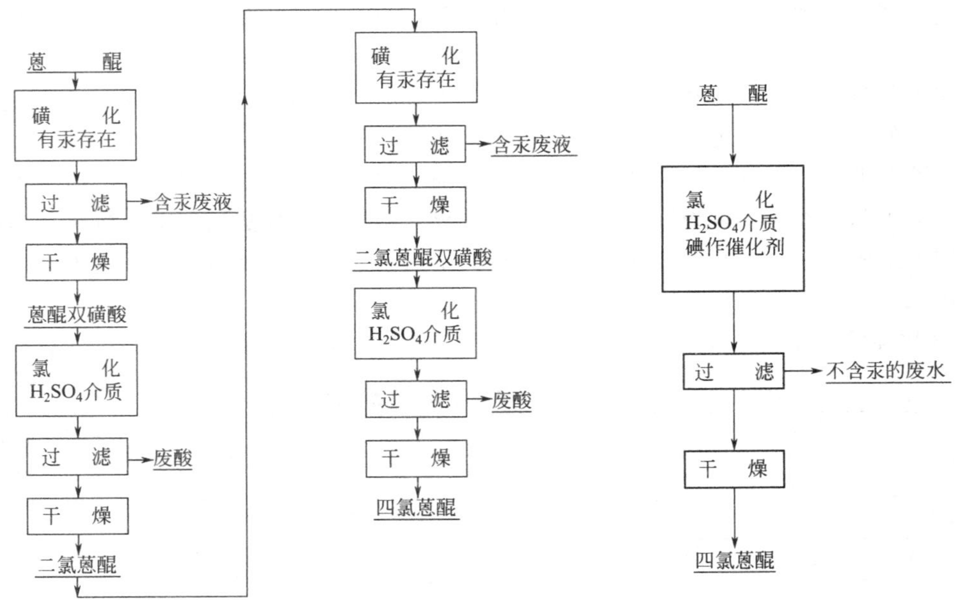

图 6-9　汞作催化剂制备四氯蒽醌老工艺流程

图 6-10　碘作催化剂制备四氯蒽醌新工艺流程

三、聚丙烯清洁生产

（一）企业简况

某石油化工厂占地100万平方米，年产45万吨乙烯，同时有年产11.5万吨的溶剂法聚丙烯生产装置一套，另有己烷装置等。全厂各生产装置基本情况如表6-9所示。

表6-9 生产装置基本情况

装置名称	Ⅰ聚	Ⅱ聚	苯酚丙酮	己烷
产品名称	聚丙烯	聚丙烯	苯酚丙酮	己烷
设计能力/万吨	11.5	4	8	0.6
投产日期	1976年	1994年	1986年	1986年
1997年产量/万吨	13.05	5.2	苯酚5.02 丙酮3.0	0.806

（二）清洁生产背景

该厂的环保工作起步于20世纪70年代，随着生产规模的不断扩大，其污染治理任务越来越重。尤其是苯酚丙酮车间自1986年投产后，成为该厂的主要污染大户。几年来该厂从管理和技术改造两方面入手进行了大量有成效的工作。管理上，将排污承包指标分解到车间，对于排污大户的苯酚车间坚持实行排污奖惩制度，在治理上，投入巨资实施环保技术改造。尽管在环保工作中采取了清洁生产的思想，取得了较大的成效，但是每年仍有大量的“三废”排放。年排放污水200万吨，外排COD总量1644t，处理费用高达1817万元。由于第二聚丙烯车间是该厂第三大车间，承担特殊产品的开发与应用任务，因此在通过两套生产装置清洁生产的基础上，决定对第二聚丙烯装置进行清洁生产审计工作。

（三）清洁生产审核

1. 清洁生产筹划与组织

（1）政策　认真贯彻环境保护法规，合理利用资源和能源，选用无污染或少污染的新工艺、新技术。创造良好的生产环境和工作环境，促进和谐社会的可持续发展。

（2）领导支持　企业领导挂帅，广泛动员宣传，各级领导协调组织。

（3）清洁生产审计队伍　成立了以主管环保工作的副厂长为组长的审计组，吸收有关职能处室参加，小组成员进行职责明确分工，见表6-10。

表6-10 清洁生产审计小组成员职责

组成	职务与单位	职　责　说　明
组长	生产副厂长	筹划与组织，全面负责、协调各部门工作
副组长	环保科副科长	组织方案的产生、筛选，方案的研制、推荐过程
副组长	第二聚丙烯车间主任	协调本车间的物料平衡，方案的产生、筛选技术工作，并组织、协调方案的实施和跟踪
组员	环保科科员	全面负责审计工作，对物料平衡、清洁生产方案进行技术审查，参与方案制定及实施
组员	车间技术员	负责收集工艺数据，绘制生产流程图
组员	车间技术员	全面负责审计工作，收集资料测算物料平衡，完成中期、终期审计报告
组员	企管处	组织修订、修改完善各有关制度、规程，制定相应的激励机制，以调动全院参与积极性

（4）制定审计工作计划和宣传

按照清洁生产审计工作方法和上级的时间安排，制定了本厂的清洁生产计划，审计小组讨论并通过了工作计划。

宣传工作分两个层次进行。主管厂长在全厂的生产、环保工作会议上将清洁生产列为重点工作之一，向部门进行了宣传动员。车间主任在生产调度会上向各级生产管理人员介绍了清洁生产的原理、方法和意义，并传达到班组。审计组和车间的管理人员对可能遇到的障碍进行分析，认为存在3个方面的障碍。见表6-11。

表6-11　清洁生产中的障碍及解决办法

序号	障　　碍	对　　策
1	对清洁生产认识不足	在全厂范围内逐级进行宣传教育
2	部分职工积极性不高	说明企业在清洁生产过程的各个方面存在着不足,并有潜力可挖,同时实行责任制
3	加强对废油、废料的利用	加强管理,精心操作,尽量减少废料

2. 预评估

审计阶段是企业开展和实施清洁生产的重要阶段，其主要任务是弄清企业的物料和能源消耗量及污染物的排放量，分析物料和能源损失原因，提出降低物耗、能耗和减少污染物排放量的清洁生产方案。清洁生产审计阶段主要工作由确定审计重点和目标与实施审计两大部分组成。具体统计见表6-12、表6-13。

表6-12　企业1997年污染物排放量统计

废物种类	排放量/t	所含污染物	排放量/t	备　　注
废水	2176240	苯酚	52.1	
		苯	11.22	
		丙酮	109.9	
废气	52875万立方米	烟尘、氮氧化物		
废渣	6836.59	焦油	5769.1	主要为焦油和无规物
		无规物	1067.49	

表6-13　生产车间功能说明表

编号	车间名称	说　　明	编号	车间名称	说　　明
1	苯酚丙酮	以苯和丙烯为原料,生产苯酚和丙酮	3	第二聚丙烯	以丙烯为原料生产聚丙烯
2	第一聚丙烯	以丙烯为原料生产聚丙烯	4	己烷	从抽余油中提出己烷

在四套生产装置中，第一聚丙烯和苯酚丙酮车间已进行过清洁生产，而已烷装置污染不大，水量也小。决定把第二套聚丙烯装置作为今年清洁生产的重点。目标如下。

① 降低物耗，近期目标由现在的1.050t丙烯/t聚丙烯，降到1.048 t丙烯/t聚丙烯，远期目标物耗1.045 t丙烯/t聚丙烯。方法：提高开工率、负荷率。

② 增加蒸汽凝液回收量5%。方法：改进蒸汽凝液回收系统。

③ 降低含油污水排放量，近期降低60%，远期降低80%。方法：废油回收，清污分流，降低污水排放量。

④ 降低废气排放量，近期减少10%，远期减少20%。方法：改进工艺参数，降低废气排放量。

3. 评估

(1) 第二聚丙烯车间概况　采用高效催化剂组合法生产聚丙烯工艺技术（简称H-PP法）。采用四釜串联生产均聚物和共聚物，年生产能力为4万吨聚丙烯本色粒料。

（2）操作单元和流程　本工艺以99.99%的高纯度丙烯作原料，以TK-CAT为主催化剂，在70℃和压力为2.9MPa的操作条件下聚合生成聚丙烯粒料。本装置共有5个操作单元，见表6-14。聚丙烯生产工艺流程框图见图6-11。

表6-14　聚丙烯装置操作单元及功能表

操作单元	功　能
丙烯精馏	液体丙烯进入脱硫塔和脱水塔，进行脱硫和脱水，使其达到聚合级丙烯
催化剂配置	在预聚合反应器中加入一定量的催化剂，并且注入一定量的丙烯进行聚合
聚合单元	精制的丙烯和催化剂在四个串联的反应器中进行聚合反应，生成聚丙烯粉料
干燥单元	聚丙烯粉料在循环气分离器中使粉料与丙烯气分离，粉料进入桨式干燥器、蒸汽罐进行干燥
造粒单元	干燥后的聚丙烯粉料在造粒机中进行造粒，聚丙烯粒料经掺和后送往包装

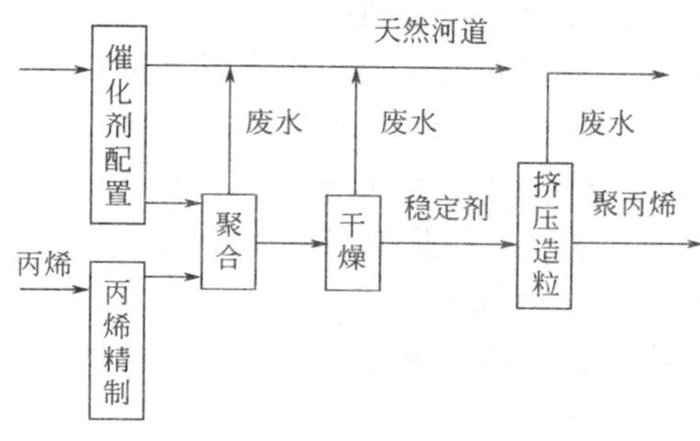

图6-11　聚丙烯生产工艺流程框图

（3）废物排放情况　该车间产生的废物有含油废水、废油、废气、废聚丙烯和机头料，见表6-15。废聚丙烯和机头料是可以利用的塑料原料。

表6-15　废物排放表

名　称	含油废水	废　油	废　气	机头料	废聚丙烯	污　水
来源	聚合单元	机械密封泄漏	有组织排放	积压造粒	取样废料	有组织排放
数量	微量	2吨/年	400吨/年	0.24吨/年	0.15吨/年	92800吨/年
成分和含量	油：685mg/L	白油	丙烯	机头料	聚丙烯	COD：69.11mg/L
排放去向	去河道	回收利用	排入大气	回收利用	回收利用	去污水厂
处理费用/(元/t)	无	无	无	无	无	6.8
年处理	无					
费用/万元		无	无	无	无	63.1

废物产生的原因如下。

① 废水　来自压缩机冷却的工业水无压力排放和冲洗设备用水以及造粒颗粒冷却水的部分排水。这些废水经隔油池排入污水处理厂。

② 废气　装置的排空废气主要是丙烯气。

③ 废渣和废液　主要是废聚丙烯和机头料。废液主要是废油。

④ 废聚丙烯　造粒机开停车时产生的不合格粒料和各类旋风分离器抛下的粒子等。

⑤ 废油　主要是废白油。由于设备原因，造成微量泄漏。其中部分溶解在产品中，另一部分作为废油集中回收，每月装置需补新鲜油。

废弃物排放所造成的经济损失（年开工率按 8000h 计）如下。

① 装置污水年排放量 9.28 万吨，处理费用单价 6.8 元/吨，合计 63.1 万元/年。

② 丙烯因泄漏年损失量约 400t，丙烯单价为 3076 元/吨，合计 123.04 万元/年。

以上废物排放造成直接损失总计 186.14 万元/年。丙烯泄漏是造成该车间经济损失的直接原因，因此，降低丙烯泄漏是清洁生产的重点。

4. 方案的产生和筛选

审计小组从各个方面针对物料平衡和废弃物产生的原因加以分析、比较，并广泛收集国内外同行业的先进技术与本装置进行对比，从生产有关的各个方面仔细分析，进行现场调查，收集第一手资料，召开专题会议，从内部管理、产品牌号的更新、物料管理、设备管理、工艺技术管理、技术改造、废物的回收利用及处理等几个方面广开思路，运用科学的思维方法，集思广益，提出备选方案。见表 6-16，方案以字母 F 表示。

其中工艺技术改造分别说明如下。F14 是车间热水系统的改造，把平时操作排放的蒸气进行回收再利用，节约了大量的蒸气和冷凝水。F15 解决第三反应器搅拌由于密封不好，造成泄漏密封油，车间加了一根临时管线，把密封油进行回收。F16 是把第三反应器放空管线进行改造，对放空的丙烯进行回收，通过循环气压缩机进行循环再利用。

对于工艺技术改造和废物回收等项，审计小组通过权衡打分排序，将排在前三位的方案作为下一步审计评估的对象。见表 6-17。

表 6-16　废物消减方案汇总表

类别	编号	方案名称	方案要点
加强内部管理	F1	宣传动员	利用板报、专栏、专刊等形式宣传，提高全厂职工的环保工作意识
	F2	消灭跑、冒、滴、漏	提高检修人员的责任心，加强设备维护保养，消除“跑、冒、滴、漏”
	F3	开展修旧利废活动	加强物资管理，增产节资，修旧利废，尽量减少废弃物的产生
	F4	成本管理	加强成本管理，每个班组都要进行成本核算
	F5	岗位技能培训	加强职工岗位技能培训，定期进行考核，提高其操作水平，减少误操作，并形成一整套激励机制
	F6	设立专项奖金	设立清洁生产奖（或年终环保承包奖）和利用合理化建议奖，奖励清洁生产建议者
	F7	加强考核	考核车间污水、废气指标，考核班组水耗及开工率、产量等
	F8	保证原料质量	严把辅助物料进厂质量关，做到无毒、无害，达到工艺指标要求，减少废弃物的产生
	F9	完善计量管理	完善物料计量手段，对进出装置的水、电气等安装标准的计量表
	F10	重点设备监护	加强重点设备检修质量关，确保检修后一次开车成功，减少废弃物的产生
	F11	保证检修质量	严把设备检修质量关，确保检修后一次开车成功，减少废弃物的产生
	F12	严格工艺操作纪律	严格工艺操作纪律，合理修改操作法，优化反应温度、压力等工艺参数，减少过渡料
	F13	回收利用	加强废油和低聚物的管理，全部予以回收利用
工艺技术改造	F14	热水罐的改造	把蒸气凝液罐中的冷凝水和蒸气引入热水罐中，进行回收再利用
	F15	第三反应器搅拌密封油系统改造	加一条管线进行回收
	F16	第三反应器放空系统改造	由第三反应器放空管线至循环气压缩机入口加跨线，回收放丙烯，减少丙烯放空量
	F17	回收循环气压缩机的丙烯气	由循环气压缩机至废料罐加一根管线，对循环气压缩机的出口气体进行回收

表 6-17 清洁生产方案权衡评价表

因素分析	权重 W	方案得分 R(1～10)		
		F14	F15	F16
经济可行	9	8	9	10
技术可行	8	8	8	9
减少废物	8	3	6	7
节能降耗	5	4	4	5
易于实施	6	4	5	4
$\sum(R \cdot W)$	—	204	243	267
排序		3	2	1

5. 方案的可行性分析

(1) 技术可行性分析

① F14 热水罐需用蒸气进行加热使水升温。把原来蒸气冷凝罐中排放掉的蒸气和水直接通入到热水罐中，进行回收再利用。这样可以减少废水废气的排放量。该项目技术成熟，对现有工艺流程基本无改变。该项目的实施可利用装置大检修时间进行。

② F15 第三反应器的搅拌由于设备原因漏密封油，配置一根管线引到地面，插到空油桶中回收废油。此项目简单易行，故此项目的施工不会影响主体装置的正常生产。

③ F16 在正常操作时，由于工艺的调整，第三反应器需要向火炬管线中排放物料 G，在排放管线上配置了一根管线，把排放掉的物料通过此管线引到循环气压缩机的入口进行回收再利用。此项目技术成熟，不影响产品质量。

(2) 环境可行性分析

① F14 方案实施后可以每月节约蒸气 2t，从而减少废水废气的排放量。此方案的实施，该装置的物耗、能耗、污水排放量有所降低，并且蒸气凝液回收量将增加。

② F15 方案实施后每年可节约废白油 6t，从而减少废白油和水一起流入天然河道，避免污染环境。

③ F16 方案实施后每年可节约丙烯 80t，减少了物料损失，避免环境污染。

(3) 经济可行性分析 表 6-18 为清洁生产方案经济可行性分析。

表 6-18 清洁生产方案经济评估表

方案名称	热水罐改造	第三反应器密封油系统改造	第三反应器放空系统改造	总额
总投资(I)/元	6000	2000	5000	13000
年运行费总节省金额(P)/元	2160	4180	240000	246960
年增加现金流量(F)/元	16452	3282	160965	165892.2
投资回收期(N)/年	3.65	0.61	0.03	
净现值(NPV)/元	5039.3	20022.22	107505.15	1100136.67
内部投资收益率(IRR)/%	24.3			

6. 清洁生产方案的实施

(1) 制定实施计划 汇总方案 17 项，其中 13 个方案已经实施，并根据方案筛选和可行性分析结果，对其余方案制定实施计划，其完成时间、投资预算和预计效益见表6-19。

表6-19 清洁生产方案实施计划表

计划类型	方案编号	方案名称	完成时间	投资预算/万元	预计效益/万元
已经实施	F1	宣传动员	1998年4月	无	
	F2	消除“跑、冒、滴、漏”	1998年4月	无	0.5
	F3	开展修旧利废活动	1998年5月	无	0.8
	F4	成本管理	1998年6月	无	3
	F5	岗位技能培训	1998年6月	无	2
	F6	设立专项奖金	1998年6月		1
	F7	加强考核	1998年6月	无	1
	F8	保证原料质量	1998年6月	无	5
	F9	完善计量管理	1998年6月	无	3
	F10	重点设备监护	1998年6月	无	4
	F11	保证检修质量	1998年6月	无	10
	F12	严格工艺操作纪律	1998年6月	无	1
	F13	回收利用	1998年5月	无	2
近期实施	F14	热水罐的改造	1998年5月	0.6	0.216
	F15	第三反应器搅拌密封油系统改造	1998年8月	0.2	0.48
	F16	第三反应器搅拌放空系统改造	1998年8月	0.5	24
远期计划	F17	回收循环气压缩机的丙烯气		未知	未知

（2）方案的效益汇总　通过实施清洁生产方案，该装置的物耗、能耗、污水排放量有所降低，并且蒸气凝液回收量将增加。见表6-20～表6-22。

表6-20 清洁生产目标完成情况

名　　称	审计前	审计后	近期实施情况预测	远期方案预测
蒸气/(t/h)	1.95	1.94	1.4	
油含量/(mg/L)	5.6	4	3.2	3
丙烯/(kg/t)	1050	1048	1044	1035

表6-21 方案实施后环境效益

名称	审计前/(mg/L)	审计后/(mg/L)	近期实施情况预测/(mg/L)	预计废物消减率/%
COD	56	34	33	41
油含量	5.6	4	3.2	42
丙烯	1050	1048	1044	20

表6-22 清洁生产方案实施后效益统计表

方案类型	已实施方案/元	近期计划方案效益预测/元
节约能源	5000	2160
节省原材料	168000	244800
提高产品质量	180000	
合计	353000	246960

复习思考题

1. 什么是清洁生产？其基本要素是什么？
2. 实现清洁生产的主要途径是什么？
3. 清洁生产评价指标有哪几类？
4. 如何进行清洁生产评价？

5. 什么是清洁生产审核？其目的是什么？

6. 清洁生产审核的步骤是什么？

7. 什么是ISO 14000？其主要内容是什么？

8. ISO 14000与清洁生产的关系怎样？

【阅读材料】

某化工厂清洁生产方案及实施

一、简介

位于中国安徽阜阳的某化工厂，主要生产碳铵和尿素。在加拿大国际开发署（CIDA）的资助下，通过开展清洁生产审计，提出无费和低费清洁生产方案。主要包括减少水的消耗，有效地利用原材料和能源，循环利用物料，提高管理水平，并仔细而安全地处理原材料、中间产品和最终产品等内容。在第一年实施后，产品的产量提高了3%，同时，节省了150万元人民币。

二、清洁生产方案及实施

1. 准备工艺流程图

进行清洁生产审计的第一阶段是准备工艺流程图。工艺流程图是找出清洁生产解决办法的基础。该化工厂共绘出28幅工艺流程图。每幅图描述一个特定的工艺流程，包括主要工艺设备（压力容器、反应器、清洗塔、冷却器、泵等）和工艺流程。利用来自于工艺流程图的技术信息，系统评估从每个装置排放的环境污染物。在此基础上，编制出详细的污染物排放清单，指示出污染源（设备）、性质（污染物种类），排放点及排放频率。

2. 采样和流量测量

第二阶段通过采样和流量测量，确定生产工艺中排放的污染物种类、数量和规模。

3. 水和物料平衡

得到工艺流程图和采样分析的结果然后进入清洁生产审计第三阶段，也就是水平衡和污染负荷分析。通过水和物料平衡，确定了两个重点生产工序和7股流体，这7股流体包含了排放到大气或下水道的氨污染负荷总量的60%以上，这是导致环境污染问题的主要原因。而且，氨的流失也意味着工厂收入的损失。通过清洁生产审计，使企业认识到重点区域流失到下水道的氨有数百万人民币。因此，这两个重点生产工序和7股流体成为清洁生产方案的重点。

4. 清洁生产方案

很清楚地找出了60%氨损失的7股流体（污染源）后，再返回到工艺流程图，研究循环/回收的可能性。为了评估清洁生产解决办法的技术可行性，中国-加拿大双方工程师使用了计算机工艺模拟程序。提出并实施了6个无费低费方案。具体内容列于表6-23。

表6-23　无费低费方案

编号	流体描述	清洁生产措施	目标	费用
1	母液槽气体中氨的排放	收集废气，送到洗气塔	减少废气排放 提高职业健康 从气体中回收氨	低费

续表

编号	流体描述	清洁生产措施	目标	费用
2	从包装工序中气体的排放	通风，收集废气，送到洗气塔	少废气排放 提高职业健康	低费
3	清洗液	在其他工艺中循环	从气体中回收氨 禁止排入下水道	低费
4	综合塔排放液	在其他工艺中循环	禁止排入下水道	低费
5	精炼排放液	在其他工艺中循环	禁止排入下水道	低费
6	等压吸收塔排放液	在其他工艺中循环	禁止排入下水道	中费
7	脱硫工序中的硫泡沫	安装新设备回收硫，提取和循环利用稀氨水	变硫废物为可销售的产品减少氨排入到环境	中费
8	在包装工序中收集的被污染了的气体的氨冷凝液	在其进入下水道前，手工收集冷凝液后送去 回收	阻止排入下水道 回收和重新利用氨	无费

5. 效益评估

表 6-23 中 1～6 项清洁生产方案实施后的效益：减少氨排入到环境中（大气或水）4500t/年；估计回收流失氨的收入 300 万元/年；所列第 7 清洁生产方案的潜在效益；减少氨排入到环境中（大气或水）250t/年；估计回收流失氨和销售硫黄的收入 40 万元/年。

第七章

典型行业清洁生产技术

【学习目的要求】

通过本章对比较典型的化学工业和电子工业清洁生产技术学习，掌握在工业行业开展清洁生产应注意的问题。

第一节　化学工业清洁生产技术

一、我国化工污染现状及存在的问题

化学工业是我国国民经济重要产业之一，同时也是产生环境污染物的大户。全国化工行业环保工作虽然得到了一定的发展，但面临的形式仍然严峻。从 2014 年中华人民共和国环境保护部发布的 2014 年环境统计年报中可以看出，化工行业废水排放量占全国工业废水排放总量的 14.1%，居第二位；工业二氧化硫排放量 1740.4 万吨，占全国二氧化硫排放总量的 88.1%。化工产生一般工业固体废物 2.9 亿吨，占重点调查工业企业的 9.3%；化工工业危险废物产生量 865.1 万吨，占重点调查工业企业危险废物产生量的 23.8%，工业危险废物主要是废酸 416.2 万吨、废碱 103.0 万吨和有机氰化物废物 58.8 万吨，分别占该行业重点调查工业企业危险废物产生量的 48.1%、11.9%和 6.8%。

我国化工环保存在的主要问题如下。

1. 环保意识和法制观念有待进一步加强

有些化工企业领导的环境保护意识不强，法制观念淡薄，存在重生产轻环保的现象，很少将资金用于环境保护。在企业改造、扩建时，无视国家产业政策，为追求暂时的经济利益，搞低水平重复建设，无形中加剧了对环境的污染与破坏。更有个别企业把环保治理设施作为摆设，只是用来应付检查。还有许多乡镇化工企业将未经处理的废水、废气和废渣源源不断地排放到周围环境中去。由此可见，加强环保意识，增强法制观念，仍然是一项刻不容缓的任务。

2. 生产水平低

我国化学工业经历了从无到有、从小到大、生产技术逐渐提高的发展历程，老企业和中、小企业多。这些企业往往生产水平低、技术装备落后，物耗、能耗高，产品收率低。其结果是许多可利用的资源均被作为“三废”排出，不仅浪费了资源，而且增加了“三废”治理的难度，多数企业没有经济和技术实力对现有的污染进行治理。全国化工企业星罗棋布，

布局过于分散，也使得废物集中处理这一优化方案难以实施。

3. 管理不能适应要求

全国化工行业绝大多数中小企业排污不能达标，这些企业布局分散、生产品种不规范、生产工艺不稳定等因素，给化工行业环境保护的管理带来很大难度，也是化工环保面临的巨大难题之一。另一方面，我国化学工业在环境保护方面尚缺乏先进的管理手段（如计算机管理、在线监测分析、控制、调度系统等），不能及时发现问题，解决问题，防止环境污染事故发生。其中有机原料产品国内与国外同类装置排污系数比较见表 7-1。从表 7-1 可见，所述产品的排污系数国内装置比国外同类装置高出几倍到数千倍。

表 7-1　国内与国外同类装置排污系数比较

产品	生产工艺	排污系数①/(kg/t 产品)					
		废气		废水		固体废物	
		国外	国内	国外	国内	国外	国内
氯乙烯	氧化氯化法	4.9～12	113～220	0.33～4.35	837	0.005～4.0	211
乙苯	烷基化法	0.29～1.7	4.8	1.9～21.5	2867	—	—
丙烯腈	氨氧化法	0.017～200	5882	0.0002～34.1	2592	—	—
乙醛	氧化法	—	—	0.6～13.9	10800～40000	—	—

① 指生产单位产品产生（排放）的“三废”污染物数量。

环境保护科技人员短缺，也是造成管理问题的原因之一。目前，环境保护科技人员主要集中在科研单位和高等院校，企业一线技术人员短缺。特别是近年来，有些企业只重视生产，不重视环保，不利于环保科技人员的发展，导致人员流失，环保问题逐年积累。

4. 资金不足

化工经济的高速发展，给化工环保带来的压力也在迅速增加。化工环保问题在某些行业、某些地区已成为制约其迅速发展的重要因素。环保资金不足和资金渠道不畅通，严重影响着全行业污染物的治理工作。

一是用于现有污染源治理的资金严重不足。历史遗留环保问题是当前环境治理的难点。许多大中型国有化工企业受当时体制的限制，遗留的环境问题较多。其治理问题迟迟不能解决，一个很重要的原因是资金问题。

二是用于技术开发的资金严重不足。

尽管国家已经将环境保护产业列入国民经济优先发展的领域，但技术开发资金投入少，科研成果转化率低，仍是困扰化工环保事业发展的原因之一。特别是在一些当前急需的环保应用技术和环保高技术领域的研究开发方面，因资金投入不足，有的关键设备和技术又未能及时推广应用。

5. 治理技术有待提高

与工业发达国家相比，我国化工环保技术还存在着很大的差距。主要表现在以下几个方面。

（1）高浓度、难生化的有机废水处理技术　工业发达国家采用催化氧化法，湿式氧化、低温湿式氧化法等行之有效的技术，把污染物由不可生化的大分子转变为可生化的小分子，以提高生化处理效果。这些技术国内均未实现产业化，至今仍然靠进口。

（2）焚烧技术　在国外普遍将其用于高浓度有机废水（COD＞40000mg/L）和废液处理，特别是对于那些高浓度、难生化处理、有毒有害的污染物，焚烧是主要途径之一。我国对这一技术的关键设备如喷嘴、泵及炉体内的防腐、防结焦，一直未得到很好的解决，用于化工废物焚烧的大型焚烧设备仍属空白，而引进设备又投资高，国产化配套设备的设计、制造水平有待提高，直接限制了这一技术在化工环保领域的应用开发。

(3) 用于生化处理的高效菌种的研究应用 目前，国际上非常重视高效菌种的开发、筛选和驯化。我国化工环保行业受资金的限制，无力进行高效菌种的研究开发工作，致使有些建设项目为解决污水BOD达标问题，不得不耗费大量的资金用来购买菌种。有些工程即使购买了国外高效菌种，仍没有资金和力量对其应用中存在的如菌种变异等问题加以研究和解决，因而无法鉴定和推广。

(4) 监测仪器仪表 监测仪器仪表对于污染物的治理、环保管理都是非常重要的。国内开发的在线监测仪器仪表尚未完全过关，进口监测仪器仪表又价格太贵。因此，除关键必要部位外，只好采用人工取样、分析，一定程度上影响了环保技术的发展和治理水平的提高。

6. 对环保的支持力度有待加大

环境保护需要广泛的支持。目前我国对环境保护的支持力度较薄弱。一方面，一些环境保护标准不能满足经济发展和环境保护的需要。各行业急需根据自身的特点，针对涉及的环境保护问题，结合国家政策，进一步制定更加具体的环境保护政策和行动方案，以适应可持续发展的需要。另一方面，环境保护资金的支持力度要加强。应尽量制定一些有利于保护环境的优惠政策，例如有些综合利用项目技术已经过关，但苦于资金来源困难，无法实施。环境保护往往是社会效益好，环境效益好，但经济效益不明显。有些企业只重视市场经济效益，忽略环境效益，用于环境保护的投资很少。目前，又没有更多的金融机构可以对环境保护给予投资，不能有效地对污染物进行必要的治理。有些管理部门只考虑地方及本部门的经济利益，在国家明确给予税收优惠政策的综合利用项目执行上存在偏差，造成产品经济效益不好，无法继续生产，直接影响了环境。

二、化工清洁生产技术领域

1. 绿色化工技术

绿色化工技术是指在绿色化学基础上开发的从源头削减环境污染物的化工技术。它通过采用“原子经济”反应，即将化工原料中每个原子转化成产品，不产生任何废物和副产品，实现废物“零排放”或者通过高选择性的化学反应，提高反应产物的收率，减少副产品和废物的生成，并使反应产物易于回收，节约资源的清洁工艺技术。在绿色化工技术中，提高材料、能源和水的使用效率，大量使用再生材料，更多依靠可再生资源，研究开发更安全的流程和产品。从而达到单位资源创造更多消费和社会价值、改变人类社会生活的目的。

绿色化学化工是“眼光放在了流程终端控制废物之上。它要求人们注重化学生产的整个生命周期，创造新的方法，能更有效地生产有用的产品而废物较少，或者索性没有废物。”

“原子经济性”(Atom Economy) 概念是美国Stanford大学的B. M. Trost教授在1991年首次提出，并因此获得1998年度美国“总统绿色化学挑战奖”中的学术奖。Trost认为化学合成应考虑原料分子中的原子进入最终所希望产品中的数量，原子经济性的目标是在设计化学合成时使原料分子中的原子更多或全部地变成最终希望的产品中的原子。例如C是人们所要合成的化合物，若以A和B为起始原料，既有C生成又有D生成，且许多情况下D是对环境有害的，即使生成的副产物D是无害的，那么D这一部分的原子也是被浪费的，而且形成废物对环境造成了负荷。

$$A + B \longrightarrow C + D$$

所谓原子经济性反应即使用E和F作为起始原料，整个反应结束后只生成C，E和F中的原子得到了100%的利用，即没有任何副产物生成。

$$E + F \longrightarrow C$$

如用乙烯直接催化氧化成环氧乙烷的一步法“原子经济”路线，原子利用率从原来的37.45%提高到100%，方程式为

$$CH_2{=}CH_2 + \frac{1}{2}O_2 \longrightarrow \underset{\diagdown O \diagup}{CH_2{-}CH_2}$$

当然，在目前的条件下还不可能将所有的化学反应的原子经济性都提高到100%。因此，不断寻找新的反应途径来提高合成反应过程的原子利用率，或对传统的反应过程不断提高化学反应的选择性，仍然是十分重要的手段。通过开展包括新合成原料、新催化材料到新合成加工途径、新反应器设计等化学工程的研究，以及各学科交叉结合，由知识创新到技术创新，来不断实现化学合成过程的绿色化。

1996～1998年美国设立并颁发了“总统绿色化学挑战奖”，其中孟山都公司开发“用二乙醇胺替代剧毒氢氰酸催化脱氢生产氨基二乙酸钠技术”极大地减少了废物量而获得“变更合成路线奖”；陶氏化学公司用二氧化碳代替氯氟烃作苯乙烯的发泡剂而获得“改变溶剂/反应条件奖”；开发了两个生产热聚天冬氨酸清洁工艺的Donlar公司荣获“小企业奖”；马克霍尔开发“生物废料转化为动物食物技术”，因大大减少污染也获得奖励。

我国鲁北集团利用海水及磷矿石废渣作原料生产磷铵、水泥、硫酸等高附加值的产品，被誉为我国“绿色化学”的样板。“一水多用的产业链条”是用海水搞水产养殖，浓缩的海水先用来提溴，再用来晒盐，其副产品盐石膏用来制硫酸，硫酸再用来生产磷铵……海水最终变成了水产品和化工产品，无废渣、废气、废水排入环境。充分显现出高效率、高产业、低成本的绿色环保特征，取得了经济、环保、社会三个效益的协调发展。

2. 原材料改变和替代技术

绿色化工技术还包括采用无毒无害原料、催化剂和容器替代有毒有害化学物质、清洗剂，减少和消除健康危害和环境污染的技术以及对环境友好的清洁产品的开发。如目前最活跃的研究项目是开发超临界流体，特别是超临界二氧化碳替代有机溶剂作油漆涂料的喷雾剂和塑料发泡剂、汽车零部件和电子工业清洗剂等。

另外，有机合成、精细化工、高分子聚合催化剂、生物酶催化技术也是环境友好化工技术研究的重要领域。

3. 工艺过程的源削减技术

据美国化学品制造商协会统计，到1991年化工公司通过工艺过程废物源削减技术已削减17种有毒化学物质排放量的35%。清洁生产源削减技术是针对化工单元过程来研究开发的，如表7-2所示。

4. 物质流/产品生命周期评价技术

开展清洁生产技术研究，首先要对现有的生产工艺和过程的环境负担性进行准确的评估。国际上一般采用生命周期评价方法（life cycle assessments，LCA）来评价一个工业生产过程的环境负担性。LCA是用数学物理方法结合实际分析对某一产品、事件或过程中的资源消耗、能耗、废物排放、环境吸收和消化能力等进行评估，以确定该产品或事件的环境合理性和环境负荷量的大小。

表 7-2　化工单元过程的源削减技术

单元过程	源削减技术
化学反应	优化反应参数（如温度、压力、时间、浓度）； 改进工艺控制； 优化反应剂添加方法； 淘汰使用有毒催化剂，改进反应器设计
过滤与洗涤	淘汰或减少使用助滤剂，处置滤料； 开启过滤器前，排掉滤料，使用逆流洗涤； 循环利用洗涤水； 最大限度进行污泥脱水
设备与零部件清洗	封闭溶剂清洗装置； 使用耗水少、效率高的清洗喷头； 合理安排生产，改进清洗程序，减少设备清洗次数； 重复利用冲洗水； 安装喷射或喷雾冲洗系统
冷却和冷凝	改进换热设备，提高传热效率，节约用水量； 进行冷却水稳定处理，循环利用冷却水； 采用空气冷却等其他方法
原料和产品贮存	贮槽安装溢流报警器； 清洗或处置前倒空容器； 采取适当电绝缘措施，定期检查腐蚀情况； 制订书面装卸料操作程序； 使用适当设计的专用贮槽

物质流（materials flow）又称材料链，是用数学物理方法，对在工业生产过程中按照一定的生产工艺所投入的原材料的流动方向和数量的一种定量理论研究。主要用于研究评价工业生产过程所投入的原材料的资源效率，以找出提高资源效率的途径。通过对工艺过程的物质流分析，查处污染物的排放原因，采取技术措施，从源头开始控制污染，这是实施清洁生产过程的关键。

三、化工行业清洁生产技术分述

（一）精细化工

所谓精细化工通常被认为是生产专用化学品及介于专用化学品和通用化学品之间产品的工业。它已成为当今世界各国化学工业发展的战略重点，精细化工产品产值占化工总产值的百分率（简称精细化率）也在相当大程度上反映着一个国家的发达水平、综合技术水平及化学工业集约化的程度。

按照原化学工业部发布的暂行规定，将精细化工产品分为农药、染料、涂料（包括油漆和油墨）及颜料、试剂和高纯物、信息用化学品（包括感光材料、磁性材料等）、食品和饲料添加剂、胶黏剂、催化剂和各种助剂、化学药品、日用化学品、功能高分子材料等 11 类。在催化剂和各种助剂中又分为催化剂、印染助剂、塑料助剂、橡胶助剂、水处理助剂、纤维抽丝用油剂、有机抽提剂、高分子聚合物添加剂、表面活性剂、皮革助剂、农药用助剂、油田用化学品、混凝土添加剂、机械和冶金用助剂、油品添加剂、炭黑、吸附剂、电子工业专用化学品、纸张用添加剂、其他助剂等 20 余类。

1. 表面活性剂

（1）磺化工艺技术　SO_3 连续磺化装置的核心部分是磺化反应器，近 20 年来该装置有惊人的发展，先后出现了罐组式、多管式、双膜升膜式、文丘里喷射式。其中以日本狮子油脂公司的双膜保护风式最为先进，采用保护风可以拉大反应区，缓和反应，能磺化烯烃等热敏有机物，产品质量高，还可生产出多种高性能的产品。

（2）乙氧基化工艺技术　乙氧基化技术即意大利普勒斯工艺居领先地位，此公司先后推出了第一、二、三代技术，EO（环氧乙烷 ethylene oxide）的加成数达 100 以上。20 世纪 80 年代末，瑞士公司又成功地开发了巴斯回路乙氧基化最新工艺。巴斯（Buss）工艺的核心是高效气液反应混合器，它缩短了反应时间，同时，反应热又被外换热器迅速移走，因而反应温度控制准确，副反应少，使产品中的 EO 质量含量低于 10^{-6}，分子量分布窄，产品质量高，整批产品重现性好。另外，Buss 工艺没有废气排放，废水不含毒性物质，不污染环境。

（3）直链烷基苯（LAB）　美国 UOP 公司开发的烷基化生产烷基技术，是世界各国普遍采用的先进方法。目前该公司对烷基化工艺又有了新的突破。

① 催化剂从 ReH-S、ReH-7 发展到 ReH-9，其特点是在催化剂特性不变的前提下，大大地提高了催化剂的选择性、LAB 的收率，并于 1990 年实现了工业化。

② 在 Pacal 脱氢工艺中加入了 Define 加氢装置，将脱氢产物中的二烯烃转变成单烯烃以减少 LAB 中重烷基苯含量，提高了产率。目前世界上新建了 6 套生产装置（其中 3 套在建设中）。

③ 为减少 HF 催化剂的污染，尤普公司与加拿大比特萨公司共同开发了 Detal 固定化烷基化技术，采用酸性多相催化剂，其产品 UAB 收率高于 HF 催化工艺，邻位烷基苯高达 25%，提高了 LAB 的溶解性，简化了工艺过程，减少了环境污染，节省投资约 15%。目前西班牙与比特萨公司合作在加拿大建 1 套 10 万吨/年的生产装置，于 1995 年中期建成投产。

2. 生物化学工程

现代生物技术以取之不尽的生物量来解决世界面临的能源、资源的短缺及环境污染问题。由化学工程与生物工程结合起来的生物化学工程具有反应条件温和、能耗低、效益高、选择性强、投资小、“三废”少以及利用再生资源等优点。

（1）丙烯酰胺　丙烯酰胺（AAM）生产方法很多，工业上主要采取用丙烯腈水合法，此法又在不同催化剂存在下产生 3 种工艺：硫酸水解法（已逐步淘汰），高效催化剂直接水合法，酶催化法。日本日东化学公司经过 10 年生物酶催化研究，开发了第三代连续法生产丙烯酰胺新工艺。该技术采用固定床反应器，在 N774 生物酶催化条件下反应 24h，100%转化为丙烯酰胺，经过分离，甚至可不进行精制、浓缩就可得到丙烯酰胺产品。它的优点是反应物纯度高，产品质量高，反应在常温、常压下进行，可大幅度调节能耗，生产成本低。

（2）生物技术合成聚对苯　英国化学工业公司采用发酵法生产邻苯二酚，优点是产率比原来的氧化工艺高，并减少污染。

（3）丙酮/丁醇　美国采用生物法制取丙酮/丁醇，采用乙酰丁酸棱状芽孢杆菌，在厌氧条件进行，其操作温度为 30～32℃，丙酮与丁醇的质量比为 3.6∶1，同时获得大量氢和二氧化碳副产品。

（4）生物技术生产环氧乙烷、环氧丙烷　由乙烯和丙烯经微生物酶催化剂生产环氧乙烷与环氧丙烷。据报道，日本有企业采用固定酶催化由乙烯和丙烯生产 EO（环氧乙烷 ethylene oxide）和 PO（环氧丙烷 propylene oxide），进而生产乙二醇和丙二醇，其生产成本仅为常规化学合成法的一半。目前美国莱特普斯生物基因工程公司也提出采用生物酶生产

EO与PO。此外，生物技术还用在其他化工产品的生产中，如异丙醇、二元醇、甘油、由n-烷烃制取的长链二元酸、聚羟基丁酸树脂、反式丁二烯、乳酸、葡萄糖、醋酸酯等。有些还处于试验阶段。

3. 功能高分子材料

功能高分子材料是精细化工的高新门类，世界上发展最快的是功能高分子膜，已商品化的有透析膜、离子交换膜、反渗透膜、超滤膜等。其发展趋势是朝着高渗透性、高选择性、多功能、适应性强、机械强度高及易清洗的方向发展。高分子膜的形式向多样化、高容量及高效率的方向发展。

另外，光敏树脂、导电高分子、高吸水性树脂等也是功能高分子材料开发的一个重点。

（二）农药、化肥工业

1. 农药化工

化学合成农药已证明对防治动植物病虫害是十分有效的，但在使用几十年后，已在人迹罕见的极地白熊和企鹅体内找到了它的踪迹，它在使用中已产生了巨大的负面效应，因此许多国家已全面停止生产使用那些残留期长或剧毒的化学农药。美国环保局于1990年公布了31种禁止销售使用的农药品种清单，欧盟提出到2000年减少化学农药使用量20%～25%的战略目标。

生物农药是一类由微生物产生或从某些生物中获取的具有杀虫、防病等作用的生物活性物质，是利用农副产品通过工业化生产加工的制品。它具有对人畜安全、对生态环境污染少的特点。据预测到2010年生物农药将占全球农药市场20%的份额。

2. 化肥工业

化肥对粮食增产所起的作用约占40%，是提高单位产量的关键。2008年，我国将新增氮肥生产能力200万吨，磷肥生产能力180万吨。预计到2010年国内化肥需求总量5500万～5600万吨，其中氮能3300万～3360万吨，磷肥1270万～1320万吨，钾肥900万～920万吨。

（1）氮肥行业　水煤浆加压气化技术是当前世界上发展较快的第二代煤气化技术。其特点是对煤种的适应性较强，能量转化率高达96%～98%，煤气质量好，有效气（$CO+H_2$）含量高达80%，甲烷含量≤0.1%，单炉生产能力大，“三废”污染少，节能降耗成效显著。

国内以煤为原料的合成氨厂排放的造气炉渣含碳量在12%～20%。这部分炉渣既浪费能源，又污染环境。沸腾锅炉能燃用品质极为低劣的燃料，具有结构简单，燃烧完全，炉渣具有低温烧透性质，便于综合利用。

人造块煤技术、小氮肥“两水”闭路循环技术，氨醇比可调双甲新工艺均具有很好的资源节约综合利用效果。

（2）磷肥　磷铵、硫酸、水泥三产品综合联产是一项新技术，以磷矿石为主要原料，与硫酸反应生产磷酸，磷酸用于生产磷铵。生产磷酸同时副产大量磷石膏（每吨P_2O_5副产5～6t磷石膏），磷石膏在回转窑内还原、分解、煅烧得到含10%左右SO_2的尾气和水泥熟料。尾气经转化吸收为硫酸，硫酸又返回用于生产。这种循环使用可使硫的循环率大于85%；水泥熟料与混合材料配合制成水泥产品。实现磷铵、硫酸、水泥联产，可解决石膏占用耕地及污染环境的难题。

（3）复合肥料　缓放包裹型复合废料既含有速效又含有缓效成分。可根据需要制成各种专用型肥料，该肥料中氮肥利用率比掺和肥料提高约 7.74%。

(4) 微生物肥料 微生物肥料实质上是一类存在于土壤或植物体上与植物共生的微生物，它们的存在一方面为植物营养开辟了一条新的途径，改善了植物的营养和代谢状况，增强了植物抵御病虫害的能力；另一方面抑制了植物病原菌的生长和繁殖，削弱了病害的发病条件，从而起到较好的生物防治效果。

(三) 炭黑

炭黑生产新工艺是在反应炉中将燃料的燃烧和原料油的裂解分开，并充分利用余热来预热燃烧用的空气和燃料油。其工艺过程是：燃料烃（油或天然气）在燃烧室内经过预热的燃烧用空气充分混合，完全燃烧产生高温高速气流；预热后的燃料油从喉管径向喷入，与来自燃烧室的高温高速的气流混合迅速裂解，在反应室内产生炭黑。含炭黑的烟气经空气预热器和冷却器换热降温，再用旋风分离器和袋滤器将炭黑收集起来，经造粒成为炭黑产品。与老工艺比较，新工艺生产的炭黑品种增加，产品质量高，补强和耐磨性能好，收率高，成本低（每吨炭黑油耗降低 0.4～0.5t），且能改善劳动环境，消除环境污染。

(四) 基本化工

(1) 离子膜法制烧碱技术是我国氯碱行业今后大力发展的关键技术之一。该法与普通的隔膜法相比，碱液浓度提高，节省了蒸发工序，产品纯度高，每吨碱综合能耗可降低 1000kW·h，且无环境污染。该法的关键是电解槽。

(2) 在氨碱法生产纯碱的工艺过程中，蒸氨工序回收制碱母液及其他含氨废水中所含的氨及二氧化碳，使氨循环再用。传统的蒸氨工艺是湿法正压蒸馏工艺，将生石灰制成石灰乳，经泵送到预灰桶内与预热母液进行复分解反应。干法加灰蒸氨工艺是将生石灰磨制成粉，在真空状态下将生石灰粉直接加入预灰桶内，在预灰桶内回收生石灰的熟化反应热，以降低蒸汽消耗，达到节能的目的。

(3) 在密闭电石炉生产中，每生产 1t 电石约产生 400m^3 炉气。炉气中可燃气体总含量占 90%以上，其中一氧化碳占 80%，是一种很好的能源，必须回收利用。直接燃烧法回收密闭电石炉炉气技术是将 500℃左右的高温含尘炉气直接引入锅炉燃烧。炉气燃烧时的温度高达 1500℃，不但氰化物完全得到了分解，而且粉尘经高温煅烧，性质发生很大变化，可用常规的除尘设备去除。该技术每生产 1t 电石可产 0.85MPa 蒸汽 1.5t，既节能，经济效益又可观，同时消除了氰化物污染。

四、未来化工清洁生产关键技术

(一) 绿色化学化工技术

1. 采用低温溶盐连续氧化-高浓度介质单向分离-碳化循环转化法生产铬盐工艺

本研究通过建立低温溶盐连续液相氧化-高浓度介质单向分离-介质稳态相分离的高效反应-分离新过程，以气-液-固三相连续氧化反应取代传统的高能耗氧化焙烧，可极大地强化反应，使铬的回收率提高 20%，铬渣含总铬由老工艺的 4%～5%降至 0.6%。渣量仅为老工艺的 1/4，渣排铬量为老工艺的 1/40，以铁为主要成分的新铬渣为合格铁精矿，铬化工首次实现生产源头控制污染的零排放。能耗下降 30%，生产成本下降 15%，建设投资下降 20%。5 年内可实现 2 万吨铬盐/年大规模产业化。

2. 环己酮氨氧化制备环己酮肟清洁工艺技术

研究钛硅分子筛、环己酮氨氧化环己酮肟新工艺，可使生产工艺大大简化，不生产 NO_x 和 SO_x 等污染物，是具有竞争力的绿色化工技术。

3. 水溶性铑-膦络合物催化长链烯烃氢甲酰化反应及工程研究

目前绝大多数均相络合催化剂只溶于有机溶剂，反应物难于与催化剂体系分离，且回收催化剂会造成环境污染。使用水溶性铑-膦络合物催化剂在水/有机物两相体系中催化链烯烃氢甲酰化反应合成高碳醛，可以使反应条件缓和、选择性高、无废液排放，是一条环境友好的绿色清洁工艺。

4. 丙烯钛硅分子筛催化法合成环氧丙烷的研究

环氧丙烷是石油化工重要的中间体。到 2005 年，国内总生产能力 64.8 万吨，全部采用氯醇法，生产每吨产品产生 44 吨废水，对设备腐蚀和环境污染严重。预计 2010 年将达 128 万吨，而 2009 年总产量即可达到 158.5 万吨。使用钛硅分子筛催化法合成工艺过程简单、无大量副产物、基本无污染物排放。

5. 苯和乙烯液相烷基化生产乙苯技术

乙苯是生产苯乙烯、丁苯橡胶和 ABS 树脂的原料。传统的三氯化铝法工艺流程长、操作费用高、设备腐蚀和环境污染严重。苯和乙烯液相烷基化合成乙苯新技术是一种绿色化学工艺。生产过程无“三废”产生。根据已完成的中间试验表明，该工艺可行、有创新性，反应器结构简单、操作平稳，已达到国际同类先进水平。

6. 使用超临界流体为溶剂的丙烯酸系高分子聚合工艺研究

超临界高分子聚合是发达国家目前竞相开发的新技术领域之一。美国北卡罗来纳大学在几家大化工公司的资助下，1994 年利用超临界二氧化碳代替化学溶剂研究出多种高分子聚合物。超临界高分子聚合物不仅能提高产品的收率和质量，控制分子量及其分布，减少聚合物中挥发物质含量，而且减少高分子聚合中有机溶剂的使用量，明显减少环境污染。

（二）重点工业污染物的源削减技术

当前严重阻碍某些化工行业废水达标排放的“瓶颈”是含难生物降解化学物质的高浓度有机废水的预处理技术不过关。这些物质包括链烷烃（C_1～C_4 烷烃）、卤代烷烃（氯甲烷、氯仿、四氯化碳等）、芳烃（苯、甲苯、二甲苯）、卤代芳烃（氯苯、溴苯）、硝基苯、多环芳烃（联苯、萘）、腈类、部分有机磷农药、染料萘系、苯胺类等，迫切需要研究开发适合国情的预处理技术。

针对我国化学工业中生产量大、企业数量多、分布面广且污染严重的大宗化工产品，如甲醇、苯、苯酚、氯乙烯、合成氨、硫酸、氰化钠、农药和染料等，针对不同生产工艺进行产品生命周期评价，研究各种污染源削减技术、废物回收利用技术和清洁工艺方案并加以推广应用。如有机原料、石油化工、农药、染料等化工行业排放的含芳香烃、卤代烷烃、有机硫磷化物等难降解有机污染物废水的源削减技术；氮肥行业排放的低浓度 NH_3-N 废水源头削减技术。

（三）废物资源综合利用技术

1. 无机化工废渣的综合利用技术

（1）铬盐生产的铬渣源削减和综合利用技术　以前化工铬盐厂排出的铬渣大多随意堆放，占用大量农田，危害性大。大型铬盐厂铬渣的堆存量都在十几万吨，最多的 35 万吨，全国累计堆存量已达 200 万吨。近年来我国虽已研究开发了多种铬渣处理和综合利用技术，有些方法技术成熟，经济效益高，但吃渣量小；有的技术虽吃渣量大，或解毒不彻底，或投资大，推广有困难，还需要进一步做试验研究。因此应当继续开发新的铬渣安全处理和综合利用技术。

(2) 磷肥生产磷石膏源削减和综合利用技术　磷石膏渣在中、小型厂只有部分得到利用，大部分堆存造成水体、地下水污染，限制了磷酸、磷铵工业的发展。目前开发的综合利用方法主要是生产水泥并联产硫酸。但用渣量有限。其他综合利用方法的产品销路不好，不能带来明显的经济效益，难以推广应用。因此，需要研究开发吃渣量大、经济效益好的磷石膏渣综合利用项目。

(3) 硫酸生产硫铁矿烧渣源削减和综合利用技术　目前全国硫铁矿烧渣治理率或综合利用率不足60%，在许多小型厂仍用水力排渣方式直接排放，处置率非常低。目前开发的综合利用方法，如硫铁矿烧渣用作水泥助熔剂，其用量非常有限，且只有邻近有水泥厂时烧渣才有销路。烧渣中贵金属及有色金属未能回收利用。需要研究开发多种用途的综合利用技术。

2. 化工有机蒸馏残液等危险废物源头削减和综合利用技术

有机化工行业产生的各种蒸馏残液和有机残渣多为危险性废物，残液中含有大量反应副产物，如环氧丙烷蒸馏残液中含有1,2-二氯丙烷82%～86%、1,3-二氯丙烯10%～15%、对苯二甲酸氧化残渣含苯甲酸35.5%、对苯二甲酸42.3%等有害物质，迫切需要研究开发高效分离技术和副产物综合利用技术。

(1) 环氧丙烷生产有机残液综合利用技术研究。

(2) 对苯二甲酸生产残渣综合利用技术研究。

(3) 石油炼制脱硫碱渣综合利用技术研究。

(四) 有毒原材料替代技术

(1) 难生物降解性、高生物蓄积性和特殊慢性毒性的持久性有机污染物，如DDT、多氯联苯、六氯苯等的替代产品开发持久性有机污染物（POP）的安全与控制是当前国际社会普遍关注的国际性环境问题之一。POP物质具有高毒性、有些还具有致癌性、生殖毒性，会对人类和环境构成严重威胁。

(2) 卤代有机溶剂、清洗剂的替代产品和技术开发　采用超临界二氧化碳代替有机溶剂作油漆的喷雾剂、泡沫塑料发泡剂、电子工业清洗剂可大大削减挥发性有机溶剂的排放量。

(3) 压力脉动固态发酵生产微生物农药新技术　我国生物农药的工业生产状况及其在生态农业与绿色食品发展中的作用与国外的差距继续扩大。问题的根源是生产技术不过关，发酵、干燥、粉碎三个技术环节都是简单套用现成常规生产方法与设备，缺少工程与设备研究的配合。

针对微生物农药生产的发酵、干燥、粉碎三个环节，开展生物反应器“四传一反”（动量、质量、热量、信息传递及生物反应动力学）新理论及其固态发酵反应器放大规律的研究；微生物农药真空冷凝干燥机制及其设备系统放大设计的研究；超音速气流粉碎新技术在微生物农药中应用的研究；新型固态发酵微生物农药工业规模可行性分析。

(五) 其他清洁生产技术

(1) 工业行业清洁生产政策研究　推行清洁生产技术的政策研究，包括强制性政策、支持性政策和刺激性政策的研究；以及落实这些政策所需要的内、外部环境的支持条件。

(2) 研究提出促进企业实施清洁生产的法规和政策，包括产业政策、科技政策、财政、税收、投资、排污收费返还等经济政策以及鼓励企业清洁生产的相关法律法规和标准。

（3）清洁生产评估体系研究　研究衡量工业行业推行清洁生产效果和进展的评价指标，组织制定重点行业清洁生产评估和验收标准和技术规范，建立具有中国特点的清洁生产评估体系。

第二节　电子工业清洁生产技术

一、电子工业废弃物及其影响

电子工业工艺复杂，使用许多有害化学物，表7-3列出了电子工业的主要废弃物及其处置措施。

表7-3　电子工业主要废弃物及其处置措施

废弃物	工艺来源	代表性化合物	处置措施
酸雾 腐蚀性气体	清洗，蚀刻 印膜，漂洗	硫酸、盐酸、磷酸、硝酸、氯气、氨气、醋酸	用酸或碱液淋洗
有机溶剂的气体	溶剂清洗，印膜，漂洗	异丙基，丙酮，*N*-丁基醋酸，三氯甲烷，二甲苯，汽油的蒸馏物，卤烃	吸收、催化氧化、高温氧化
多种有毒气体和颗粒物	外延附生，化学气相沉积，扩散，离子注入，氧化，等离子蚀刻	硅烷、砷化三氢，磷化氢，乙硼烷，氯化氢，三溴化磷，二氯甲烷，磷化物，氯氧化物，三溴化硼	焚烧加过滤，焚烧加淋洗，用碱液或氧化性溶液淋洗
事故或紧急情况时排放的有毒气体	设备故障，气瓶、管道、阀门的泄漏	硅烷、磷化氢、乙硼烷，氯气，有机金属化合物，磷化三氢	用碱液或氧化性溶液淋洗，再进行过滤

（一）电子工业废气对环境的影响

电子工业废气包括含有HF的酸性气体、来自储气罐和操作过程的溶剂挥发气、掺杂工艺的磷化氢和砷化三氢、电镀过程产生的含有金属的气体、机械清洗和组装时产生的金属粉末。进入环境的废气会严重影响周围人群的健康并产生各种破坏。特别是许多溶剂中所含的氯和氟，可以破坏臭氧层。

（二）电子工业废液的环境影响

电子工业废液和水溶性废弃物包括用过的电镀液、用过的溶剂、清洁水、废酸或废碱、废气吸收液、因管理不善而在储存和运输过程中渗漏的液体。

有毒溶剂进入水环境会毒害鱼类和其他哺乳动物。废酸或废碱会改变水体pH而减少水体中的生物多样性。pH较长时间的显著改变会使水体系统失去自我恢复能力。

一些有机溶剂还会通过食物链在生态系统中积累，破坏生态系统。

若生产中氰化物、砷化物等剧毒物质进入水体，则不能用作生活用水和农业用水。

（三）电子工业固体和半固体废弃物的环境影响

电子工业产生的固体和半固体废弃物分为两类：一类是生产过程产生的废弃物，如石英、废旧机器和设备、过期产品、包装材料等。这类废弃物大多可以回收利用，但要考虑它们一般已受到有机溶剂、重金属和有毒物质的污染。另外，由于电子产品构成材料的价值与产品价值相比往往微不足道，影响了有效回收电子产品零部件的经济效益。另一类是处置液态和气态废弃物后剩余的固体物质。

（四）电子工业车间内影响人体健康的因素

电子工业车间内影响人体健康的因素一类是化学物质（见表 7-4）；二类是离子辐射、非离子辐射、噪声、热、振动、近距离工作等其他因素。如受到 X 射线、电子射线和高压供电设备等离子辐射后，会产生皮肤红肿的急症现象，长期影响会导致癌症和不育症。受到 RF 发生器、微波炉、阴极射线管和激光等非离子发生源的影响后，急性刺激会灼伤皮肤，慢性刺激会引起不育症和白内障。

表 7-4　电子工业车间内影响人体健康的化学物质

化学物质	岗　　位	直　接　影　响	慢　性　影　响
酸	电镀，蚀刻，晶体磨光	灼伤皮肤，刺激眼睛	肺病，骨病，牙齿受蚀
金属	电镀，蚀刻，焊接，镀锡，密封	影响呼吸，灼伤皮肤，头痛，失眠，胃痛，流产	癌症，肝损伤，秃发，皮炎
气体	掺杂，晶体生长，密封测试	头晕、恶心、呕吐、幻觉、昏迷和死亡	贫血，黄疸，肝损伤
树脂	切割，磨碎，分装，碾薄，包装	呼吸困难，皮肤灼伤	癌症，肝损伤，过敏，哮喘
溶剂	清洗，去油，稀释	皮肤灼伤，咳嗽，头晕，呼吸困难，喉咙疼痛	肝损伤，肾损伤，心脏损伤，瘫痪，癌症

二、电子工业清洁生产策略

（一）生命周期评价（LCA）

LCA 认为，对于每一种产品或每一道工艺，通过识别其从环境输入和向环境的输出，可以确定其对环境的影响。LCA 的目标是通过比较不同的设计方案，寻求减少对环境和操作工人不利影响的途径。

LCA 完成的报告是一份改善环境影响的行动计划。涉及产品设计、工艺和设备设计、生产现场设计、产品使用等环节，根据重要性和紧迫性对具体措施作出排序。评价报告应当把能源使用作为重要内容，找出低能耗的电子产品及其生产过程。也应当重视温室效应、臭氧损耗和酸雨等全球性问题。

（二）环境影响评价（EIA）

EIA 用以揭示工艺过程的潜在环境影响，实施 EIA 可以找到危害最小的工艺，或对已有工艺进行改善。电子生产工艺的 EIA 主要步骤是：①弄清环境本底值；②明确生产过程和工艺技术；③弄清环境参数的变化情况；④对每一个单体的环境影响作出评价；⑤优化工艺设计，减轻环境影响；⑥实施优化方案，进行监测和评价。

三、电子工业清洁生产技术

电子工业的清洁生产技术主要体现在以下几个方面。

1. 产品和工艺设计

（1）提高线路密度　采用大规模集成电路技术能够减低金属膜厚度和缩短电路长度，从而提高线路密度。如此制造每一元件晶片可使用较少材料和化学药品，也就减少了废物的产生。

（2）高密度表面镶嵌技术　高密度表面镶嵌技术可以实现较高的安装密度，印刷线路板的尺寸可达到传统方法的35%～50%。

（3）便于拆卸和循环使用的产品　例如，电脑外壳的接口不用焊接，易于拆装。

（4）平面式和嵌入式技术　这是用于半导体晶片制造过程的两种技术，平面式是在活性区域盖上一层耐腐蚀材料如Si_3N_4，而暴露的硅层则被氧化成绝缘的SiO_2。嵌入式则用化学法来蚀刻部分晶片表面，使之形成一条与活性区域隔离的深沟，这种方法需要使用较多的化学药品，产生更多的废液。

（5）真空包装　在晶片外延附生之后立刻实施真空包装，可以免去氧化之前的清洗工艺，还可以取消外延附生之后的激光磨光工艺。这样不需使用含有H_2SO_4、HF和O_2的溶液。

（6）金属氧化物掩盖技术代替乳浊液掩盖技术　金属氧化物掩盖层的寿命是乳浊液掩盖层的50倍，使用它可克服乳浊液损耗较快的弊端。

（7）正性光致抗蚀剂和负性光致抗蚀剂　正性光致抗蚀剂可以在水溶液中显影，而负性光致抗蚀剂必须在有机溶剂中重显影。因此在生产中用正性光致抗蚀剂代替负性光致抗蚀剂。

（8）单一溶剂系统　某电子工厂先将新鲜的溶剂用于印刷线路板的生产，用于清洁计算机房和清除机器上的油污。这样可以减少溶液消耗和废弃物数量，还避免了不同溶剂之间的交叉污染。

（9）激光印记　使用激光印记后可以不用硼化硅酸铅、氧化锌和含红色燃料酒精的墨水。

（10）打印标记签和测试时用套管进行固定　这样可以避免因机械振动而清洗黏附在振动槽上的环氧树脂颗粒。

（11）用红外线辐射灯烘干　用这种方法代替溶剂烘干法。

（12）氮化硅干式蚀刻代替湿式蚀刻　硅的氮化是金属氧化物半导体（MOS）技术的一道重要工序。在氮化硅蚀刻中最常用的方法是使用热磷酸，而热磷酸具有强毒性和腐蚀性。干式等离子蚀刻是一种清洁、稳定、安全、高效的成膜技术，与湿式蚀刻相比，可以减少工艺步骤，削减废弃物。

（13）延长浸浴时间，提高冲洗效率　在印刷线路板生产过程中，浸浴液不断受到重金属、氰化物、有机溶剂和其他有毒化合物的污染，需要不断更换。因此，应及时去除浸浴液中的沉淀物，并减少取出浸浴件时带走的浸浴液，延长浸浴液的使用寿命。

2. 原物料选用

（1）清洗剂替代　以水溶性清洗剂或低毒清洗剂代替有机清洗剂。如以异丙酮代替三氯乙烷清洗晶片。

（2）改进溶剂　某电子厂为了使三氯乙酸溶液循环使用，在溶液中加入了二丁烯，以保持酸度在合适水平。这项措施减少了60%的废液，每年节省30000美元。

（3）氮化铝代替氧化铂　在半导体封装时，用铂在器件和外壳之间作隔热层。但氧化铂可能存在致癌性，在欧洲已被禁止使用。改用氮化铝具有类似的传热性和绝热性，但无毒。

（4）氯化氢代替三氯乙酸　三氯乙酸作为清洁剂，具有腐蚀性和毒性，属于臭氧消耗物质。氯化氢也具有腐蚀性和毒性，但易于操作，并能被中和处理为无害物。

（5）焊料选用　不含铅的焊料主要是在锌、铟和铋的合金中加入其他元素。如加入 Ga，Gd，Sb 和 Hg 就成为低沸点焊料，加入 Ag，Cu 和 Zn 则成为高沸点焊料。

（6）回蚀工艺中使用高锰酸钾溶液代替重铬酸钾溶液。

（7）生产过程中乙炔硫酸/双氧水代替硝酸，避免硝酸废气、废液污染。

3. 优化生产工艺

（1）全厂湿式制程均设置防漏浅盆，使带出液尽量收集在回槽中或导送至废水处理设施。

（2）全厂加湿及挥发性药液槽共同或分别设置专属废气塔，避免废气外漏。

（3）用自动化机械控制电路板的抽出　可以把抽出时间维持在合适的范围，减少被带出的在电路板上停留的槽液。

（4）避免物件上的袋形物　将物件置于挂架上以减少化学药液残留于角落或形成袋形物的概率。

（5）采用静态清洗　在电镀槽后设置静态清洗以清除电路板上的带出液，送回电镀槽，或从中回收金属。

（6）采用逆流式清洗　这样可节约清洗水，减少废水量，并可从清洗水中回收金属。

（7）采用喷雾式清洗可以大量节约用水。

（8）谨慎选用非电镀铜槽的材质，以免铜镀析于槽壁。

（9）设置流量控制器可减少清洗水的使用量。

（10）设置滴液棒可自动减少电路板上的残留溶液。

（11）采用纯度较高的原物料，降低槽液受污染的速度。

（12）提高槽液温度，使槽液挥发，再回收成纯度较高的溶剂，导回槽液再使用。

4. 物料的循环使用

（1）废水分类收集　有酸性或碱性、废水或废液、是否有螯合剂等。

（2）去离子清洗水再使用。

（3）用逆渗透法浓缩电镀带出液，回收物料，分离之水还可再用。

（4）用蒸发法回收带出液，回收物料，其凝结水也可再用。

（5）用电解法从电镀槽液中回收金属。

（6）回收铜颗粒。

（7）回收硫酸铜　直接从微蚀工艺的蚀刻槽溶液中回收硫酸铜结晶，送至铜电镀槽重复使用。

（8）回收蚀刻剂　将蚀刻剂送至非生产线上的回收点加以回收。

（9）回收去光阻剂　用分离器将去光阻剂与聚合残留液分开，并导回制程再使用。

5. 良好的库存管理

（1）加强日常维护，定期检查阀及套间设备的渗漏情况，有问题立即检修。

（2）若物料需用量不大，应少量多次采购。物料使用不可超出保存期限，应有先进先出的观念。

（3）建立满溢应变程序，以减少满溢之溶液排至废水处理设施。

（4）户外储存场加盖，避免雨水、大风的影响。

（5）避免不小心的药液泼溅，以减轻废水处理的压力。

(6) 氰化物溶液必须与酸溶液分开保存，酸液池的抽吸机的抽吸范围不能涉及氰化物溶液。

(7) 有机溶剂必须保存在绝缘的塑料桶内，密封保存，避免挥发。存放过有机溶剂的塑料桶不能够存放酸、碱和氧化剂。罐装时不要在无氧室内进行。有机溶剂必须与高温、火星和明火隔绝。

(8) 酸和碱必须存放在绝缘塑料桶或橡胶桶内。酸碱之间以及与其他溶液之间不能混合。稀释酸时，切勿把水加入酸中，只能把酸加入水中。碱稀释时同样如此。不能用玻璃容器存放氢氟酸。

(9) 储存特殊气体的桶要按照一定顺序叠放，放置区必须干燥、凉爽、通风和防火。一桶腐蚀性气体必须在三个月内用完。在满足生产要求的前提下，尽量使用较小的桶。

四、电子工业清洁生产案例——半导体制造业的清洁生产

(一) 半导体制造业的环境污染及主要对策

半导体生产可以分为晶体材料生产、晶片制造和器件组装三个阶段，其中污染最严重的主要是晶片制造阶段。图 7-1 是生产工艺流程示意图。

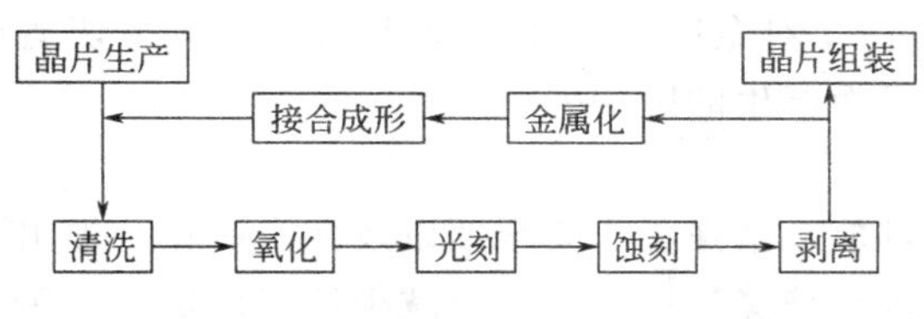

图 7-1　半导体生产工艺流程示意图

在常用的砷化镓 GaAs 单晶材料生产工艺中，反应管尾气排放 AsH_3、PH_3、H_2Se 等污染物，晶片机械加工生产废水和废渣。氧化、光刻、蚀刻和剥离四项工艺用于电路图像形成。先将光刻胶涂在氧化层上，用紫外线通过线路模板使对应部分的光刻胶脱落，再经蚀刻之后，晶片上形成与模板一致的图像，剩余部分的光刻胶由剥离工艺去除。上述过程大量使用的化学品毒性很大，有的甚至具有致癌性，如作为光刻胶的 2-乙氧基乙醇和 2-乙氨基乙醇戊酸等。此外，使用的氟利昂、氢氟酸等会造成严重的大气污染和臭氧层破坏。

金属化过程是在晶片表面沉积导体物质以实现集成电路的内连接。该工艺产生的污染物与所采用的抛光方法有关，常见的污染物包括有机酸、无机酸和重金属等。

接合成形工艺的目的是在晶片表面的特定区域引入不纯物质，常用的方法有扩散和离子植入。产生的污染物主要是含砷、锑、磷、硼的固体废物。

此外，生成过程中用大量的高纯水和去离子水清洗晶片，产生大量的清洗废水。半导体制造过程中不同工艺段排放的主要污染物归纳在表 7-5 中。

表 7-5　半导体制造业排放的主要污染物

工艺名称	主　要　污　染　物
晶片生产	蒸气态砷、磷、硫化物
(湿法) 蚀刻	NO，NO_2，HF，HNO_3，CH_3COOH
(干法) 蚀刻	Cl_2，BCl_3，氟利昂，NF_3，SF_6，HF，HCl，CO，烷烃，NO，HBr，H_2S
离子植入	BF_3，AsH_3，PH_3，H_2
扩散	SiH_4，SiH_2Cl_2，N_2O，BBr_3，AsH_3，BCl_3，BF_3，B_2H_6，PH_3
化学机械抛光	$NH_3 \cdot H_2O$，NH_4Cl，NH_3，KOH，有机酸
化学气相沉积	SiH_4，SiH_2Cl_2，$SiHCl_3$，$SiCl_4$，SiF_4，CF_4，B_2H_6，PH_3，NO，N_2O，NH_3，NF_3，HF，WF_6，HCl，H_2
金属化	SiH_4，SiH_2Cl_2，$SiHCl_3$，$SiCl_4$，BCl_3，$AlCl_3$，$TiCl_4$，WF_6，TiF_4，$SiBr_4$，AlF_3，SF_6，HF，HCl，HBr

针对半导体行业出现的环境污染问题，重点解决的问题主要有：①光刻工艺中空气污染物及挥发性有机物（VOCs）的大量排放问题；②等离子蚀刻和化学气相沉积工艺中全氟化物（PFCs）的排放问题；③生产中能量和水的大量消耗以及工人的安全保护问题；④副产品的回收利用和污染监测问题；⑤封装工艺中使用危险化学物质问题。

（二）半导体制造业清洁生产方案

在半导体制造业开展清洁生产应根据以下原则：①确保资源使用的可持续性；②确保能源使用的可持续性；③消除毒害，确保人身安全；④减小生态危害。

具体而言，可以从以下三个方面在半导体制造业中开展清洁生产：①管理方案，包括完善生产工艺和生产过程的控制能力，优化操作减少废物产生，建立健全相应的规章制度及奖惩原则，提高职工环境保护意识等；②技术改造和开发方案，包括现有设备工艺改良、新型无废少废技术和环境友好设备与材料的应用；③产业方案，包括突破工艺界限的全流程综合环境设计，突破企业界限的全行业合作等。以下介绍一些成功的清洁生产方案。

1. 单晶材料切割工艺管理方案

在单晶材料的切割工艺中，采用以下三种方法可以在较少投资下获得较大的经济效益和环境效益：①严格操作规程，减少废次晶片量；②对金刚砂轮采取减振措施，减少切屑产生；③做好设备维护保养工作，减少因设备故障而产生的废物。

2. 无尘室废气收集系统管理方案

中国台湾的半导体厂商为了有效控制废气排放、增强工作安全性以及减少能耗，提出了设计废气收集系统的三条原则：①合理计算收集系统集气口的面积，减少抽气风量；②污染源密闭化，减少废气的扩散；③充分利用气流初始动能。

3. 水循环利用设计方案

半导体制造业是一个耗水量很大的行业，一般加工一件 200mm 的晶片大约需要 46t 的去离子水。虽然半导体制造过程对水质的要求极高，但是并不意味着超纯水或去离子水只能被使用一次。厂内水循环回用的研究开始于 1980 年，当时日本曾提出半导体工厂用水的“闭路循环”方案，但是这种集中式的收集处理方法有可能造成产品质量下降。

研究表明，循环水的数量以 30%～50%为宜，主要回用于那些对水质要求不是很高，特别是对水中溶解氧或溶解气体浓度没有苛刻要求的工艺中，可以采用在线检测设备实时监测废水电导率、有机物含量、pH 和温度等参数的变化，只有符合一定水质要求的废水才能进入循环利用系统。而那些污染物浓度较高或污染物性质独特的废水（比如头两次的晶片清洗水）被引入单独的管线，不进入废水循环利用系统。

4. 化学药品分配自动控制系统

对设备过程中所用药品的分配采用自动控制系统，不仅能最大效率地利用药品和减少污染物排放，而且能稳定产品质量，避免操作者与危险化学品直接接触，保证员工健康。将自动控制系统应用于一些价格昂贵的药品时，它的环境效益和经济效益更显著。美国一家半导体企业建立光蚀刻胶自动分配系统后，减少了 35%的药品浪费，降低了产品成本。

5. 清洗工艺中的减废技术

针对清洗工艺中使用全氟化物（PFCs）的问题，IBM 公司开发出以 NF_3/He 替代 C_2F_6/O_2 的工艺方案。虽然 NF_3 也是一种温室气体，但在等离子状态下很容易破坏，并且在使用中不会产生副产物。实验表明，相对 C_2F_6 工艺，使用 NF_3 的清洗方法可以使温室气体的排放减少 90%。

采用干式清洗方法可以消除 PFCs 的使用。如 IBM 开发的低温干式清洗工艺，使微粒和残余物在低温下从晶片表面脱离，之后由载气带走。实验表明，采用气相工艺清洗 9 万片晶片只需要 2.2kg 液化 HF 气体，而液相方法清洗需要 9360L 1∶12 的 HF 溶液。

6. 蚀刻工艺中全氟化物的替代技术

全氟化物（PFCs）在半导体制造业中的大量使用已经引起社会各界的关注。现已证明，PFCs 是具有温室效应的物质。自 1992 年全球气候变化框架会议召开以来，全球半导体工业界展开了广泛的工作以减少 PFCs 的使用和排放。减少 PFCs 使用的研究集中在寻找替代物质和替代工艺两方面。美国麻省理工学院的研究表明，在蚀刻工艺中用 2H-七氟丙烷替代 PFCs，不仅在蚀刻速度、光刻胶选择性等方面具有更好的效果，而且产生的污染物总量减少了 41%，特别是生命周期最长的温室气体 CF_4 的排放量减少了 61%。

7. CFC 替代技术

美国和日本在寻求 CFC 溶剂替代物方面进行了大量的研究和开发，其中效果比较显著的是杜邦公司开发研制的 AXAREL 系列产品，其闪点、乳化分离速度、蒸气压力和洗涤能力等各项指标皆优于 CFC-113，同时不会造成臭氧层损耗和全球性气候变暖。AXAREL 清洗剂所支持的半水洗工艺被美国大多数半导体生产厂家采用，并且得到联合国环境署溶剂技术评价委员会的认可。

复习思考题

1. 我国化工行业存在哪些环境问题？
2. 化工清洁生产技术领域有哪几方面？
3. 什么是原子经济反应？
4. 什么是产品生命周期评价？
5. 我国未来化工清洁生产关键技术有哪些？
6. 电子工业对环境有哪些影响？
7. 电子工业的清洁生产策略是什么？
8. 电子工业的清洁生产技术包括哪几方面？其具体内容是什么？
9. 半导体制造业的清洁生产方案有哪些？

【阅读材料】

造纸厂减废实例

伊普公司创立于 1975 年，主要生产纸浆和纸，在印尼有三个厂：皮利厂创立于 1984 年，兼营纸浆及造纸，员工 7973 人，生产短纤维纸浆，产品为书写及印刷用纸，每年可生产纸浆 79 万吨及纸类 25.4 万吨；西爪哇汤哥厂使用皮利厂的纸浆作原料，从 1979 年开始生产书写及印刷用纸，员工 85 人，每年生产量 9 万吨；西爪哇塞乐厂采用废纸作为原料生产工业用纸、纸板及纸箱，员工 3536 人，每年产量 28 万吨。

1. 生产步骤

木头经过 30 天储存，促使自然干燥氧化木质，以方便蒸解程序分解木质。纸浆制造的具体步骤是：木头原料的准备包括去皮、破碎、筛选及储存；纸浆制造包括蒸解、筛选、清洗及漂白；纸张生产过程包括：筛选及精炼纸浆，溶解化学药剂及混合所有添加物，由制纸机压制成板状。

2. 清洁生产

伊普公司为了减轻对环境的不利影响，采用清洁生产技术。如皮利厂改变了废弃物处理方式，减少了废弃物的产生，效果良好。

3. 节约能源

在更换纸浆作业前，在蒸解器中使用低能量热源，同时利用这种热源用于加热清洗，避免浪费热源。

4. 氧气代替化学漂白药剂

采用氧气代替化学漂白药剂，降低纸浆木质化，此法可降低出水中的COD及BOD。

5. 回收蒸解化学药剂

蒸解过程产生的稠状黑液进入回收炉燃烧，产生的热能用于齿轮传动的动力系统，供给蒸解、纸浆干燥及造纸过程使用。热溶液用石灰处理成氢氧化钠溶液，静置过程中当作蒸解液使用（经过黑液回收后的出水COD浓度可以降低至原来的十分之一）。

6. 制程用水回用

纸浆干燥使用瀑布状供水系统，此类用水被收回使用于漂白制程。另外，冷却用水也被回收于此系统使用。

7. 回收废弃纸浆

经由重复筛选及漂白后无法再使用的纸浆属于废弃纸浆，被纤维回收系统回收。此回收系统将废弃纸浆储存在储槽，然后经由“1300型双牵动装置”清洗机清洗干净，送入20目静电筛选机进行筛选，残留的纤维被储存在储槽中，然后送入纸浆成型机制成工业用纸浆。伊普公司认识到清洁生产不仅是要改变工厂的软件和硬件，更要对员工操作行为进行规范。

8. 投资与利润

用于回收废气纸浆的投资18万美元，由于节省能源和原料、降低用水量、减少需要处理的废水量，预计一年内可以回收投资。

萨利斯公司修车厂清洁生产措施

1. 简介

萨利斯公司成立于1938年，当时只有两名汽车机械师和一名学徒。当时，全澳大利亚只有33000辆汽车，今天，澳大利亚已有300万辆汽车。目前该公司员工235人，总资产8000万美元。

2. 清洁生产措施之一

由于单种成分的颜料没有足够的化学和物理强度，因此汽车喷涂需要使用两种成分组成的颜料。两种成分组成的颜料中含有强化剂，这种复合颜料必须在几小时内用完，否则会干硬，成为危险废物。

使用一种特定的溶剂与复合颜料精确混合，颜料喷枪的压缩空气温度保持在85℃，使颜料温度达到65℃。这样可以保证即使颜料在含有70%固体物质的情况下仍可以使用。压缩空气有助于清洁喷涂设备，减少清洁液。

3. 清洁生产措施之二

在澳大利亚，超过5%的新车中装有空调系统，每辆车大约使用1～1.5kg CFCs（通常是CFC-12）。在汽车使用的10年中，需重新罐装CFC三次。估计每年排出CFC27吨，其中2.5吨是从报废的汽车中排出的。

这项清洁措施的内容是采用CFC-134a代替CFC-12，即在修理汽车空调系统时先将

CFC抽出，抽出的CFC回用或裂解。但罐装和回用CFC-134a的安定装置需要重新设计和安装。

每套CFC-12回用设备的费用为3300美元；每套罐装和回用CFC-134a的设备为5700美元。

4. 清洁生产措施之三

修车厂要准备许多油漆以备使用。这些油漆通常装在0.5L、1L、2L和3L的容器中，喷刷一个保险杠或挡土板只需0.3L油漆，但最小的备用量为0.5L，喷刷一个发动机罩只需0.7L油漆，而备料为1L。这不仅产生了浪费问题，还有处置问题。

建议对油漆进行计算机控制喷刷，每次给料量为0.1～6L。这套系统的投入为4750～9520美元，回收期小于1年。

5. 成效

减少溶剂排放90%；

减少重金属污染40%；

循环用水率90%；

减少油漆用量50%；

节省额（以每天喷刷10辆车计）5万美元/年；

投资额1.3万美元/年；

投资回收期3个月。

第八章

绿色技术与绿色产品

【学习目的要求】

通过本章的学习，掌握发展绿色技术的意义，掌握绿色技术的理论特征，关注有关绿色产品的发展动态，了解绿色技术对人类生活之影响。

第一节　绿色技术概述

一、绿色技术的概念

绿色技术（green technology）是指能减少污染、降低消耗和改善生态的技术体系。绿色技术是由相关知识、能力和物质手段构成的动态系统。这意味着有关保护环境、改造生态的知识、能力或物质手段只是绿色技术的要素，只有这三个要素结合在一起，相互作用，才构成现实的绿色技术。

在研究实施可持续发展的措施中，非常重要的一条就是识别和采用可持续科技成果。这是因为科学技术的发展改变着客观世界和人类社会，在许多方面使人们的生活更加舒适便利。同时，许多领域的科学技术成果都能提高资源和能源利用率，起到环境保护的作用。

但是，科学技术对环境问题的作用具有两面性，即有利性和不利性，或者说既有有利的一面，也有有害的副作用，副作用如核辐射、农药的毒性、汽车尾气等等。如果不对技术发展施加影响，而技术倡导者又只对单方面的效果感兴趣，新的环境问题将会层出不穷。

当前，世界范围内环境保护越来越受到重视，特别是自从宇宙飞船将人类带入太空之后，人类真切地认识到：地球是有限而脆弱的。尽管“环境价值观”正在逐步形成，但它对科学技术的影响还只限于较小的范围，即污染的末端治理。虽然在污染治理方面进行了大量的工作，但环境状况仍在恶化之中，步入了越治理、越污染的“怪圈”。显然，环境价值观应渗入各个科学技术领域，特别要重视技术的环境效应，即发展绿色技术。

绿色技术可以防止和治理污染，改善生态，实现人与自然的协调发展。绿色技术的开发、应用，总是在具体的区域进行。那些应用绿色技术的区域，环境问题就得到解决。具体区域环境问题解决了，就是对比邻区域的“生态支持”，对维护全球生态平衡作出了贡献。如果现在所有区域都开发、应用绿色技术，那么，困扰人类几百年的环境问题就可望在不久的将来从根本上解决。

二、绿色技术的内容和特征

（一）绿色技术内容

各国国情不同，经济发展和环境保护的重点都不一样。所以，在不同的国家，或一个国家的不同地区，绿色技术的主要内容有所不同。

首先要识别经济发展过程中环境受到的风险；然后针对这些风险，确定发展绿色技术的重点领域，研究相应的绿色技术。表 8-1 列出了美国环保局识别的环境风险重点。

我国是一个发展中国家，正处在经济快速增长的阶段，面临着发展社会生产力、增强综合国力和提高人民生活水平的任务。同时，我国又面临着相当严峻的问题和困难，如庞大的人口基数、有限的人均资源、资源利用效率低、环境污染和生态破坏严重、技术水平低等。因此，可持续发展将是我国长期的发展模式，其中经济建设是可持续发展的中心，经济发展必须与人口、资源、环境相协调。尤其是我国现阶段生态环境日益恶化的趋势尚未得到有效控制的情况下，环境保护是可持续发展的重要内容。

表 8-1　环境风险重点

环境风险分类		环境风险
对自然生态和人类福利的风险	排序相对较高的风险	栖息地的变动与毁坏；物种灭绝和生物多样性的消失；平流层臭氧的损耗；全球气候变化
	排序相对居中的风险	除锈剂和杀虫剂；地表水体中的有毒物、营养物、BOD、浑浊度；酸沉降、空气中有毒物质
	排序相对较低的风险	石油泄漏；地下水污染；放射性核素；酸性径流；热污染
对人体健康的风险		大气中的污染物；化学品对工作人员的暴露；室内污染；饮用水中的污染物

大力发展绿色技术是促进我国可持续发展的重要措施。国家环境保护部确定的我国环境保护重点行业有煤炭、石油天然气、电力、冶金、有色金属、建材、化工、轻工、纺织、医药。相应的绿色技术的主要内容包括能源技术、材料技术、催化剂技术、分离技术、生物技术、资源回收技术。

（二）绿色技术的特征

1. 绿色技术的动态性

在不同条件下，绿色技术有不同的内容，这就是绿色技术的动态性。这是由于技术因素是影响环境变迁的重要原因，技术因素可分为污染增加型技术、污染减少型技术和中性技术三种类型。人们在主观上希望尽可能采用污染减少型技术或发展绿色技术。但是在客观上，技术因素的演变是客观条件作用的结果，包括经济、自然、社会、技术发展等各个方面。显然，把握绿色技术的动态性，有助于认识技术因素演变的内在规律及其对环境的影响更有助于采取合适的技术对策，在加快经济发展的同时减轻对环境的不利影响。

就我国而言，要从当前的经济发展水平和环境保护重点出发确定我国绿色技术的发展重点。一方面应当结合重点污染行业发展减废技术；另一方面应当面对新科技，利用信息、医药、生物、航天等新技术提供的广阔前景，为发展污染减少型技术寻找新的契机。

2. 绿色技术的层次性

绿色技术的层次性是指绿色技术思想表现在产业规划、企业经营、生产工业三个层次，它们既互相区别又密切联系。要成功地实施绿色技术，三个层次的实践缺一不可，而且必须相互协调。

产业规划的行为主体是国家各级政府。体现绿色技术思想的产业规划应当从可持续发展原则和地区的实际情况出发，在产业布局、产业结构等方面充分考虑经济与环境协调发展。

企业经营的行为主体是企业，动力来自于企业的决策管理层，实施效果则取决于整个企业的企业文化。因此，绿色技术的思想应当渗透到企业发展的意识和谋略中去，引导企业把追求利润目标和减轻对周围环境不利影响的目标结合起来。具体内容包括产品设计、原材料和能源选用、工艺改进、管理优化等方面。

在生产工业层次，绿色技术表现为工艺优化。从环境保护出发，不断进行工艺改进，提高资源能源利用率，减少废弃物排放，积极推行清洁生产，即对工艺和产品不断运用一种一体化的预防性环境战略，减轻其对人体和环境的风险。

3. 绿色技术的复杂性

绿色技术的复杂性主要表现在两个方面。

（1）广度上，技术改进往往会引发多种效应，如环境效应、经济效应、社会效应，产生的综合影响是复杂的。如电动汽车采用蓄电池代替汽油或柴油作为动力源，行驶中不排放 NO_x、CO 等有害尾气，从这个方面来说是一项绿色技术。但是把评价的范围扩大一些，发现在蓄电池的生产过程中，要耗用石油或煤炭等初级能源，生产过程排放出大量废水、废气。显然存在污染转移的问题，把发生在行驶过程中的污染集中到了生产过程中，另外还存在废旧蓄电池的处置问题。国外学者还研究发现，电动汽车启动性能弱于汽油车，容易造成路口堵塞。

（2）深度上，技术改进与环境效应之间的联系不能只看表面，需要进行深入研究。例如含磷洗衣粉的问题。1964 年，美国和加拿大对五大湖区富营氧化的原因及其与含磷洗衣粉的关系进行了联合调查。湖区富营养化的限制因子——磷主要来源于生活污水和工业废水，生活污水中的磷主要来自含磷洗衣粉。两国于 1972 年签订了将该湖区市售洗衣粉的含磷量限制在 0.5%以下的条例。实践证明，“禁磷”以后，相关水域的磷浓度显著降低并保持在稳定水平。在一些湖泊中，生物多样性指数提高，藻类构成发生了有利于水质改善的变化。然而，随着对富营养化研究的深入，人们对“禁磷”措施的有效性和科学性提出质疑：绿色和平运动委员会主席琼斯采用生命周期法评估认为，含磷洗衣粉与无磷洗衣粉对环境的负面影响大体相当，甚至后者大于前者。荷兰环境科学研究院生态部主任肖顿博士通过实验证实：在良性生态结构水域中加入无磷洗衣粉后，动物水域中藻类的生长较加入含磷洗衣粉更加旺盛，表明含磷洗衣粉对浮游动物捕食藻类能力的抑制作用较无磷洗衣粉小，“禁磷”并不能起到防治富营养的作用。

三、绿色技术的理论体系

（一）绿色技术的覆盖范围

绿色技术的覆盖范围有两方面。一方面是指绿色技术的影像广泛，涉及领域多，如能源、资源、化工、交通、建筑、电子、机械等。另一方面是指绿色技术与产品生命周期的概念相联系。图 8-1 是产品生命周期示意图。

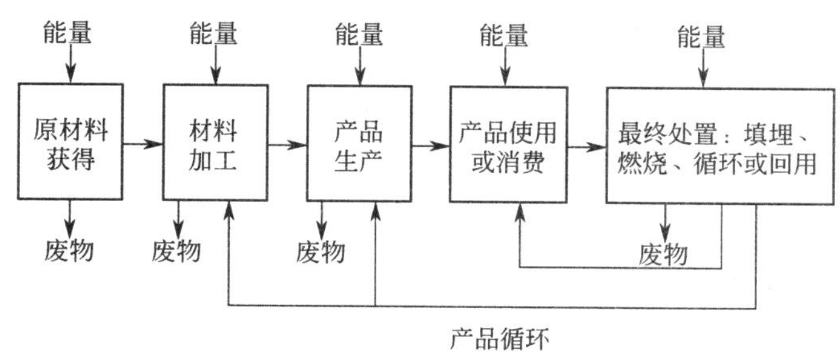

图 8-1 产品生命周期示意图

理论上，对于某种产品，绿色技术的覆盖范围包括产品的整个生命周期。在实际情况下，往往主要考虑产品生命周期中环境影响最为突出的一个或几个环节：或改变原材料和能源，或改进生产工业，或强化回收系统，或完善最终处置。

（二）绿色技术的理论体系

绿色技术的理论体系包括绿色观念、绿色生产力、绿色设计、绿色生产、绿色化管理、合理处置等一系列相互联系的概念。

绿色观念应当体现绿色技术思想，同时又能对实践生产具体指导。宏观的绿色观念包括环境的全球性观念；持续发展的观念；人民群众参与的观念；国情的观念。

绿色生产力，有人认为是指国家和社会以耗用最少资源的方式来设计、制造与消费可以回收循环再生或再用的产品的能力。发展绿色生产力，必须是在绿色观念的指导下，即在社会生产和生活领域中体现绿色观念。具体内容包括以绿色设计为本质、绿色制造为精神、绿色包装为体现、绿色行销为手段、绿色消费为目的，来全面协调和改革生产与消费的传统行为和习性，从根本上解决环境污染问题。

绿色设计也称生态设计（Eco-design），或称为环境而设计（DFE，Design for Environment），它是指在设计时，对产品的生命周期进行综合考虑；少用材料，尽量选用可再生的原材料；产品生产和使用过程能耗低，不污染环境；产品使用后易于拆解、回收、再利用；使用方便、安全、寿命长。

绿色生产也称为清洁生产（cleaner production），即在产品生产过程中，将综合预防的环境策略持续地用于生产过程和产品中，减少对人类和环境的风险。清洁生产是绿色技术思想在生产过程中的反映，两者在指导思想上是一致的，都体现了社会经济活动、特别是生产过程中体现环境保护的要求。两者涉及的范围也相当，都涵盖了产品生命周期的各个环节。绿色技术更多地表现为科学发展和环境价值观相结合而形成的理论体系，而清洁生产则是绿色技术理论体系在产品生产，尤其是在工业生产中的具体落实。

绿色标准。最具代表性的是由国际标准化组织制定的 ISO 14000 体系（本教材第六章第三节作了详细介绍）。该体系全称是环境管理工具及其体系系列标准（environmental administrative instrument and system series standards）。内容包括：环境管理体系标准（EMS）；环境审核标准（EA）；环境标志标准（EL）；环境行为评价标准（EPE）；生命周期评估标准（LCA）；术语和定义；产品标准中的环境指标（EAPS）。

深绿色技术。减少废弃物产生的技术称为浅绿色技术，处置废物的技术称为深绿色技术。随着经济发展和人们生活水平的提高，人均废物产生量在不断增加。因此，尽管废物减量化工作不断取得进展，废物的最终处置（深绿色技术）仍具有重要意义。深绿色技术包括资源回收与利用、以合理的方式处理废物两个方面。

绿色标志即环境标志。它的作用是表明产品符合环保要求和对生态环境无害，经专家委员会鉴定后由政府部门授予。环境标志是以市场调节实现环境保护目标的举措，公众有意识地选择和购买环境标志产品，就可以促使企业在生产过程中注意保护环境，减少对环境的污染和破坏，促进企业以生产环境标志产品作为获取经济利益的途径，从而达到预防污染的目的。图 8-2 是部分环境标志示意图。

中国环境标志　新加坡绿色标志　英国生态标志

北欧委员会环境标志　日本生态标志　加拿大环境选择标志

图 8-2　部分环境标志示意图

我国自 1993 年 10 月 23 日实行环境标志制度，1994 年 5 月中国环境标志产品认证委员会正式成立，这是我国政府对环境产品实施认证的唯一合法机构。到 1996 年 3 月 20 日，经过严格的监测、认证，中国环境标志产品认证委员会宣布 11 个厂家生产的 6 类 18 种产品，为我国的第一批环境标志产品，其中有低氟氯烃的家用制冷器和无铅车用汽油，还有水性涂料、卫生纸、真丝绸和无汞镉铅充电电池等。如青岛海尔集团于 1990 年就推出了一种新型绿色冰箱，氟氯烃的用量减少了一半。这种冰箱很快就荣获“欧洲绿色标志”，打开了销往欧洲的道路，仅出口德国的数量就达 5 万多台，在数量上居亚洲国家之首。到 2004 年，全国已有 800 多家企业的近亿件产品通过了相关认证。

公众环境意识的提高而逐步影响着制造商和经销商的生产经营思想，推动了市场和产品向着有益于环境的方向发展。在日本，55％的制造商表示申请环境标志的理由是环境标志有利于提高他们产品的知名度，30％的制造商认为获得环境标志的产品比没有贴环境标志的产品更易销售，73％的制造商和批发商愿意开发、生产和销售环境标志产品。

此外，相关调查显示，40％的欧洲人已对传统产品不感兴趣，而是倾向购买环境标志产品；日本 37％的批发商发现他们的顾客只挑选和购买环境标志产品。德国推出的一种不含汞、镉等有害物质的电池，在获得蓝色天使（德国环境标志）之后，贸易额从 10％迅速上升到 15％，出口英国不久就占据了英国超级市场同类产品 10％的市场份额。

第二节　绿色产品

一、绿色产品的概念及意义

绿色产品又称环境意识产品，就是符合环境标准的产品，即无公害、无污染和有助于环境保护的产品。不仅产品本身的质量要符合环境、卫生和健康标准，其生产、使用和处置过程也要符合环境标准，既不会造成污染，也不会破坏环境。人们对于颜色的感受具有高度的一致性，因为绿色象征着生命、健康、舒适和活力，代表着充满生机的大自然。而对环境污染，人们选择绿色作为无污染、无公害和环境保护的代名词，把与大自然协调的产品统称为绿色产品。

绿色产品需要权威的国家机构来审查、认证，并且颁发特别设计的环境标志（又称绿色标志），所以绿色产品又称作"环境标志产品"。各国设计了不同的环境标志（见图 8-2），不一定都以绿色为主，但是通常人们仍将这些产品称为绿色产品。德国是最先开始绿色产品认证的国家，从 1978 年至今，德国已对国内市场上的 75 类 4500 种以上的产品颁发了环境标志。德国的环境标志称为"蓝色天使"，图案是一个张开双臂的小人，周围环绕着蓝色的橄榄枝。1988 年加拿大、日本和美国也开始对产品进行环境认证并颁发类似的标志，加拿大称之为"环境的选择"，日本则称之为"生态标志"。法国、瑞士、芬兰和澳大利亚等国从 1991 年，新加坡、马来西亚和中国台湾从 1992 年，中国政府从 1993 年，开始实行绿色标志制度。至此，绿色标志风靡全球，它提醒消费者，购买商品时不仅要考虑商品的价格和质量，还应当考虑有关的环境问题。

上述是绿色产品的一般含义。作为绿色技术的理论体系中的一个概念，应有所深化，即探讨其理论含义。

首先，绿色产品的概念应当从产品生命周期的角度来把握。即要对产品生命周期的各个环节进行综合评价，只有当其综合效益对环境和健康有益，才能称得上真正的绿色产品。

其次，绿色产品的概念应当在绿色技术理论体系的总体范围中来把握。绿色技术的理论体系中包括绿色观念、绿色设计、清洁生产、绿色标志、绿色管理、绿色产品等一系列相互联系的概念。在这些概念中，不能把绿色产品简单地看做只是最后的成果，而更应当理解为是整个理论体系的目标，对其他各个概念具有指导意义。对于某种在环境或健康影响方面尚不够完善的产品，应当从绿色观念出发，以提升环境和健康效益为目标，积极利用科学技术的新成果，通过产品设计、生产技术、管理优化等手段发展绿色产品。

显而易见，在绿色技术的理论体系中，绿色产品不仅仅表示一个有利于环境和健康的产品形象，也不仅仅是生产过程的一件最终产品。绿色产品在绿色技术理论体系中处于中心指导地位：它处于科学技术与环境保护的结合点，科学技术成果通过绿色产品的要求在环境保护和可持续发展的进程中体现出来。总之，生命周期评价应以发展绿色产品为目标，设计、生产、管理等都应以发展绿色产品为前提，都要体现绿色产品的要求和内容。

二、绿色食品及有机食品

（一）绿色食品

绿色食品是安全、营养、无公害食品的统称。绿色食品的产地必须符合生态环境质量的标准，必须按照特定的生产操作规程进行生产、加工，生产过程中只允许限量使用限定的人工合成的化学物质，产品及包装经检验、监测必须符合特定的标准，并且经过专门机构的认证。绿色食品是一个非常庞大的食品家族，主要包括粮食、蔬菜、水果、畜禽肉类、蛋类、水产品等系列。绿色食品的核心：一是安全；二是营养；三是好吃。任何受过农药、化肥污染或使用了防腐剂、抗氧化剂、漂白剂、增稠剂而又可能对人体健康带来不良影响的食品，都不应称为绿色食品。我国的绿色食品标志见图 8-3。

图 8-3　中国绿色食品标志

绿色食品标志是由绿色食品发展中心在国家工商行政管理总局商标局正式注册的质量证明标志。它由三部分构成，即上方的太阳、下方的叶片和中心的蓓蕾，象征自然生态；颜色为绿色，象征着生命、农业、环保；图形为正圆形，意为保护。AA 级绿色食品标志与字体为绿色，底色为白色，A 级绿色食品标志与字体为白色，底色为绿色。整个图形描绘了一幅明媚阳光照耀下的和谐生机，告诉人们绿色食品是出自纯净、良好生态环境的安全、无污染食品，能给人们带来蓬勃的生命力。

自 1989 年农业部提出发展优质高效绿色食品的设想后立刻付诸实施，在短短两三年的时间里，不仅制定了绿色食品的标准以及质量监督和管理的制度，而且开展了建立绿色食品商店和销售绿色食品的试点工作。据专家预测，21 世纪食品的主流将是绿色食品。

（二）有机农业与有机食品

农业生产就是人类根据生物的生长规律，加进自己的劳动，以获得人们所需要的产品。长期以来，农业一直是利用多种动植物生长相互交错的方法生产，如在华南地区曾经流行绿肥加双季稻的轮作制度。冬天地里种的是绿肥植物，5 月栽插早稻，8 月收割早稻同时栽插晚稻。每到春季 4 月间，农民们就将地里长的绿肥直接耕翻下去做肥料，或者加上其他废弃物，与河泥一起堆放在专门挖的二、三米见方的塘里，沤制成草塘泥，作为水稻的基肥。农民家家养猪、种菜，人畜粪便可以用作大田水稻的基肥或追肥，也可以用作菜园的肥料；残弃的果蔬和其他杂物、垃圾等既可制成堆肥，也可以放在猪圈里制成厩肥。所有这些农家肥都是优质的有机肥料，既可以为水稻生长提供充足的养分，也可以不断改善土壤的理化性状。可以说，在这样的农业生产制度下，一切生物产品都可以充分利用，没有任何废物，不破坏环境，也不危害人体健康。

西方的现代大农业则是另一种景象。面积成百上千公顷的大型家庭农场无法依靠农家肥，其他有机肥料的成本又太高；于是，化肥的使用量越来越多，土壤的结构被破坏，土壤中的有机质也逐渐耗竭。地力下降的结果导致更多地使用化肥，形成一种减产和土壤退化的恶性循环。与此同时，不但农药、除草剂和生长激素等人工化学药品的用量不断增加，就是食品的加工过程中也逐渐普遍使用化学合成的添加剂、防腐剂和人工色素等。其结果不仅是食品的品质和口味受到影响，而且很容易遭受污染，直接威胁人类健康。

20 世纪 70 年代以来，国际上开展了一场有机农业运动，提倡在农业生产中少用或不用化肥、农药、除草剂、生长激素和人工饲料添加剂。同时，食品的加工过程也不使用人工色素、防腐剂和其他添加剂，以保证食品不受污染。这样的食品就称为有机（天然）食品，它的认定标准比绿色食品更严格。绿色食品的生产过程中还允许限量使用限定的化学合成物质，而有机（天然）食品的生产则完全不允许使用这些物质。

图 8-4 是有机（天然）食品的标志。

1972 年成立的“国际有机农业运动联合会”，就是大力推动有机农业和有机食品发展的一个国际组织。经过 20 多年的努力，这个组织已经拥有 600 多个集体会员，分布在 90 多个国家，成为当今世界上最大、最权威，同时代表性最广泛的国际有机农业机构。在它的推动下，近年来有机食品的生产和加工得到了迅速的发展。由于不含任何人工合成的化学物质，有机食品是真正无污染、纯天然、高品位、高质量的健康食品，消费者愿意为之付出较高的价格。因此，一些有机食品的生产者可以获得较高的收入。但是，与普通食品相比较，通常有机食品的产量比较低，成本比较高，在人们收入还不很高的时候，并非所有的消费者都愿意付出那么高的价格。因此，并非所有的食品现在都可以按照有机食品的标准来生产和加工。

图 8-4 有机（天然）食品标志

我国的有机食品起步较晚，生产规模小，而且大多面向国际市场。如在国家环保部南京环境科学研究所的帮助下，浙江省茶叶进出口公司 1990 年率先开发了有机红茶和有机绿茶，出口到欧洲市场。1994 年辽宁省生产有机大豆出口到日本。同年 10 月，国家环保部正式成立与国际接轨的“有机食品发展中心”，从此，我国有机食品的开发走上了正轨。

三、绿色纺织品

所谓绿色纺织品一般是指不含有害物质的纺织品，对人体应绝对安全；同时在生产使用和废弃物处理过程中，对人类也没有不利因素和影响。它是由绿色纤维的纺织品和“绿色”印染整理加工两方面组成。

（一）绿色纤维

1. 天然彩色棉纤维

天然彩色棉是运用基因工程使原棉纤维自身具有天然色彩的棉花新品种，其色泽自然、古朴典雅、质地柔软、富有弹性、穿着舒适，它不仅色度丰满，而且不会褪色。用天然彩色棉纤维制成的各种纺织品不需要经过化学印染工艺过程，不仅节省了染料，更重要的是没有“三废”排放，不会造成环境污染，真正实现了从纤维生长到纺织成衣全过程的“零污染”。

2. Lyocell 纤维

“Lyocell”是由国际人造丝及合成纤维标准协会对以 NMMO 溶剂法生产的纤维的标准命名。用该法生产的 Lyocell 纤维是一种不经化学反应生产纤维素纤维的新工艺，该工艺利用 NMMO 与纤维上的多羟基产生氢键而使纤维素溶解的特性，将纤维素浆粕溶解，并得到黏稠的纺丝液，然后用干喷湿纺工艺制得纤维素纤维，同时凝固浴、清洗浴中析出的 NMMO 被回收精制而重复使用。整个生产系统形成闭环回收再循环系统，没有废料排放，对环境无污染。人们之所以将 Lyocell 纤维称为 21 世纪的“绿色纤维”，主要是其原料来自于自然界可再生的速生林，不会对资源造成掠夺性开发，生产过程无污染，制成品在废弃后能在自然条件下自行降解。

3. 聚乳酸纤维

聚乳酸纤维是采用可再生的玉米、小麦等淀粉原料经发酵转化成乳酸，然后经聚合、纺丝而制成，与其他生物降解型纤维相比，在透明性、强度、弹性和耐热性方面高出一筹，其制品废弃后在土壤或水中会在微生物的作用下分解成二氧化碳和水，然后在太阳光合作用下，它们又会成为淀粉的原始材料。这个循环过程，既能重新得到聚乳酸纤维的初始原料—淀粉，又能借助光合作用减少空气中的二氧化碳含量。由此可见，从生产到废弃消亡的全过程是自然循环的，对环境不造成污染。

4. 甲壳素纤维

甲壳素是一种动物纤维素，存在于虾、蟹、昆虫等甲壳的壳内，将虾、蟹甲壳粉碎干燥后，经脱灰、去蛋白质等化学和生化处理后，可得到甲壳粉末——壳聚糖，将其溶于适当溶剂中，采用湿法纺丝工艺可制成甲壳素纤维，并且有良好的吸附性、黏结性、杀菌性和透气性等优良性能，甲壳素纤维的原料采用人们废弃的虾、蟹壳类，不仅不会对自然资源造成危害，而且可减少这类废弃物对环境的污染，甲壳类纤维废弃物可自然生物降解，对环境不形成危害。

（二）纺织品的“绿色”染整

在纺织品从纤维开始到面料、服装的整个加工生产过程中，一般的纺纱、织造过程不会对环境造成严重的不利影响，获得绿色的纺织品的关键环节在于纺织品的印染整理加工，“绿色”的染整 工艺主要指应用无污染的化学品与替代技术的工艺。

1. 前处理

（1）生物酶前处理　将生物酶技术用于前处理，不仅可以避免使用烧碱及由此而产生的污染，而且用生物酶精炼的棉纤维不会造成纤维强度的损失，采用生物丝光技术的能源消耗和生产成本比传统的碱丝光工艺大大降低，且对环境没有污染。

（2）高效短流程前处理　印染行业是能耗大户，水、电、气的消耗相当大，采用高效短流程一步法前处理工艺，与常规的退浆、煮炼、漂白三步法相比，不仅能节约水电气，而且大大减少废水、废气的排放，COD、BOD的下降十分明显，所用的化工原料也可以大大节省。

2. 染色

（1）天然染料染色　由于大多数天然染料与环境生态相溶性好，可生物降解，而且毒性较低；而合成染料的原料是石油和煤等化工产品，这些资源目前消耗很快，因此开发天然染料有利于生态保护。各种生物技术的发展，利用基因工程能得到性能更好和产量更高的天然染料，从而部分替代或补充合成染料。

（2）非水和无水染料　非水和无水染色是减少染色废水的一个重要途径。近年来，已有应用超临界 CO_2 流体作为染色介质，其最大特点是染色不用水，染后一般情况下可以不经水洗或只轻度水洗，且 CO_2 汽化后再变成超临界流体可重复利用。超临界 CO_2 流体的密度和对染料溶解能力比气体大得多，甚至比液体还强，对纺织品有很强的渗透作用，染色过程短，染后不必水洗和烘干，无废水产生，被认为是较理想的染色工艺。

（3）新型涂料染色和转移印花　涂料染色不发生上染过程，颜料主要是靠黏合剂附着在织物上，工艺简单、适用性广，只需一次染色，染后不需水洗或只需轻度水洗；但手感差，有些黏合剂有毒，因此需要研究新型涂料染色，选用无害的涂料和黏合剂，改善织物手感，合理控制黏合剂在织物上的分布。近几年发展起来的转移印花工艺技术则比涂料印花更进一步，基本清除污水排放。转移印花是先将染料色浆印在转移印花纸上，然后通过热处理使图案中染料转移到纺织品上，并固着形成图案。而热扩散转移印花是将染料涂布在色料上，通过热打印头的热处理作用，按需使色带上的染料受热转移到被印纺织品上，形成所需图案并固着在纺织品上，因此不必事先制网印成图案，只需将三原色染料分段涂在色带上。

3. 整理

近年来随着化学整理加工的增多，化学整理剂的毒性和危害逐渐暴露出来，如树脂整理剂中所含的四醛、阻燃剂，防水剂中所含的重金属离子，以及抗菌防霉剂等，因此“绿色”整理工艺也不断涌现。

（1）生物酶整理　此法不仅用于纤维素纤维纺织品的抛光、柔软等整理，也用于羊毛等蛋白质纤维纺织品的防毡缩整理，以及苎麻纤维纺织品的柔软整理等。近年来出现在市场上的Tencell 再生纤维素纤维纺织品用酶处理后，可以除去原纤化产生的原纤茸毛，提高着用性能。

（2）无甲醛整理　过去常用的树脂整理剂、耐久性防水剂、耐久性柔软剂等大多数属于羟甲基酰胺化合物，但或多或少含有游离甲醛或会逐步释放出甲醛。众所周知，甲醛是被禁止或限制存在的，近年来正在开发无甲醛树脂整理剂、无甲醛耐久防水剂和无甲醛柔软剂等。

（三）成衣

从纺织品制成服装，还需一定数量的服装辅料，因此必须使所用辅料也达到环保化。如纽扣材料，各种水产壳类颜色独特、高雅大方，热带雨林果实坚硬耐用，柳壳扣具有天然木纹情趣，还有各种木、角、石、再造纸等，这些材料经过精心搭配，将很好地烘托服装的效果，同时穿着时自然舒适。

（四）废弃物的处理

废弃物的处理也应符合环保标准，对于消费者使用过的旧衣物，仍有使用价值的和销售过程中卖不掉的商品或残次品，可以救济贫困地区，以充分发挥其作用。一些厂家也可以提供回收渠道，如在收购自己的产品时给消费者一定的购物券，提高人们的积极性。对于无法再穿用的衣物及废纤维纱线、碎布头等可重新纺纱、织布、制成再生服装，对于无再利用价值的还可以用来发电供热。最后的垃圾只能采用化学降解或燃烧处理，这样或多或少地会产生一些污染物，所以目前对能自然降解的绿色纤维的开发就显得尤为重要。

四、绿色化学品

现代人类社会的存在离不开化学产品，不愿在使用化学产品的同时造成对自身的危害，只有使用那些对人类和环境无毒害的化学产品，即绿色化学品。怎样的产品才算绿色化学品呢？这应从化学产品的整个生命周期来看。首先该产品的起始原料应来自可再生的原料，如农业废物；然后产品本身必须不会引起环境或健康问题，包括不会对野生生物、有益昆虫或植物造成损害；最后，产品被使用后，应能再循环或易于在环境中降解为无害物质。

（一）THPS 杀生物剂——一种新的抗菌剂

在工业冷却循环系统、油田和其他一些过程中，用于控制细菌、藻类和真菌类生长的常规杀生物剂对人类和水生生物非常有毒，并在环境中持续存在，导致长期性伤害。为了解决这个问题，美国 Albright & Wilson 公司发明了一种新的和相对友好的杀生物剂——四羟甲苯磷鎓硫酸酯（THPS）。它是一种全新的抗菌剂，将优良的抗菌活性与一个相对友好的生物学特征结合在一起，其好处是低毒、低推荐处理标准、在环境中快速分解以及没有生物累积，从而减小了对人类健康和环境的危害性。

在许多情况下，THPS 作为一种杀生物剂其推荐的处理标准还在对鱼有毒的标准之下。此外，在环境中 THPS 通过水解、氧化、光降解和生物降解迅速分解，处理水在进入环境之前就充分地分解。THPS 不含氯，对二噁英或 AOX 形成无贡献。

THPS 已被用于一定范围的工业废水处理系统，对微生物进行了成功的控制。仅美国工业水处理市场对非氧化杀生物剂的需求就达 1.9 万吨/年，并且以每年 6%～8%的速度增长。由于 THPS 出色的环境特征，已被允许可以在世界上环境敏感区使用，并可作为更危险品的代用品。THPS 获得 1997 年美国“总统绿色化学挑战奖”的设计更安全化学品奖。

（二）绿色溶剂——超临界 CO_2

CO_2 在压力大于 1100Pa、温度等于或高于 88F（华氏温度，华氏温度＝摄氏温度×5/9＋32）时处于超临界。超临界 CO_2 无毒、不燃、不活泼，表面张力为零，黏度很低，价格不贵，不像氯氟烃（CFCs）那样威胁臭氧层。

在一些工业和分析过程中，研究人员把超临界 CO_2 看成是一种良好的、环保可以接受的有机溶剂的替代物。它已在咖啡脱咖啡因、废水处理和化学分析等方面得到应用，并被考虑用于生产高聚物、生产药品和土壤污染治理方面。

1. 聚合反应的溶剂

北卡罗来纳大学的化学教授西蒙是探讨超临界 CO_2 性质和应用可能性的学科带头人。他采用超临界 CO_2 制备含氟聚合物并开发了一项技术，用来制造微米级的丙烯腈聚合物。西蒙说超临界 CO_2 是含氟聚合物的一种理想溶剂。超临界 CO_2 还可代替苯和甲苯用于聚合丙烯酸，后者用于牙膏和食品中的增稠剂。

2. 生产手征性药物

制药工业将是另一个从使用超临界 CO_2 中得益的工业部门。许多药物是手征性的，它们以左旋形式存在（对映体），可能一种活性形式具备人们所希望有的性质，而另一种形式则不起作用，甚至是有害的。在药物和专门化学品生产中用超临界 CO_2 不仅可取代有害溶剂，还能带来经济效益，因为它可以增加选择性，多产生需要的那种形式的产品。例如，有一种广泛用作消炎的药品 Naproxen 有一个对映体分子对肝有毒性，药物生产者必须将这两者分开，而用超临界 CO_2 可以避免昂贵的分离步骤，只生产一种对映体。

3. 处理工业废水

超临界 CO_2 可用于某些工业废水的处理，它可以去除废水中的有机污染物，如酮类、氯化有机溶剂以及油类，然后将污染物与 CO_2 分离。其中 CO_2 回用，而污染物则焚烧处理。例如，美国清洁海港公司在其一座处理能力为每天 4550m^3 的工厂里，将废水泵送至高为9.8m，直径 0.61m 的柱的顶部，而 CO_2 从底部输入，逐步向上。当 CO_2 向上移动时，它溶解有机物。从柱的底部出来的是清洁的水，而柱的顶部 CO_2 就含有有机物。

4. 液体萃取

超临界 CO_2 处于高压状态，它兼有气体的黏度和液体的密度，可溶解许多材料。通过改变压力和温度可控制它的选择性，因此超临界 CO_2 是一种更快、更具选择性的萃取溶剂。通常的萃取过程需费时几小时甚至几天，而超临界 CO_2 能在 30～45min 内萃取化合物。另外，超临界 CO_2 的萃取物较干净，溶剂用量少，可从多达 1L 减少至 10～15mL。

（三）绿色燃料——生物柴油

生物柴油燃料是用油菜籽油加工而成，根据化学成分分析，生物柴油燃料是一种高脂酸甲醛，它是通过以不饱和油酸 C_{18} 为主要成分的甘油分解而成的。汽车使用试验测试结果表明，“生物柴油燃料”的效力与石油制取的柴油相当。这种生物燃料的组成是：碳为77.5%，氢为 12%，氧为 10%，作为机油燃烧时还有极微量的硫、磷和氮，燃烧时更加充分，使排气中的有害气体大大减少。

生产生物柴油的设备与一般制油相同，生产工艺主要分为三个阶段：产生酒精，中和，洗涤干燥。其中甲醇作为一种原料在生产过程中不断再生，使之得到充分利用，生产过程中产生 10%的副产品——甘油。

与传统燃料相比，生物柴油燃料具有以下优势：用农产品来保证能源供应，可摆脱对石油的单纯依赖；种植油菜，土地可轮作，有利于改善土质；生产过程中的各种副产品，如卵磷脂、甘油、油酸等，均可进一步利用。

平均1t脱胶菜籽油可产出960kg生物机油，$1hm^2$油菜籽产量为3t，按1t油菜籽制取200L生物柴油计，每公顷菜籽可制取600L生物柴油。更为重要的是在生产过程中还会得10%的甘油副产品，它是制药和化学工业的重要生产原料。纯度达99.7%的特级甘油每吨可达2000美元，因此把生产生物柴油与精炼甘油工艺集于一体，可以产生很好的经济效益。我国有很多地区油菜籽的种植面积都很大，为发展生物柴油提供了物质基础。如果开发成功这一技术，在加工传统的食用油的同时，不失时机地生产生物柴油燃料，无论从农业油菜籽的利用角度，还是从工业新产品开发角度以及从环保角度出发，都是一个重要的发展方向。

（四）磁化肥

磁化肥是利用粉煤灰中的铁磁物质，加入一定比例的营养物质，经过磁化处理后制成的一种优质高效农用肥料。

农作物在生长过程中从土地夺走营养物，如碳、氢、氧、氮以及钾、磷、硫、钙、铁、锰等矿物质。土壤中急需通过肥料补充这些失去的养分，需要改变化肥品种构成不合理的局面，减少氮、磷、钾的比例失调。

我国自1978年起对磁性肥料进行了研究，并在生产和使用上初步形成了一定的规模。1991年以来，我国磁性肥料的年产量已经达到70万吨以上。按施肥50kg增产粮食15%计算，一座年产4万吨的磁性肥料工厂每年可解决80万亩（15亩=1公顷）耕地一季农作物所需的化肥供应问题，可增产粮食0.8亿千克，创造社会效益8000多万元。由此可见，磁性肥料是兼具经济效益、社会效益和环境效益的一种绿色化肥，具有很好的应用前景。

（五）甲壳质及其衍生物的应用

甲壳质是某些甲壳动物和昆虫的外壳、软体动物的器官、外皮骨骼组织及菌类细胞壁的主要组成成分，自然界约有1000亿吨，资源非常丰富。目前工业制造甲壳质的主要原料是水产加工废弃的蟹壳和虾皮，经化学处理可制成壳聚糖等多种衍生物。

采用甲壳质作为原料，现已开发出了*N*-乙酰基壳低糖*M*-1H、*N*-乙酰基壳低糖*M*-1和*N*-乙酰基壳低糖*M*-2三种甲壳质低聚糖混合物。用它作食品添加剂具有爽口的甜味，随着聚合度的增大，甜味、吸湿性、溶解度降低，因此可通过改变聚合度，来改善食品结构、调节食品的保水性和水分活性。

在医学上，甲壳质应用广泛。如用甲壳质制作的手术线强度好，不导致过敏，能被人体吸收。还可用作人造皮肤，具有柔软舒适，抑痛止血功能，甲壳质膜能自行溶解，促进皮肤再生，加速伤口愈合；壳聚糖水解得到的*D*-葡胺糖，对某些肿瘤有毒而对正常机体影响很小，可用于治疗癌症；壳聚糖可选择凝聚白血病L_{1210}细胞，对正常红细胞骨髓细胞无影响，有治疗白血病的作用。

利用壳聚糖的螯合作用可有效地吸附或捕集溶液中的重金属离子，如从工业废水中分离铜。壳聚糖吸附剂的吸附量是粒状活性炭的数倍，易再生，不存在“炭泄漏”造成的二次污染，吸附成本较低。壳聚糖还可用作絮凝剂，处理城市污水及工业废水，有助于处理剩余污泥的脱水，是一种有发展前景的水处理剂。

甲壳质粉末具有比表面积大、孔隙率高的特点，吸收皮肤类油脂，吸收能力远大于淀粉或其他活性物质，因此在日常生活中，甲壳质粉末是制作干洗发剂的理想活性物质。用壳聚糖作牙膏添加剂，可以中和口腔链球菌产生的有机酸，减弱非溶性葡萄藤在牙齿表面的附着力，有抗腐蚀和洁齿的作用。壳聚糖水溶液酶用作水果保鲜、涂料印花的固着剂、防雨篷布和照相器材的保护膜等。

常用的聚乙烯地膜在土壤中难以分解，使土壤板结；不利于作物生长。而甲壳质地膜具有伸缩性小、湿润状态下有足够的强度、在土壤中能分解的性能。一些需在土壤中长期作用的农药可用甲壳质包覆层，减缓农药释放速度，使一次放药的药效得到长期发挥。

壳聚糖制成的膜分离材料可以透过尿素、氨基酸等有机低分子，但不能透过钾、钠、氯等无机离子及血清蛋白，透水性好，是一种理想的人工肾用膜。将壳聚糖衍生物附着在中空纤维上制成的分离膜，在18～70℃时可分离醇水溶液中的水分子而得到高纯度的醇，55℃时分离乙醇和水的速度比同温度下减压蒸馏法快10倍。

（六）氟利昂（CFC）制冷剂的替代品

自1974年美国科学家罗兰德和莫尼卡发表臭氧层遭破坏的论文后，保护臭氧层已成为环境保护的主要任务之一。1988～1990年蒙特利尔议定书伦敦会议上决议加速管制氯氟烃（CFCs），并对议定书进行了修正，将其他会破坏臭氧层物质一并收入。

CFC为人工化合物，是溴、氟、氯等元素取代碳氢化合物中的氢原子，形成稳定结构。当其进入大气层中在紫外线及高温照射下，会分解为溴、氟、氯、碳等原子，破坏臭氧层。目前CFC的主要替代品为氢碳氟化合物（HFCs）和氯碳氟化合物（HCFCs）。如HFC-134a（CF_3CFH_2）是在家庭制冷设备和空调设备中使用的CFC-12（CF_2Cl_2）的一种替代品。HCFC-141b（$CFClCH_3$）则在发泡工艺中用来替代CFC-11。HFCs与HCFCs均容易挥发，都不溶于水。随着它们被释放到周围环境，这些化合物将滞留在大气中，并被氧化成各种降解产物，其大气行为化学已证实：HFCs和HCFCs的大气降解作用所产生的各种产物中没有一种被认为是有毒的。

要确定HFCs和HCFCs对环境的影响，必须通过臭氧消失潜在可能性（ODP）和卤代烃全球热效应潜在可能性（HGWP）来衡量。臭氧消失潜在可能性（ODP）定义如下：散发出的一定量的某种化合物理论上的对臭氧柱变化与同样量的CFC-11对该气柱变化的比率。卤代烃全球热效应潜在可能性（HGWP）的定义为：在稳定状态下散发的一定量的气体被计算出的热效应与散发同样量的CFC-11被计算出的热效益之间的比率。

HFCs不含任何氯，故不具有与氯相关联的臭氧消失的潜在可能性。HCFCs对同温层臭氧的伤害比CFCs要小得多，但也的确把小量氯运送到了同温层中。因此1995年缔约国维也纳会议决定HCFC的期限为2020～2030年。表8-2列出了几种HFCs与HCFCs以及CFC-11、CFC-12在大气中的寿命、臭氧减少和全球热效应的潜在可能性。

HFCs和HCFCs在大气中降解生成多种产物。这些产物的大气浓度都非常低，不会对环境产生不良影响。所有产物都最终消除，渗入到雨、海、云的水中，并产生水解，对环境不会造成不良影响。

表8-2 几种CFC替代品在大气中的寿命、臭氧减少和全球热效应的潜在可能性

化合物	化学式	寿命/年	臭氧减少潜在可能性	卤代烃全球热效应潜在可能性
HFC-32	CH_2F_2	6.7	0	0.094
HFC-125	CF_3CF_2H	26	0	0.58
HFC-134a	CF_3CFH_2	14	0	0.27
HFC-143a	CF_3CH_3	40	0	0.74

续表

化合物	化学式	寿命/年	臭氧减少潜在可能性	卤代烃全球热效应潜在可能性
HCFC-22	CHF_2Cl	14	0.047	0.36
HCFC-123	CF_3CCl_2H	1.5	0.016	0.019
HCFC-124	CF_3CFClH	6.0	0.018	0.096
HCFC-141b	$CFCl_2CH_3$	7.1	0.085	0.092
HCFC-142b	CF_2ClCH_3	17.8	0.053	0.36
CFC-11	$CFCl_3$	60	1.0	1.0
CFC-12	CF_2Cl_2	105	0.95	3.1

（七）环保塑料——聚氨酯

热塑性塑料——聚氨酯（TPV）性能优异，耐久性好。它不含氯，不产生毒气而比PVC更清洁。TPV与人类生活密切相关，如用TPV制成的鞋舒适、轻便、防滑、绝热、耐磨、耐折、耐腐蚀；TPV材料制成的游泳衣轻、薄、弹性及透气性好，而且不兜水；TPV导热性差，是优异的隔热保温材料，如用于冰箱和冰柜的隔热，使管道防漏。汽车制造从方向盘到仪表板、从头枕到坐垫、从保险杠到扶手、从门侧板到遮阳板及车顶内衬、从密封胶到外表涂层，到处都可以找到TPV的踪迹。

医学和卫生工业是TPV消费增长最快的领域。医用设备在低温、频繁冷却及加热循环、远距离安装、长时间极限温度等工况条件下，都必须保持柔软性而不破裂或泄漏，如制作充压袋、冷却包、心脏冷却装置等。

用TPV制成的吸气材料具有较高的水蒸气传输率，比传统材质的传输率高5～10倍，更能快速从皮肤上吸去汗水和其他湿气，使皮肤温度降低。如用于手术服、医用卵形瓶的保护层及帐篷齿轮等。另外TPV以多用性、柔软性、制造方便等特点广泛应用于制造像驱动带、软管、声呐浮标、耳机垫片及救生筏等工业、运动及休闲产品。

总之，TPV已走进人类生活的各个领域，随着科技进步，TPV对人类的贡献仍有很大潜力。

（八）安全的航海船底防污涂料

在世界范围内，用于船底污物（生长在船的表面上的有害动物和植物）控制的主要化合物是有机锡防污涂料，如三丁基锡氧化物（TBTO）。TBTO对阻止船底污物尽管有效，但由于在环境中持续时间长而带来广泛的环境问题。其毒效表现在剧烈的毒性、生物累积性、降低生育发育能力和增加水生有壳类动物的壳厚、引起生物变种。

Rohm & Haas公司为了寻找环境安全的有机锡防污涂料的替代物，从3-异噻唑啉酮类中选出了140多种物质进行了船底防污活性试验，最后选出了一种称为4,5-二氯-2-正癸基-4-异噻唑啉-3-酮（Sea-Nine TM）的化合物。

通过大规模的环境试验，表明Sea-Nine TM船底防污涂料降解速度非常快，在海水中需要半天，而在沉积物中只需1h。Sea-Nine TM一旦进入沉积物，微生物非常快地将其分解。另外，Sea-Nine TM的锡生物积累因子几乎为零，而且对海洋生物没有长期毒性，其环境最大允许浓度为0.63×10^{-9}。目前已有上百条船涂上了含有Sea-Nine TM的防污涂料，该产品获得了1996年美国“总统绿色化学挑战奖”的设计更安全化学品奖。

五、绿色能源

能源是发展经济、满足人民生活需要的重要物质基础。它包括生物能、化石燃料、核能、太阳能、水力能、地热能、海洋能和潮汐能等。

当前，石油、煤炭、天然气仍然占据世界能源结构的主要部分。从全球发展趋势看，这些能源继续发挥各自优势，但可再生能源由于其无污染将日益受到重视，见表 8-3。许多国家从高能耗的原料加工转向低能耗的高新技术产业，广泛采用节能措施和高能效技术，努力降低能耗和利用替代能源。

表 8-3 世界未来能源供需预测（长期控制 CO_2 排放量/不控制 CO_2 排放量）

能源类别		2000 年	2010 年	2050 年
能源需求/（相当于亿吨油）		850.7/93	98/111.6	181/210
能源供应/（相当于亿吨油）		34/35	38/39	54/58
		22/26	27/32	40/50
		18.7/20	20/25	50/61
		11/12	13/15.1	37/41
所占比例/%		40/38	39/35	30/28
		25/28	28/29	22/24
		22/21	21/22	28/29
		13	13/14	20
CO_2 排放量/亿吨炭		71/77	80/110	130/150

控制能源生产和消费引发的全球性问题，最有效的措施当为大力推行绿色能源计划。所谓绿色能源计划是指能够保护环境、维持生态平衡和实现经济可持续发展的能源生产和消费。我国绿色能源计划的重点在于以下几个方面。

1. 开发、推广洁净煤技术

我国煤炭占一次能源消费的 75.6%，在更长的一段时间内，以煤为主的能源结构不会改变。因此，大力开发、推广洁净煤技术具有不同寻常的意义。这些技术主要包括：少污染开采；燃烧前的洗煤型煤净化技术；燃烧过程中的先进燃烧技术及新型高效燃烧器；煤的液化、气化技术；高效烟气净化及废物资源化利用技术。

2. 提高能源效率和节能

我国单位产值能耗是发达国家的 3～4 倍，能源平均利用率只有 30%左右。因此，在我国开展节约能源、提高能源利用率的意义重大。行动的重点是：发展能耗低、污染少、高附加值的技术及产品，如绿色照明、绿色汽车、绿色建筑、冰蓄冷、热电联供、清洁生产等，建立示范项目加以推广。

3. 开发利用可再生能源和新能源

按目前开采能力和探明储量计算，我国煤可开采使用 150 年，而石油仅 20～30 年，所以说可再生能源及其他新能源是中国未来能源结构的基础。可再生能源包括水能、太阳能、风能、地热能、海洋能、生物质能等。

另外核聚变能、快中子增殖反应堆、超导发电、氢能源、燃料电池等新能源的开发与研究，是未来能源的发展方向。

4. 政策支持，加强能源规划和管理

大力宣传，推进全社会节能综合管理，把节约能源列入法规化管理轨道；调整产业结构，培育和发展以知识密集型为特征、低能耗、少污染的产业；优化能源结构，鼓励开发和利用可再生能源、新能源、清洁能源，努力降低煤炭的直接燃烧等，推行清洁煤技术。

5. 绿色能源技术

绿色能源技术包括以下几种。

（1）现代风能技术　分为风能泵、独立发电和联网发电三类，以联网发电为主。

（2）太阳能发电技术　包括太阳能光电池和太阳能发电装置两类。

（3）海洋能利用技术　海洋能是波浪能、潮汐能、潮流能、海洋热能的总称。

（4）地热能利用技术　地热水力-电力转化工艺已投入运行。

（5）氢能利用技术　使用氢气促使煤氢化，得到人造石油；作为燃料进行气焊气割；作为火箭燃料；还可作为城市煤气的主要成分。

（6）生物质发电技术　生物质是指由植物光合作用直接产生或间接衍生的所有物质，包括成千上万种陆生与海生植物、畜牧业和食品加工业产品、动物粪便和许多工业的残余物。利用生物质生产酒精等清洁燃料，推广沼气应用技术，增加生物质能的生产，减少直接用于燃烧的比例。

（7）适合我国农村地区的新能源技术　包括日光温室、太阳能热水器、被动式太阳房、太阳能干燥、太阳灶、小型光伏发电系统、户用沼气池、生物质固化成型、生物质气化、生物质直燃供热、生物质液化、生物质发电、薪炭林种植、能源植物、小型风力发电系统、地热养殖种植等。

六、绿色汽车

绿色汽车是针对汽车对环境造成的影响而强调合乎环境保护要求的概念。其特点是节能、低废、高效、轻质、易于回收利用。着重体现在以下几个方面。

（一）节能高效

图 8-5 表示一辆汽车在高速运行条件下的能量平衡示意图，大致反映了燃料产生能量的方面分配比例。

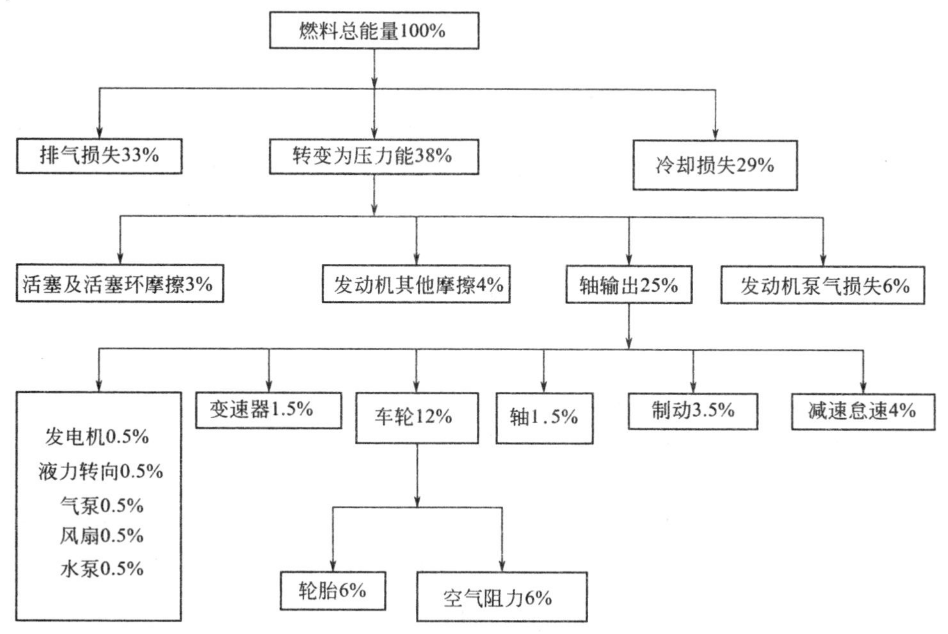

图 8-5　汽车运行过程的能量平衡示意图

从图 8-5 中可看出，仅就汽车本身而言，汽车节能就涉及很多因素，这些因素相互关联制约。因此，汽车节能是一个综合优化的过程。通过优化汽车各个部分包括发动机、传动系统、形式阻力等，并引入电子、材料、计算机领域的最新成果，追求完美的节能目标。采用的新技术包括先进的模拟设计方法、先进的高功率电池和能量电池、代用燃料和燃料储存、辅助动力装置，如直喷式和涡轮式、有效的空调系统、电力推进部件、提高能量效率技术、飞轮、燃料电池燃料裂化装置、低排放技术、减轻重量的新型轻质材料和新结构、超级储能装置。

（二）减少尾气排放

通过制定严格的排放标准，采取新的技术措施降低汽车尾气的排放。正在研制和推广的代用能源汽车如下。

（1）液化石油汽车　NO_x 排放量少，HC 易氧化，可实现稀薄燃烧，便于携带，用预热塞辅助点火和喷射液化石油效果更佳。根据气化系统的不同，已开发出三代液化汽车：第一代气化系统由电动机械开关控制，第二代气化系统由微电脑控制，第三代气化系统采用电子控制。

（2）天然气汽车　天然气能源在世界能源结构中占 22.91%，与天然气轿车占世界 0.2%的比例极不相称。天然气汽车具有尾气无铅、无氧化硫污染的特点。一氧化碳产生量仅为汽油汽车的 4%，氮氧化物及碳氢化物为汽油汽车的 1/10。天然气汽车冷启动性能好，但动力性能有所降低，携带不便，制造成本高。

（3）甲醇和乙醇汽车　甲醇和乙醇可由植物、煤炭或天然气制取，携带方便，但毒性大，冷启动性能稍差。还有火花栓的寿命及喷油嘴的堵塞、磨损，罐体排气阀的腐蚀，润滑油的劣化等问题。

（4）液氢汽车　污染低，不排放 CO 和 HC，在极稀薄混合气情况下即可燃烧。有泄漏和气化、储存、爆震、快速燃烧等问题，制造成本有待降低。

（5）纯电动汽车　以蓄电池作动力源，功率变换器把蓄电池的直流电转换成不同的直流电或交流电，通过控制电动机的电压和电流，电动汽车能够以不同的速度行驶。需要解决的是蓄电池的容量、充电时间、使用寿命、成本和废旧电池对空气、水的污染等问题。

（6）混合动力汽车　由电动机和内燃机组成混合动力。启动、上坡、加速时，电动机产生扭矩的 70%～80%，从而减轻了内燃机的负荷，减少污染，降低噪声。在正常运行途中，内燃机输出的动力占大部分。但汽车怠速、下坡和减速时，内燃机带动发动机工作，向蓄电池充电。

（7）燃料电池　通过燃料（H_2）和氧化剂（O_2）的电化学反应产生电能。其最大优点是效率为内燃机的两倍，它可以把 60%的化学能变成电能。燃料电池的污染只是水的微滴、水蒸气和热，它的结构复杂，体积和重量较大，成本较高。

（8）飞轮　以旋转体的形式存储能量，当转速增高时，能量被存储在飞轮中，当从飞轮中取出能量时，其转速下降。据估计，飞轮技术可以使电动汽车的运行距离延长到 965km，循环寿命达到 10 万次。

（9）超容量电容器　能存储大量电荷，能迅速地充放电，可以把冲击负荷降低到适宜的水平。蓄电池为电动汽车的正常运行提供能量，而加速和爬坡时则可以由超容量电容器来补充电量。此外，超容量电容器也可以用来存储制动时产生的能量。

（三）材料的改进

采用满足强度要求的轻质材料代替重质材料，达到节能的目的。汽车自重减少 50kg，每升燃油的行驶距离可增加 1km；汽车自重减轻 10%，燃油经济性提高约 5.5%。

汽车总体上向轻型化发展，今天的家庭轿车比 20 年前轻了 10%，继续减轻车重是当前各大汽车公司孜孜以求的目标。用包括铝、镁等轻金属以及新型复合材料等轻质材料代替钢材料是最主要的途径。

铝合金具有高强度、耐锈蚀、热稳定性好、易成型、再生性好等优点，汽车发动机的活塞、客车的内外镶板、载货汽车的驾驶室等许多部件均可使用铝合金材料制造，以铝代钢可使汽车重量减轻 40%～50%。

铝基复合材料的弹性模量和硬度均比铝合金提高 20%～100%，具有良好的高温强度、耐疲劳性和优越的耐磨性能，热膨胀系数较低，尺寸稳定性好。发动机连杆、活塞、气缸套、提臂、悬架臂、车轮、驱动轴、制动卡钳、阀盖、凸轮座、气门挺杆等零件已广泛应用铝基复合材料。

镁一般用于不需要承受较高强度的部位，如燃料箱和行李箱之间的隔板、气缸盖罩、仪表板支架、座椅、防翻车杠后下部的板件等。镁材料的突出优点是可在压铸时把其他复杂的细小的部件铸入镁制板内，从而减少了制造的复杂性、零件数目和质量。

近年来，工程塑料作为新型复合材料在汽车上的用量明显增加。目前每辆普通小客车的塑料用量已达 70kg 以上。工程塑料既可用于不承受荷载的零件，如仪表外壳、把手、发动机罩等；也可用于承受很大荷载的重要零件，如碳纤维制成的叶片弹簧和转动轴等。例如，美国已生产出外部面板全部采用合成材料的汽车，重量比钢结构减轻 50%。

（四）绿色汽车的实践动态

当前全球汽车工业竞争激烈，国际化集约生产趋势明显。世界著名的大公司实力雄厚、技术先进，代表了世界汽车工业的发展方向。其共同特点是注重企业的社会形象，热衷于开发绿色汽车。

2016 年 3 月 15 日，我国《新能源汽车推广应用推荐车型目录》出炉，目录中所列的小客车及进口纯电动车均可直接申领新能源小客车其他指标，不再参与摇号和竞价，这意味着我国对新能源环保汽车的扶持有了实质性的政策。

通用汽车公司推出 EV1 型电动汽车，采用铅酸蓄电池，最高时速 128km。1997 年 2 月又推出了雪佛兰 C2500H 和 GMC 塞乐皮卡双燃料压缩天然气汽车。

福特公司提出“新能源 2010”概念车的目标：在不牺牲 6 座载客量、续驶里程、性能、行李空间和销售能力的前提下，达到每百米耗油 2.99L 的目标。这种车的动力系统是一台后置式 1.0L 直喷式柴油机带动一台高效发电机，产生的电力供应汽车的四个车轮马达，车的前部有一个飞轮用以储存发电机的剩余能量和再生性制动系统回收的能量。该车没有干扰空气流的车外后视镜，而是通过两个朝后的摄像机将图像显示在组合仪表板上的两屏幕上；仪表板上设有控制件，全部功能是声控的。

克莱斯勒和萨特康尔公司设计的“爱国者”赛车，使用内燃机与节能飞轮。刹车时，由飞轮收集能量，随时又在加速时释放出来。1998 年克莱斯勒公司利用与普通饮料瓶类似的塑料，制造了组合概念车的车身，车身用相当于 2132 个塑料瓶的原料制成，车体由四个不同面组成，十分美观。

丰田公司在 RAV4 越野车上装设了新改良的镍氢金属电池（HI-MH），充电一次可行驶 200km。1997 年 12 月该公司推出的 Prius 混合动力汽车，装有 1.5L 的汽油发动机和 300kW 的电动机。

三菱公司近年来先后研制出喷气稀薄燃烧发动机、可变工作缸数发动机、缸内喷注汽油发动机，在节能方面取得了较大的成绩。

大众汽车公司的子公司奥迪公司从1996年10月开始每天生产50辆全铝A8型车。A8型车采用铝材制作面板和内部构件，车身重量只有290kg。

大宇汽车公司LANOS轿车采用了“T-TEC”发动机，功率大、噪声低，且有节油、耐久的特点。

雷诺汽车公司早在1993年就建立了“绿色网络”来回收它在欧洲各地的商业机构产生的废物。

沃尔沃汽车公司实施了“环境汽车回收设施工程”，计划目标年处理3000辆，1995年拆了500辆汽车。

七、绿色新材料

材料是技术进步的物质基础，新材料的开发已成为以信息为核心的新技术革命成功与否的关键。谁先研究开发出具有特定功能的新材料，谁就占领了技术、经济、军事的制高点。从化学上分，有金属材料、有机高分子材料、无机非金属材料和复合材料。从用途上分，可分为结构材料（利用材料的力学性质）和功能材料（利用材料的电学、光学、磁学等性质）。

（一）可降解塑料

1. 生物降解型塑料

生物降解型塑料一般是具有一定机械强度并能在自然环境中全部或部分被微生物如细菌、霉菌和藻类分解而不造成环境污染的新型塑料。生物降解的机理主要由细菌或其他水解酶将高分子量的聚合物分解成小分子量的碎片，然后进一步被细菌分解为二氧化碳和水等物质。生物降解型塑料主要有以下四种类型。

（1）微生物发酵型　利用微生物产生的酶将自然界中易于生物分解的聚合物（如聚酯类物质）解聚水解，再分解吸收合成高分子化合物，这些化合物含有微生物聚酯和微生物多糖等。据报道，美国ICI公司已制成了在有氧和无氧条件下都能自行降解的聚羟基丁酯（PHB）和聚羟基戊酸酯（PHV）的共聚物。但成本太高，限制了它的进一步应用。

（2）合成高分子型　可被微生物降解的高分子材料有聚乳酸（PLA）、聚乙烯醇（PVA）、聚己内酯（PCL）等聚合物。PLA价格昂贵，主要用在医药上。PVA具有良好的水溶性，广泛用于纤维表面处理剂等工业产品上。

（3）天然高分子型　自然界中有许多天然高分子物质可以作为降解材料，如纤维素、淀粉、甲壳素、木质素等。以甲壳素制成的降解薄膜，在土壤中3～4个月就发生微生物崩解，在大气中约一年可老化发脆。如图8-6为可降解农用薄膜。

图8-6　可降解农用薄膜

（4）掺和型　以淀粉作为填料制造可降解塑料，是指在不具生物降解性的塑料中掺入一定量淀粉使其获得降解性。

2. 光降解塑料

光降解塑料是指那些在日光照射或暴露于其他强光源下时，发生劣化裂化反应，从而失去机械强度并进而分解的塑料材料。制备光降解塑料是在高分子材料中加入可促进光降解的结构或基团，目前有共聚法和添加剂法两种。

（1）共聚法　将适当的光敏感基团如羰基、双链等引入高分子结构的共聚单体中。

（2）添加剂法　在高分子材料中添加光敏感剂，如二苯甲酮等化合物，在有光条件下，吸收紫外线后夺去聚合物中的氢而产生游离氢，促使高分子材料在发生氧化反应达到劣化目的。

目前国内外研究较多的是生物降解塑料和光-生物双降解塑料。将生物降解型的淀粉与光降解型的添加剂加入同一种塑料中，就制成了光-生物双降解塑料。该材料可在光降解的同时进行生物降解，在光照不足时照样进行生物降解，从而使塑料的降解更彻底。我国在这方面的技术处于世界领先地位，针对淀粉粒径大，难以制成很薄的地膜（厚度小于0.008mm），以及淀粉易吸潮的缺点，我国已制成不含淀粉而用含有N、P、K等多种成分的有机化合物作为生物降解体系的双降解地膜。

（二）超微粉末

超微粒子是指介于原子、分子与块状物体之间，粒径为1～100nm的细微粒子，而超微粉末是超微粒子的集合体。超微粉末由于其尺度的显微化，具有极其特殊的性质，如熔点显著降低、高效催化作用、特殊的光学性质、特殊的磁学性质，特殊的力学性质、超导性、导电性等等。

超微粉末可制成导电材料、超导体和电阻膜等；银超微粉末电极可增大其与液体或气体之间的接触面积而增加电池效率；医学方面，可用铁氧体磁性超微颗粒作为药剂的载体在外磁场的引导下定域于病患部位。用超微粉末制成的纳米陶瓷具有抗压强度大、绝缘隔热性能优良等特性，与金属材料、高分子材料一同构成了现代工程材料的三大支柱。

（三）特种陶瓷

特种陶瓷是随着人们对材料结构与性能关系认识的深入，有意识地通过改变材料的化学成分和微观结构研制出具有不同性质的陶瓷材料，使之成为未来前景广阔的高温结构材料和功能材料，并逐渐处于新材料革命的主导地位。如图8-7为特种陶瓷。

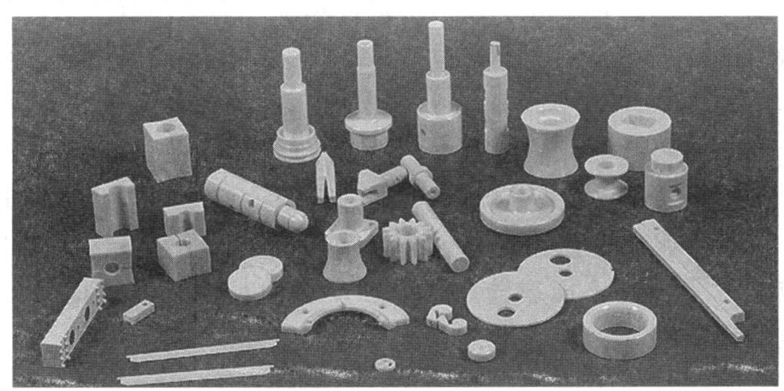

图8-7　特种陶瓷

特种陶瓷按所用原料不同分为氧化物陶瓷、非氧化物陶瓷、复合陶瓷、金属陶瓷及纤维陶瓷等，它们具有特殊的性质和用途。

①电子陶瓷是指用于制造电子元件和电子系统零部件的功能陶瓷。如电解质陶瓷、半导体陶瓷、电容器陶瓷、光电陶瓷、压电陶瓷、装置陶瓷、透明陶瓷、铁氧磁性陶瓷等。

②热性能优良的陶瓷如氮化硅和碳化硅陶瓷材料具有耐高温特性，热导率低，可以提高能源利用率，因此可用来制造发动机、高温加热炉、高温反应器、核反应堆吸收热中子控制棒。还可用于大规模集成电路和超大集成电路的散热片。

③过滤陶瓷具有良好的耐热、耐蚀性，可用于生活污水、工业废水及废气处理中的过滤分离过程。尤其是高温烟气除尘分理处 CO_2、NO_x、SO_2、N_2 等气体必须使用过滤陶瓷。

④高强、耐磨、耐蚀陶瓷可用来制造高强切削刀具、轴承和拔丝模具以及燃气轮机的叶轮、涡轮等。

⑤生物陶瓷材料包括生物陶瓷材料（通过生物的新陈代谢与细胞组织成分相互置换且完全被吸收）、表面活性生物陶瓷（主要用于口腔或颌部的修补外壳手术）、医疗用生物陶瓷（用于脑和心脏的诊断或用来粉碎人体内结石）、其他生物工程陶瓷材料-金属氧化物陶瓷催化剂。

特种陶瓷开发研究的方向是：①特种陶瓷的粉末制备技术和监测技术；②超导陶瓷、多孔陶瓷的研究；③对陶瓷纤维及晶须增强金属复合材料的研究；④纤维增强型陶瓷、纤维增强型金属的研究；⑤生物陶瓷涂层技术的研究。

（四）智能材料

智能材料是指能够感知环境变化并通过自我判断得出结论并执行相应指令的材料。当它接收到外界诸如声音、压力、温度、电波等变化时，它的性能和状态也随之改变。

1. 利用材料导电性能的智能材料

能导电的复合材料电导率及其他物理性质具有显著的各向异性，这种复合材料与 O_2、NO_x、SO_2 等气体反应时，因电导率的不同而可以制成用于鉴别气体的仪器。在窗户的两块玻璃之间装上一层很薄的胶片-变色材料，当给胶片充电时，它储存的电能增加，颜色变深，而当切断电源时，所蓄电能减少，使胶片颜色变浅。当室外阳光充足时，可把窗户的颜色调暗，阳光不足时，又可调亮窗户。这种玻璃在办公室使用大约可节电 40%。另一种智能玻璃是利用了这种导电材料在掺杂过程中吸收光谱变化的性质。随季节的不同，智能窗颜色的深浅度可任意调节，以便夏季节省空调费用而冬季又有利于取暖。

2. 高分子复合材料

在复合材料中嵌入交错密布光纤，当飞机机翼受到压力不同时，光纤传输就会有各种相应的变化，通过测量这种变化就可知道机翼承受的压力。超过额值时，光纤断裂，出现事故警告信号。另有一种智能材料用于飞机等大型构件的损伤探测，如当飞机的某个部位受损时，微型传感器立即会对受损部位的压力变化作出反应，并将之传输给微型处理器，然后再传给中央计算机，作出决策并及时处理。一种随外界压力而改变自身弹性的智能材料已用于潜水艇的设计中，这种潜水艇即使在深海仍能保持其刚性。在建筑物的梁上安装由高分子复合材料制作的感应器，梁一旦出现裂缝，感应器就会向其他梁发出信号，以便重新分配荷载，保持整个建筑的稳定性。

（五）工程塑料

工程塑料通常是指具有类似金属性能，可以代替金属用来制造机械零件或工程结构的塑料。其特点是抗拉强度大，耐热性能强，耐磨损性优良。共有五大类工程塑料，广泛地应用于汽车、电子、家用电器等行业。如图 8-8 为工程塑料。

图 8-8 工程塑料

(1) 聚甲醛（POM） 高结晶性线形热塑性聚合物，由单体甲醛或三聚甲醛聚合而成。POM 常用于汽车的把手、曲柄仪表板、输油管、输气管、方向轴等；在电子电气方面可用来制造插头、开关、按钮等，还可用于各种家用电器的零部件。

(2) 聚酰胺（PA） 由二元酸和二元胺缩聚而成，或由氨基酸脱水制成己内酰胺再聚合而成。它有良好的抗冲击能力，自润滑性好，耐磨损。PA 可用来制造汽车上的灯罩、点火装置、减震系统、电动机装置、门柄、保险装置、外壳等；制造纺织机械的轴衬、轴套和梭子；制造网球拍的框架；电气开关等。新品种—纳米 PA6，热变形温度大幅度提高，拉伸强度增大，吸水率降低。

(3) 聚碳酸酯（PC） 是由双酚 A 与碳酸二烷酯进行酯交换或由光气与双酚 A 在氢氧化钠水溶液中反应而成的，无色透明。其抗冲击强度和抗蠕变性好。PC 被广泛用于汽车工业；用于照明器具、信号设备罩等零件；还可做成薄膜制造薄膜电容、电声元件，探测固体痕迹，制成分子筛用于水处理工程。

(4) 聚苯醚（PPO） 是由 2,6-二代基苯酚聚合而成，在长期负荷下具有优良的尺寸稳定性和突出的绝缘性。具有优良的耐蒸气性，可用于电视摄像机的外壳、汽车连接件、高速缓冲寄存器等。

(5) 聚对苯二甲酸丁二醇酯（PBT）是由对苯二甲酸二甲酯与乙二醇缩聚而成。其突出特点是高硬度、高强度和优良的耐化学药品性能和电性能。主要用于电子产品和汽车工业。利用其耐药性用于制造泵壳、电控箱等。

八、绿色建筑

（一）绿色建筑的概念

绿色建筑是指建筑设计、建造、使用中充分考虑环境保护的要求，把建筑物与种植业、养殖业、能源、环保、美学、高新技术等紧密地结合起来，在有效满足各种使用功能的同时，能够有益于使用者身心健康，并创造符合环境保护要求的工作和生活空间结构。绿色建筑包括以下几个原则：资源经济和较低费用的原则；全寿命设计原则；宜人性设计的原则；灵活性原则；传统特色与现代技术相统一的原则；建筑理论与环境科学相融合的原则。

（二）绿色建筑的设计

绿色建筑设计的指导思想是体现可持续发展的要求，即可持续发展原则在建筑设计中的反映。例如，强调能源使用的集约化，运用建筑热工原理使用能源，利用高技术创造低能耗环境；结合气候设计；充分考虑建筑如何有利于通风，而不是滥用空调；强调节约资源，减少各种资源和材料的消耗，如所谓的3R原则：减少使用（reduce）、重复使用（reuse）和循环使用（recycle）；发展各种生态建筑和生态城市的思想，强调设计与生态相结合，尽量减少对自然界和环境的不良影响等。这些思想逐步推动了设计方法的发展，丰富和发展了传统的设计理论和设计实践。具体体现在以下几方面。

① 材料与建造方面：限制排放氟利昂气体、慎重利用热带森林木材、使用对人体无害的材料、使用可循环使用的材料、使用耐久材料、使用对环境影响小的材料；

② 功能的可持续性：易于维护的建筑和服务体系、灵活的空间规划；防护措施：隔热、密封、遮阳板；

③ 自然资源的利用：利用地热资源、利用太阳的光和热、自然通风和通气道、利用自然光、利用水利和生物能、利用风能；

④ 自然资源与能源的有效利用：循环使用建筑材料、废物再生利用、水的循环利用、有效利用未开发的能源、能源的多层次利用、使用高效的设备和控制系统；

⑤ 保证健康和舒适的环境：高质量的声环境、高质量的空气环境、高质量的热环境、高质量的采光和良好的视觉景观；

⑥ 设计与地方结合：使社区充满活力、保护和复兴历史、表现地方特色；

⑦ 保护生态系统，控制城市气候的变化：控制空气污染、考虑建筑带来的通风和遮阳、合理处理工业废弃物、植被和可渗透性铺地。

（三）绿色建筑的绿色化

体现绿色建筑的绿色化应从以下几方面考虑。

（1）建筑四周广泛绿化　为了降低从室外地面反射到建筑外墙和窗户的热量，必须选择接近房屋四周室外地面的用材，尽量降低对阳光的反射率。宜在建筑物室外种植灌木和草皮，尽量减少反射到房间中的热量。

（2）建立立体的绿化　①墙面绿化，可以种植野葡萄和绣球花等自行攀缘性植物。②阳台绿化，阳台板面选择植株可高些，或阔叶植物；阳台拦板上部可摆设盆花或设槽栽培；向上攀缘绿化或者向下悬吊绿化。

（3）屋顶绿化　根据种植植物的方式和结构的厚度，屋顶绿化分为粗放绿化和强化绿化两种。粗放绿化管理方便、投资少，植物生长层比较薄，只能种一些要求条件不高的如低矮和抗旱的植物。强化绿化对植物的品种要求严格，需要较厚且肥沃的基质层，植物生长层下面应当铺设排水层和蓄水层，它们之间用过滤网隔开。

（四）绿色建筑的优美化

体现绿色建筑的优美化主要从以下几方面考虑。

（1）典雅、大方的客厅布置

①温馨型：色彩的搭配要非常柔和，沙发、窗帘、墙面、地毯等都应用温柔的色彩及质感来表现。

②气派型：采用对比强烈的壁纸、地毯和摆设饰物，采用造型简洁、式样新颖的组合家具，配上具有现代化的灯具和组合音响等。

③舒适型：随意组合，不在于奢华，在于实用。

(2) 温情、休闲的卧室布置　家具形式、色彩配置、光景效果、织物装饰、床的位置、绿植的点缀等，都要有利于保持卧室空间的稳定性和相对独立性，尽量减少各方面的干扰，维护卧室的私密性。

(3) 素雅、静谧的书房布置　物品摆设应少而精，色调以冷为主；要体现知识性和寓意性，以雅为主，雅中求静，落落大方。最基本的“装饰品”就是书籍本身，要合理地分类、安排，以便主人有效地工作和学习。

(4) 富有情趣的阳台　普通阳台：用砂轮将水泥墙面磨光，涂上外墙涂料或油漆；还可以铺贴外墙装饰的小瓷砖。封闭阳台：使用于种植各种花卉植物；面积较大的阳台可挂上装饰画。

(5) 整洁、明快、方便的厨房　餐室的色调以暖色基调为主，挂上几只瓷盘、草垫、餐巾等装饰品，创造一种有助于进食的餐室环境，融洽家庭气氛。

(6) 清洁、适用的卫生间

①卫生：地面、墙面要选用防水、防霉、洁净、易洗的瓷砖、马赛克和防水磁质塑料贴面材料，留有地漏，保持干燥。

②通风好：厕所应装置通风换气通道，加装排气扇；

③尺度合理：卫生用具尺度要与人的活动尺度适应，以保证使用方便。

(五) 绿色建筑实例——我国西北地区的窑洞

窑洞是一种具有悠久历史的建筑类型。在相当长的时间内，窑洞称为黄土高原地区的一种民居类型，为广大人民群众所运用。窑洞民居因地制宜、结合环境，表现出很多符合生态学原则的处理手法。

1. 结合当地条件的处理

西北黄土地区土质坚实，土壑常常被竖直挖数米而不倒，而且气候也较干燥，地下水位很低，因此十分有利于洞穴的挖掘。挖掘窑洞基本不需要其他材料，成本很低。另外，在窑洞的处理上也充分发挥了土的特性，挖掘后形成的圆拱形空间朴实无华，别具一格。

2. 舒适的室内热环境

我国西北地区的气温昼夜变化比较大。在不利的气候条件下，居民们利用当地土层丰富、气候干旱的特点，充分发挥土体隔热和蓄热的双重功能。在炎热的夏季，土体隔开热量而使室内气温低于室外气候；在寒冷的冬季，因土体向室内散发热量而使窑洞内的温度高于室外温度。据调查，夏季窑洞内的温度平均值比室外温度平均值低 3～4℃，而冬季窑洞内的平均温度要比室外的平均温度高出 2℃左右。此外，窑洞内的地坪通常比地表低 6～7m，大大减弱昼夜温差波动对窑洞内气温的影响，保持了窑洞内部温度的相对稳定。显而易见，在没有任何现代化设备的情况下，居民们正是通过这厚厚的土层而使朴素的窑洞具备了冬暖夏凉的功能，创造了较为舒适的室内热环境。

3. 内外空间的交融

尽管窑洞是一种穴居空间，带有明显的地下建筑的特征，但通过设置下沉式庭院的处理手法，消除了洞穴狭小的沉闷感觉。这种庭院是人工与自然、室内与室外相互交融的绝妙场所。居民们在庭院内种植数株落叶乔木，在夏季可以遮挡部分阳光，减少洞内炎热，冬天则不影响采光，反而能为居民晒衣、晾物提供方便。置于院落内的水井、堆置的农具、堆置的小谷仓以及悠闲踱步的鸡群等，都为整个环境增添了浓郁的农家特色和勃勃生机，极富自然色彩。

复习思考题

1. 发展绿色技术的意义是什么?
2. 绿色技术的特征有哪些?
3. 绿色技术的理论体系包括哪些内容?
4. 什么是绿色产品? 怎样把握绿色产品的概念?
5. 什么是绿色食品? 什么是有机食品?
6. 什么是绿色纺织品?
7. 什么是绿色化学品?
8. 什么是绿色燃料?
9. 甲壳质及其衍生物有哪些用途?
10. CFC替代品的优点体现在哪些方面?
11. 绿色能源计划的内容包括哪些?
12. 适合我国农村地区的新能源技术有哪些?
13. 绿色汽车着重体现在哪些方面?
14. 绿色新材料都有哪些?
15. 什么是光-生物双降解塑料?
16. 什么是智能材料?
17. 什么是绿色建筑?
18. 绿色建筑设计体现在哪些方面?
19. 怎样体现绿色建筑的优美化?
20. 我国的窑洞如何体现绿色建筑的特征?

项目化研究学习训练

关于"研究性学习"

20世纪80年代末以来，世界各国纷纷站在未来时代要求的高度对本国的学校教育系统做出重大改革。就21世纪青年具备的"关键能力"的培养进行积极地探索，这种"关键能力"比较集中地概括为用新技术获取和处理信息的能力、主动探究能力、分析和解决问题的能力、与人合作及责任感、终身学习的能力等。于是，一种名为project-based learning或project learning的课程模式应运而生。

project-based learning或project learning，翻译为项目课程、主题研究，或者专题研习、综合学习等，我国称之为"研究性学习"。它是一种学习的理念、策略、方法，是学生主动探究的学习活动。在教学活动中以问题为载体，创设一种类似科学研究的情景和途径，让学生通过自己收集、分析和处理信息来实际感受和体验知识的产生过程，进而了解社会，学会学习，培养分析问题、解决问题的能力和创造能力。

环境问题已渗透到人类的方方面面，与人类的生活息息相关。本书的教学目的之一就是提高学生的环境保护意识，因此开展对环境中"问题"的研究是提高学生学习兴趣的有效途径。研究性学习是一种实践性的教育教学活动，强调知识（横向或纵向、单一或多种学科）的联系和运用，重视研究的结果，但更注重学习的过程，注重学习过程中的感受和体验。

本书设计的研究性学习训练课题旨在起到抛砖引玉的作用，同学们可以针对生活、社会中的环境问题进行某一方面的研究，也可从本书所列课题中选取某一专题进行研究。因此所选课题的研究范围可大可小，关键是学会"研究"的方法。

课题一　汽车与环保

一、目的

通过开展关于汽车一系列问题的调查，教育学生对汽车发展与环境保护有客观公正的认识。提高学生查阅文献、调查分析、相关活动、应用写作等方面的能力，提高个体环保意识，养成绿色文明习惯。

二、活动内容

1. 了解世界和本地区的汽车发展概况

涉及的问题有：①全球汽车的大致数量；②全球汽车的年增长率；③全球排名前10位

的著名汽车公司；④大型汽车公司在全球范围内的运作经营方式；⑤发达国家与发展中国家的交通政策差异；⑥学校所在城市（地区）汽车数量变化及道路交通状况。

2. 了解人们对汽车的心理

涉及的问题有：①人们对汽车的渴望程度；②大力发展汽车工业的优点；③汽车对人的生活的影响；④汽车对工作的影响；⑤没有汽车面临的问题。

3. 调查汽车带来的环境问题

涉及的问题有：①汽车消耗资源；②汽车对大气的污染；③汽车对水体与土壤的污染；④汽车产生噪声污染；⑤公路建设对环境的影响；⑥汽车占据城市土地与空间；⑦汽车产生全球性的环境问题。

4. 了解汽车尾气排放情况

学生实地调查、观察记录、讨论以下问题。

① 上学路上，早晨、中午和傍晚公路上的大气状况有什么不同？

② 校园里、校外马路上大气状况有什么不同？

③ 不同交通工具的尾气排放情况有何不同？

④ 不同路面行驶时，汽车尾气排放情况有何不同？

⑤ 十字路口通行车辆与正常行驶汽车的尾气排放情况有何不同？

⑥ 汽车排放尾气中的主要污染物是什么？

⑦ 汽车排放的污染物在大气中是如何发生变化的？

5. 个人填写交通记录

记录每次乘车情况（包括自行车、公交车、出租车、私家车等），了解车程公里数、花费时间和金钱，选择一种合理的交通方式。

个人交通记录表

次　数	乘车目的	车程公里数	交通费用	所用时间	所用费用

三、活动方式

1. 校内、校外图书馆、上网查阅资料。

2. 调查交通管理局、环保局、公交公司、交通警察、司机等。

3. 以个人或小组进行实地调查。

4. 合理选择课题、设计出研究方案。

四、成果形式

1. 环保汽车的设想　结合有关清洁能源和环保汽车的资料以及自己调查的情况，进行合理想象，设计一种环保型汽车。

2. 以小论文的形式对自己的选题进行归纳、总结，要提出合理化建议（如交通方式、汽车发展规划、公交体系等）。

3. 撰写汽车与环保相关的科普文章，整理或研究成果汇编。

4. 举办汽车与环保专题展览。共同提高环保意识。

课题二　微量元素与人体健康

一、本课题的意义

人的健康是与生命物质息息相关的，而微量元素在上述关联中起着极为重要的调控作用。它们主要来自空气、饮食和多种外源性物质，因此容易导致缺乏或过量积累，出现调控作用失调，从而影响人的健康。

面对铺天盖地的补钙、补铁、补锌广告及有关制剂像潮水般涌来，怎样合理摄取有益人类健康的微量元素，做到既不缺乏又不过量，并避免有害元素危害人类健康，就成为人们十分关注的问题。

二、本课题的目的

通过该课题的研究，可使人们了解到人体中含有哪些主要元素以及哪些元素是生命必需的微量元素，这些微量元素有哪些主要功能及正常需求量如何，过量摄取和摄取不足会导致哪些危害，哪些元素是容易缺乏的，哪些食物中含有这些微量元素，人们应该怎样合理地平衡膳食来获取适量的微量元素等。

三、主要参考文献

1. 唐任寰著．平衡生命的砝码．长沙：湖南教育出版社，1998 年．

该书系统地介绍了微量元素与人体健康的关系，介绍了微量元素的研究方法及微量元素的研究现状及发展前景。

2. 潘鸿章主编．生活与化学．北京：学苑出版社，1997.

该书主要介绍了微量元素与人体健康的内容。

四、主要问题

通过查阅文献请回答下列问题。

（1）钙在人体中有什么功能?

（2）磷在人体中有什么功能?

（3）钾在人体中有什么功能?

（4）钠在人体中有什么功能?

（5）铁在人体中有什么功能?

（6）锌在人体中有什么功能?

（7）铜在人体中有什么功能?

（8）碘在人体中有什么功能?

(9) 氟在人体中有什么功能?

(10) 锗在人体中有什么功能?

在回答上述每个问题时，同时说明哪些食物中含有这些元素，还应指出过多摄取这些元素的危害。

五、研究方法及成果形式

1. 针对与人体健康有关的元素如碘、锌、硒、铁及易使人中毒的铅、汞、铊、氟等微量元素的功能、摄取量和途径，结合本地区实际水体、土壤、大气污染状况，写成科普报告向人们宣传。

2. 利用学校的分析仪器、设备，可对人的头发、血液中含的锌、钙元素进行光谱分析或其他分析，判断这些元素的含量，决定是否需要补充这些元素。

3. 针对市场出售补钙、补硒等保健品，调查本地区市售保健品种类、价格及钙元素含量，写出调查报告。

课题三　生态农业项目分析

一、课题的提出

社会、经济和环境的协调统一，是可持续发展内涵的核心内容。而生态农业则是持续农业的基础，那么，在人们的身边到底有哪些生态技术措施服务于农业?有哪些技术措施为人们提供了清洁的能源?又有哪些生态技术措施在为人们的建设提供保障?综上达到对生态农业有一定的认识，明确生态农业是我国发展的方向。

二、研究目的

1. 了解有机废物的综合利用。包括废料、转化技术、工艺以及有益的新物质。

2. 掌握“沼气”这一新型生物质能源的生产、使用状况。

3. 了解环保型无公害蔬菜生产、销售、食用等情况。

三、调查研究项目

1. 工业企业如酒厂、糖厂的有机废物的利用

(1) 有机废物的来源、成分。

(2) 有机废物的转化技术、工艺。

(3) 生成新的有益的物质利用状况。

(4) 产生的经济效益、环境效益等分析。

(5) 应用所学知识提出有机废物处理利用的合理化建议。

2. 农村沼气系统的工艺流程、设备以及利用

(1) 本地农村沼气系统的建设概况。

(2) 典型沼气系统的工艺流程、设备。

(3) 沼气利用的经济、环境效益分析。

(4) 发展本地沼气的合理化建议。

3. 环保型无公害蔬菜生产、销售及食用

(1) 本地区无公害蔬菜基地的建设概况。

(2) 本地区无公害蔬菜的品种、价格及销售情况。

(3) 市民食用无公害蔬菜情况调查。

(4) 对无公害蔬菜基地建设（品种、销售）等提出合理建议。

四、研究方式

1. 对上述项目可分组进行、分别完成。

2. 查阅有关文献，如某些工业企业的生产过程及排废情况；沼气的生产技术；蔬菜的种植技术等。

3. 走访有关科研单位、生产单位，如酒厂、糖厂、酿造厂，农村清洁能源推广办公室、蔬菜研究所、各类食品超市。

4. 现场随机问卷调查市民或入户访问。

五、研究成果

完成调查报告，内容应包括下列内容。

1. 所调查项目的内容、目的和意义。

2. 针对生产技术或工艺、设备能提出改进措施。

3. 针对所研究项目进行经济、环境效益分析。

4. 对所研究项目提出合理化建议。

课题四　区域工业污染源调查研究

一、目的和意义

组织学生对区域工业的污染源进行调查，了解当地区域工业中污染源排放污染物的种类、数量、方式和途径，并对它们危害的对象（动物、植物、水体、土壤等）以及范围和程度做出判断。在此基础上提出治理污染、保护环境的对策和建议。

二、研究内容

根据工业污染物的分类，把区域工业中的能源、化工、采矿、轻纺染整企业作为重点调查的对象。

通过对当地工业情况的初步了解，先对产生污染的企业排队，弄清楚哪一类企业是污染大户。分析污染源的分布，提出治理建议。

三、研究方法

1. 了解企业的基本情况

(1) 企业概况　包括企业名称、详细地址、企业性质、主管单位、工厂规模、职工构成以及产品产量、质量、产值和利润情况。

(2) 厂区布局　包括生产区、办公区、原料堆放地、堆渣厂的配置及其面积大小，排污口的位置、形成、高度和大小，草绘工厂的布局图。

(3) 能源、水源及原辅材料情况　包括燃料的构成、产地和消耗定额、利用率和转化率；水源的类型、供水方式、水处理措施、效率高低、回用水的类型、数量和措施等；了解原、辅材料名称、产地、成分、消耗定额和总消耗量等。

2. 进行工艺调查，找出污染原因

通过对区域工业企业的工艺原理和流程以及工艺和设备水平的调查与分析，找到污染源和污染物。弄清楚该企业所排污染物的危害程度，了解其防治污染物的措施。

3. 确定污染物的排放量

(1) 实测法

公式为

$$Q=CL\times 10^{-6}$$

式中　Q——污染物的排放量，t/d，t/年；

L——污染物的算术平均浓度，mg/L；

C——烟气或废水的流量，m^3/d 或 m^3/年；

10^{-6}——单位换算系数。

(2) 物料平衡法　当缺乏实测数据时，可采用物料均衡法计算污染物的排放量，即在生产过程中投入的物料应等于产品中所含该物料与物料损失量的总和。由于生产过程中流失的物料，不一定全部都随“三废”物质排出，所以在具体计算污染物的排放量时就需要乘以一个修正系数。如燃煤工业锅炉产生二氧化硫的计算公式就取

$$Q=bS\times 80\%\times 2(1-\eta)$$

式中　Q——二氧化硫的排放量；t/h；

b——燃煤数，t/h；

S——燃煤中全硫分的百分率；

80%——可燃硫占硫分的百分率；

2——二氧化硫与硫相对分子质量的比值；

η——脱硫措施效率，无脱硫措施时 $\eta=0$。

当调查获得有关数据，依上述公式便能计算出燃煤时二氧化硫的排放量。

(3) 经验计算法　当没有实测资料时，可利用经验排污系数法，计算企业的排污量。

燃烧 1t 煤排放的污染物量　　单位:kg

污　染　物	电站锅炉	工业锅炉	污　染　物	电站锅炉	工业锅炉
二氧化硫(S 指煤的含硫量/%)		16.0S	碳氢化合物 (C_nH_m)	0.091	0.45
一氧化碳(CO)	0.23	1.36	氮氧化物 (以 NO_2 计)	9.08	9.08

燃烧 $1m^3$ 油排放的污染物量　　单位:kg

污　染　物	电站锅炉	工业锅炉	污　染　物	电站锅炉	工业锅炉
一氧化碳(CO)	0.005	0.23	氮氧化物(以 NO_2 计)	12.47	8.57
碳氢化合物(C_nH_m)	0.381	0.238	二氧化硫(S 指油的含硫量/%)		20S

4. 调查污染物的危害情况

主要内容如下。

(1) 污染物对人体健康的危害调查。可采取座谈、走访、问卷等形式，调查企业职工的职业病，职工和附近群众的多发病、常见病的发病率和自觉症状、人口死亡率以及对死因的分析等。

（2）污染物对动植物的危害。了解污染物对动植物生长有影响及影响程度。如野生植物的种属是否减少以致灭绝；野生动物的迁徙和活动方式是否有变化，对水中鱼类影响；家畜和家禽的多发病、常见病的发病情况以及污染物对当地农作物的产量和品质。

（3）污染物对生态环境的危害调查　如污染物对人类和动植物赖以生存的环境条件的影响；对水质的影响和程度；对土地资源、大气环境的影响。

5. 调查污染治理的情况

明确各企业对现有污染源治理现状，包括项目和措施、治理污染的投资、成本、效益和稳定程度，有无二次污染发生，对治污措施进行评价，并提出合理的规划和设想。

四、对本课题的说明

1. 成果形式

可以采用调查报告、状况分析、设想建议、论文等形式。

2. 根据当地实际情况，可以具体到一个企业来进行调查分析。

课题五　调查生活能源的使用情况

一、课题的提出

在日常生活中，人们可以看到许多燃料在空气中燃烧后，使空气受到污染。如何结合当地实际情况合理使用各种燃料，尽量减少对环境的污染，已成为人们关心的问题。

二、课题的目的和意义

通过此课题的研究，了解和掌握本地区的燃料使用状况，如煤炭、液化石油气、天然气、沼气、石油、酒精等；了解各种燃料的性质，掌握各种燃料对当地环境的影响。同时扩大知识面，增强环境意识。

三、课题研究方式及途径

1. 走访有关部门如公用局、交管局、石油公司、燃料公司等单位。

2. 上网及查询相关资料并回答下列问题。

（1）什么是燃烧？

（2）煤在燃烧时发生哪些主要化学反应？

（3）煤气的主要成分是什么？

（4）液化石油气的主要成分是什么？

（5）天然气的主要成分是什么？

（6）什么是沼气？

（7）固体酒精是怎样制成的？

四、研究的内容及成果

1. 调查本地区燃料的种类、性能和价格，做出分析和比较。

2. 对煤气、天然气等经常使用的燃料燃烧后的产物进行检测分析。

3. 对本地区如何防止燃料燃烧后对空气的污染提出建议。

4. 从各种能源利用对环境影响的角度出发，提出你认为较合适的能源，并提出有关切实可行的节能措施。

说明：本课题可以分成若干个小型子课题分别进行研究。在教师的指导下，各课题小组自行设计研究题目。

课题六　酸雨形成及危害的模拟实验

一、课题的提出

矿物燃料的大量使用，汽车尾气的大肆排放，使人们不得不面对这样的问题：人们头顶上的那片蓝天变得灰沉沉、雾蒙蒙，白天难以看到飘浮的白云，夜晚星星也变得若隐若现，这是怎么了？天空为什么不再透明？

在全球性的环境问题中，酸雨已成为重大危害之一，给工农业生产和人类生活造成巨大的损失。因此，进一步认识、研究酸雨的形成及危害，对保护人类赖以生存的环境有着十分重要的意义。

二、目的和意义

通过模拟实验可以使学生了解酸雨形成的原因，培养学生科学研究的探索精神，提高学生的分析问题和操作动手能力。

三、研究的内容

1. 研究思路

有关部门（化工、电力、交通、环保等）—大气污染—酸雨—酸雨的危害—酸雨的防治。

2. 研究方法

（查阅及调查）收集资料—实验模拟酸雨的形成及危害。

四、研究过程

1. 实验模拟酸雨的形成及危害

实验装置如右图所示。

① 在小烧杯中放入少量 Na_2SO_3，滴入一滴水后加入 2mL 浓 H_2SO_4，立即罩上玻璃钟罩，同时罩住植物苗和小鱼（底部—托盘）。

② 少许几分钟后，经钟罩顶部加水使形成喷淋状，观察现象，最后测水、土的 pH。记录现象。

a. 酸雨过后约 1 小时，小鱼__________。

b. 植物苗经酸雨淋后____天死亡。

c. 酸雨过后水中 pH=____；土壤 pH=____。

结论：玻璃钟罩中的 SO_2 遇降水形成酸雨，使动、植物受到危害。

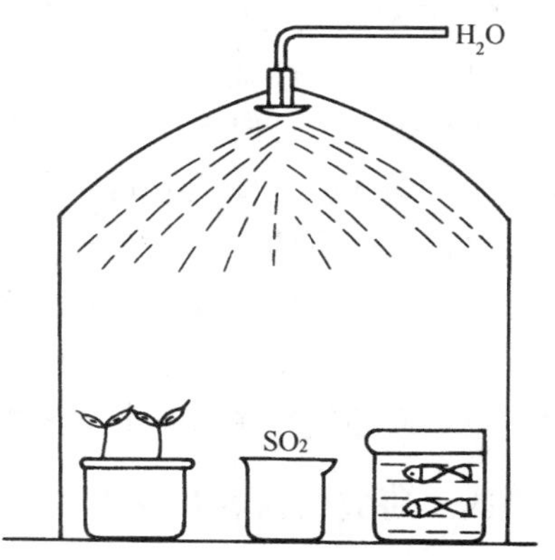

酸雨危害模拟装置示意图

2. 完成一篇实验报告，并通过查阅资料及调查弄清下列问题

① 酸雨是如何形成的？其危害是什么？

② 本地区能源结构是怎样的？

③ 本地区汽车交通量及汽车尾气排放状况如何？

④ 本地区大气的工业污染源都有哪些？

⑤ 本地区采取哪些措施防治大气污染？

课题七　酸雨的实际监测

一、目的及意义

通过对酸雨的实际监测，学会监测仪器的使用方法，提高学生的动手能力。对本地区降雨状况进行分析，提出防治酸雨的合理化建议，增强热爱家乡的责任感。

二、实际监测方式

1. 采用精密 pH 试纸

监测本地区近期降雨 pH（每次可多个地点监测）

<table>
<tr><th>次　　数</th><th>监测时间及降雨状况</th><th>监测地点</th><th>监测结果</th><th>同期空气质量报告</th></tr>
<tr><td rowspan="2">1</td><td rowspan="2"></td><td></td><td></td><td rowspan="2"></td></tr>
<tr><td></td><td></td></tr>
<tr><td rowspan="2">2</td><td rowspan="2"></td><td></td><td></td><td rowspan="2"></td></tr>
<tr><td></td><td></td></tr>
<tr><td rowspan="2">3</td><td rowspan="2"></td><td></td><td></td><td rowspan="2"></td></tr>
<tr><td></td><td></td></tr>
<tr><td rowspan="2">4</td><td rowspan="2"></td><td></td><td></td><td rowspan="2"></td></tr>
<tr><td></td><td></td></tr>
</table>

结论　空气质量状况：

酸雨形成状况：

2. 采用玻璃电极法测定雨水的 pH

pHS-2C 型精密酸度计的面板调节位置如下页图所示。

步骤：

① 先用广泛 pH 试纸测出样品的 pH 大致范围，并将样品倒入 50mL 烧杯中，测量温度。

② 打开酸度计电源开关，通电 30min，并将酸度计上“选择”开关置“pH”挡，然后进行校正（校正由教师完成）。

③ 用蒸馏水清洗甘汞电极和玻璃电极 2～3 次，然后用滤纸吸干电极。

④ 将仪器的“温度”旋钮调至被测样品溶液的温度值，将电极放入被测样品中，仪器的“范围”开关置于此样品可能的 pH 挡（已由 pH 试纸测定）上，按下“读数”开关（若此时表针打出左面刻度线，应减少“范围”开关值；若表针打出右刻度线，则应增加“范围”开关值）。此时表针所指示的值加上“范围”开关值，即为样品的 pH。

⑤ 记录结果

采样时间__________，采样地点：_____________。

测定时间__________，本次降水的 pH：_____________。

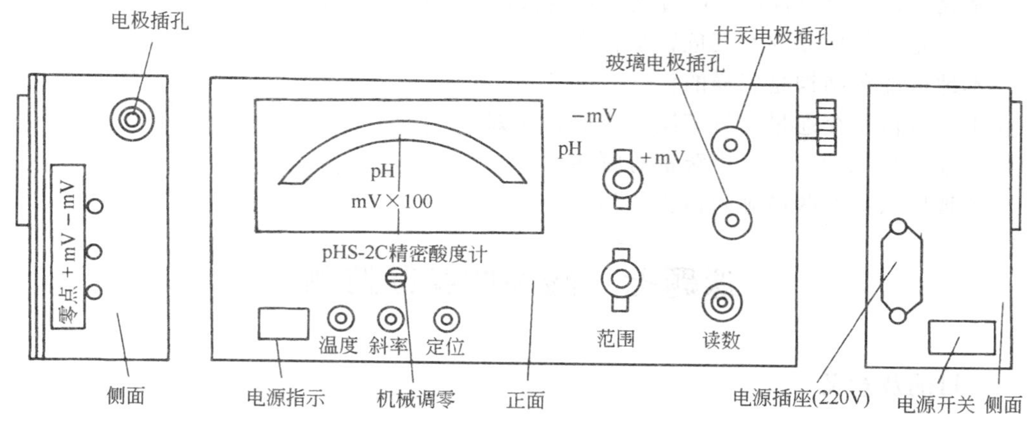

pHS-2C 型精密酸度计面板各调节旋钮位置示意图

是否属于酸雨__________，测定人：____________。

三、研究成果

对本地区降雨状况写出分析监测报告，并对降低或防治酸雨的影响提出合理化建议。

课题八　城市污水处理系统调查

一、课题的意义

1. 通过调查，了解污水治理的意义，提高节约用水、合理用水的意识。
2. 掌握城市污水处理的工艺技术和处理方法。

二、课题研究的目的

1. 了解学校所在地区水体污染情况。
2. 了解废水处理的工艺流程、主要设备。
3. 明确建设城市污水处理厂的必要性。

三、研究方式

1. 走访本地城市建设规划部门。
2. 走访本地环保部门。
3. 参观本地污水处理厂，与有关人员座谈。
4. 查询资料，了解国内外先进的污水处理系统。

四、研究成果

1. 完成调研报告，画出污水处理流程图。
2. 通过比较国内外污水处理状况，对本地区污水处理提出建议和设想。

课题九　城市垃圾排放和处理

一、课题目的和意义

1. 了解本地区垃圾排放情况和污染状况。
2. 了解本地区城市垃圾处理方法。

二、研究的成果形式

1. 完成一份城市垃圾排放及处理调查报告。
2. 结合本地实际，设计一项城市垃圾处理技术包括基本原理、主要指标、条件、投资情况、主体设备寿命、环境效益分析等，并画出简单处理流程图。
3. 结合本地实际情况提出“无害化”、“减量化”、“资源化”的城市垃圾分类收集、处理建议。

课题十　小型企业清洁生产审核训练

一、课题的提出

我国是发展中国家，生产工艺和技术相对落后，从少废无废的角度出发改进工艺具有重要的意义。在教师的指导下，结合专业知识对当地的小型企业（如化工厂、油漆厂、化妆品厂、食品厂、印染厂、冶炼厂、油脂厂等）进行清洁生产审核，提出清洁生产方案。

二、课题的研究目的

1. 按照清洁生产审核步骤，对该企业进行全面分析。
2. 提出清洁生产审核重点，并进行评估分析。
3. 提出技术经济评价意见，提出清洁生产方案。
4. 对预期效益进行分析。

三、研究方式

1. 调查该企业的生产原理、工艺、设备。
2. 可以分组到不同企业进行清洁生产审核。
3. 对于一些技术难题请教专家及有关科研单位。
4. 每组就是一个清洁生产审核工作小组，由组长负责分头工作。

四、成果形式

1. 完成该厂清洁生产审核报告。
2. 提出清洁生产方案。

课题十一　开展清洁生产的工业企业的调查

一、研究目的

对本地区的不同行业开展清洁生产的企业调查，了解开展清洁生产取得的效益。

二、调查内容

1. 企业的性质、规模、基本概况。
2. 企业的产品、规格、用途、销售状况。
3. 企业的生产工艺、技术指标及“三废”排放、处理状况。
4. 开展清洁生产所取得的效益，包括经济效益、环境效益和社会效益。
5. 企业采取哪些清洁生产技术。
6. 调查相近企业没有开展清洁生产的状况。
7. 走访企业上级主管部门、清洁生产推广部门、评价部门、环境管理部门。

三、研究方式

1. 以调查访问法为主，学生可分成若干小组，分类调查。
2. 由各组组长写出本组调查报告。

四、成果形式

完成调查报告，着重比较有无开展清洁生产的两类企业的经济、环境、社会效益状况，分析本地区没有开展清洁生产的原因是什么，并提出本地企业开展清洁生产的合理建议。

课题十二　绿色产品的市场调研

一、课题的提出

当前市场上出售的食品、家用电器、蔬菜、建材等有的打出“绿色”的旗号，给消费者带来困惑，有的还形成市场欺诈行为。因此应澄清什么是绿色产品，不同系列产品绿色标准是什么，什么部门给予认证。

二、研究的目的和意义

通过该课题的研究培养实事求是的科学态度，避免人云亦云，不知其所以然。

完成调查报告向消费者宣传绿色产品的真正含义。

三、调查内容

1. 大型商场家电中的“绿色环保型电器”的型号、性能、价格、用途等。

2. 大型超市绿色食品或有机（天然）食品以及生活用品的价格、标志、生产状况和市民购买状况。

3. 到大型建材、装修市场，了解绿色建材、装修材料的市场状况、功能、用途等。
4. 到当地绿色产品认证部门，了解本地区有多少类、种产品被认定而获得绿色产品标志。
5. 对居民进行调查，了解居民对绿色产品的认识水平，认可程度和消费状况。

四、活动形式

1. 全班分若干小组，每组 3～4 人，设计出不同的子课题。调查不同的单位、不同的产品。
2. 各组学生通过查阅资料、上网查阅获得相关信息。
3. 学生独立设计调查表格、问卷内容，在教师指导下进行修改补充。

五、成果形式

1. 分组完成调查分析报告。
2. 完成科普性文章，推荐至相关媒体发表。
3. 向有关部门提出关于绿色产品的合理化建议。

课题十三　自来水余氯的测定

（参考有关资料）

课题十四　市售牙膏的种类及主要化学成分

（参考有关资料）

课题十五　蔬菜残留农药对人畜危害的调查

（参考有关资料）

参考文献

[1] 刘天齐主编．环境保护．第 2 版．北京：化学工业出版社，2006.
[2] 何强等编著．环境学导论．北京：清华大学出版社，1998.
[3] 汪大翚，徐新华编．化工环境工程概论．第 3 版．北京：化学工业出版社，2016.
[4] 徐新华等编．环境保护与可持续发展．北京：化学工业出版社，2000.
[5] 马中主编．环境与资源经济学概论．北京：高等教育出版社，1999.
[6] 顾国维主编．绿色技术及其应用．上海：同济大学出版社，1999.
[7] 奚旦立主编．环境与可持续发展．北京：高等教育出版社，1999.
[8] 国家环保总局编．中国环境影响评价培训教材．北京：化学工业出版社，2000.
[9] 闵恩泽等编著．绿色化学与化工．北京：化学工业出版社，2001.
[10] 王佛松等主编．展望 21 世纪的化学．北京：化学工业出版社，2000.
[11] 马光等编著．环境与可持续发展导论．北京：科学出版社，2000.
[12] 杨永杰主编．化工环境保护概论．第 3 版．北京：化学工业出版社，2012.
[13] 孟浪编著．环境保护事典．长沙：湖南大学出版社，1999.
[14] 钱易主编．环境保护与可持续发展．北京：高等教育出版社，2000.
[15] 殷维君主编．环境保护基础．武汉：武汉工业大学出版社，2000.
[16] 刘培桐主编．环境学概论．北京：高等教育出版社，2000.
[17] 孙伟民主编．化工清洁生产技术概论．北京：高等教育出版社，2007.
[18] 奚旦立主编．清洁生产与循环经济．北京：化学工业出版社，2005.
[19] 郭斌，任源益编著．清洁生产工艺．北京：化学工业出版社，2003.
[20] 郭斌，刘恩志主编．清洁生产概论．北京：化学工业出版社，2005.